U0190965

空气洁净技术与工程应用

（第2版）

冯树根　编著

机 械 工 业 出 版 社

本书立足于空气洁净技术在工程中的应用，讲理论、授方法、传技巧，内容鲜活，架构新颖，节能理念渗透于字里行间，每个章节都从工程应用角度进行阐述、分析；列举大量案例，分析其设计缺陷并给出改善措施；对一些错误的理念、不切合实际的规定进行了剖析，并提出了切合实际的新理念、新观点；列举了制药车间及洁净手术部净化空调工程设计实例，对每个设计步骤进行了详细的介绍；在第2版中增加了分散式净化空调系统的设计方法及设计步骤，并给出设计实例；对单向流与非单向流洁净室合用一个系统的利弊进行了详细的分析，结合具体实例介绍了设计方法与步骤；详细介绍了净化空调施工组织设计，并给出设计实例；详细介绍了用手工彩钢夹芯板建造洁净室的施工技术及方法；对净化空调系统的安装，提倡与时俱进并给出了具有创新性的措施及方法；对洁净度、浮游菌、沉降菌等参数的检测及高效过滤器的检漏提出了创新性的措施；对医院洁净手术部及净化车间的运行管理给出了具有指导意义的实战措施。

本书适用于净化空调工程设计人员，洁净室工程施工及监理人员，室内污染控制技术人员，净化空调系统运行管理人员，质检部门的测试验收人员，高等院校建筑环境与设备工程专业、建筑学专业及相关专业的师生，对洁净室感兴趣的人员及洁净室的用户。

若作为教学用书，会给大学的课堂输入鲜活的素材、科学的理念，对大学生能力的提高颇有益处，作者将向授课教师免费提供“PPT教学课件”。

图书在版编目(CIP)数据

空气洁净技术与工程应用/冯树根编著. —2版. —北京：机械工业出版社，2013.4(2024.7重印)

ISBN 978-7-111-41808-5

Ⅰ.①空… Ⅱ.①冯… Ⅲ.①空气净化—技术 Ⅳ.①TU834.8 ②X51

中国版本图书馆CIP数据核字（2013）第048903号

机械工业出版社(北京市百万庄大街22号 邮政编码100037)

策划编辑：范秋涛 责任编辑：范秋涛
责任校对：闫玥红 封面设计：陈 沛
责任印制：李 昂
北京捷迅佳彩印刷有限公司印刷
2024年7月第2版第10次印刷
184mm×260mm·16.75印张·410千字
标准书号：ISBN 978-7-111-41808-5
定价：48.00元

电话服务 网络服务
客服电话：010-88361066 机 工 官 网：www.cmpbook.com
010-88379833 机 工 官 博：weibo.com/cmp1952
010-68326294 金 书 网：www.golden-book.com

机工教育服务网：www.cmpedu.com

第2版前言

迄今为止，本书第 1 版发行不到三年，不断有读者来电联系，有的索取 PPT 课件用于教学，有的咨询设计方面的问题，有的咨询施工工艺及做法，有的约谈技术讲座事宜，有的表扬，有的感谢……最让作者欣慰的是有几所大学把本书作为教材，这要比表扬、感谢之言使作者愉悦得多，因为现在的大学生太需要能够提升能力、介绍实战方法的书了！

通过这几年与读者的交流，作者感触颇深。有许多工程技术人员善于“临摹”，缺乏创新，分析其原因主要是习惯于闭门造车，缺少施工现场实践。对净化空调工程缺乏系统的认识，更谈不上技术细节的深入。为此，作者决定对原书进行修订，出版第 2 版。通过再次增加工程实例、工程施工等内容，进一步提升本书的实用价值，以满足读者的需求。

这里说的创新是指在继承的基础上创新，相当于学习绘画从临摹转向“写生”，进而进行“创作”。做工程设计时，在继承传统方法的基础上，根据工程的具体情况、国家的最新产业政策，做出满足用户要求的、价值最大化的设计方案，这就是创新。列入本书中的所有工程实例供读者“临摹”体味，读者需结合书中所述的理论、方法、技巧进行思考，领会工程实例的内涵、每个细节及每个问题的处理方法，最终步入“写生”“创作”的境况，创新的能力会逐渐提高，这也是作者精心选择实例内容、缜密安排每个章节顺序的用心所在。

本版保持第 1 版的书写风格，增加第 8 章、第 9 章、第 11 章全新的内容，增加的内容超过原书的三分之一。第 8 章主要介绍分散式净化空调系统的应用，以某量子光学科研楼净化空调工程设计为例，详细介绍了分散式净化空调系统设计方法及步骤；详细介绍了百级洁净室与千级洁净室共用一个系统的设计方法；分析比较了 FFU 作为送风循环机组与中效机组作为送风循环机组的各自特点，给出百级送风系统及百级送风天花的设计方案。第 9 章施工组织设计，通过介绍“编制依据、施工准备及部署、施工方案、劳动力组织、制订施工进度计划”等内容，系统讲述了净化空调施工组织设计方法，并给出了某净化空调工程施工组织设计的实例。第 11 章手工彩钢夹芯板施工工艺，详细介绍了洁净室常用的彩钢夹芯板围护结构的施工工艺及方法，还介绍了彩钢夹芯板装配前的二次设计，并给出二次设计实例。至于小的修改、补充几乎每章都有，在此不一一列举。

作者希望通过本次修订，使第 2 版的读者面更加宽广，更具有指导性。当然，由于作者水平有限，愿望与效果不一定能达到一致，书中不妥之处，恳请读者指正。

冬天，北方的室内温暖而干燥，窗外传来咿—咿—啊—啊—的练声回音，走到窗前，映入眼帘的是一片洁白，银装素裹。推开窗户，呼吸着洁净的空气，真是沁人心脾，书写的疲劳被兴奋所替代。瑞雪兆丰年，在本书第2版出版之际，祝愿我国的空气洁净技术更上一层楼，取得更快的发展。

作者邮箱：tutfsg@126.com

冯树根

第1版前言

古人云:“授人以鱼，不如授人以渔。”

我应邀撰写本书，力图以鲜活的素材、新颖的架构，献给读者一部具有实战价值的工程应用型著作。为此，对每个章节的内容都进行了精挑细选，突出实用技术，满足工程技术人员的实战需求。

本书的主要素材来源于多年的工程设计、施工、检测及调试的一线经验，同时，也把施工技术培训、检测验收培训、运行管理培训、参与 GMP 认证的经验及教学科研成果进行了有机的融合，使本书的内容更加丰富。本书的灵魂:洁净室技术应用中的“以不变应万变”。“不变”就是我们学习的基础知识和基本理论，“万变”就是千变万化的各种各样的工程，即应用所学理论来应对千变万化的各种各样的工程。为此，把每个章节的内容作为洁净室技术这个系统工程中的一个“环”，努力做到环环相扣、前后呼应，每个环节的内容都相互渗透。设计内容中蕴含着施工技术，施工内容中显现出设计思想，而运行管理的内容也提醒技术人员方案的制订不能闭门造车……林林总总的内容相互穿插呼应，使读者能融入到洁净室技术这个系统中，真正认识系统，最后能创造“系统”。有了这个创造力，在工程设计中就不会再“照猫画虎”了，就会在千变万化的工程需求中，得心应手，以不变应万变，使工程设计具有创造性、施工技术能与时俱进、检测验收的方法具有开拓性、运行管理能做到胸有成竹。若能如此，可谓做到了“授人以渔”，这将是我最大的欣慰。

我希望本书能给初入行的工程技术人员雪中送炭，给有一定经验的技术人员锦上添花，给大学的课堂输入鲜活的素材、科学的理念，给洁净室的节能设计提供实用的方法。

在本书的撰写过程中，参考了许多规范、标准及业界专家们的著作。在此，谨向有关文献的作者们表示诚挚的谢意!

感谢机械工业出版社及范秋涛编辑，他积极敬业的工作态度使我深受感动，促使我利用了所有的业余时间，提前完成了交稿任务。

由于本人水平有限，不妥之处，恳请读者批评指正。

冯树根

目录

第1章　绪　　论

1.1 空气洁净技术的发展历程

传统的空调技术，仅调节空气的温度、相对湿度和气流速度（通常所说的三度）。随着科学技术的发展，人民生活水平的提高，对生产和居住环境的要求越来越高，因而空气调节技术的内容也随之扩大。现代空调技术除需调节空气的温度、湿度和速度外，还需调节空气的洁净度、压力、成分及气味等参数。因此，空气洁净技术得到了快速的发展。

1.1.1 空气洁净技术的起源

空气洁净技术起源于发达国家，经历了不同的发展阶段。早在20世纪20年代，美国航空业在陀螺仪制造过程中，为消除空气中的尘埃粒子污染，最先提出了生产环境的净化要求。美国一家导弹公司曾发现，装配惯性制导用陀螺仪时，在普通车间平均每生产10个产品就要返工120次。而在控制尘粒污染的环境中装配，返工次数可降低至2次。在朝鲜战争中，美国发现大量电子仪器故障的主要原因是灰尘作怪，其中有84%的雷达失效，48%的水声测位仪失效。陆军65%～75%的电子设备失效，每年的维修费用超出原价2倍，而5年中空军电子设备的维修费用是设备原价的10倍多。在此期间，高效空气过滤器在美国的问世，成为洁净技术发展的推动力。使生产环境的污染控制效果进一步提高，建造了应用于航空航天、航海业的洁净室。特别是阿波罗号登月计划，其精密机械加工和电子控制仪器制造环境要求净化。为了从月球带回岩石，对容器、工具的生产环境的洁净度有严格的要求，促进了洁净技术的大发展，出现了层流技术，建造了百级洁净室。英国和日本也在20世纪50年代建立了洁净室，用于生产陀螺仪及半导体。前苏联也在同时期编制了“密闭厂房”的典型设计。在洁净技术的应用中，提高了原材料的纯度、产品装配的精度，提高了仪器的可靠性与寿命，同时也提高了劳动生产率，加之国家之间的科技及国防竞争，使洁净技术得以快速地发展。

在20世纪60年代，人们发现，在工业洁净室中测试得到的微生物浓度远低于洁净室外空气中的微生物浓度。于是便开始尝试利用工业洁净室进行那些要求无菌环境的实验，并对尘、菌共存的机理进行研究后确认，空气中的细菌病毒一般以群体存在，并以空气中的尘埃粒子作为载体附着在其表面。空气中尘埃粒子越多，细菌附着的机会就越多，传播的机会也会增多。所以，在控制尘粒数量的同时，也使附着于尘粒上的微生物得到控制。因此，在20世纪70年代初，依据这些研究成果，诞生了以控制空气中微生物为主要目的的生物洁净室。

我国在20世纪50年代末开始，研究应用空气洁净技术，并逐步从军工走向民用。在80年代中期，把洁净技术应用于医药行业。随着制药企业GMP认证制度的实施，近十几年来，我国洁净技术的应用有了突飞猛进的发展，建造了大量的生物洁净室，并应用于药品生产、生物制品的制造、食品及化妆品生产等过程中。近几年，在各大医院建造了许多洁净手术部、PCR 实验室及生物治疗实验室等生物洁净室，提高了手术的成功率及医疗科研的水平。

1.1.2 空气洁净技术的发展与应用

纵观国内外空气洁净技术的发展史，都是伴随着产品的可靠性、加工工艺的精密化、产品的微型化以及产品的高纯度等要求而不断地发展的。无论是在陀螺仪制造过程中最先应用空气洁净技术，提高了劳动生产率和延长了产品的使用寿命，还是在战争中发现电子仪器失灵的原因是灰尘作怪；无论是发射卫星探索太空，还是阿波罗登月科技竞争；无论是 1k 位的集成电路的大规模生产，还是产品的微型化需求使集成度越来越高，发展超大规模的集成电路，集成度从 1k 位发展到 1M、1kM、4kM、16kM……；无论是控制无生命的微粒，还是控制有生命的微粒；无论是航天、军工产品的需求，还是民用产品和家庭生活的需求……。空气洁净技术就是在这种需求、满足、更高的需求、更好地满足中不断地发展，应用领域不断地延伸。

国际上空气洁净技术的发展经历了以下阶段：

在 20 世纪 20 年代，美国航空业的陀螺仪制造过程中最先提出了生产环境的净化要求。在制造车间、实验室建立了“控制装配区”，供给一定量的过滤后的空气。在朝鲜战争中，美国找到了电子仪器出故障的主要原因是灰尘作怪，从而促成了空气洁净技术的起步。

1957 年，前苏联第一颗人造卫星的升空，刺激美国加速发展宇航事业，制定了阿波罗号登月计划，其电子控制仪器和精密机械加工环境均要求净化，因而促进了洁净技术的大发展，建造了百级洁净室，诞生了第一个洁净室标准。

1970 年，1k 位的集成电路开始大规模生产，使洁净技术的发展突飞猛进。20 世纪 80 年代，大规模和超大规模集成电路的生产，使空气洁净技术有了进一步的发展，集成电路的最细光刻线宽达到 2 ~ 3μm。在 70 年代末和 80 年代初，美国、日本研制出 0.1μm 级高效空气过滤器，为洁净度的提高创造了条件。

在 20 世纪 90 年代，超大规模集成电路的生产有了新的进展，最细光刻线宽由 80 年代的微米级发展到亚微米级。到 20 世纪末，要求达到 0.1 ~ 0.2μm，集成度达到 1kM。集成电路的集成度越高，要求的光刻线宽就越小，则要求控制的尘粒粒径就越小、尘粒数量也越少。如今，要求 0.1μm10 级的洁净度已经很普遍，将来要求的洁净度会更高，洁净室的应用领域会更加宽广。

在 2001 年中国科协学术年会上，杨振宁教授指出，在今后三四十年，三个领域将成为科技发展的“火车头”：①芯片的广泛应用。②医学与药物的高速发展。③生物工程。芯片需在工业洁净室中生产，药品需在生物洁净室中生产，医学研究、生物工程都离不开生物洁净室。对于有生物学危险的操作，需要在生物安全洁净室中进行。工业洁净室、生物洁净室及生物安全洁净室，都是应用空气洁净技术创造的特殊的微环境。

电子产业的飞速发展，将推动我国洁净技术向高水平发展，而医学与药物的快速发展，必将使空气洁净技术的应用更加广泛。我国在制药行业实施 GMP（Good Manufacturing Practice）认证制度以来，生物洁净室的兴建像雨后春笋，给洁净技术产业带来空前的繁荣。近年来，三级甲等医院纷纷建造洁净手术部，使术后感染率降低 10 倍以上，从而可以少用或不用抗生素，减轻了抗生素对患者造成的伤害。这也将进一步拓宽洁净技术的应用领域。

2003 年 SARS 病毒肆虐，使人们对空气传播病毒的危险性有了深刻的认识。最值得反思的就是医院建筑，不仅要注重建筑外形与使用功能，更应该关注建筑内的空气品质。据参考文献[1]的介绍，人吃进 1 亿个兔热杆菌才感染，若吸入 10～50 个就发热。这给只重视接触感染而轻视气溶胶传播的呼吸道感染的医护人员敲响了警钟。因为气溶胶传播更具有爆发性、低感染剂量和大范围的特点，危险性极大。因此，现代医院建筑应有空气洁净技术设施，才能保证医患人员的安全。应装配空气洁净系统的医院建筑有：洁净手术部、白血病病房、烧伤病房、早产儿保育室、哮喘病房、重症病护理单元、PCR 实验室、生物治疗实验室、传染病人隔离室、营养液配制中心、制剂中心、无菌物品供应中心等。这将给洁净技术的应用带来新的机遇。

在 21 世纪，生物工程对人类的直接影响将超过芯片，而其发展离不开空气洁净技术。如生物工程中有相当一部分操作存在潜在危险性，特别是存在可能具有未知毒性的微生物新种传播生物学危险。这就需要提供具有生物安全的建筑微环境，可利用空气洁净技术、生物安全知识来建造生物安全洁净室（实验室）来控制这种具有生物学危险的污染的传播。

采用生物学工艺制成的生物活性制剂，即生物药品，其生产过程需保持无菌，并且最终不能灭菌。因此，生产过程应实行微环境无菌控制，有很大一部分还需要实行生物安全，这种控制过程都需要应用空气洁净技术来实现。

1.2 洁净室

1.2.1 洁净室的定义

前面多次谈到洁净车间、洁净室等术语，现在给出洁净室的定义，根据《洁净厂房设计规范》（GB 50073—2001）的解释，洁净室是空气悬浮粒子浓度受控的房间。它的建造和使用应减少室内诱入、产生及滞留粒子。室内其他有关参数如温度、湿度、压力等按要求进行控制。

由此可见，洁净室是特殊的房间，该房间内的空气悬浮粒子浓度、空气温度、湿度、压力等参数均需要控制。并且它应有减少粒子的诱入、产生及滞留之功效。这就需要通过良好的气流组织，行之有效的压差控制，符合工艺要求的洁净室形状及装修材料，娴熟的施工技术，科学的运行管理等各个方面的共同作用来实现。洁净室大小从几平方米到几千平方米不等，几千平方米的洁净室，是由一个一个的小洁净室按照生产工艺、生产流程及污染控制理论等条件进行科学的排列而组成，即所谓的洁净车间。

空气悬浮粒子是有特定含意的，它是尺寸范围在 0.1～5μm 的固体和液体粒子，它用于空气洁净度的分级。空气悬浮粒子，有的有生命（如细菌、病毒等），有的无生命（如尘粒）。有生命的微粒其实就是细菌等微生物附着在无生命的尘粒上形成的。

1.2.2 空气洁净技术也称洁净室技术

从空气洁净技术的起源、发展和应用以及洁净室的定义可知，生产环境的微粒控制是通过洁净室来完成的。可以肯定，在普通的生产车间要想控制整个微环境的悬浮粒子浓度，使其达到工艺要求的洁净程度是完全不可能的。只有建造洁净室（洁净车间），采用密闭的结构，合理的空气处理方法，合理的气流组织及合理的压差，才能使其微环境内达到所要求的空气洁净度，来满足生产要求。所以说，空气洁净技术也称洁净室技术。也就是说，不管是什么样的生产工艺或操作过程，要想利用空气洁净技术来控制生产车间的微粒污染，就必须采用符合要求的材料来建造洁净室（洁净车间）。只有在洁净室（洁净车间）内，才能有效地控制微粒污染。可见，空气洁净技术与洁净室密不可分。

1.2.3 洁净室的分类

1. 按用途分类

洁净室按用途分类可分为工业洁净室和生物洁净室两类。

（1）工业洁净室　主要控制无生命的微粒对操作对象的污染。应用领域主要有宇航工业、精密机械加工业、集成电路生产企业、胶片生产企业、原子能工业、印刷企业等。

（2）生物洁净室　主要控制有生命的微粒对操作对象的污染。其应用领域有制药企业、食品加工业、疾病控制中心、医疗单位、实验动物房、科研及教学实验等。对于生物安全实验室，除了要控制有生命的微粒对操作对象的污染外，还要求控制具有潜在危害的操作对象对操作人员及周围环境的污染。因此，在生物安全实验室中压差的控制更为重要。生物洁净室与工业洁净室的区别见表1-1。

表1-1　生物洁净室与工业洁净室的区别

生物洁净室	工业洁净室
需控制微粒、微生物的污染，室内需定期消毒灭菌，内装修材料及设备应不产尘且能承受药物腐蚀	控制微粒污染（有时需控制气体分子污染），内装修材料及设备以不产尘为原则（仅需经常擦抹以免积尘）
人员和设备需经吹淋、清洗、消毒、灭菌方可进入	人员和设备需经吹淋或纯水清洗后方可进入
不可能当时测定出空气的含菌浓度，需经48h培养，不能得到瞬时值	室内空气含尘浓度可连续检测、自动记录
需除去的微生物粒径较大，洁净室末端可采用高效或亚高效过滤器	需除去的是大于等于0.1～0.5μm的尘埃粒子，洁净室末端可采用高效或超高效过滤器
室内污染源主要是人体发菌	室内污染源主要是人体发尘

2. 按气流流型分类

洁净室按气流流型分类可分为单向流洁净室、非单向流洁净室（乱流洁净室）、辐（矢）流洁净室、混合流（局部单向流）洁净室。

1.3 洁净室标准

1.3.1 空气洁净度级别

空气洁净度是指洁净环境中空气所含悬浮粒子数多少的程度。所含悬浮粒子数多，则空气洁净度低；所含悬浮粒子数少，则空气洁净度高。空气洁净度的高低可用空气洁净度级别来区分。空气洁净度级别以每立方米空气中某些粒径微粒的最大允许微粒数来确定，它是评价空气洁净环境的核心指标。

1.3.2　国外洁净室标准

1. 美国联邦标准 FS209E

1961 年，诞生了世界上最早的洁净室标准：美国空军技术条令 203。1963 年年底，颁发了洁净室第一个军用部分的联邦标准：FS209。从此以后，美国联邦标准 FS209 就成为国际上最通行、最著名的洁净室标准。在 1966 年，颁布了修订后的 209A。1973 年，又颁布了修订后的 209B，并于 1976 年再次颁布了 209B 修正案 1。在这一段时间内，许多国家参照美国标准相继制定了洁净室标准。

随着对洁净度级别的更高需求，FS209B 已不能满足要求，促使美国修改 FS209B。在 1987 年 10 月 27 日，颁发了 FS209C。在 1988 年 6 月 15 日，FS209D 取代了 FS209C。1992 年 3 月 11 日，FS209E 又取代了 FS209D。

可见，现在所用的 FS209E 是在美国空军技术条令 203 的基础上，几经修订而成的，见表 1-2。

表 1-2　美国联邦标准 209E（FS209E）

级别		级别的浓度上限									
		0.1μm		0.2μm		0.3μm		0.5μm		5μm	
		单位体积		单位体积		单位体积		单位体积		单位体积	
国际单位制	英制	m^3	ft^3	m^3	ft^3	m^3	ft^3	m^3	ft^3	m^3	ft^3
M1		350	9.91	75.7	2.14	30.9	0.875	10.0	0.283	—	—
M1.5	1	1240	35.0	265	7.5	106	3.00	35.3	1.00	—	—
M2		3500	99.1	757	21.4	309	8.75	100	2.83	—	—
M2.5	10	12400	350	2650	75.0	1060	30.0	353	10.0	—	—
M3		35000	991	7570	214	3090	87.5	1000	28.3	—	—
M3.5	100	—	—	26500	750	10600	300	3530	100	—	—
M4		—	—	75700	2140	30900	875	10000	283	—	—
M4.5	1000	—	—	—	—	—	—	35300	1000	247	7.00
M5		—	—	—	—	—	—	100000	2830	618	17.5
M5.5	10000	—	—	—	—	—	—	353000	10000	2470	70.0
M6		—	—	—	—	—	—	1000000	28300	6180	175
M6.5	100000	—	—	—	—	—	—	3530000	100000	24700	700
M7		—	—	—	—	—	—	10000000	283000	61800	1750

2. 国际标准

1999 年，国际标准化组织颁布了其制定的国际标准 ISO14644－1《空气洁净度等级划分》（见表 1-3）。

表 1-3 ISO14644－1 标准

级 别	级别限值					
	0.1μm	0.2μm	0.3μm	0.5μm	1.0μm	5.0μm
	m^3	m^3	m^3	m^3	m^3	m^3
1	10	2				
2	100	24	10	4		
3	1000	237	102	35	8	
4	10000	2370	1020	352	83	
5	100000	23700	10200	3520	832	29
6	1000000	237000	102000	35200	8320	293
7				352000	83200	2930
8				3520000	832000	29300
9				35200000	8320000	293000

ISO 标准的洁净度等级和 FS209E 的洁净度等级的差异：

（1） 等级公式

ISO：$C_n = (0.1/D)^{2.08} \times 10^N$

209E：$C_m = (0.5/D)^{2.2} \times 10^M$

式中 C_n、C_m——某等级下，粒径≥D 的微粒最大浓度限值（个/m^3）；

D——被考虑的控制粒径（μm）；

N、M——洁净度等级序数。

（2） 等级数

ISO：ISO1 级～ISO9 级，可以“0.1”为间隔内插，如 1.1 级等。

FS209E：M1 级～M7 级，可任意定级，如 50 级（英制）等。

（3） 表示等级代表粒径的范围

ISO：1 个或更多，当为 2 个或者 2 个以上粒径时，第 2 个（或第 3 个）粒径应是第 1 个（或第 2 个）粒径的 1.5 倍。

FS209E：1 个或更多。

（4） 等级对应的洁净室占用状态

ISO：1 种或多种状态。

FS209E：未做规定。

（5） 最小采样量

ISO：2L。

FS209E：2.83L。

（6） 采样点数

ISO：$\sqrt{A}$。

FS209E：非单向流洁净室为 $A \times 64/(10^M)^{0.5}$。单向流洁净室为 $A/2.32$ 与 $A \times 64/(10^M)^{0.5}$ 两个计算值的最小值。

非单向流 A 为室内地面面积；单向流 A 为送风面积。

（7）超微粒子

ISO：<0.1μm。

FS209E：≤0.02μm。

（8）大粒子

ISO：>5μm。

FS209E：未做规定。

（9）等动力（等速）采样

ISO：未规定。

FS209E：规定。

1.3.3　中国的洁净室标准

中国的《洁净厂房设计规范》（GB 50073—2001）中等同采用了 ISO 的洁净度级别（见表 1-3）。

中国的《药品生产质量管理规范》（GMP）（1998 年修订）及其附录，规定了药品生产车间空气洁净度标准，见表 1-4。

表 1-4　中国 GMP 规定的标准

洁净度级别	尘粒最大允许数/m³		微生物最大允许数	
	≥0.5μm	≥5μm	浮游菌/m³	沉降菌/皿
100 级	3500	0	5	1
10000 级	350000	2000	100	3
100000 级	3500000	20000	500	10
300000 级	10500000	60000	—	15

第 2 章　洁净室的污染源

洁净室的污染物有微粒、微生物及各种有害气体等，这些污染物有的来源于室外，有的产生于室内。本章主要讨论微尘和细菌两大微粒。

2.1　外部污染物

2.1.1　气溶胶的概念

气溶胶是指沉降速度可以忽略的固体粒子、液体粒子或固体和液体粒子在气体介质中的悬浮体。另一种解释：气溶胶是悬浮于气体介质中的粒径一般为 0.001～100μm 的固态、液态微小粒子形成的相对稳定的分散体系。

2.1.2　大气尘的计数浓度[1]

大气尘是固态微粒和液态微粒的多分散气溶胶，是专指大气中的悬浮微粒，粒径小于10μm，也即空气洁净技术中广义的大气尘。

大气尘的计数浓度变化很大，不同地域其浓度也不相同。同一地区不同时间大气尘的计数浓度差别也很大。所以，只能研究典型地区的大气尘计数浓度，表 2-1 为国外几种典型地区大气尘计数浓度。

表 2-1　国外几种典型地区大气尘计数浓度

地区	含尘浓度/（粒/L）（≥0.5μm）	地区	含尘浓度/（粒/L）（≥0.5μm）
农村	3×10^4	清洁地区	3.5×10^4
大城市	12.5×10^4	洁净室设计用	17.5×10^4
工业中心	25×10^4	特别干净	0.19×10^4
污染地区	177×10^4	特别污染	56×10^4
普通地区	17.7×10^4		

我国大气尘计数浓度曾分为三种类型：工业城市、城市郊外、非工业区或农村，≥0.5μm微粒的浓度分别为 3×10^5 粒/L、2×10^5 粒/L、1×10^5 粒/L。可见，农村污染程度较低，而城市工业区的含尘浓度又远高于城市市区及郊区。因此，洁净厂房的厂址宜选在大气含尘浓度较低的地区，如农村、城市远郊、水域之滨等。不宜选在气候干旱、多风沙地区或有严重空气污染的城市工业区。

大气尘的数量和重量的一般关系见表 2-2。

参考文献［1］的作者测定了全国（除港、澳、台地区）132 个地区的大气尘计数浓度，对上述三种典型地区的大气尘浓度平均值可取不大于：2×10^5 粒/L、1×10^5 粒/L、7×10^4 粒/L，与 20 余年前的数据相比，降低幅度约在 30%～40%。

表 2-2　大气尘数量和重量的关系

粒径区间/μm	数量（%）		重量（%）	
	全部	0.5μm 以上为 100	全部	0.5μm 以上为 100
0.5 以下	91.5		1	
0.5～1	6.97	81.49	2	2.02
1～3	1.1	12.86	6	6.06
3～5	0.25	3.00	11	11.11
5～10	0.17	2.00	52	52.53
10～30	0.05	0.65	28	28.28

2.1.3　大气尘的粒径分布[1]

灰尘粒子并不都具有球形、立方形等规则的几何外形。因此，通常所说的微粒粒径，并不是指真正球体的直径。在空气洁净技术中，粒径的意义通常是指通过微粒内部的某一长度量纲，并不含有规则几何形状的意义。不同的研究内容采用不同的平均粒径（参见参考文献［1］）

大气尘按其全粒径的分布，直径大于等于 0.3μm 的所谓大粒子和凝结核相比，只占很小一部分，从 1:15～1:5000 甚至更悬殊的比例。

表 2-3、表 2-4 为统计的大气尘粒径分布。

表 2-3　统计的大气尘粒径（0.3μm 以上）分布

粒径/μm	相对频率（%）	粒径/μm	累积频率（%）	粒径/μm	相对频率（%）	粒径/μm	累积频率（%）
0.3	46	≥0.3	100	1.2	2	≥1.2	5
0.4	20	≥0.4	54	1.5	1	≥1.5	3
0.5	11	≥0.5	34	1.8	1	≥1.8	2
0.6	11	≥0.6	23	2.4	0.7	≥2.4	1
0.8	5	≥0.8	12	4.8	0.3	≥4.8	0.3
1.0	2	≥1.0	7				

表 2-4　统计的大气尘粒径（0.5μm 以上）分布

粒径/μm	相对频率（%）	粒径/μm	累积频率（%）	粒径/μm	相对频率（%）	粒径/μm	累积频率（%）
0.5	33	≥0.5	100	1.5	3	≥1.5	9
0.6	31	≥0.6	67	1.8	3	≥1.8	6
0.8	15	≥0.8	36	2.4	2	≥2.4	3
1.0	6	≥1.0	21	4.8	1	≥4.8	1
1.2	6	≥1.2	15				

大气尘的分布是一个十分重要的问题，其统计分布虽有一定的规律，但是具体的大气尘分布又是多变的，与统计分布值可能相差较远，这和很多因素有关，需根据实际情况区别对待。

2.1.4 大气含菌浓度[1]

大气中的微生物包括病毒、立克次体、细菌、菌类、原生虫类等，和洁净技术有关的主要是细菌和菌类。细菌不能单独存在，它一般附着在尘粒表面，形成有生命的微粒。细菌的等价直径：无菌室（洁净室）为1~5μm；普通手术室为6~12μm；室外为5~20μm。

微生物单体尺寸见表2-5。

表2-5 微生物单体尺寸[1]

项目	尺寸	项目	尺寸
藻类	3~100μm	炭疽杆菌	0.46~0.56μm
原生动物	1~100μm	病毒	0.008~0.3μm
菌类（如真菌）	3~80μm	天花病毒	0.2~0.3μm
细菌		流行性腮腺炎病毒	0.09~0.19μm
枯草菌	5~10μm	麻疹病毒	0.12~0.18μm
水肿菌	5~10μm	狂犬病病毒	0.125μm
肺炎杆菌	1.1~7μm	呼吸道融合病毒	0.09~0.12μm
乳酸菌	1~7μm	腺病毒	0.07μm
白喉菌	1~6μm	肝炎病毒	0.02~0.04μm
大肠菌	1~5μm	脊髓灰质炎（小儿麻痹）病毒	0.008~0.03μm
结核菌	1.5~4μm	肠道病毒	0.3μm
破伤风菌	2~4μm	流行性乙型脑炎病毒	0.015~0.03μm
肠菌	1~3μm	鼻病毒	0.015~0.03μm
伤寒杆菌	1~3μm	冠状病毒	0.06~0.2μm
普通化脓杆菌	0.7~1.3μm	立克次体	0.25~0.6μm
白色、金黄色葡萄球菌	0.3~1.2μm		

大气中的含菌浓度与大气含尘浓度一样，地区不同、季节不同、场所不同、气象条件不同，大气中的含菌浓度也不相同，甚至相差很大。如人员活动频繁的医院、广场的含菌浓度较高，而校园中的草坪含菌浓度较低。在工程设计中应根据具体情况，取用相关条件下的实测统计值，表2-6为不同场所空气中细菌总数。

表2-6 不同场所空气中细菌总数 （单位：个/m³）

地点	范围	中位数
城区		
交通干道	4941~39154①	11496
小巷	0~4724①	2874
车站广场	1594~8839	2500
商场广场	3248~21102	12303
影院广场	2618~11043	5610
公园草地	2303~327	2894
公园树林	906~3091	1280
公园水面	846~2185	1280

（续）

地点	范围	中位数
乡村		
交通干道	4744 ~ 52677	22205
小巷	512 ~ 6535	2697
田野	630 ~ 1476	906
水面	1201 ~ 1969	1634

①为雨后采样。

2.2 内部污染物

洁净室内的污染物来自以下几个方面：①操作人员散发尘、菌。②室内表面的产尘。③生产设备及生产过程中的产尘。④大气中的污染物对室内的污染。

2.2.1 发尘量

1）操作人员的发尘量，与洁净工作服的款式、面料及动作有关。棉质面料的发尘量最大，的确良面料次之，去静电纯涤纶、尼龙面料发尘量最小。大挂型款式发尘量最大，上下分装型款式次之，全罩型款式发尘量最小。操作人员活动时的发尘量是静止时发尘量的 3 ~ 7 倍。服装的发尘量还与洗涤方式有关。用溶剂洗涤的发尘量为采用一般水清洗的 1/5。

2）室内表面的产尘量与材料有关，据参考文献［1］的统计，大约 $8m^2$ 地面所代表的室内表面发尘量可看成是 1 个人静止时的发尘量。近年来，由于洁净室的装修材料不断改善，金属壁板喷涂材料、仿搪瓷漆墙面、彩钢夹芯复合板壁面、PVC 防静电地面、环氧树脂自流平地面等材料的使用，使壁面及地面无接缝或少接缝，从而可使表面的产尘量大大减少，其所占室内总产尘量的份额越来越低。

3）生产设备及生产过程的产尘量与许多因素有关，有些生产设备不符合洁净室的要求，电动机裸露、带传动，其发尘量较大，可采用不锈钢板包覆装饰，减少其产尘量。生产过程的产尘量与生产工艺有密切的关系，可采用局部排尘、密闭隔离等方法控制，使其产尘不流入或少流入洁净室内。

4）大气中的污染物对室内的污染，可采用密闭及正压的控制措施，防止其直接污染洁净室；对新风采用粗效、中效及亚高效三级过滤措施，防止大气中的污染物间接污染洁净室。

可见，人是洁净室内最大的污染源，表 2-7 为服装发尘量。随着生产工艺的改进，以机械手、机器人代替人的操作，使室内总产尘量不断下降，将有利于洁净室内的污染控制。

表 2-7 服装发尘量 （单位：个/min · 人）

动作＼粒径＼衣服		普通工作服 ≥0.5μm /（×10^6）	白色尼龙洁净工作服 ≥0.5μm /（×10^6）	全套型洁净工作服 ≥0.5μm /（×10^6）	手术内衣 ≥0.5μm /（×10^6）	棉手术衣 ≥0.5μm /（×10^6）	无纺布手术衣 ≥0.5μm /（×10^6）
静止状态	站着	0.339	0.113	0.006	—	—	—
	坐着	0.302	0.112	0.007	—	—	—

（续）

动作 \ 粒径 \ 衣服		普通工作服 ≥0.5μm /（×10^6）	白色尼龙洁净工作服 ≥0.5μm /（×10^6）	全套型洁净工作服 ≥0.5μm /（×10^6）	手术内衣 ≥0.5μm /（×10^6）	棉手术衣 ≥0.5μm /（×10^6）	无纺布手术衣 ≥0.5μm /（×10^6）
动作状态	手腕上下运动	2.98	0.3	0.019	27.9	12.5	1.53
	腕自由运动	2.24	0.298	0.021	7.63	33.9	3.32
	上体前屈	2.24	0.54	0.024	8.28	8.73	7.15
	头上下左右运动	0.361	0.151	0.011	0.224	0.543	0.255
	上体扭转	0.850	0.267	0.015	4.56	5.88	1.17
	屈身	3.12	0.605	0.037	10.3	26.1	8.65
	起立坐下	—	—	—	15.3	31.7	5.92
	坐下	—	—	—	0.215	0.51	0.749
	坐下（腕、手、头、躯体轻动）	—	—	—	1.03	14.0	0.61
	踏步（90步/min）	2.92	1.01	0.056	4.63	24.0	4.33
动作平均		2.14	0.45	0.026	8	15.79	3.37
动静比		6.68	4	4	—	—	—

2.2.2 发菌量[1]

据参考文献［1］对国外实验资料的分析得出如下发菌量数据：

1）洁净室内当工作人员穿无菌服时

静止时的发菌量一般为：10～300个/(min·人)

躯体一般活动时的发菌量为：150～1000个/(min·人)

快步行走时的发菌量为：900～2500个/(min·人)

2）咳嗽一次发菌量一般为：70～700个/(min·人)

喷嚏一次发菌量一般为：4000～60000个/(min·人)

3）穿平常衣服时的发菌量为：3300～62000个/(min·人)

4）有口罩发菌量：无口罩发菌量为（1∶7）～(1∶14)

5）发菌量：发尘量为（1∶500）～(1∶1000)

6）根据国内实测，手术中人员发菌量为878个/(min·人)。

可见，洁净室内穿无菌衣人员的静态发菌量一般不超过300个/(min·人)，动态发菌量一般不超过1000个/(min·人)，以此作为计算依据是可行的。

第3章 空气净化与空气过滤器

3.1 空气净化措施

采用洁净室技术，对受控微环境进行污染控制以达到所要求的空气洁净度，需采取多种综合技术措施。这些技术措施包括：①采用符合洁净室要求的材料建造洁净室。②选用符合洁净室要求的设备。③采用闭密、隔离或排尘等措施有效控制污染物的扩散。④采用压差控制措施。⑤采用合理的人净、物净措施。⑥采用符合洁净度要求的气流组织形式等。

1. 采用符合要求的材料建造洁净室

洁净室的污染控制是一项系统工程，需多种措施有效配合，才能以最小的代价来达到最有效的污染控制。洁净室的墙壁、地面、顶棚应不产尘、少积尘、不易孳生细菌、无接缝或少接缝且接缝应严密。符合要求的材料有彩钢夹芯复合板、电解钢板加抗菌涂层、人造石材板等。地面材料有环氧树脂自流平地面、PVC 防静电地板、高级水磨石地面等。

2. 选用符合洁净室要求的设备

这项工作由工艺专业完成。目前的情况是：有相当比例的工艺设备不符合洁净室的要求，表现为表面凹凸不平、易产尘积尘、污染环境。可在设备安装后，在不影响使用的情况下，用不锈钢板进行装饰，使其表面平整、光洁。

3. 采用压差控制措施

根据洁净度的高低、工艺设备的产尘情况，利用压差有效控制污染。一般情况下，气流应从洁净度高的洁净室向洁净度低的洁净室渗透。对于产生污染的洁净室，除采取防止污染扩散的措施外，应使该洁净室处于相对负压的状态，以防污染邻室。

4. 采用合理的人净、物净措施

配合建筑设计专业，合理设计人流、物流通道，根据工艺要求，采用一更、二更甚至三更的人净方案。必要时需设置空气吹淋室吹掉洁净工作服上的浮尘。原材料的输入，产品输出，均需有很好的保护措施，如设置传递窗、传递通道。对输入原辅料进行外包吸尘、脱外包等工序。通过压差来控制输入、输出口气流流向，应使洁净区的静压比非洁净区高 15Pa。

5. 采用符合洁净度要求的气流组织形式

这是空气净化的核心措施。采用过滤的方法（至少三级：粗效、中效、高效或亚高效），使送风气流洁净。在非单向流洁净室中，通过合理布置送风口及回风口，靠洁净送风气流的扩散、稀释作用，把污染物稀释后从回风口排出。保持洁净室的悬浮粒子浓度在要求的范围内。在单向流洁净室中，靠洁净送风气流“活塞”般的平推作用，把污染物从回风口“压”出。这方面的详细内容参见第4章。

近年来，有些产品的生产要求精密化及高纯度，除需要控制微环境中的微粒污染外，还需要控制其分子污染。为此，在这些洁净室的空气处理系统中还应设置化学过滤器、吸附过滤器及吸收装置。

3.2 空气过滤机理[1]

3.2.1 基本过滤过程

1. 过滤分离的两大类别

在洁净室技术中，空气中微粒浓度很低（与工业除尘相比），微粒尺寸很小，主要采用带有阻隔性质的过滤分离装置来清除气流中的微粒，以确保末级过滤效果的可靠。其次，也常采用静电分离的办法。

阻隔性质的微粒过滤器按微粒被捕集的位置可以分为表面过滤器和深层过滤器两类，表面过滤器有金属网、多孔板、化学微孔滤膜等。深层过滤器分高填充率和低填充率两种，微粒捕集发生在表面和层内。前者至今研究得很少，而后者（包括纤维填充层、无纺布和滤纸的过滤器）虽然内部纤维配置很复杂，但由于空隙率大，允许将构成过滤层的纤维孤立地看待，从而可简化研究步骤。而且此类过滤器阻力不大，效率很高，实用意义很大，在洁净室技术方面得到广泛应用。

2. 过滤过程的两大阶段

第一阶段为稳定阶段，在这个阶段里，过滤器对微粒的捕集效率和阻力是不随时间而改变的，而是由过滤器的固有结构、微粒的性质和气流的特点决定的。过滤器结构由于微粒沉积等原因而引起厚度上的变化是很小的。对于过滤微粒浓度很低的气流（如过滤洁净室的空气），这个阶段对于过滤器就很重要了。

第二阶段为不稳定阶段，在这个阶段里捕集效率和阻力不取决于微粒的性质，而是随时间的变化而变化，主要是随着微粒的沉积、气体的侵蚀、水蒸气的影响等变化。尽管这一阶段和上一阶段相比要长得多，并且对一般工业过滤器有决定意义，但是在空气洁净技术中意义不大。

3.2.2 五种效应

1. 拦截效应

在纤维层内纤维错综排列，形成无数网格。当某一尺寸的微粒沿着气流流线刚好运动到纤维表面附近时，假使从流线（也是微粒的中心线）到纤维表面的距离等于或小于微粒半径时（如图 3-1 所示，$r_1 = r_f + r_p$），微粒就在纤维表面被拦截而沉积下来，这种作用称为拦截效应，筛子效应属于拦截效应。

2. 惯性效应

气流在纤维层内穿过时，由于纤维排列复杂，所以气流流线要屡次激烈地拐弯。当微粒质量较大或者速度（可以看成气流的速度）较大，在流线拐弯时，微粒由于惯性来不及跟随流线同时绕过纤维，因而脱离流线向纤维靠近，并碰撞在纤维上而沉积下来（如图 3-2 所示位置 a）

如果因惯性作用微粒不是正面撞到纤维表面而是正好撞到拦截效应范围之内（如图 3-2 所示位置 b），则微粒的被截留就是靠这两种效应的共同作用了。

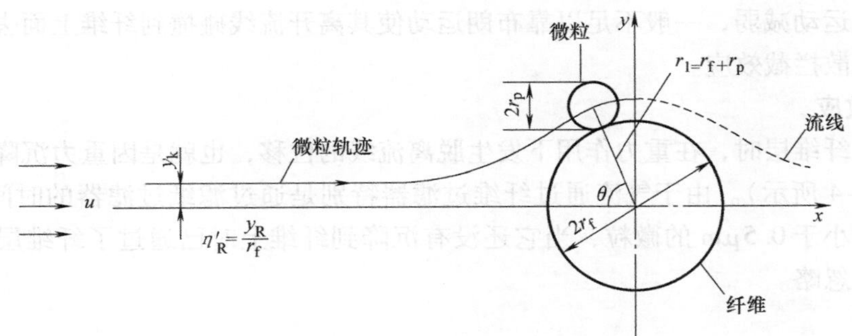

图 3-1　拦截效应

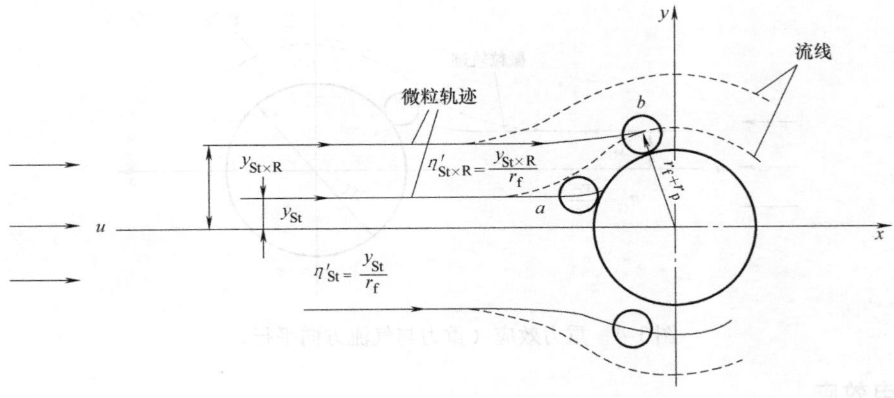

图 3-2　惯性效应和惯性拦截效应

3. 扩散效应

由于气体分子热运动对微粒的碰撞而产生微粒的布朗运动，越小的微粒效果越显著。

常温下，0.1μm 的微粒每秒钟扩散距离达 17μm，比纤维间距离大几倍至几十倍，这就使微粒有更大的机会运动到纤维表面而沉积下来（如图 3-3 所示位置 a），而大于 0.3μm

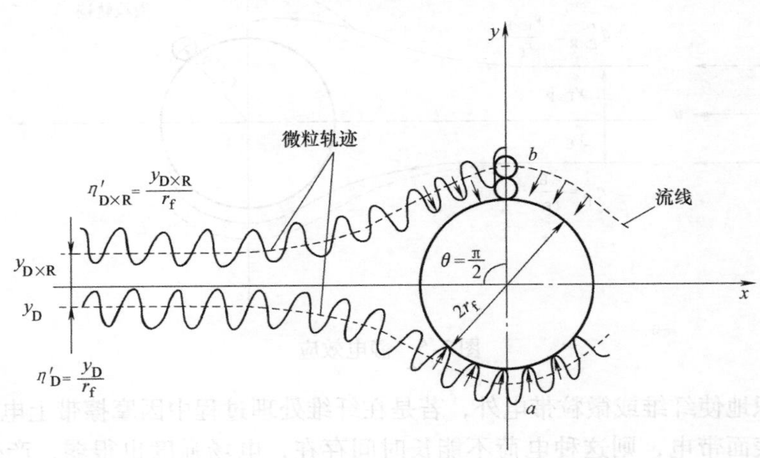

图 3-3　扩散效应 a 和扩散拦截效应 b

的微粒其布朗运动减弱，一般不足以靠布朗运动使其离开流线碰撞到纤维上面去。图3-3所示位置 b 为扩散拦截效应。

4. 重力效应

微粒通过纤维层时，在重力作用下发生脱离流线的位移，也就是因重力沉降而沉积在纤维上（如图3-4所示）。由于气流通过纤维过滤器特别是通过滤纸过滤器的时间远小于1s，因而对于直径小于0.5μm的微粒，当它还没有沉降到纤维上时已通过了纤维层，所以重力沉降完全可以忽略。

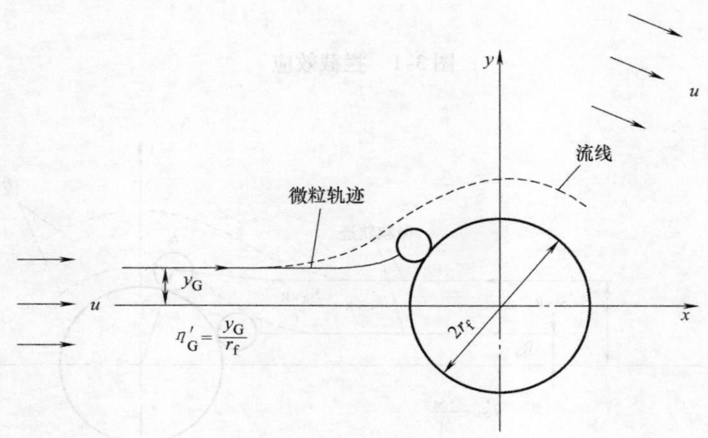

图3-4　重力效应（重力与气流方向平行）

5. 静电效应

由于种种原因，纤维和微粒都可能带上电荷，产生吸引微粒的静电效应（如图3-5所示）。

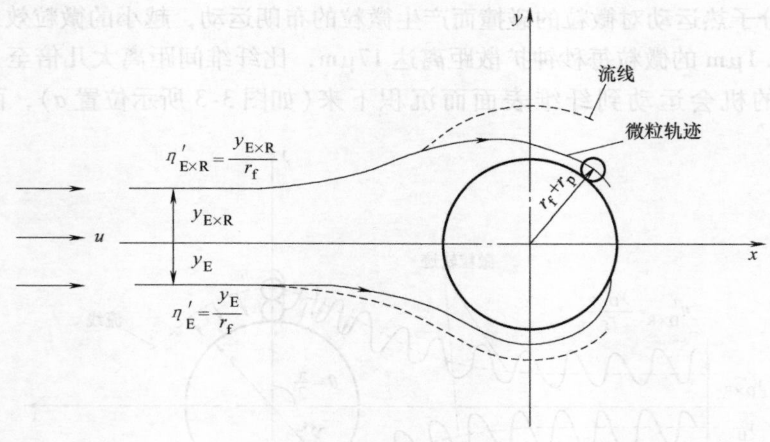

图3-5　静电效应

除了有意识地使纤维或微粒带电外，若是在纤维处理过程中因摩擦带上电荷，或因微粒感应而使纤维表面带电，则这种电荷不能长时间存在，电场强度也很弱，产生的吸引力很小，可以完全忽略。

3.3 空气过滤器

3.3.1 空气过滤器的特性

过滤器的特性包括面速、滤速、效率、透过率、阻力和容尘量等。

1. 过滤器面速和滤速

面速是指过滤器断面上通过气流的速度，一般以 m/s 表示。

$$u=\frac{Q}{F\times3600} \tag{3-1}$$

式中　u——过滤器面速（m /s）；

Q——通过过滤器的风量（m^3/h）；

F——过滤器断面面积（迎风面积）（m^2）。

面速反映过滤器通过气流的能力。

滤速是指滤料面积上通过气流的速度，一般以 cm/s 表示。

$$V=\frac{Q\times10^6}{f\times10^4\times3600}=0.028\frac{Q}{f} \tag{3-2}$$

式中　V——过滤器滤速（cm/s）；

f——滤料净面积（m^2）。

滤速反映滤料通过气流的能力。

高效和超高效过滤器的滤速一般为 2 ~3cm/s，亚高效过滤器的滤速为 5 ~7cm/s。

2. 过滤器效率和透过率

过滤器的效率分计重效率和计数效率两种，当被过滤气体的含尘浓度以计重浓度表示时，则效率为计重效率；当被过滤气体的含尘浓度以计数浓度来表示时，则为计数效率。在空气洁净技术中常用后者表示效率。

$$\eta=\frac{N_1-N_2}{N_1}=1-\frac{N_2}{N_1} \tag{3-3}$$

式中　η——过滤器的计数效率（%）；

N_1、N_2——过滤器进出口气流中的尘粒浓度（粒/L）。

$$K=\frac{N_2}{N_1}=(1-\eta)\times100\% \tag{3-4}$$

式中　K——过滤器的透过率。

在净化空调系统中，至少要采用三级过滤，过滤器串联总效率 η 可表示为

$$\eta=1-(1-\eta_1)(1-\eta_2)\cdots(1-\eta_n) \tag{3-5}$$

式中　η_1、η_2、…、η_n——串联的各级过滤器的效率，应为同一粒径范围内的效率，若各级过滤器效率的粒径范围不同，须进行换算。

计数效率和粒径密切相关，美国、日本等国家采用 DOP 效率。DOP 是单分散的邻苯二甲酸二辛酯微粒，粒径为 0.3μm。把 DOP（塑料工业常用增塑剂）液体加热成蒸汽，蒸汽在特定条件下冷凝形成微小液滴，去掉过大和过小的液滴后，留下 0.3μm 左右的颗粒。雾

状 DOP 进入风道，测量过滤器前后气样的浊度，并由此判断过滤器对 0.3μm 粉尘的过滤效率。这种方法曾经是国际上测量高效过滤器最常用的方法。早期，人们认为过滤器对 0.3μm 的粉尘最难过滤，因此规定使用 0.3μm 粉尘测量高效过滤器的效率。

DOP 中含苯环，人们怀疑它致癌，因此许多实验室改用性能类似但不含苯环的替代物，如 DOS，但试验方法仍称为“DOP 法”。[3]

通过改变发尘参数，可以获得其他粒径的 DOP 液滴。如欧美国家测量超高效过滤器的 0.1μmDOP 法，有时测量仪器也改为凝结核激光粒子计数器。

在对过滤器进行扫描测试时，人们经常使用冷 DOP。冷 DOP 是指 LasKin 喷管（用压缩空气在液体中鼓气泡，飞溅产生雾态人工尘）产生的多分散相 DOP 粉尘。若 0.3μmDOP 效率为 99.91%，则对 0.5μm 微粒的效率为 99.994%，对大于 0.5μm 微粒的效率为 99.998% ~ 99.999%。

高效过滤器试验方法（钠焰法、DOP 法、计数扫描法等）不同，所测得效率也不同。

3. 过滤器的阻力

过滤器的阻力由滤料阻力和过滤器结构阻力组成。

$$\Delta P_1 = AV$$

$$\Delta P_2 = Bu^n$$

$$\Delta P = \Delta P_1 + \Delta P_2 = CV^m$$

式中 ΔP_1——滤料阻力；

ΔP_2——过滤器结构阻力；

V——滤速；

u——面速；

ΔP——过滤器全阻力；

A、B、C、n、m——系数。

可见，滤料阻力和滤速的一次方成正比，过滤器全阻力和滤速成指数关系。

4. 容尘量

通常将运行中过滤器的终阻力达到其初阻力的 2 倍时，过滤器上沉积的灰尘重量作为该过滤器容尘量。至于过滤器的终阻力选多大，要根据工程性质，进行技术经济比较来确定。有些工程选小于 2 倍的初阻力，有些工程选大于 2 倍的初阻力，还应结合净化空调系统中风机的选型及运行调节方式等诸多因素综合考虑。同一台过滤器，选的终阻力高，其容尘量就大。同类过滤器若尺寸不同，容尘量也不同。

对于预过滤器来说，将过滤器效率下降到初始效率的 85% 以下时，过滤器上沉积的灰尘重量作为该过滤器的容尘量。

在工程应用中，重点应考虑如何正确地选择各级过滤器的终阻力，以便于送回风管路系统的设计，使净化系统调节方便、运行经济。

3.3.2 空气过滤器的使用寿命

过滤器达到额定容尘量的时间作为过滤器的使用寿命。当过滤器达到额定容尘量时，对于无纺布制作的粗效、中效等过滤器，可进行清洗（用于生物安全实验室的过滤器除外），晾干后只要不破损可以继续使用。对于滤纸制的高效或亚高效过滤器，即需要更换。

$$T = \frac{P}{N_1 \times 10^{-3} Qt\eta} \tag{3-6}$$

式中　T——过滤器使用寿命（d）；

P——过滤器容尘量（g）；

N_1——过滤器前空气的含尘浓度（mg/m^3）；

Q——过滤器的风量（m^3/h）；

t——过滤器一天的工作时间（h）；

η——计算过滤器的计重效率。

当风量为 $1000m^3/h$ 时，一般折叠形泡沫塑料过滤器的容尘量为 200～400g，玻璃纤维过滤器的容尘量为 250～300g，无纺布过滤器的容尘量为 300～400g，亚高效过滤器的容尘量为 160～200g，高效过滤器的容尘量为 400～500g。

在工程应用中，很难采用上述公式计算过滤器的使用寿命。因为公式中的有些参数很难获得准确值。采用压差测量装置测量过滤器是否达到设计终阻力，是确定过滤器寿命的较好的方法。只要过滤器达到设计终阻力，就需清洗或更换。也可以采用经验法确定过滤器的使用寿命，如高效过滤器在正常使用下，2～3 年更换一次，但这个数据出入很大。经验数据只能是在特定的工程中，经过洁净室的运行验证，找到适合该洁净室的经验数据，只能供该洁净室使用。若扩大应用范围，寿命偏差不可避免。如作者检测更换过大输液车间、固体制剂车间、无菌实验室等洁净室的高效过滤器，使用寿命都在 3 年以上。所以，过滤器寿命的经验值，不可任意扩大应用范围。若系统设计不合理，新风处理不到位，洁净室控尘方案不科学，过滤器的使用寿命肯定较短，有的使用不到 1 年就得更换。

末端高效过滤器的更换，是一项很费时的工作，更换后需进行调试及检测验证。所以，在设计时其终阻力不宜小于 2 倍初阻力。应定时进行过滤器的运行验证，若发现风量减小、洁净度降低或菌浓度超标，应及时清洗粗、中效过滤器。若清洗后还出现上述情况，就要考虑更换高效过滤器了。

3.3.3　我国空气过滤器的分类

1. 一般过滤器分类

在 1992 年、1993 年，我国分别颁布了《高效空气过滤器》（GB 13554—1992）和《空气过滤器》（GB/T 14295—1993）两个国家标准，一共分为粗效过滤器、中效过滤器、高中效过滤器、亚高效过滤器和高效过滤器五类。其中，高效过滤器又细分为四种。粗效过滤器、中效过滤器、高中效过滤器、亚高效过滤器统称为一般空气过滤器，见表 3-1。

表 3-1　一般空气过滤器按性能分类

类别	额定风量下的大气尘计数效率 η（%）	额定风量下的初阻力/Pa
粗效	粒径≥5μm　$80 > \eta \geq 20$	≤50
中效	粒径≥1μm　$70 > \eta \geq 20$	≤80
高中效	粒径≥1μm　$99 > \eta \geq 70$	≤100
亚高效	粒径≥0.5μm　$99.9 > \eta \geq 95$	≤120

在一般空气过滤器中，粗效、中效过滤器是人们早已熟悉的过滤器，而高中效过滤器和亚高效过滤器则是国内新的分类。

2. 高中效过滤器

（1）袋式高中效过滤器　如图 3-6 所示，采用无纺布制作，名义尺寸为 610mm × 610mm（24in × 24in），实际外框尺寸为 592mm × 592mm。

空气处理机组中，过滤段若由 610mm × 610mm 的单元拼成，有时，为了排满过滤断面，过滤断面的边缘配有模数为 305mm × 610mm 的袋式过滤器过滤段，如图 3-7 所示。

图 3-6　袋式高中效过滤器

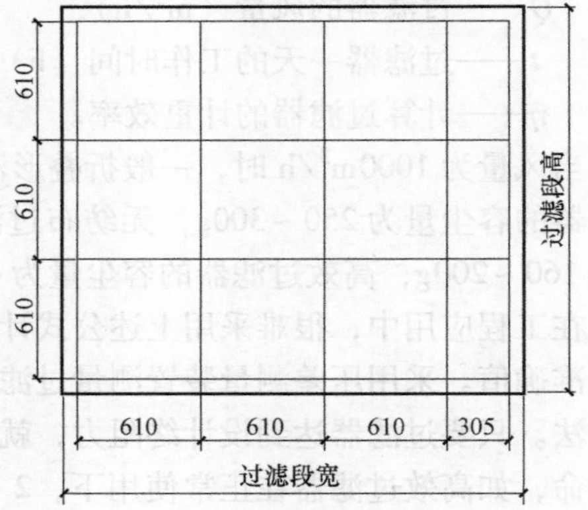

图 3-7　过滤段袋式过滤器排列

表 3-2 为某袋式高中效过滤器的性能参数。

表 3-2　某袋式高中效过滤器的性能参数

型号	$W \times D$/mm	袋长/mm	额定风量/(m^3/h)	η(%) ≥1μm	初阻力/Pa
KG－D－K－2－Ⅲ	592 × 592	533	2400	≥80	≤90
KG－D－K－3－Ⅲ	592 × 592	737	3400	≥80	≤90
KG－D－K－4－Ⅲ	592 × 592	915	4100	≥80	≤90

在组合式净化空调机组中，袋式过滤器虽然占用空间较大，但因其风量大，容尘量大、阻力小，使用寿命长而得到广泛应用。

（2）管（筒）式高中效过滤器　如图 3-8 所示，最大特点：节省空间。当无安装空间时，可直接将该过滤器装入直风管内而节约空间。但在实际应用中发现，滤管容易脱落而影响过滤效果。

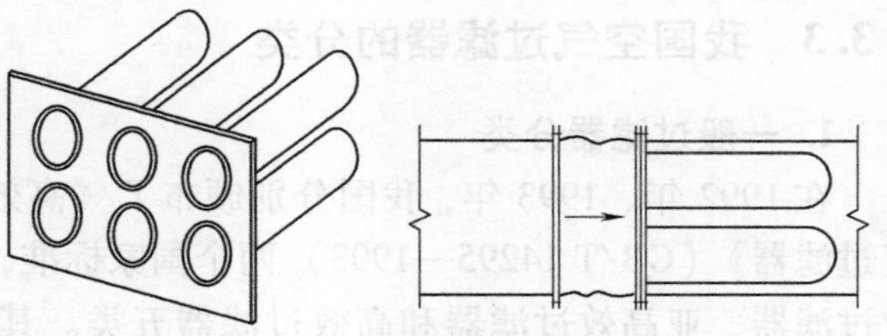

图 3-8　筒式高中效过滤器

3. 亚高效过滤器

亚高效过滤器分为滤纸折叠形和滤管形两类，前者外形及加工工艺和有隔板高效过滤器相同。后者是亚高效过滤器中唯一不用胶的过滤器，因而不会产生二次污染，很适合在医疗建筑中使用。更换时可只更换滤管（但工作量大），节约造价。可做成任意形状，也可用于净化空调设备及民用净化机组中。图 3-9 所示为 YGG 型低阻亚高效过滤器示意图。

低阻亚高效过滤器可用于送风末端（10 万级以下），由于初阻力小而使净化空调系统中风机的选型非常容易，作者在 10 万级及以下级别的生物洁净室中应用较多。采用粗效、中效、亚高效三级过滤的净化系统，组合式净化空调机组可配置转速小于等于1450r/min的风机，再配以弹簧减振器，机组噪声很低。作者曾在 1 万级生物洁净室的送风末端也使用过亚高效过滤器，经检测除自净时间较长外，其他指标如洁净度、沉降菌、浮游菌等均能满足要求（静态）。也有一些技术人员持否定态度，不认同亚高效过滤器的低阻力优势。有工程实践经验的人员都明白，若三级过滤器的终阻力都按 2 倍初阻力考虑，在其他条件都相同的情况下，亚高效系统比高效系统的阻力要小 160 ~ 360Pa；若取终阻力大于 2 倍初阻力的话，这个阻力差值更大。在选择风机时这一差值可能使风机转速由 1450r/min 跳跃至 2900r/min，噪声等级明显不同。

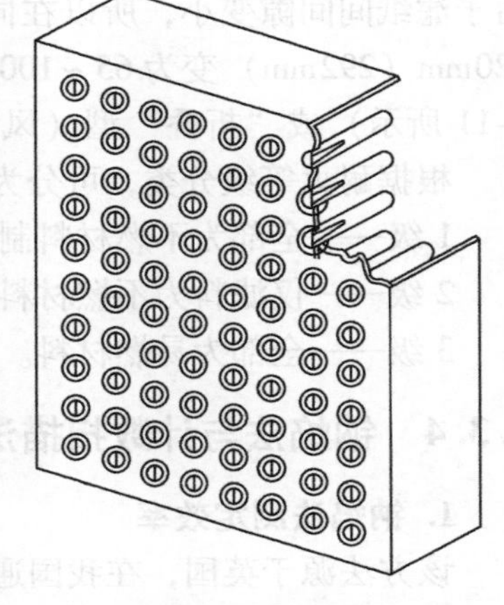

图 3-9　YGG 型低阻亚高效过滤器示意图

所以，在洁净度小于等于 10 万级的生物洁净室中，送风末端采用低阻亚高效过滤器利大于弊，完全可行。低阻亚高效过滤器的滤管是采用热熔法粘结的，加工质量很关键。若质量不过关，使用中会产生泄漏现象。所以，应选择质量可靠的产品。

4. 高效过滤器分类

高效过滤器按性能分类参见表 3-3，其中 A 类、B 类、C 类三种高效过滤器的效率规定用钠焰法测定，D 类高效过滤器效率用计数法测定。

表 3-3　高效过滤器按性能分类

类别 \ 性能指标	额定风量下的效率 η（%）		20% 额定风量下的效率 η（%）		额定风量下的初阻力/Pa	出厂检漏
A	≥99.9		/		≤190	/
B	≥99.99		≥99.99		≤220	/
C	≥99.999		≥99.999		≤250	要
D	粒径≥0.1μm	≥99.999	粒径≥0.1μm	≥99.999	≤280	要

高效过滤器按分隔物的材料分类，可分为有隔板与无隔板两种。

（1）有隔板高效过滤器　滤纸由瓦楞状的隔板隔开，以保证气流在多褶滤纸间的流动。滤芯的四周用胶粘剂与外框粘贴固定。过滤材料为玻璃纤维滤纸，隔板材料为铝箔、白卡纸；外框材料为镀锌钢板、铝板、胶合板等。铝板制作的外框强度不如镀锌钢板的高，当采用压紧法安装时，因受力不匀，容易变形，影响密封效果。在生物洁净室不应采用胶合板等木质外框。胶粘剂常用聚氨酯，特殊场合采用硅酮、PVC 等。以前曾使用环氧树脂、聚酰胺。图 3-10 所示为有隔板高效过滤器示意图。

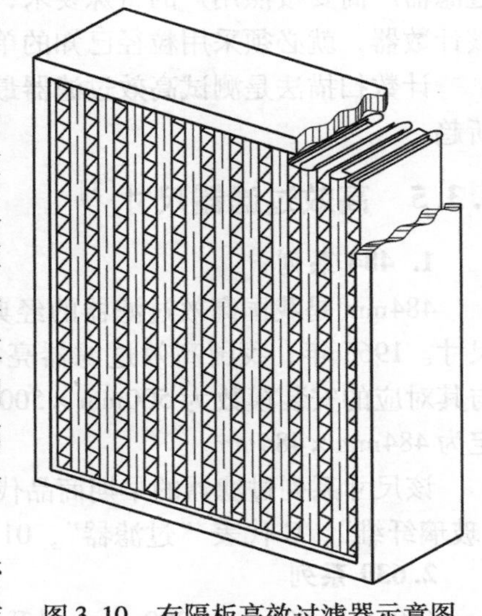

图 3-10　有隔板高效过滤器示意图

（2）无隔板高效过滤器　无隔板并非无分隔物。否则，气流很难畅通。过滤材料也是玻璃纤维滤纸，外框由铝型材、镀锌钢板、不锈钢板制作，滤纸间的分隔物为热熔胶线、丝线、玻璃纤维纸条。由于滤纸间间隙变小，所以在同样送风面积、同样的额定风量下，过滤器厚度由有隔板的220mm（292mm）变为65~100mm，使净化设备紧凑轻巧。该过滤器可做成平板型（如图3-11所示）或“折叠”型（风量大）。

根据耐火等级分类，可分为1、2、3级。

1级——全部为不燃材料制作。

2级——仅滤料为不燃材料。

3级——全部为易燃材料。

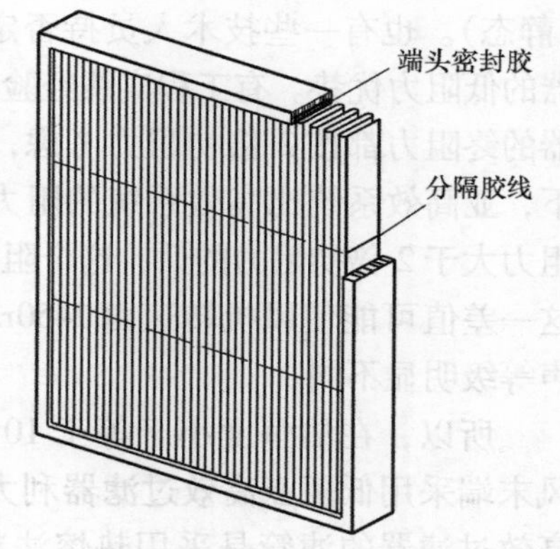

图3-11 无隔板高效过滤器

3.3.4 钠焰法与计数扫描法测定效率[3]

1. 钠焰法测定效率

该方法源于英国，在我国通行。

试验尘源为单分散相氯化钠盐雾，主要仪器为光度计。

盐水在压缩空气的搅动下飞溅，经干燥形成微小盐雾并进入风道。在过滤器前后分别采样，含盐雾气样使氢气火焰的颜色变蓝、亮度增加。以火焰亮度来判断空气的盐雾浓度，并以此确定过滤器对盐雾的过滤效率。

国家标准规定的盐雾颗粒平均直径为0.4μm，但对国内现有装置的实测结果为0.5μm。

2. 计数扫描法测定效率

这种方法欧洲通用，美国类似，其他国家紧跟。是目前国际上高效过滤器的主流试验方法。

主要测量仪器为大流量激光粒子计算器或凝结核计数器。用计数器对过滤器的整个出风面进行扫描检验，计数器给出每一点粉尘的个数和粒径。这种方法不仅能测量过滤器的平均效率，还可以比较各点的局部效率。

试验中使用尘源为Laskin喷管产生的多分散相液滴，或确定粒径的固体粉尘。有时，过滤器厂商要按照用户的特殊要求，使用大气粉尘或其他特定粉尘。若测试中使用的是凝结核计数器，就必须采用粒径已知的单分散相试验粉尘。

计数扫描法是测试高效过滤器最严格的方法，用这种方法替代其他各种传统方法是大势所趋。

3.3.5 高效过滤器尺寸[3]

1. 484系列

484mm是我国高效过滤器的经典。484mm×484mm×220mm是国产高效过滤器的主流尺寸。1965年，我国高效过滤器亮相于蚌埠，它的外形尺寸为484mm×484mm×220mm。与其对应的安装模数为500mm×500mm，安装时需留出周边吊杆的位置，故过滤器断面确定为484mm×484mm。

该尺寸系列过滤器的早期商品代号是GS-01和GB-01。S代表“石棉纤维”，B代表“玻璃纤维”，G代表“过滤器”，01代表边框长为484mm，额定风量为1000m^3/h。

2. 630系列

630mm×630mm×220mm，是我国高效过滤器的另一流行尺寸。该过滤器的安装模数为

650mm×650mm，考虑安装时吊杆的位置，过滤器断面尺寸就设计成 630mm×630mm。630mm 的派生尺寸为 315mm、945mm、1260mm。

该过滤器的早期商品代号为 GS－03、GB－03，其中 03 代表过滤器边框长为 630mm，G、S、B 意义同 484 系列。该过滤器额定风量为 $1500m^3/h$。

3. 320 系列

320mm×320mm×260m，这一规格尺寸与 484mm 和 630mm 系列并存。其早期商品代号为 GS－02 和 GB－02，02 表示过滤器边框长为 320mm。G、S、B 意义同前。其额定风量为 $500m^3/h$。目前，这一系列的过滤器尺寸变为 320mm×320mm×220mm，厚度变小了。所以，额定风量不足 $500m^3/h$，在选用时应注意。

4. 610 系列

发达国家的高效过滤器外框宽度始终以 610mm（24in）为主。20 世纪 80 年代，进口过滤器随成套设备进入我国。90 年代，610mm 这一尺寸在国内流行。

610mm 的派生尺寸为 203mm、305mm、762mm、915mm、1219mm、1524mm、1829mm（8in、12in、30in、36in、48in、60in、72in）。

610 系列的有隔板高效过滤器厚度为 292mm、150mm 两种，平板式无隔板高效过滤器的厚度大多在 65～100mm。

在工程设计中，设计人员可根据自己的偏好，在上述高效过滤器系列中任选其一。但是，要避免在同一工程中混用不同尺寸系列的过滤器（320 系列除外），以免给施工、日后维护和备件选购带来麻烦。320 系列过滤器一般用在洁净车间内较小的洁净室内或长宽比较大的洁净室内（增加送风口数量、改善气流组织），故可与其他系列混用。

3.4　空气过滤器效率的换算[1]

3.4.1　尘—尘换算

用图 3-12 进行换算。

1）已知≥1μm 的计数效率为 75%，计算对应于≥0.5μm 的计数效率。

因为≥1μm 的计数效率为 100% 时，≥0.5μm 的计数效率为 100% －81.49% ＝18.51%（参见表 2-2），所以≥1μm 的计数效率为 75% 时，≥0.5μm 的计数效率为

$$18.51\% \times 0.75 = 13.88\%$$

2）已知≥0.5μm 的计数效率为 2.65%，换算对应的≥5μm 的计数效率。

5μm 以上的粒数正好占总粒数的 2.65%（表 2-2），显然大粒子首先被过滤掉，所以≥0.5μm 的计数效率为 2.65% 时，≥5μm 的计数效率为 100%。即图 3-12 上，“≥5μm100% 效率线”的纵坐标为 2.65。

3）≥0.5μm 的计数效率为 2% 时，换算对应的≥5μm 的计数效率。

按上面的道理，≥5μm 的计数效率应为 2/2.65＝75.4%。

4）已知≥1μm 的计数效率为 70%，核算对应的≥0.5μm 的计数效率。

按照前述理由：0.7 乘以 18.51%（≥1μm100% 效率所对应的≥0.5μm 的效率），即 0.7×18.5%＝12.96%。实际上不是某一粒子全部过滤完才过滤比这一粒径小的粒子，而是

有一定交叉的。所以，以≥0.5μm的粒子计数效率换算≥1μm、≥5μm等粒子计数效率时，实际效率应小于换算所得。以上例而言，1μm效率70%所对应的0.5μm效率应大于12.96%，或0.5μm效率为12.96时，1μm效率应小于70%。

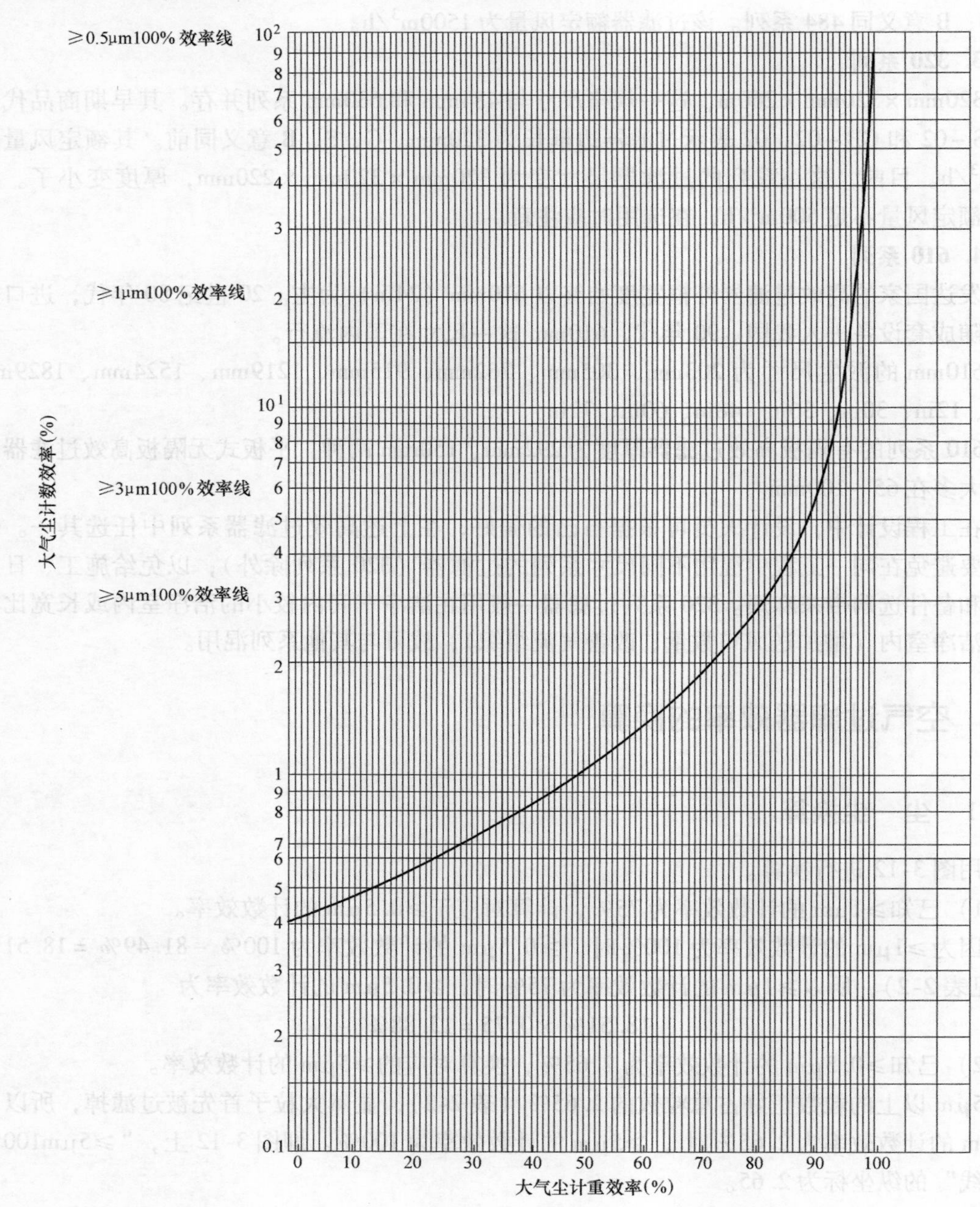

图3-12 尘—尘换算图[1]

3.4.2 菌—尘换算

菌—尘换算比较复杂，一般按以下两个原则处理：

1）若已知细菌效率等价直径，即查此直径下的滤料计数效率，即为该滤粒对该菌群的计数效率。

2）若不知细菌的效率等价直径，则可按有关实验得到的一般关系换算。

国内有关大气菌通过纤维型滤料的效率实验，寻找到与大气菌效率相当的大于等于某粒径尘粒的效率，认为大气菌效率和≥5μm 大气尘计数效率相当，如图 3-13 所示。

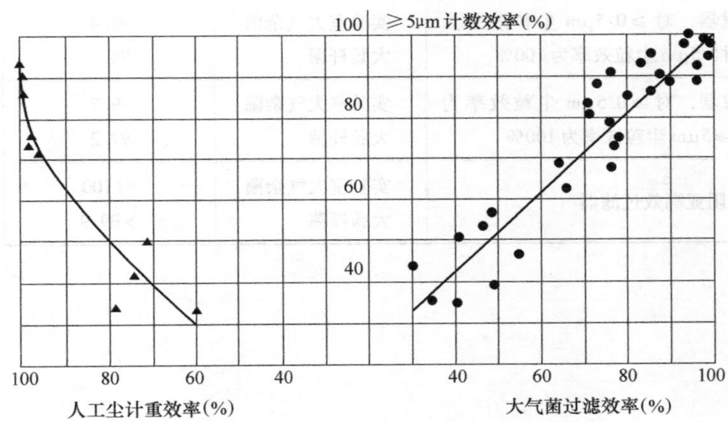

图 3-13　菌—尘关系曲线

因此，可知此时的大气菌等价直径应 >5μm。因为只有 >5μm 的某粒径（例如 7μm）的效率才能和≥5μm 的效率相当。此外，也可按表 3-4 给出的数据取用。

表 3-4　过滤器滤菌效率

序号	过滤器种类	细菌种类	效率（%）	滤速/(m/s)
1	DOP99.97	灵菌，为最小杆菌，0.5～1μm	99.9999 ±0.0000	0.025
2	DOP99.97		99.9994 ±0.0007	0.025
3	DOP99.97		99.9964 ±0.0024	0.025
4	DOP95		99.989 ±0.0024	0.025
5	DOP75		99.88 ±0.0179	0.05
6	NBS95		99.85 ±0.0157	0.09
7	NBS85		99.51 ±0.061	0.09
8	DOP60		97.2 ±0.291	0.05
9	NBS75		93.6 ±0.298	0.09
10	DOP40		83.8 ±1.006	0.05
11	DOP20～30		54.5 ±4.903	0.20
12	用国产 TL－Z－17 无纺布制作的粗效过滤器，对≥0.5μm 尘粒效率为 5.4%，≥5μm 尘粒效率为 83.2%	实验室大气杂菌 大肠杆菌	89.2 44.9	0.2 0.2
13	同上过滤器，≥0.5μm 尘粒效率为 8.3%，≥5μm 尘粒效率为 90%	实验室大气杂菌 大肠杆菌	91.3 48.1	0.4 0.4
14	同上过滤器，对≥0.5μm 尘粒效率为 8.9%，对≥5μm 尘粒效率为 93.8%	实验室大气杂菌	94.6	0.5

（续）

序号	过滤器种类	细菌种类	效率（%）	滤速/(m/s)
15	用国产 BCN－100（$100g/m^2$）无纺布制作的中效过滤器，对≥0.5μm 尘粒效率为 76.4%，对≥5μm 尘粒效率为 100%	实验室大气杂菌 大肠杆菌	99.0 95.6	0.15 0.15
16	同上过滤器，对≥0.5μm 尘粒效率为 75.80%，对≥5μm 尘粒效率为 100%	实验室大气杂菌 大肠杆菌	99.4 94.7	0.22 0.22
17	同上过滤器，对≥0.5μm 尘粒效率为 71.1%，对≥5μm 尘粒效率为 100%	实验室大气杂菌 大肠杆菌	99.7 97.2	0.28 0.28
18	YGG 型低阻亚高效过滤器	实验室大气杂菌 大肠杆菌	约 100 >99.9	0.12 0.12

第4章　洁净室的类型及原理

洁净室是特殊的房间，该房间内的空气悬浮粒子浓度、空气温度、湿度、压力等参数均需要控制。并且它应有减少粒子的诱入、产生及滞留的功效。这就需要通过良好的气流组织，行之有效的压差控制，符合工艺要求的洁净室形状及装修材料，娴熟的施工技术，科学的运行管理等各个方面的共同作用来实现。

按用途分类，洁净室可分为工业洁净室和生物洁净室两类。

4.1　工业洁净室

工业洁净室主要控制无生命的微粒对操作对象的污染。应用领域主要有宇航工业、精密机械加工业、集成电路生产企业、胶片生产企业及印刷企业等。

4.2　生物洁净室

4.2.1　一般生物洁净室

一般生物洁净室主要控制有生命的微粒对操作对象的污染。其壁面材料应能经受各种灭菌剂的侵蚀，内部一般保持正压。其应用领域有制药企业、食品企业、疾病控制中心、医疗单位（洁净手术室、制剂室、无菌配置室等）、实验动物房、相关的科研及教学实验等。

4.2.2　生物安全实验室

生物安全实验室又称生物安全洁净室，除了要求控制有生命的微粒对操作对象的污染外，还要求控制具有潜在危害的操作对象对操作人员及周围环境的污染。因此，在生物安全实验室中压差的控制更为重要，内部保持负压。可用于细菌、病毒的分析研究及基因重组、疫苗制备等生物工程[10]。

按气流流型分类，洁净室可分为单向流洁净室（层流洁净室）、非单向流洁净室（乱流洁净室）、辐（矢）流洁净室、混合流（局部单向流）洁净室。

4.3　单向流洁净室（旧称层流洁净室）

从美国联邦标准209C开始，把层流洁净室称为单向流洁净室。其定义是洁净气流以均匀的截面速度，沿着平行流线以单一方向在整个室截面上通过的洁净室。

4.3.1　原理

由单向流洁净室的定义可知，单向流洁净室是靠送风洁净气流“活塞”般的平推作用，把室内污染排出，如图4-1所示。

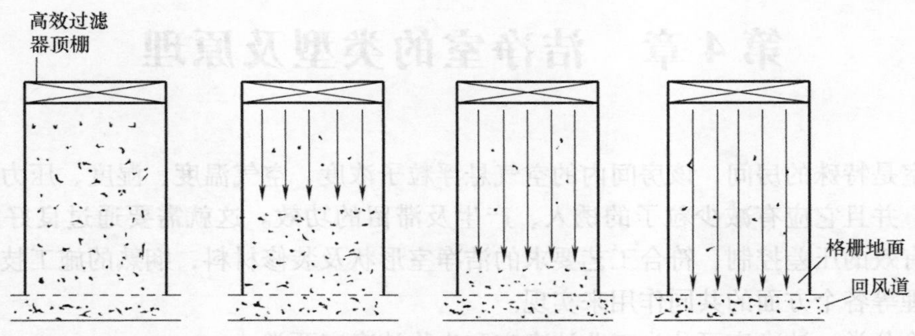

图4-1 单向流洁净室原理

可见这种洁净室其控制污染的能力很强，减弱了污染物沿垂直于气流方向的扩散。要造成“活塞”般的平推气流，送风面必须满布高效过滤器，但过滤器有边框，安装过滤器也需要框架。所以，不可能百分之百地满布过滤器。用满布比来衡量送风高效过滤器的满布程度。

满布比等于高效过滤器净截面面积除以洁净室布置高效过滤器的截面面积（即送风面全部截面面积）。而高效过滤器的净截面面积等于其截面积减去边框面积。正常情况下，满布比达到80%。我国《空气洁净技术措施》规定，垂直单向流洁净室满布比不应小于60%，水平单向流洁净室不应小于40%。否则，就是局部单向流了。

4.3.2 特性指标

单向流洁净室的特性指标包括：流线平行度、乱流度、下限风速，用来表示单向流洁净室性能的好坏。

1. 流线平行度

单向流洁净室很强的污染控制能力主要依赖于平行送风气流“活塞”般的平推作用，流线平行的作用是保证污染源散发的污染物不做垂直于气流方向的传播。所以要求流线要平行，在0.5m距离内流线间的夹角最大不能超过25°；而且流线尽可能垂直于送风面，其倾角最小不能小于65°。《洁净室施工及验收规范》（JGJ 71—1990）中的规定更为严格，即流线偏离垂直线的角度不大于15°（垂直单向流），等同于流线倾角不小于75°（>65°）

流线的倾斜与过滤器满布比、出风口阻尼层等因素有关，特别是在“侧布高效过滤器、顶棚阻尼层送风”（后面介绍）的气流组织形式中，阻尼层对流线倾斜的影响更大。因为在阻尼层上方的洁净气流静压箱中，水平气流的动压转变成静压，再从阻尼层向下流出（静压转变成动压），如果阻尼效果不好，水平气流的动压未能很好地转变成静压，而是直接转向下部阻尼层流出，流出气流肯定会倾斜。所以在设计选型时应注意到这一点。若使用孔板作阻尼层，应使开孔率尽可能大（受加工条件的限制），而孔径不宜太大。单纯从阻尼效果考虑，在孔板上表面贴附过滤层效果好，但送风阻力会增加。在设计中应根据洁净室的用途，酌情处理这一矛盾。最终能在工作面区域形成平行度较好的流线，就是成功的设计。

2. 乱流度

乱流度也称为速度不均匀度。速度均匀的作用是保证流线之间质点的横向交换最小。如果送风面阻尼层不均匀，必然造成出流不均匀，流速快的流线处静压要小于流速慢的流线处的静压，由于这个静压差的作用，使流线间的质点出现横向流动，控制污染的效果就会减弱。所以阻尼层的好坏也影响到速度的不均匀度。

乱流度是为了说明速度场的集中或离散程度而定义的，用于比较不同的速度场，用 $\frac{\sum(v_i-\overline{v})^2}{n}/\overline{v}$ 表示，也即数理统计中的“变异系数”。实际应用时，由于测点数一般不会多于 30，《洁净室施工及验收规范》（JGJ 71—1990）规定不小于 10 点就可以，此时，由于测点少，属于子样问题，应加以贝塞尔修正，即用（$n-1$）代替上式中的 n。该规范规定，乱流度 $\beta_v \leqslant 0.25$

即

$$\beta_v = \frac{\sqrt{\frac{\sum(v_i-\overline{v})^2}{n-1}}}{\overline{v}} \leqslant 0.25$$

式中 v_i——任一点的风速；

$\overline{v}$——平均风速；

n——测点数。

3. 下限风速

洁净室内风速太大，浪费能量，风速太小，达不到控制污染的效果。洁净室性质不同，生产工艺不同，污染源散发污染的方式也不同。在工程设计时，应结合工程性质，散发污染的具体情况，参照表 5-18 下限风速建议值来确定气流速度。表中推荐的下限风速是保证洁净室能控制以下四种污染的最小风速。

1）当污染气流多方位散布时，送风气流要能有效控制污染的范围。

2）当污染气流与送风气流同向时，送风气流要能有效地控制污染气流到达下游的扩散范围。

3）当污染气流与送风气流逆向时，送风气流能把污染气流抑制在必要的范围内。

4）在全室被污染的情况下，能在合适的时间内迅速使室内空气自净。

表中推荐的下限风速是指洁净室应经常保持的最低风速。在设计时应考虑过滤器阻力升高时风速会下降。所以，在确定风速（或风量）时，应考虑到高效过滤器阻力在接近终阻力时，仍能通过调节达到所要求的风速。了解了风速在单向流洁净室中的作用，结合洁净室内人员的数量、动作幅度、产尘的性质等因素，选取风速时会胸有成竹。2000 年的 ISO14644－4 标准对单向流洁净室平均风速的建议值是，5 级（相当于英制 100 级）：0.2～0.5m/s，高于 5 级：0.3～0.5m/s。

4.3.3 净化效果

单向流洁净室可达到 100 级及 100 级以上的净化效果。所以，在设计大于等于 100 级的洁净室时，应采用单向流气流组织方案。虽然采用非单向流（后面介绍）气流组织方案，当换气次数较大时，在静态下检测，洁净室内某些区域的洁净度也能达到 100 级的要求，但它不能称为单向流洁净室。因为从原理、特性指标等方面衡量，均不满足单向流的要求。在动态条件下，其动静比很大，控制污染的效果明显下降。

4.4　非单向流洁净室（旧称乱流洁净室）

从美国联邦标准209C开始，称乱流洁净室为非单向流洁净室。而我国《洁净室施工及验收规范》（JGJ 71—1990）仍然沿用乱流洁净室这一称谓。

4.4.1　原理

非单向流洁净室的原理是靠洁净送风气流扩散、混合、不断稀释室内空气，把室内污染逐渐排出，达到平衡。简言之，非单向流洁净室的原理就是稀释作用，如图4-2所示。

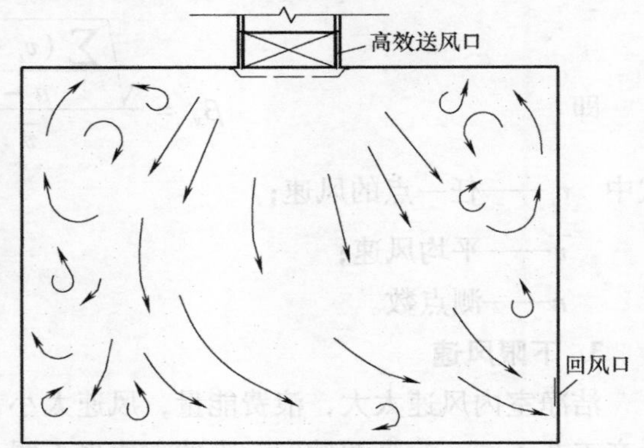

图4-2　非单向流洁净室原理示意图

由此看来，非单向流洁净室是气流以不均匀的速度，呈不平行流动，并伴有回流或涡流的洁净室。要想保证有很好的稀释作用，需选择扩散性能好的送风口，以及合理布置送风口及回风口。这些内容在5.8节中介绍。

4.4.2　特性指标

表示非单向流洁净室性能好坏的特性指标有换气次数、气流组织及自净时间。

1. 换气次数

换气次数就是洁净室送风量除以其净容积。而洁净室净容积是不变的。所以，换气次数的大小也反映出洁净室送风量的大小，其作用是保证有足够的洁净稀释气流。在工程设计中，换气次数是按照相关标准的推荐值来取用的。可见，换气次数大，用于稀释室内微粒污染的洁净送风量就大，就有可能使室内洁净度提高。这里为什么说“有可能”提高室内洁净度？因为如果送回风口布置不合理，即使换气次数大，也未必能有好的效果，这就关系到洁净室气流组织的问题。

2. 气流组织

洁净室的气流组织，是通过正确选择送回风口形式且合理布置，使洁净送风气流很好地扩散、稀释污染物并尽可能减少涡流，能使稀释后的气流很快地排入回风口。所以，同样的换气次数，送风口多点，布置均衡点，加之回风口也能与送风口相适应，控制污染的能力就会增强。有关送回风口的选型及布置技巧在5.8.2节中介绍。

气流组织可采用数值模拟方法，得到速度矢量分布图来进行分析。虽然与实际有不少偏差，但由于计算机技术快速发展，CFD软件的不断开发，数值模拟在洁净技术领域受到不少技术人员的青睐。气流组织也可通过测定流速场流线来进行分析。

3. 自净时间

非单向流洁净室是靠洁净送风气流的稀释作用，把室内含尘浓度降到所需要求。在降低含尘浓度的过程中，有的洁净室所花的时间少，有的多。这与送回风口形式、布置的位置及换气次数有关。我们把洁净室从某种污染状态到达要求的洁净状态所需要的时间称为自净时间。自净时间是洁净室从污染状态回复到稳定的所需洁净状态的能力的体现，自净时间越短，说明洁净室控制污染的能力越强。

当送回风口的形式、数量及布置位置确定后，换气次数越大（能耗越大），自净时间就越短。所以，在确定自净时间时应根据洁净室的性质、用户的需求综合考虑。有的洁净室用户，如洁净手术室，要求的自净时间短，在两台手术之间使洁净手术室尽可能快地回复到所要求的洁净状态，提高手术室的使用率。而对于固体制剂生产车间，就没必要要求太短的自净时间，上班开机后，到正式生产需较长的准备时间。

乱流洁净室的自净时间一般不超过 30min。自净时间可用下式计算：

$$t = 60\left[\left(\mathrm{Ln}\frac{N_o}{N} - 1\right) - \mathrm{Ln}0.01\right]/n \tag{4-1}$$

式中　t——非单向流洁净室的自净时间（min）；

N_o——洁净室原始含尘浓度（粒/L），实际情况表明，只要开机前系统已经停止运行几个小时，最后 N_o 将趋近于室外大气含尘浓度 M，洁净室一般都位于污染较轻的地区，建议取 $M = 2\times10^5$ 粒/L；

N——洁净室稳态时的含尘浓度（粒/L）；不能取级别上限浓度，宜取上限浓度的 1/3 ~ 1/2；

n——换气次数（次/h）。

自净时间除与上述因素有关外，还与末端过滤器有关。同样一间洁净室（有回风循环的系统），末端采用高效过滤器时，自净时间短；采用亚高效过滤器时，自净时间长。所以在设计时，应多与洁净室用户沟通，考虑各种因素，确定经济合理的自净时间。

4.4.3　净化效果

非单向流洁净室能达到 1000 级及其以下的洁净度。作者对所建造的某 1000 级洁净室（$8m^2$）做洁净度检测时发现，在空态下，有部分测点的微粒浓度（≥0.5μm）小于 100 级的上限值，涡流区内的测点浓度大于 100 级的上限值，当自净时间较长时，只有一个检测人员贴墙站立不动，进行反复检测，把移动测点后的第一个检测数据删掉（因为检测人员的移动，导致第一个数据不稳定），每个测点都从第二个数据开始记录，取三次检测数据的平均值作为该测点的微粒浓度值。经计算发现，全室测点（10 点）的浓度平均值接近于 100 级的上限值。但这也不能说明该洁净室达到 100 级（空态），因为根据规范要求：①每个采样点的平均粒子浓度 C_i 应小于或等于洁净度等级规定的限值。②全部采样点的平均粒子浓度 N 的 95% 置信度上限值，应小于或等于洁净度等级规定的限值。很显然不能满足规范的规定。尽管只有 $8m^2$ 的洁净室，气流组织设计得很顺畅，也不能满足 100 级的要求。在检测中发现，只要检测人员稍有小幅的动作，粒子浓度很快增加。说明非单向流的气流组织控制污染的能力比起单向流来要弱很多，这是由“稀释”原理所决定的。

4.5　辐流洁净室

辐流洁净室也有人称为矢流洁净室。作者在低层高建筑中进行了工程应用，其净化效果令人惊讶，非常好。在同样的送风量下，净化效果比非单向流顶送下侧回要好得多（后面介绍）；同样的洁净度要求下，所需送风量很小，节能效果非常显著。

4.5.1　原理

这种洁净室，送风口与回风口需安装在异侧，对角布置。送风口扩散孔板一般做成1/4圆弧形，通过这种送风口送出辐射状的洁净气流向斜下方回风口处流动，把污染物“斜推”向回风口区域，最后排出室内，如图4-3所示。

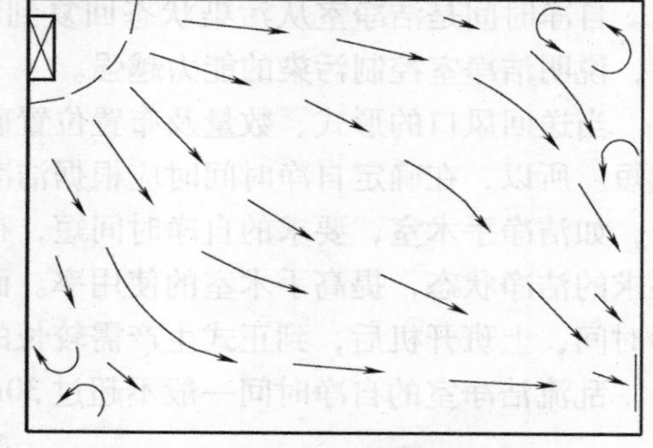

图4-3　辐流洁净室原理示意图

4.5.2　净化效果

辐流洁净室能达到1000级及其以下的洁净度。但净化效果比传统的非单向流洁净室好。

4.5.3　工程应用分析

笔者曾利用地下室改建制剂车间时，应用了这一气流组织形式。因为把高效过滤器做成圆弧状，难度较大，相配套的风口结构也比较复杂，需非标制作。于是，采用了另一思路，仍然使用普通高效过滤器送风口，把扩散孔板做成圆弧状，并使阻尼加大，如图4-4所示。

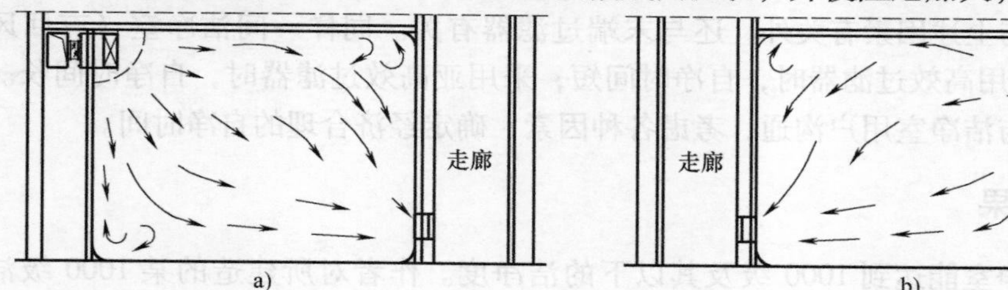

图4-4　辐流气流组织工程应用示意图

图4-4a所示是应用在净高2.3m的地下室内，图4-4b所示是应用在净高只有2.1m的地下室内。

这两个工程的地下室进深都较长，所以，把送风主管安装于内侧，用彩钢夹芯板做出净宽600mm左右的夹道，人可进去调节风量。高效过滤器送风口通过软接头及支管与主风管相连。室内用彩钢夹芯板装修，采用走廊回风（因该制剂属于单品种，不会发生交叉污染，参见参考文献［8］）。这两种气流组织形式，其净化效果比传统乱流洁净室还要好。且图4-4b所示的洁净室净化效果要优于图4-4a所示，可能是送风口距工作面较近所致。

这种低层高的建筑空间，采用辐流气流组织，取得了很好的净化效果，降低了洁净室改造的空间要求。特别是地下建筑噪声不好控制，应用这种气流组织，风量可以减少，因而系统产生的噪声也将降低。

4.6　混合流洁净室（局部百级洁净室）

混合流洁净室是在洁净室内既有单向流，又有非单向流的洁净室。单向流营造局部百级环境，非单向流营造局部百级的背景洁净环境。这种洁净室也是一种具有节能意义的洁净室，体现了洁净度按需营造的节能思想。这种洁净室也就是我们经常说的在 1000 级下的局部百级或在 10000 级下的局部百级洁净室。

4.6.1　工程应用

在洁净室中，某个生产工艺需百级洁净度，而周边其他工艺区域只要求较低的洁净度时，就可应用混合流气流组织方案。如青霉素分装工艺、大输液灌装工艺都需要百级洁净环境，而周边只需要 1 万级的洁净环境。医院 I 级洁净手术室，手术区需要 100 级洁净环境，而周边区只要求 1000 级洁净环境，这些洁净室都需要采用混合流气流组织。

4.6.2　设计施工中的常见错误及改进措施

百级环境需单向流的气流组织来营造，在一个低级别洁净环境中营造局部百级，回风口的设置位置非常重要。工程设计中常见的错误是回风口的位置设置不合理，导致气流过早弯曲，使工作面达不到 100 级。造成这种错误的原因，首先是没有很好地理解平行的“活塞”流控制污染的原理，认为在工作面上方安装层流罩（后面介绍）就能实现局部百级；其次是由于生产工艺的原因，导致回风口的安装位置受到限制。如果设计人员对生产工艺不熟悉，又没有设计经验，那么就很难想出改进措施，所以导致工作面达不到百级要求。有关这方面的技术措施在本书第 6 章“6.2.2　局部百级环境的营造”及“6.2.3　层流罩的应用”中介绍。

第5章 净化空调系统设计

洁净室工程不同于一般空调工程，它与不同学科、不同专业的关联更加紧密。因此，不能用一般空调的设计方法来做净化空调设计，应对相关学科、专业有较深入的了解，应具备洁净室建造的相关知识，才能真正搞好净化空调的设计。

5.1 净化空调设计应具备的知识

5.1.1 洁净室的建造是一项系统工程

洁净室的建造，通常是在土建框架主体结构营造的大空间内，采用符合要求的装修材料，根据工艺要求进行分隔、装修成满足各种使用要求的洁净室。洁净室内的污染控制需净化空调专业与自动控制专业共同完成。若是制药企业的洁净车间，还需要工艺管道及给水排水专业的配合，把药品生产所需的去离子水及压缩空气送入洁净室，把生产废水排出洁净室；若是医院洁净室手术部，还需要把氧气、氮气、二氧化碳、氧化亚氮等医用气体送入洁净手术室。可见，洁净室的建造，需要如下专业及工种共同配合来完成。

（1）土建专业 建造洁净室的外围护结构。

（2）特种装修装饰专业 这里所说的“特种”是指洁净室的装修装饰不同于民用建筑，民用建筑注重装饰环境的视觉效果及丰富多彩的、错落有致的层次感。有欧式风格、中式风格等。而洁净室的装修装饰对材料要求极为严格：不产尘、不积尘、易清洗、耐腐蚀、耐消毒液擦洗，无接缝或少接缝（接缝应严密平整）。对装修装饰工艺要求更为严格，强调壁板平整，接缝严密且光滑、不许有凸凹造型，所有阴角、阳角全部做成 $R>50\text{mm}$ 的圆弧角；窗户应与墙面平齐，不应设置凸出墙面的踢脚；照明灯具应采用带密闭罩的净化灯吸顶安装（缝隙应密封）；地面应采用不产尘材料整体制作，应平整、光滑、防滑、防静电等。

（3）净化空调专业 通过净化空调设备、净化风管及阀门附件等组成的净化空调系统来控制室内温度、湿度、洁净度、风速、压差及室内空气品质等参数。

（4）自动控制及电气专业 负责洁净室照明配线、动力配线、灯具、开关插座等器具的安装；配合净化空调专业，实现温度、湿度、送风量、回风量、排风量、室内压差等参数的自动控制。

（5）工艺管道专业 通过管道设备及其附件把洁净室所需要的各种气体、液体按要求送入室内，输配管道大多采用镀锌钢管、不锈钢管及铜管。在洁净室内明装的管道均要求采用不锈钢管，其连接应采用氩弧焊与电焊配合的工艺。对于去离子水管道，还要求采用内外抛光的卫生级不锈钢管。

综上所述，洁净室的建造是多专业、多工种、各专业及工种之间需要密切配合的一项系统工程。哪个环节出现问题，均会影响洁净室的建造质量。

5.1.2　洁净室的结构特征

不论是工业洁净室，还是生物洁净室，通俗地讲，其结构都是在房子中套房子。也就是在土建结构营造的大房子中，采用符合洁净室要求的材料，根据工艺要求建造内层房子，它的墙面、顶棚、地面均为不产尘、不积尘、耐腐蚀、易清洗、无接缝或少接缝的材料，其交角成圆弧角，如图 5-1 所示。

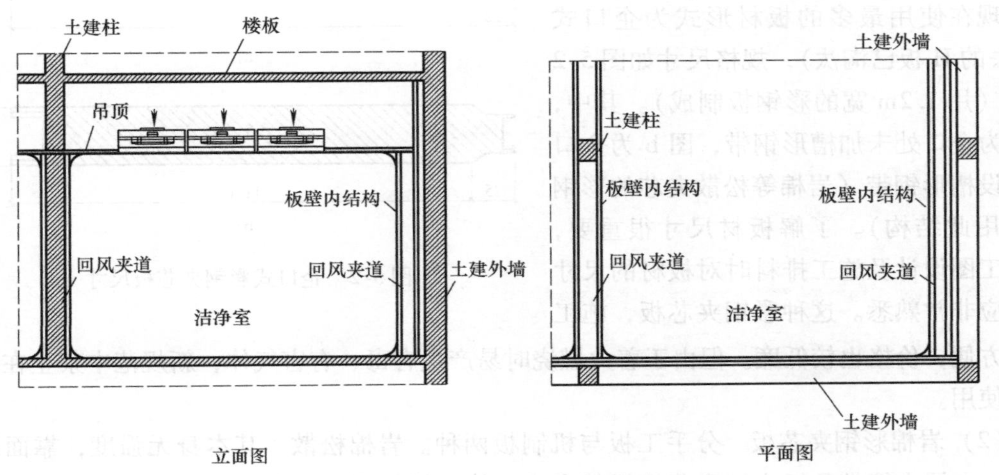

图 5-1　洁净室的结构示意图

可见，这种双层结构的房子，必然会留出夹道空间和吊顶空间，给送风管、回风管、电缆桥架、设备等部件的安装提供了空间，也对室内的建筑热、湿负荷产生了较大的影响。这种结构形式很好地满足了净化空调送、回风口及管道的布置要求。所以，设计人员应对这种结构的材料特性、施工技艺等方面有深入的了解。这样才能在净化空调工程设计中得心应手。否则，只能设计出不能被施工单位采用的示意式工程图。

5.1.3　洁净室常用的装饰材料

1. 彩钢夹芯板

彩钢夹芯复合板，简称彩钢夹芯板，是由夹芯材料（阻燃自熄聚苯乙烯板、聚氨酯材料、石膏板、岩棉板、纸蜂窝板、铝蜂窝板、玻镁板等）采用特制高强度胶水与彩钢板面层复合，经加温、加压、固化而制成。所使用的夹芯材料不同，其性能及施工工艺也不同，现分述于下。

（1）聚苯乙烯彩钢夹芯板　由彩色涂层钢板（简称彩钢板）作面层，由阻燃自熄聚苯乙烯板作芯材，通过自动复合成型机，将双组分胶水喷涂在芯材上下两面（水平式制板机）与位于芯材上下两侧的彩钢板卷材复合，经加压而成复合板材，根据所需长度进行切割。板的质量应平整（无滚压痕迹）、规整（板边与板面垂直，否则对缝时两侧缝隙大小不匀）。其强度主要与芯板密度、面层彩钢板厚度、胶水质量及加工环境温度有关。洁净室所用板材其面层应为平板，不许压棱，复合板厚度为 50mm。参数如下：

企口板：

机制板规格/mm：L(长度)×1150×50。

彩钢板厚度/mm：0.426、0.476、0.50、0.60。

聚苯乙烯板密度/(kg/m³)：≥18。

热导率/[W/(m·K)]：0.041。

燃烧性能：B1 级（难燃材料）。

现在使用最多的板材形式为企口式（过去的H板已淘汰），规格尺寸如图5-2所示（用1.2m宽的彩钢板制成）。其中，图a为企口处未加槽形钢带，图b为企口处增设槽形钢带（岩棉等松散夹芯的彩钢板须用此结构）。了解板材尺寸很重要，在施工图设计及施工排料时对板材的尺寸模数应非常熟悉。这种彩钢夹芯板，施工非常方便，价格也较低廉。但由于着火燃烧时易产生有毒、有害气体，新规范中禁止在洁净室中使用。

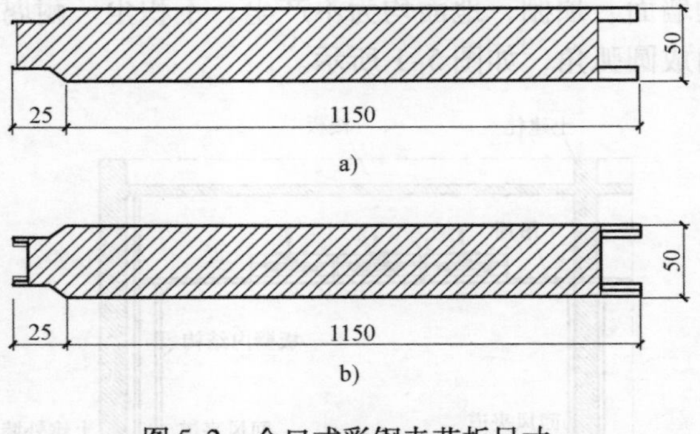

图5-2 企口式彩钢夹芯板尺寸

（2）岩棉彩钢夹芯板 分手工板与机制板两种。岩棉松散，其本身无强度，靠面层彩钢板、夹层内钢带及板边槽形薄钢板复合成一体来增加强度。在现场开孔时，尺寸大小受限，板材不能在现场任意切割。顶板吊挂连接技巧性强。顶板上的送风口洞口应封好边，否则岩棉到处飞扬。该板比聚苯乙烯彩钢夹芯板重，施工安装比较难。

机制板规格：L(长度)mm×1150mm×50mm。

手工板规格：L(长度)mm×1180mm×50mm，L(长度)mm×980mm×50mm，如图5-3、图5-4所示。

彩钢板面层厚度/mm：0.426、0.476、0.50、0.60。

岩棉密度：≥120kg/m³。

热导率：≤0.046W/(m·K)。

燃烧性能：A级（不燃性）。

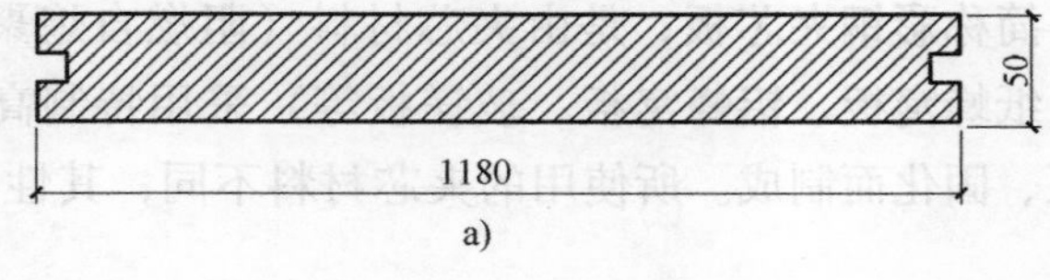

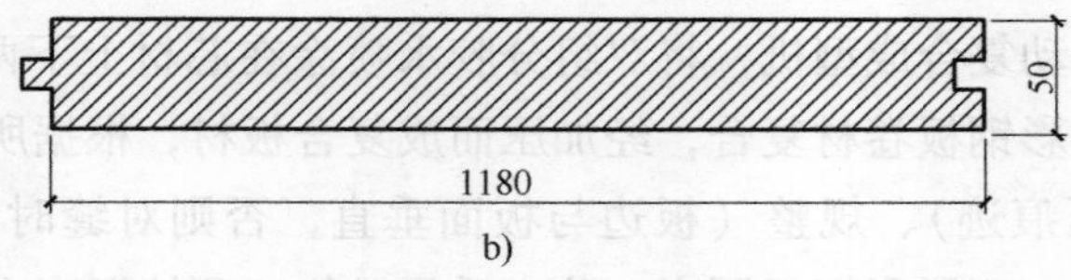

图5-3 手工彩钢夹芯板（夹芯为岩棉板）尺寸

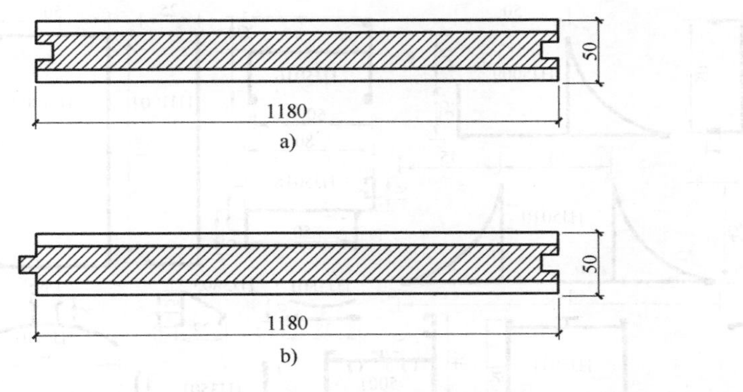

图5-4 手工彩钢夹芯板（夹芯为玻镁板加岩棉板）尺寸

（3）纸蜂窝彩钢夹芯板 由阻燃纸蜂窝夹芯板材采用特制高强度胶水与彩钢板复合，经加温、加压、固化后成形。与其他夹芯板相比，重量轻，平直度好，外形美观，节点科学，防火性能好。由于其芯材采用独特的六边形结构，具有高抗压强度。

机制板规格：L(长度)mm×1150mm×50mm

手工板规格：L(长度)mm×1180mm×50mm，L(长度)mm×980mm×50mm。

彩钢板面层厚度/mm：0.426、0.476、0.50、0.60。

纸蜂窝密度：≥180kg/m^3。

氧指数：39.2%。

燃烧性能：B1级（难燃性）。

（4）铝蜂窝彩钢夹芯板 类同纸蜂窝彩钢夹芯板，阻燃性能更优，但价格较高。

（5）彩钢板安装型材 彩钢板安装型材种类繁多，大多数由铝合金材料制作，其表面有的只进行氧化处理，有的要经过喷涂处理。部分配套型材的截面如图5-5所示。

HJ5002：门框型材，用于包门框及门扇。该型材强度高，可装密封条，其密封性能好。

HJ5018：门框型材，用于包门框及门扇。该型材强度较高，可装密封条，其密封性能好。

HJ5016：门框型材，用于包门框及门扇。该型材强度不如HJ5002及HJ5018，不能装密封条，所以其密封性较差。只用于简易门的制作，也可包回风洞口及检修口。

HJ5009：带槽圆弧角型材，用于洁净室与非洁净室的隔墙。该整体圆弧角的切割及安装技术难度较大（安装时不用圆弧角底座）。

HJ5010：带槽双侧圆弧角型材，用于洁净室与洁净室的隔墙。该整体圆弧角的切割及安装技术难度更大（安装时不用圆弧角底座）。

HJ6401：圆弧角型材，用于洁净室墙壁与墙壁（墙壁与顶棚、墙壁与地面）阴角处的圆弧过渡。该圆弧角的切割及安装比较容易，安装时需采用圆弧角底座，切割好角度后直接卡在圆弧角底座上。

3008：铝合金方管，用于窗户的分割及墙体某些部位的加强，要与其他型材组合使用。

HJ5003：固定玻璃窗压条底座，要与3008型材及HJ3805压条组合使用。

HJ3805：玻璃斜面压条，与HJ5003或HJ5011组合使用。

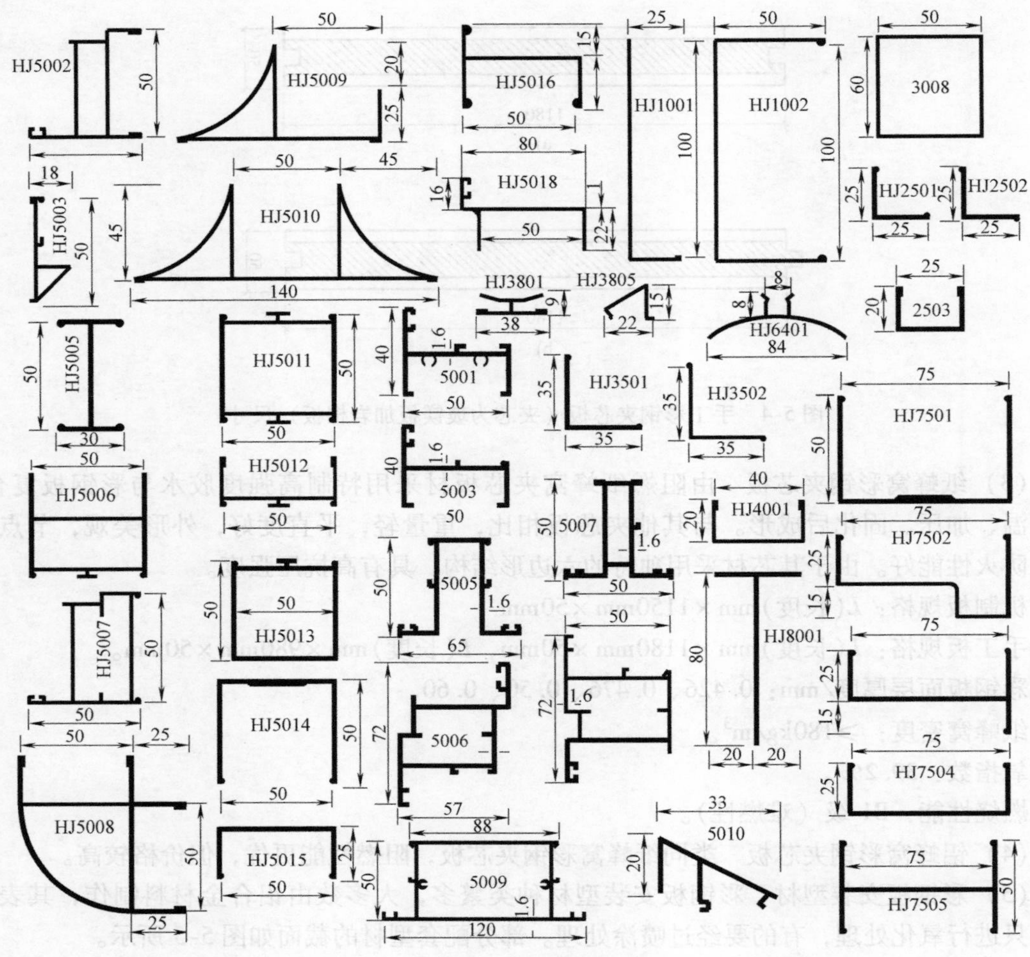

图 5-5 铝合金型材截面图

HJ5011：带方管的固定玻璃窗压条底座，与 HJ3805 压条组合使用，其使用效果等同于 3008 型材加 HJ5003 底座加 HJ3805 斜面压条的效果。

HJ5012：带槽铝的固定玻璃窗压条底座，与 HJ3805 压条组合使用，其使用效果等同于 HJ5015 型材（槽铝）加 HJ5003 底座加 HJ3805 斜面压条的效果。

HJ5015：槽铝，也称为单槽。用于彩钢板的固定、连接及封口包边。

HJ5006：带槽铝及方管的固定玻璃窗压条底座，与 HJ3805 压条组合使用，其使用效果等同于 HJ5015 型材（槽铝）加 HJ5003 底座加 HJ3805 斜面压条的效果，而且强度高。

HJ8001：大 T 形铝，用于在接缝处吊挂彩钢板。

HJ5005：大“工”字铝，用于 H 板及平口板的拼接。

HJ3801：小“工”字铝，用于 H 板的拼接。

HJ5008：外圆角，用于彩钢板垂直拼接外直角（阳角）处的圆弧过渡。

HJ2501：带筋角铝。用于阳角包边，密封性好。

HJ2502：带筋角铝。用于阴角压缝，密封性好。

2. 金属板材料

常用的金属板有不锈钢板、碳钢板、电解钢板、铝板。以型钢或轻钢龙骨作为支撑骨架，用金属板饰面，在金属板背面粘贴保温层，在碳钢板、电解钢板表面喷涂所需涂层。这种材料制作的洁净室的特点：

1）表面无接缝，可避免积尘滋生细菌，洁净手术室多用。

2）房间造型方便，能很好地满足洁净室对墙面的要求。

3）对于碳钢板及电解钢板，需在表层喷涂抗菌涂料。若除锈及接缝处刮腻处理不好，将影响美观，降低使用寿命。如果没有很好的喷涂环境，对表面涂层的质量及寿命会有很大的影响。在这方面，不如彩钢夹芯板的表面涂层质量高，因为彩钢板是在生产车间工厂化生产，涂层质量有保证。

3. 粘贴板材料

主要有铝塑板、防火板、人造石材等。铝塑板造型简单，色彩丰富，施工便捷。但易老化，寿命短，接缝不好处理，易积尘滋生细菌。防火板板面光洁，强度高，耐腐蚀，防潮湿，施工方便。

随着建材工业的发展，不断出现不同用途、不同种类的饰面板，只要能满足防火、防潮、美观、洁净、抗静电等洁净室对板材的要求，且有专用连接材料或接缝焊接材料，有配套圆弧角材料，这些饰面板均可应用于洁净室。

4. 洁净室地面装饰材料

对地面材料的一般要求：良好的耐磨性能，防滑，防静电，耐腐蚀，易清洁、不易起尘开裂，二次施工简便，接缝少或无接缝。

常用的地面装饰材料：

（1）嵌铜条水磨石地面　其特点是现场浇筑磨制而成，整体性好，光滑耐磨不易起尘，可冲洗，防静电，无弹性，脚感不太舒适，价廉，色彩单调，美观性较差。

（2）无溶剂环氧自流平地面　它是在经处理合格的地坪基材上，经底涂、中涂、面涂三层涂层组成。各涂层材料成分不同，厚度不同，作用也不同。根据工作环境的使用要求，中涂和面涂可多次涂成，形成不同厚度的自流平地面。特点：无接缝，整体性好，不起尘，光滑耐磨，不耐锐器刻划，可做成防静电地面。色彩丰富（有绿、蓝、黄、灰等色），视觉效果好，配料施工技巧性较强，对基层处理要求严格，目前在洁净室中被广泛使用。

（3）粘贴型地板

1）永久性PVC防静电地板。其特点：表面光滑，十分柔韧，结构均一，由表面涂有特殊导电液体的彩色聚氯乙烯（PVC）片组成，并经过静态压挤制成坚实的PVC块，防静电、装饰效果好，耐磨易清洁。板材规格：600mm×600mm×2.0mm；600mm×600mm×3.0mm。

2）聚氯乙烯软板。聚氯乙烯软板是以聚氯乙烯为主要原料加工成形的卷材，是洁净室内广泛应用的地板材料。这种卷材具有一定的弹性，比较耐磨，不起尘，力学性能好，耐腐蚀。但不耐锐器刻划，静电积蓄较大。通常是把卷材按需要尺寸裁成板块，粘贴在处理好的水泥自流平地面基层上，再使用与地板同类材料的焊条把拼接缝焊好，形成整体。

5.1.4 技术夹道（层）的设置原则

（1）吊顶夹层　净化空调系统属全空气系统，换气次数大，所以，其风管尺寸也大。

根据洁净室原理，净化空调的送风口必须装设高效（或亚高效）过滤器，而这种送风口与一般空调用的散流器或百叶送风口不同，它占据较大的空间（如图6-1所示），而风管、送风口、各种管线必须暗装。因此，在洁净室的吊顶以上应留有一定的空间，才能满足安装要求。这个空间称为吊顶夹层。如果是改造工程，吊顶夹层净高至少应为1m；如果是新建工程，吊顶夹层净高以1.4~1.7m为佳。在设计中还应依据工程性质、系统划分的大小等条件做适当的增减。若在吊顶夹层内安装吊挂式空气处理机组，夹层内净高宜为1.8~2.0m。净化空调系统不宜太大，以$40000m^3/h$左右的送风量作为划分系统的依据。

（2）回风夹道 洁净室的气流组织，大多是顶送下侧回。因此，回风口就需安装在侧墙下部，这样，回风支管只能从回风口向上伸入吊顶夹层内，与总回风管相连接。而风管必须暗装，即应采用合格的墙面装饰材料把风管包起来，回风支管所占用的空间称为回风夹道。如果回风夹道所用的材料气密性、保温性好（如彩钢夹芯板），这个竖向的回风支管可以省去，直接用回风夹道回风。在回风夹道的顶板处开口，用回风支管与回风管连接（如图5-6所示）。回风夹道应密封可靠，否则会产生啸声。

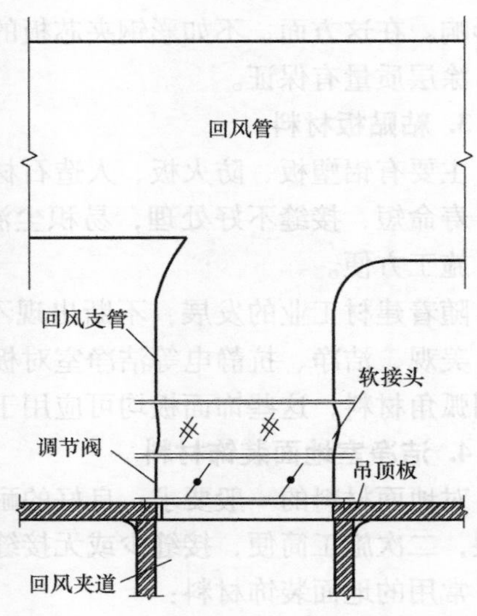

图5-6 回风夹道与回风管的连接图

总之，在净化空调设计中，吊顶夹层和回风夹道是必不可少的，回风夹道的位置、大小应由净化空调专业的设计人员根据气流组织方案决定。因此，在净化空调工程设计中，与建筑学及装饰专业的设计人员应有很好的沟通。否则，建筑学、装饰专业的设计人员留出的夹道往往不能满足气流组织的需要。回风夹道的位置，既要考虑气流组织的要求，还要考虑洁净室装饰时对土建柱子包覆的需要。对于洁净度较高的单向流洁净室（如100级），因为须两侧下部满布回风口，回风夹道的布置位置主要应满足气流组织的要求。对于非单向流洁净室，首先根据洁净度级别、洁净室宽度，确定是双侧下回风还是单侧下回风，然后再结合土建的柱子位置，统筹考虑。对于采用夹道回风（无竖向回风管）的回风夹道，其宽度应尽可能小，只要满足回风速度及安装要求即可。否则，占用面积太大。

5.1.5 净化空调与其他专业的关系

洁净室的建造是一项系统工程，需多学科、多专业的共同配合才能完成。净化空调设计人员是洁净室建造的主角。因此，需要有丰富的专业知识和经验，应向不同专业的技术人员学习，拓展自己的知识面，经常接触到的专业有土建专业、特种装饰装修专业、自动控制及电气专业、工艺专业、微生物及医疗专业等。土建专业不必多言，是与我们联系最紧密的专业，设备基础、管道设备吊挂的预埋件、技术夹层、技术夹道及各种预留洞口等，这些内容都需要与土建专业人员不断沟通、交流、配合，才能保证工程质量及进度。

特种装修装饰专业与净化空调专业联系更加紧密。净化空调专业技术人员应有装饰施工的相应知识，懂得施工程序与工艺，了解洁净室不同装饰材料的特性及施工技术，这样才能真正成为洁净室建造的主角，才能使自己的设计不是闭门造车，使设计图纸成为可用的施工图。作者认为，净化空调专业的设计人员应尽可能多地去施工现场学习，去竣工验收的检测现场学习，去运行管理部门学习，这样才能真正提高自己的专业技术水平。因为有些知识是只可意会，或只可感受而不可言表的缄默知识，靠坐在办公室、翻阅技术资料是不能够获得的。只有深入实践，才能学到真“功夫”。

与自动控制及电气专业的配合默契程度，决定着洁净室的初投资及运行的可靠性。空气处理方案的确定，压差的保证等方面均需要与自控人员研究、沟通。这就需要净化空调的设计人员懂得自控方面的原理与实用技术，并能科学地提供给自控人员相关的技术数据及要求。

工艺专业是净化空调技术人员需要不断了解的专业，工艺专业有多种：集成电路生产工艺、胶片生产工艺、制药工艺、精密机械加工工艺、疫苗生产工艺等。对工艺越熟悉，制订出的净化方案就越科学、越节能，污染控制就越有效。例如，如果生产工艺时序性很强，你就可以通过自控手段节约运行费用；如果你熟悉生产过程的产尘机理和工艺设备的缺陷，你就会通过有效的捕尘措施，把尘埃捕获于满室弥漫之前。这样，用很小的送风量就可达到净化效果。能局部捕尘就不全室稀释控尘，能局部净化就不全室净化，这样节能效果就会很明显。可见，在净化空调工程设计之前，了解生产工艺是非常重要的功课。

对于生物洁净室的净化空调设计，需对微生物及医疗专业有比较多的了解，这样才能制订出适宜的控尘控菌方案。比如给生物安全洁净室做方案，必须了解被操作对象的生物安全等级以及操作过程，才能通过合适的气流组织及正确的压差梯度，做好第二屏障的保护；才能选择符合要求的生物安全柜并安置于合理的位置（做好第一屏障的保护）。如果你了解了PCR实验的原理，就会设计出直流式净化空调系统，因为回风会造成自身的污染。如果你对实验动物的特点及饲养笼架有较多的了解，就会制订出是采用全新风还是部分回风的净化空调系统，以及回风处理方案。如此等等，不再一一列举。

总之，洁净室的净化空调设计，需对该洁净室的工艺有清楚的了解，这样就能配合建筑专业搞好平面布置，设计出的净化空调方案就会更加合理、更加节能。

5.1.6 洁净室施工技术与净化空调设计的关系

前已述及，洁净室的建造是一项跨学科、跨专业的系统工程。行业内人士都知道，只“懂”设计，不懂施工的工程师，不是真正称职的工程师；只“懂”施工不懂设计的工程师，不是真正优秀的工程师。

目前，建造洁净室的新型材料不断涌现，施工技术不断进步，如果设计人员不向施工人员学习，不懂得材料特性，整天闭门造车，那么所画出的施工图肯定深度不够，大多数属于示意图，甚至给施工带来困难。如医院洁净手术室选用电解钢板表面喷涂抗菌涂料的装饰面板作内衬小室（即内围护结构），则手术室的形状应做成八角形，既省料，又易于施工。板壁的交角可做成较大曲率半径的圆角，可近似于无阴角的效果。如果采用彩钢夹芯板作手术室的内围护结构，就不应设计成八角形结构。因为彩钢夹芯板没有135°的阴角连接专用型材，即使有（非标生产），其圆弧角也无法装配。所以，对于彩钢夹芯板材料，应把手术室的内围护结构的横断面设计成四角形，四个阴角用专用圆弧型材处理。现在看到的洁净手术室设计图纸互相模仿，大都设计成八角形结构，这会给施工带来很大的困难[2]。

再如回风口尺寸的选择，在彩钢夹芯板上开洞口安装回风口，由于材料的强度所限及气流组织的要求，洞口下边距地面的尺寸不应太大，以100~150mm为好。若不考虑这些施工因素，选用600mm×400mm的回风口，则安装后回风口上边高度有可能大于500mm，使气流流线过早地拐弯，洁净度级别就会降低，不符合规范要求。若稍有点施工经验，改选800mm×300mm的回风口，就不会出现上述问题。所以，设计人员掌握材料特性及施工技术非常必要。

5.2 净化空调系统的分类

净化空调系统一般分为两种类型，集中式和分散式。这两种系统形式各有优劣，分别应用于不同的条件下。从有无回风循环的角度分，净化空调系统又可分为直流式、全循环式和部分循环式。设计时应根据具体情况，采用适宜的系统形式。

（1）直流式系统的特点及适用性　所谓直流式系统就是不用回风循环的系统，也就是直送直排系统，其能耗很大。系统中各级过滤器的负担很大（其使用时间缩短），控制交叉污染的能力强，室内空气品质好。这种系统一般适用于有致敏性的生产工艺（如青霉素分装工艺）、实验动物房、生物安全洁净室（实验室）及能形成交叉污染生产工艺。采用这种系统时应考虑余热回收。

（2）全循环式系统特点及适用性　全循环式系统即无新风供给，也无排风的系统。这种系统无新风负荷，很节能，但室内空气品质差，压差不好控制，一般用于无人操作、值守的洁净室，这种系统用得很少。

（3）部分循环式系统特点及适用性　这是用得最多的系统形式，也就是有部分回风参与循环的系统。在该系统中，新风和回风混合后经处理送到洁净室内，回风的一部分用于系统的循环，另一部分被排走。该系统压差控制很容易，室内空气品质较好，能耗介于直流式系统与全循环式系统之间，该系统适用于允许采用回风的生产工艺。

5.2.1 集中式净化空调系统

净化空调系统属于全空气系统，所谓集中式净化空调系统，是通过组合式净化空调机组，把空气（包括新风和回风）处理到所需要的送风状态，用风管分别送到不同的洁净室内（送风口应装设高效或亚高效过滤器）。该系统的特点：系统内不同的洁净室具有相同的送风参数（t，Φ），该系统要求各洁净室的热湿比线尽可能相近，否则，会出现系统中某些洁净室过冷或过热的现象。送、回（排）风管尺寸大，占用空间多。但由于系统采用同一台组合式净化空调机组处理空气，所以占用机房面积小，管理方便。

集中式净化空调系统适用于下列条件：

1）新建的洁净车间，建筑层高较高，风管布置不受限制。

2）洁净车间中的各洁净室运行班次相同，热湿比线相近。

3）各洁净室内的工人数量最好能与送风量成正比（通常很难做到这一点），这样，新风供应容易满足要求。

4）各洁净室内不产生相互污染的气体。

5.2.2　分散式净化空调系统

分散式净化空调系统，从狭义上讲就是在洁净车间内，每间洁净室自成一个系统，分别有不同的空气处理机组。从广义上讲，没有集中式与分散式的区别。如果在一个大的洁净车间内，把某几间洁净室分别组成一个系统，对于每个小系统而言，你完全有理由称其为集中式净化空调系统。但对于整个车间来说，由这样一个一个小系统组成的净化空调系统，可称为分散式系统。但当每个小系统的风量较大（比如 3 万 m^3/h 左右）时，这时称分散式系统很显然不合理，应称为集中式系统。

分散式系统的特点：

1）每个小系统用一台空气处理机组，系统风量小，风管尺寸小，占用空间少，甚至可把空气处理机组吊挂于吊顶夹层内（噪声应能满足要求），节约机房面积。（该系统的设计案例参见本书第 8 章）

2）每台机组可以有不同的送风参数，能很好地满足不同洁净室的热湿负荷。

3）调节灵活，当某些洁净室不用时，可把机组关掉，节能效果显著。

4）由于空气处理机组较多，管理不太方便。

5）由于是分散式系统，对于整个车间内各洁净室的压差不好控制。

分散式净化空调系统适用于下列条件：

1）洁净室改造工程，由于建筑层高一般较低，不能满足集中式净化空调工程所需较高层高的要求，采用分散式系统风管尺寸可减小。

2）各洁净室内热湿比相差很大。

3）各洁净室内的生产班次不同，或时序性很强。

4）有些洁净室在生产过程中会产生污染物。

5）各洁净室要求单独计量能耗（参见第 8 章）。

5.2.3　“取长补短”选系统

究竟选用什么样的系统才能很好地满足生产工艺的要求，这是每个设计人员应该认真考虑和解决的问题。从不同的角度划分，有不同的系统形式，只要对各种系统的特点及适用场合有清楚的认识，结合生产工艺特点、工程性质及各种规范的规定，经技术经济比较，就可选出适宜的系统。这里所说的取长补短，实际上就是我们处理问题时常用的抓主要矛盾的方法。当选择净化空调系统时，首先应确定工程的性质，是新建工程还是改造工程；其次，按生产工艺的特点确定洁净室的性质，是生物洁净室还是工业洁净室；如果是生物洁净室，应仔细了解被操作对象的性质、操作过程中有无生物学危险、操作人员与被操作对象的相对位置、操作过程等，在诸多条件中，抓住主要矛盾并进行系统特点的比较，取长补短选出合适的系统。

如医院新建洁净手术部的净化空调设计，属生物洁净室，被操作对象是需手术的病人，操作人员是医护人员。每间手术室医护人员的数量一般为 6 ~ 12 人，医护人员在手术床的两侧进行手术。若病人患有传染病，手术过程中容易发生传染病毒的传播，这些因素在设计前均应考虑到。手术室若为新建建筑，所有设备管道的布置空间不受限制。通过对上述条件及各种系统特点的分析，取长补短，再结合医院洁净手术部建筑技术规范的规定，就可得出该净化空调系统应选用集中供给新风的分散式系统。如果设有传染病手术室，应将其设计成独立的正负压切换的手术室。

集中供给新风的分散式系统，既不是纯集中式系统，也不是纯分散式系统，而是两者的结合，如图 5-7 所示。

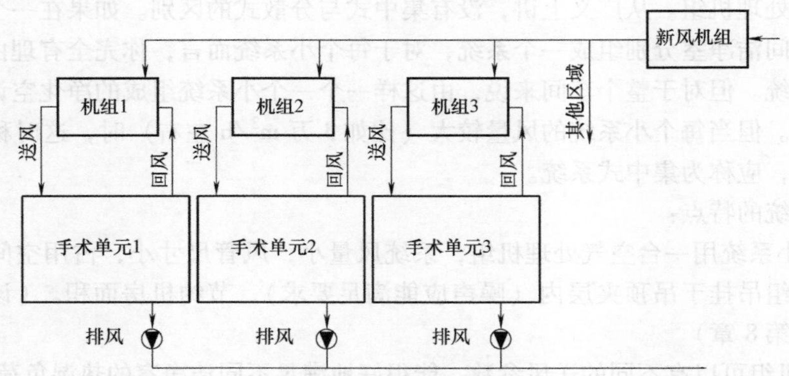

图 5-7　集中供给新风的分散式系统

在上述系统选择时，主要矛盾是使洁净手术部始终处于受控状态，始终处于洁净无菌的状态，且运行灵活。不能因为某间洁净手术室停开而影响整个手术部的压力梯度分布，破坏各房间之间的正压气流的定向流动，引起交叉污染。从这个角度分析，似乎应选用集中式系统。但洁净手术部内有不同级别的手术室及洁净辅助间，集中式系统只能有一个送风状态点，这样，不同级别的手术室由于送风量的不同而使有的手术室"过冷或过热"，影响手术环境的舒适度。在手术室内有时给传染病人做手术，采用集中式系统很容易形成交叉污染，除非是集中直流式（全排式）系统，但这种方案因能耗太大而又不可能采用。而洁净手术室应运行灵活，不能在非手术期间，也运行净化空调系统，这样能耗太大。可见，采用单纯的集中式系统，未能很好地解决手术部的主要矛盾。为了手术室的灵活运行，似乎应采用分散式系统，但分散式系统具有压力不容易控制的缺点。这样，当某间手术室停用时，很容易使正压气流的流向改变，形成交叉污染。所以，不能选用纯分散式系统。通过对各系统的优缺点进行比较后发现，只有把集中式系统与分散式系统有机地结合起来（即所谓取长补短），才能很好地解决手术室的主要矛盾。也就是选用集中供给新风的分散式系统，使每个系统中手术室的净化空调和维持正压两大功能分离，又能将整个洁净手术部联系在一起。在手术部全部手术室工作期间，两个系统同时运行；在手术部只有部分手术室工作期间，只需运行该部分手术室的独立净化空调机组和正压送风系统（集中新风系统），既保证部分手术室正常工作，又保证整个手术部的正常压力分布和空气定向流动。在手术部非工作期间，只运行正压送风系统，维持整个手术部正压，此时，可降低手术部温、湿度要求，保持其洁净无菌状态，节能效果显著。

系统形式确定后，至于每台空气处理机组负担几间手术室，由规范的规定确定。如Ⅰ、Ⅱ级洁净手术室应每间手术室采用独立的净化空调系统，Ⅲ、Ⅳ级洁净手术室可 2～3 间合用一个系统，洁净手术室应与辅助用房分开设置净化空调系统。对于传染病人用的手术室，采用单独的直排式系统，并保持相对负压，若设计成正、负压可切换式，可提高手术室的利用率。给传染病人做手术时用负压直排式，给非传染病人做手术时切换成正压手术室。

任何一项工程都有其主要矛盾，只要以主要矛盾为纲，纲举目张。

5.3　净化空调系统的气流组织设计方法

在第 4 章中已经谈到洁净室有多种类型，从不同的角度分类，有不同的称谓，如工业洁净室、生物洁净室；单向流洁净室、非单向流洁净室、辐（矢）流洁净室等。不管是哪种称谓，在洁净室中，气流流型不外乎四种：单向流、非单向流、辐流、混合流。不同的气流流型能达到不同的洁净度级别。设计人员通过选择合适的送风口并合理布置、选择适宜的回风口并科学地布置，使空气的流动符合净化原理，这就是通常所说的气流组织设计。

5.3.1　工程设计中的“以不变应万变”

工程设计中的“以不变应万变”是应用所学理论来应对千变万化的各种工程，是经过认识、实践、再认识、再实践，多次反复，不断提高，积累经验达到的最高境界。“不变”就是我们学习的基础知识和基本理论；“万变”就是千变万化的各种各样的工程。怎样应用所学基本理论去应对千变万化的实际工程，这里面就存在方法是否科学的问题。有的人做了几十年的工程设计，每次都是照猫画虎，生搬硬套，这种方法很显然不科学。因为实际需求在变化，这种变化甚至前所未有，若始终查阅既有图集、范例去应对这种变化的需求，只能是事倍功半，做不出好的设计。若能真正地学懂基本理论，在工程应用中会事半功倍。这里所说的真正地学懂，就是经过认识、实践、再认识的学习提升过程，并非水过地皮湿般的浮浅的学习。比如，非单向流洁净室的原理，看起来很简单，似乎容易掌握，但当具体应用时，要么无从下手，要么洁净度不容易达到要求。问题出在学习的单纯化，那种表面的理解，不可能把知识转化成能力。当你去净化工程施工现场看看施工安装工艺、装高效过滤器前的空吹，你感受一下风量的大小，过滤器装好后，再感受一下风速、风量的变化，安装扩散板后，再参与竣工检测，通过零距离的接触，现场的感受，把检测的数据与设计数据做比较、分析，总结后就会发现，原来对基本理论的理解是浮浅的。经过多次体验，自然会把知识变成能力，对从未见过的工程项目也敢大胆去做，这就叫艺高人胆大。创造机会去亲身体验比闭门造车的进步要快得多，用不了几年，你也能做到“以不变应万变”。

有人可能会说：没有机会去施工现场体验，其实，机会应靠自己去创造。对于设计人员来说，图纸会审，现场解决问题，竣工验收，工程质量回访，都是去现场的好机会。如果去现场后走马观花式溜一圈，当然不会有什么收获。只有深入现场，仔细研究，才能发现自己设计中存在的问题。有的设计人员很少去施工现场，不参与竣工测试、验收，也不进行用户回访，当然就发现不了问题（这种问题有可能是非常严重的）。这种问题会在以后的工程设计中不断地复制，如果施工单位技术水平不高的话，后果非常严重。

磨刀不误砍柴工，这句话是很有道理的。

但对于初学者或刚刚入行的技术人员，确实没有通过实践使所学知识产生飞跃的机会，那就发挥自己的形象思维能力来弥补实践的不足。作者抛砖引玉，在后面的内容乃至全书中，对这部分读者从工程应用的角度给予引导，帮助他们快速入门，通过日后的工程实践，进一步加深对基本理论的理解，做到“以不变应万变”。

5.3.2　非单向流气流组织形式及设计

如前所述，非单向流洁净室是靠送风洁净气流不断稀释室内空气，把室内污染物逐渐排出。要想达到理想的污染控制效果，送风洁净气流的扩散要快且均匀，这样才能实现很好的稀释作用。在实际应用中，建筑空间特性、生产工艺要求等因素各不相同。因此，非单向流气流组织的形式也各不相同，目前常见的且可实现的气流组织形式如图 5-8 ~ 图 5-23 所示。

图 5-8 所示为顶送双侧下回风的经典做法，高效过滤器送风口处安装扩散孔板，使洁净送风气流作用范围增大，扩散效果增强。双侧下回风，气流流线顺畅，涡流区减少，室内气流得到了很好的稀释。

大家可以想象一下，若送风量不变，没有扩散孔板，气流流线的形态如何？图 5-9 所示的就是这种气流组织形式。由图可见，洁净送风气流的扩散效果减弱（只靠气流的引带作用来扩散），涡流区增大，气流流线不畅，稀释效果变差。很显然，洁净度也会降低。看来气流组织设计，并非是只计算送风量，布置送回风口这么简单，小小扩散孔板，竟有如此大的作用。这需要结合洁净室原量进行思考。然而，扩散孔板也有缺点，当洁净室停用时，其板面内侧易积尘，所以，当洁净室停用一段时间重新启用时，应仔细擦洗扩散板。

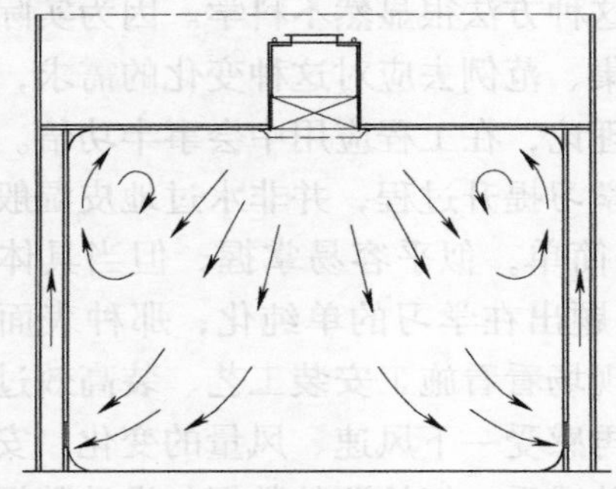

图 5-8　带扩散孔板的高效过滤器顶送双侧下回风

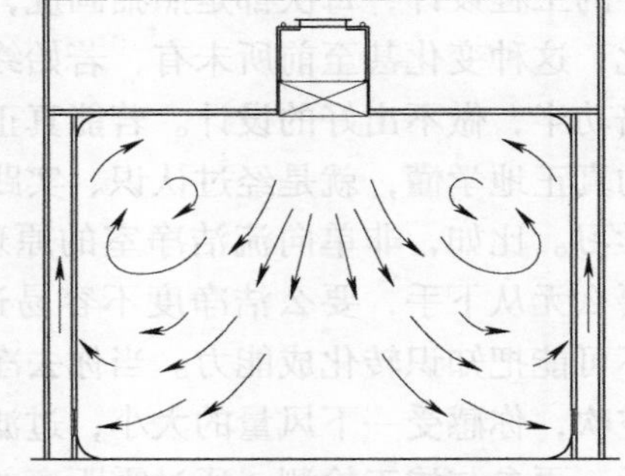

图 5-9　无扩散孔板的高效过滤器顶送双侧下回风

图 5-10 所示为带扩散孔板的高效过滤器顶送单侧下回风的气流组织形态。与双侧下回风比较，未设置回风口的一侧靠墙处涡流区增大，由此看来，双侧下回风要比单侧下回风净化效果好，为什么不全设计成双侧下回风呢？

双侧下回风净化效果固然好，但系统的复杂程度及初投资都会增加。所以，在气流组织设计时，要统筹考虑多方面的因素。例如：洁净度级别、洁净室平面尺寸、送风口的数量、建筑围护结构的性质、生产工艺的性质等。如果是 1000 级的洁净室，洁净室的平面尺寸再小，即使是改造工程（砖混土建结构），也应设计成双侧下回风。否则，洁净度很难达标；如果是 10000 级的洁净室，若洁净室宽度不大于 3m，可采用单侧下回风，回风口应布置在长边墙面的下侧，否则，应双侧下回风；如果是 10 万级及以下级别的洁净室，原则上可做成单侧下回风，若洁净室宽度大于 5m，或

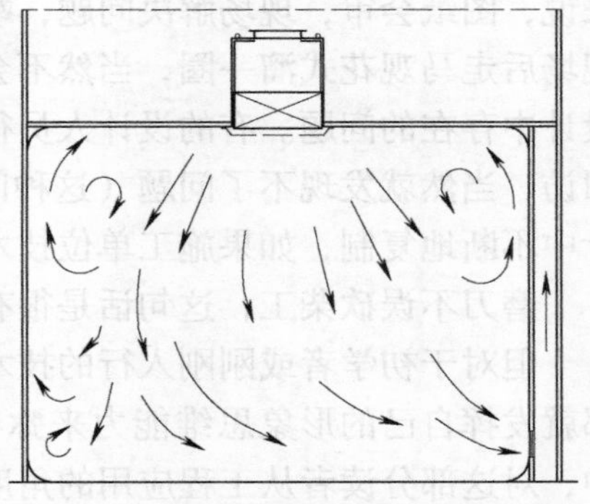

图 5-10　带扩散孔板的高效过滤器顶送单侧下回风

生产工艺中散发污染物（应将污染物就地捕获或及时排走），应设计成双侧下回风；这些数据是作者多年在工程实践中针对特定的送风口布置形式经统计得到的，在工程设计中应灵活运用。如在同样的送风量下，增加送风口的数量，上述尺寸可酌情增大。如遇到宽度很大的洁净室，即使洁净度较低，如 30 万级或更低，不仅需双侧下回风，而且应根据生产工艺的特点，想办法在宽度方向的中间增设回风口。看来，书籍中的各种气流组织图式并不是对各种级别的洁净室都适用，还应结合工艺特点、送风口的数量、洁净度级别、洁净室的大小等因素灵活运用。如实验动物房（SPF），一般做法是采用图 5-8 所示的气流组织形式。但这种形式笼架下层的实验动物会受到其上层的污染，也就是说位于上层动物的污染会随气流穿过下层笼具污染下层的动物，若能在侧墙的中部适当高度（结合笼架高度）再增设回风口，可减轻实验动物相互间的污染。即让送风洁净气流扩散稀释上层动物周围的空气后，及时从中间的回风口排走。下层动物周围的稀释气流从下部回风口排走，系统虽稍显复杂，但控制污染的效果非常好，如图 5-11 所示。

图 5-12 所示散流器顶送双侧下回风，进入散流器的空气是经过高效过滤器处理过的，不要与一般空调的散流器送风相混淆。这种形式的气流组织适用于层高较高的洁净室，特别是在冬天送热风时，比扩散孔板的效果要好。

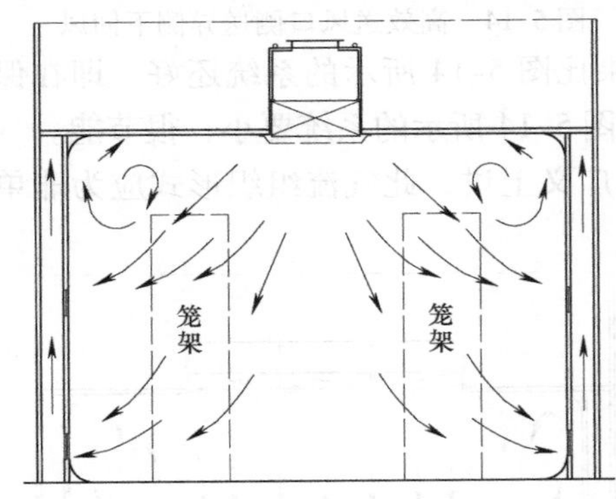

图 5-11　中部增设回风口

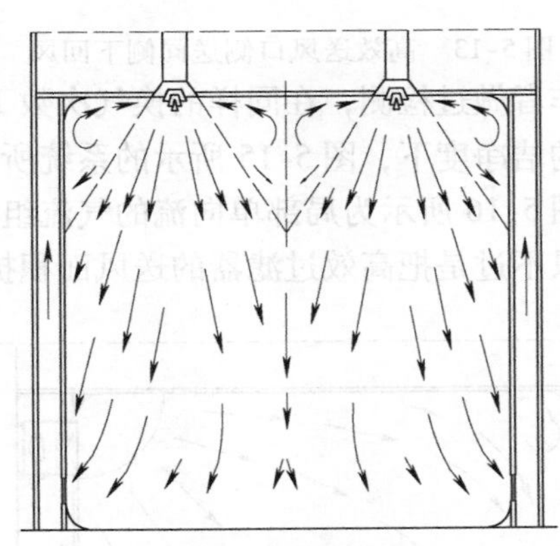
图 5-12　散流器顶送双侧下回风

其特点是把洁净的空气通过散流器很顺畅地送入工作区，但这种系统形式，高效过滤器需在吊顶夹层中更换，很不方便。对于高大空间的洁净车间，其实工作面也很低，主要是工艺设备较高。对这种洁净室如果全室净化，其送风量很大，浪费很严重。作者主张，根据工艺特点，进行局部净化。例如，乳制品车间工艺设备很高，但乳制品是在密闭的不锈钢设备及管道内流动，只有开口部位是需要重点保护的。在不影响工艺操作的前提下，可用实体材料或洁净气幕包围开口的操作部位，在所包围的空间内做净化，花钱不多，效果要好得多。

图 5-13 所示为高效送风口侧送同侧下回风的气流组织形式。适用于砖混结构的改造工程及建筑层高较低的洁净室工程。对于砖混结构的改造工程，由于其内围护结构大多属承重墙，所以，墙上部开大洞将受到限制。这时可把送回风总管布置于走廊的吊顶夹层内，可利用走廊回风（如果允许的话）或内夹道回风；对于建筑层高较低的建筑需要改造成洁净室，由于吊顶夹层空间太小，不能安装高效过滤器送风口和管道，采用该形式的气流组织，可利用走廊回风，系统简单，投资小，这种形式特别适合于地下建筑的改造[8]。

图 5-14 所示为上侧送风异侧下回风的气流组织形式，这种形式适合于层高较低的建筑。

吊顶夹层空间较小，不满足安装高效过滤器送风口及管道的条件，对于这种建筑，把送风总管沿房间外墙布置，在房间内墙下部安装回风口，利用走廊回风[8]。从气流流线就可以看出净化效果要比图 5-13 所示的气流组织形式好，因为涡流区小。也有人把这种气流组织称为贯流式。作者曾把地下建筑改造成万级的制剂室，在同样的换气次数条件下，该系统的净化效果比上送下侧回的净化效果还好。若把送风口的扩散孔板做成 1/4 的圆弧状，就变成准辐流（矢流）气流组织形式，如图 5-15 所示。

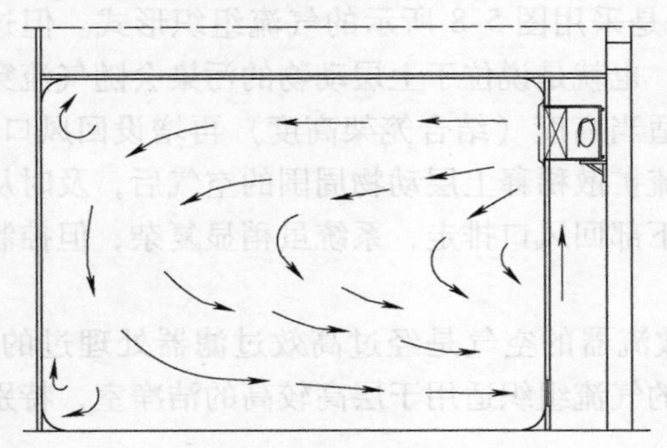

图 5-13　高效送风口侧送同侧下回风

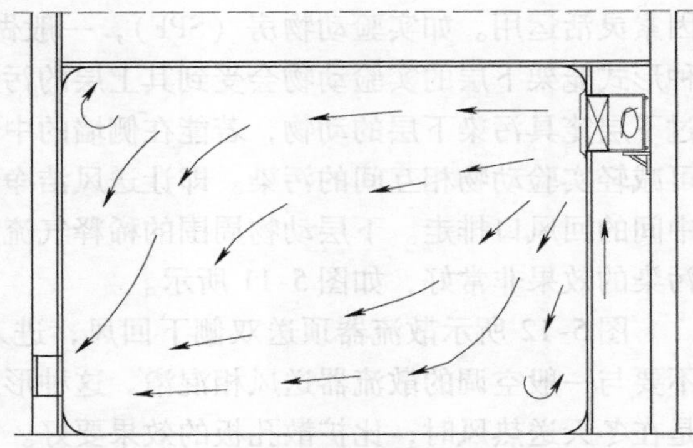

图 5-14　高效送风口侧送异侧下回风

作者做过检测，在同样的换气次数下，净化效果比图 5-14 所示的系统还好，即在保证相同的洁净度下，图 5-15 所示的系统所需送风量比图 5-14 所示的系统要小，很节能。

图 5-16 所示为局部单向流的气流组织形式，从广义上讲，此气流组织形式应为非单向流，只不过是把高效过滤器的送风面积扩大而已。

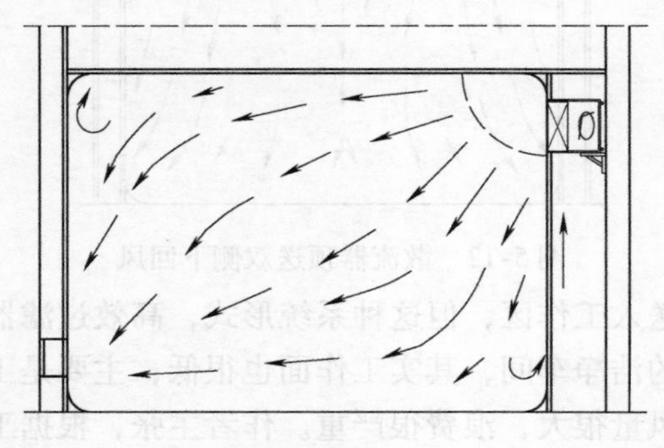

图 5-15　准辐流气流组织

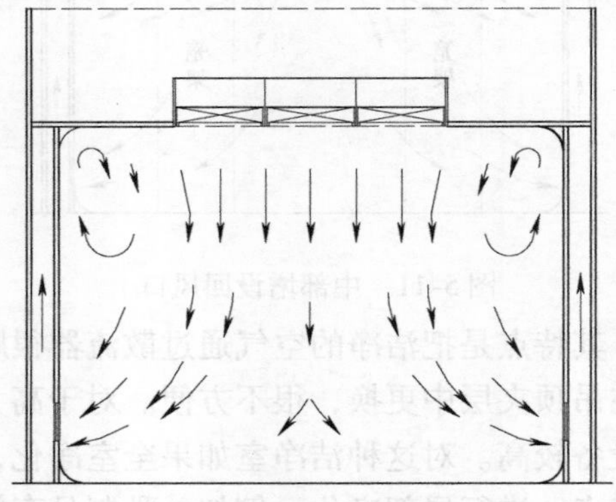

图 5-16　局部单向流

这种形式可应用于医院洁净手术室，青霉素分装工艺，大输液的灌装工艺等场所。所不同的是，送风口不设扩散板，而设置阻尼孔板。希望送风气流不扩散或少扩散。有些工艺还采用垂帘或洁净气幕来限制送风气流的扩散。在洁净手术室。这种大的送风口称为送风天花，在其下部就是手术床，也即手术区（主流区）。周边区的洁净度低于手术区一个级别（Ⅰ、Ⅱ、Ⅲ级手术室），它是靠主流区的洁净气流的扩散来保证周边区的洁净度。在送风天花周边不再布置高效送风口。而在大输液灌装车间，局部百级的送风面积占其所在洁净室的面积的比例较小，所以，周围通常需要布置高效送风口来保证局部百级的背景洁净度，而且局部百级送风口一般都设置透明垂帘（有长有短），其目的是保证灌装部位 100 级的洁净度。这种气流组织形式回风口的设置很有讲究，不同的工艺有不同的方法。如Ⅰ级洁净手术室，要求双侧连续布置；Ⅱ、Ⅲ、Ⅳ级洁净手术室应双侧均匀布置。这里所说的均匀布置，是相对于主流区而言的，布置的回风口使主流区内的气流少向平行于回风口墙面的方向弯曲。对于大输液局部百级回风口位置的设置参见本书“6.2.3 层流罩的应用”。

对于非单向流气流组织，在相关书籍中还可看到许多形式（有些在实际工程中很少采用）。作者一贯提倡学习要举一反三，真正理解了气流组织的内涵，懂得气流组织的影响因素、怎样影响，就可以在工程设计中以不变应万变。

5.3.3 单向流气流组织形式及设计

单向流就是气流以均匀的截面速度，沿着平行线以单一方向在整个截面上通过。单向流洁净室就是靠洁净送风气流的这种“活塞”般的平推作用，迅速把室内污染物排出。根据这个原理，很显然，高效过滤器必须满布，但由于过滤器有边框以及吊顶安装工艺的要求，真正地满布是不现实的。只要能达到我国《空气洁净技术措施》的规定，垂直单向流洁净室满布比不应小于60%，水平单向流洁净室不应小于40%就认为满足满布的要求了。否则，就是局部单向流了。以上这两个满布比，是针对尚有一定面积未布置高效过滤器的最低要求，对于满布高效过滤器的正常情况（即只扣除过滤器和安装框架的自然边框），高效过滤器的满布比不应小于80%。

单向流气流组织的设计重点应考虑：送风高效过滤器的满布比和回风口形式，前者容易满足，后者对单向流洁净室的效果影响较大，在设计中应引起足够的重视。

图 5-17 所示为满布高效过滤器送风，整个地面格栅回风的垂直单向流形式，是典型的垂直单向流，比对单向流洁净室的原理，它符合度最高。对流线平行度和乱流度等指标，满足度最好。这种单向流洁净室可以适用于任何生产工艺，即使生产工艺不断改变，它也能很好地满足。但它的最大的缺点是造价高、格栅回风地板结构复杂。

在图 5-17 所示的形式中，送风吊顶的安装工作量很大，若用液槽密封结构，造价较高，但密封的可靠性高；若用密封垫挤压式密封结构，造价较低但密封性较差，过滤器安装的技术要求很高，一旦发生泄露，需拆下过滤器重新安装，安装难度较大，工程量也较大。所以，把这种送风吊顶改为图 5-18 所示形式，侧布高效过滤器，顶棚阻尼层送风。这种系统通过改变顶棚送风结构，降低了安装难度，节约了初投资。过滤器安装在吊顶夹层静压箱的两侧，使安装难度降低，更换也方便，采用阻尼层吊顶，使气流均匀平行向下流动，这种阻尼层可采用不锈钢孔板制作，孔板的开孔率应大于60%，若能在静压箱内装设阻尼孔板和导

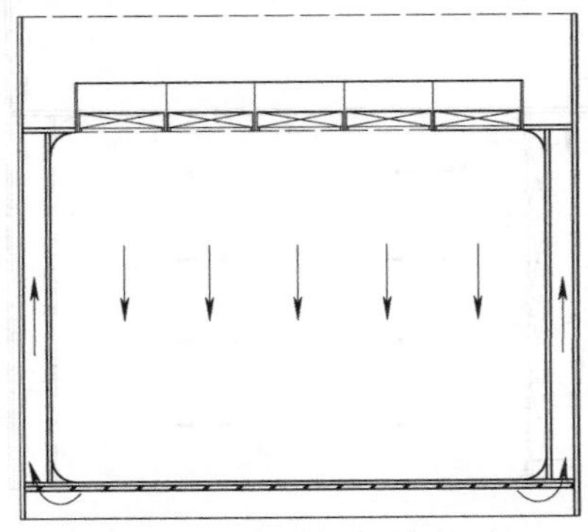

图 5-17 满布高效过滤器送风，整个地面格栅回风

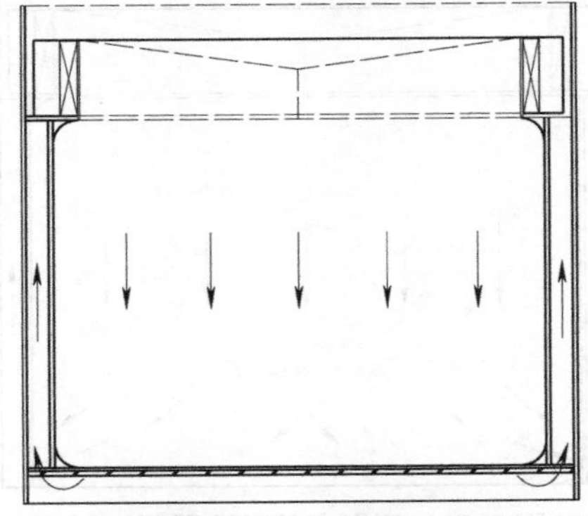

图 5-18 侧布高效过滤器，顶棚阻尼层送风，整个地面格栅回风

流板，其均流效果更好。这是一种净化效果较好而造价较低的气流组织形式，其适用范围同图 5-17 所示的系统相同。

这种送风天花的结构现在也应于洁净手术部的送风天花中，无影灯吊杆处的密封变得很简单。

由于图 5-17 所示形式，格栅回风地板结构复杂、造价高，而且还给人的视觉以不适之感，行走和放物件都有不稳之感，微小的零件又容易掉落到地板的下面。对这种回风方式的改进，如图 5-19 所示，可采用全顶棚高效过滤器送风，两侧下回风。

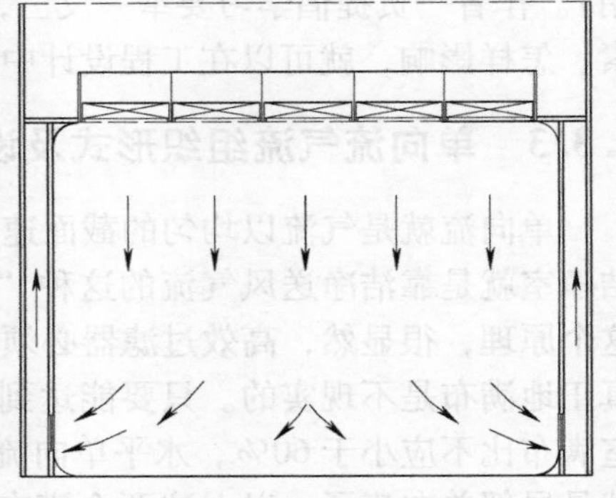

图 5-19 全顶棚高效过滤器送风，两侧下回风

这种回风方式，使送风气流在洁净室的下部发生了弯曲，故称之为准单向流洁净室。它可以达到 100 级的洁净度，但洁净室的宽度应不大于 6m。设计这种气流组织时，双侧的回风口应连续布置且回风口的上边高度应尽量低，使送风气流在较低标高处弯曲。若弯曲处低于工作面，效果最好。选择这种气流组织形式的回风口时，宽度以不大于 200mm 为佳。回风口下边的最小标高可做到 0.10m，故回风口的上边标高以不大于 0. 30m 为好。若回风面积除以回风口的总长度大于 200mm，这时按 200mm 的宽度校核回风速度，若回风速度未超过允许的上限值，回风口宽度取为 200mm。否则，应按回风速度允许的上限值计算回风口的宽度。

这种形式的气流组织，也可采用侧布高效过滤器，顶棚阻尼层送风的结构，其节约效果更加明显，如图 5-20 所示。

图 5-21 所示为水平单向流气流组织，这种形式是典型的水平单向流。侧墙满布高效过滤器水平送风，相对的墙面满布粗效过滤器或孔板回风。沿气流方向，洁净度逐渐降低，利用这个特点，把洁净度要求高的工艺布置于送风口附近，要求低的工艺顺气流流向排列。这种气流组织形式适合于手术室。水平单向流所要求的建筑层高较垂直单向流要求的建筑层高低，施工技术难度较低，造价比垂直单向流的洁净室低。

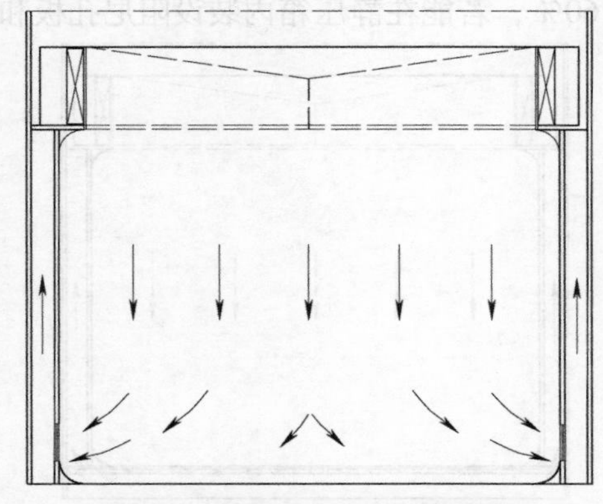

图 5-20 侧布高效过滤器顶棚阻尼层送风，两侧下回风

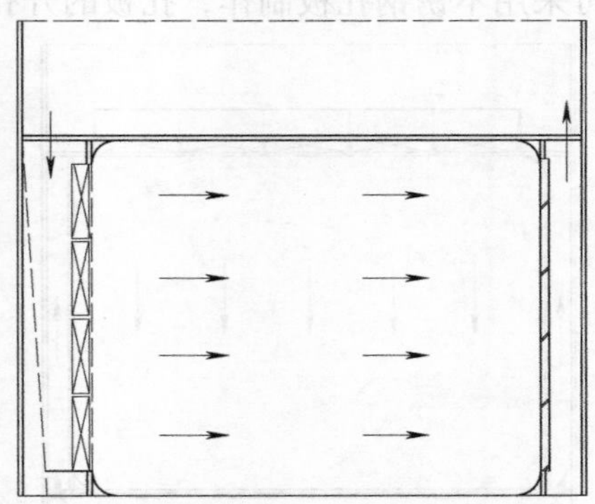

图 5-21 侧墙满布高效过滤器送风，对面满布粗效过滤器回风

在工程应用中，根据工艺特点，可灵活应用，如图 5-22 所示，回风口设在侧墙，气流流线发生弯曲，拐角处出现涡流区，净化效果不如图 5-21 所示的好，可用于房间尺寸较小的情况。也有在两侧墙设回风口的气流组织形式，比图 5-22 所示单侧墙设回风口的气流要均匀点，但其净化效果远不及图 5-21 所示的好。

作者不主张采用侧墙开设回风口的形式，因为水平单向流的回风墙，大多采用孔板或粗（中）效过滤器，其价格要比垂直单向流的格栅地板低得多，做法也简单得多，没有必要仿造垂直单向流两侧墙下回风的气流形式。即使房间长度尺寸较小，也不必采用侧墙回风，还是采用对面的墙回风效果好，回风夹道可做得窄一点，如图 5-23 所示。

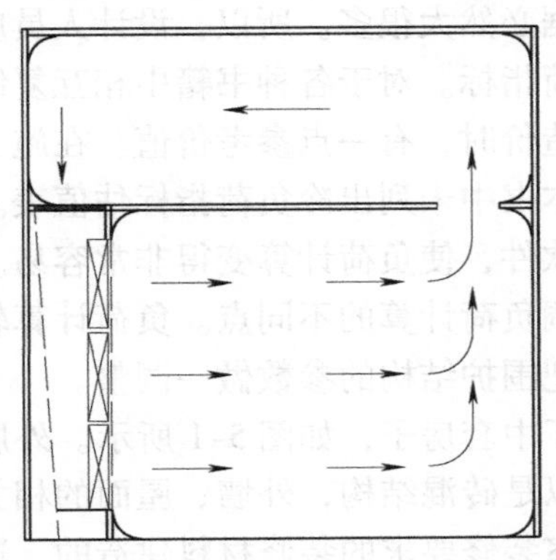

图 5-22　回风口设在侧墙的水平单向流（平面图）

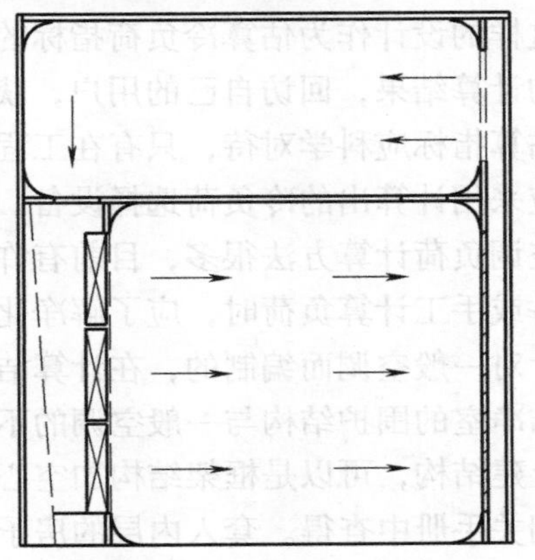

图 5-23　对图 5-22 方案的改进

图 5-24 为无回风墙的水平单向流，高效过滤器送风墙送出洁净空气后，水平气流流向所在环境，经过滤后再被风机吸入。类似于水平流洁净工作台的空气循环，它是靠空气速度来防止污染物的侵入（不是靠静压）。这种洁净室最便宜，也可做成移动式，适合于车间内需洁净环境装配的工艺。洁净环境和所在的周围环境的温湿度相同，这种系统大多采用两级过滤，过滤器的使用时间将缩短。

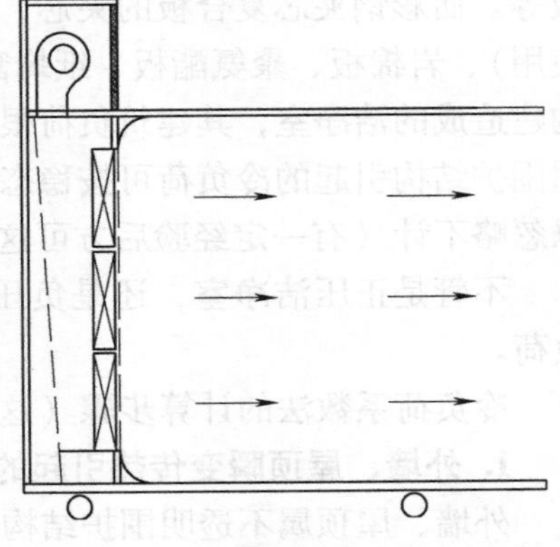

图 5-24　无回风墙的水平单向流

以上介绍了非单向流和单向流最常用的几种气流组织形式。在洁净室工程设计中，应根据建筑形式、工艺特点等具体情况，灵活应用上述气流组织形式，若能派生出适宜的气流组织形式，可谓已做到了举一反三。

5.4　洁净室的设计计算

洁净室的设计计算包括空调负荷计算，风量计算，洁净度校核计算等内容。

5.4.1　空调负荷计算

洁净室的空调负荷包括夏季冷负荷与冬季热负荷。有人认为计算方法与一般空调负荷的计算方法相同。其实，洁净室的负荷计算与一般空调的负荷计算还是有区别的。对于许多材料中推荐的负荷估算指标，作者不知道这些估算指标的详细来源，在工程实践中发现这些估算指标比实际负荷大很多。对于一些没有经验的设计人员，也许会受到估算指标的影响而不相信自己的计算数据，进而加大安全裕量，或者干脆套用估算指标，这是非常有害的。在前几年 GMP 认证后，许多制药企业感叹净化空调系统能耗太大而用不起。难道是净化空调系统的错误吗？全然不是。作者发现，无论是冷负荷还是送风量都是层层加码，导致机组、水泵、风机等容量偏大很多。净化空调比一般空调的能耗大是肯定的，但应大的有依据。当前，对净化空调的节能设计迫在眉睫。

作者在调研中发现，有不少空调用户在最热月，实际用冷量是设计冷量的 1/2 ~ 3/5。若把这样的设计作为估算冷负荷指标的统计源，其数据必然大很多。所以，设计人员应相信自己的计算结果，回访自己的用户，获得真实的冷负荷指标。对于各种书籍中相互复制的冷负荷估算指标应科学对待，只有在工程设计初期估算造价时，有一点参考价值。在施工图阶段，应采用计算出的冷负荷选择设备。正因为如此，本书中未列出冷负荷指标估值表。

空调负荷计算方法很多，目前有许多负荷计算的软件，使负荷计算变得非常容易。在应用软件或手工计算负荷时，应了解净化空调与一般空调负荷计算的不同点。负荷计算软件大多是针对一般空调而编制的，在计算洁净室负荷时应把围护结构的参数做一调整。

洁净室的围护结构与一般空调的不同，它是在房子中套房子，如图 5-1 所示。外层房子就是土建结构，可以是框架结构加空心砖砌块，也可以是砖混结构，外墙、屋面的相关参数可在相关手册中查得。套入内层的房子是用符合洁净室装修要求的装修材料建造的，这种装修材料有快立墙板、轻钢框架加人造板、轻钢框架加经喷涂的电解钢板、还有彩钢夹芯复合板等。而彩钢夹芯复合板的夹芯，可采用阻燃自熄聚苯乙烯板（现行规范禁止在洁净室中使用）、岩棉板、聚氨酯板、纸蜂窝板、铝蜂窝板、玻镁板等材质。可见，这种两层围护结构建造成的洁净室，其建筑负荷很小。当内层材料的保温性能好时（如彩钢夹芯板），不透明围护结构引起的冷负荷可按稳态传热计算（特别适合于手算），在一些特殊情况下甚至可以忽略不计（有一定经验后方可这么做）。

不管是正压洁净室，还是负压洁净室（相对邻室为负压），都不考虑冷风渗透引起的负荷。

冷负荷系数法的计算步骤（这种方法非常适合手工计算）：

1. 外墙、屋顶瞬变传热引起的冷负荷

外墙、屋顶属不透明围护结构，在日射和室外气温的共同作用下，由外墙、屋顶瞬变传热引起的逐时冷负荷均可按下式计算。

$$CL = FK(t_{1n} - t_n) \tag{5-1}$$

式中 CL——瞬变传热引起的逐时冷负荷（W）；

F——外墙、屋面面积（m^2）；

t_n——室内设计温度（℃）；

t_{1n}——外墙、屋面的冷负荷计算温度的逐时值（℃）；计算时刻的选取和一般空调相同，通常可在 8 时至 18 时中，每隔 1h 取一个计算时刻；有经验者可根据具体情况，减少计算的时刻点，如可从 12 时算至 17 时；

K——外墙、屋面的传热系数 [W/(m^2·℃)]；如果洁净室在内区（无外墙），外墙引起的冷负荷为零；如果洁净室靠近外墙，如图 5-1 所示，传热系数的计算应考虑内、外围护结构之间空气间隙的热阻。若间隙间的空气被装修材料封闭，可按多层复合壁计算 K 值；当内层结构为彩钢夹芯板，则计算 K 值时只考虑由夹芯材料、空气层、外墙组成的复合壁，可忽略夹芯两面的彩钢板的热阻影响。如果空气间隙未被装修材料封闭，把靠外墙的洁净室按内区处理。这里的空气间隙就变成非空调空间。这时，只需计算非空调空间对该洁净室的传热负荷（在后面介绍其算法）。

对于室温允许波动范围大于或等于 ±1℃ 的工艺性空调房间，其非轻型外墙传热形成的冷负荷，可近似按照稳态传热计算（参见《采暖通风与空气调节设计规范》GB 50019—2003 的规定）。

即

$$CL = KF(t_{zp} - t_n) \tag{5-2}$$

$$t_{zp} = t_{wp} + \frac{\rho J_p}{\alpha_w} \tag{5-3}$$

式中　CL、K、F、t_n——同式（5-1）；

t_{zp}——夏季空气调节室外计算日平均综合温度（℃）；

t_{wp}——夏季空气调节室外计算日平均温度（℃）；

ρ——围护结构外表面对于太阳辐射热的吸收系数；

J_p——围护结构所在朝向太阳总辐射照度的日平均值（W/m^2）；

α_w——围护结构外表面换热系数［$W/(m^2 \cdot ℃)$］。

由于洁净室特殊的双层外围护结构，外墙传热系数 K 值按多层复合壁计算（数值很小），用式（5-2）算出的非轻型外墙传热形成的冷负荷与采用冷负荷系数法算出的冷负荷相差不大。这就是前面所提到的当内层材料的保温性能好时（如彩钢夹芯板）不透明围护结构引起的冷负荷可按稳定传热计算的依据之一。

洁净室吊顶以上都留有足够的夹层空间来安装管道、设备，即使是位于顶层的洁净室，由于这个夹层的存在，屋顶的瞬变传热引起的冷负荷可不必计算，而只需计算相当于非空调房间的夹层对洁净室传热而产生的冷负荷。洁净室的装修，由于需要吸收土建施工的误差，其墙板紧贴土建外围护结构的很少，一般都留有较大的间隙。根据前面的分析，当把这个间隙按非空调房间对待时，对于非轻型外墙和屋顶瞬变传热形成的冷负荷可以不做计算，把该洁净室按内区对待（紧贴土建外墙的洁净室除外）。

2. 内墙、楼板传热引起的冷负荷

当洁净室与邻室的夏季温差大于 3℃ 时，通过内墙、楼板传热引起的冷负荷可按下式计算：

$$CL = KF(t_{1s} - t_n) \tag{5-4}$$

式中　CL——内围护结构传热形式的冷负荷（W）；

K——内围护结构的传热系数［$W/(m^2 \cdot ℃)$］；

F——内围护结构的传热面积（m^2）；

t_n——室内设计温度（℃）；

t_{1s}——邻室计算平均温度（℃）；其值按下式计算：

$$t_{1s} = t_{wp} + \Delta t_{1s} \tag{5-5}$$

式中　t_{wp}——夏季空调室外计算日平均温度（℃）；

Δt_{1s}——邻室计算平均温度与夏季空调室外计算日平均温度的差值（℃）；宜按表5-1选用。

表5-1 温度的差值

邻室散热量	Δt_{1s}/℃
很少（如办公室和走廊等）	0～2
<23W/m³	3
23～116W/m³	5

3. 外玻璃窗瞬变传热引起的冷负荷

许多洁净室是不允许设计外玻璃窗的，对于洁净度级别要求低的洁净室，虽然允许设计外玻璃窗，但必须保证是密闭固定窗。根据洁净室的建筑结构特征，大多采用两层固定密闭玻璃窗。当洁净室按内区对待时，其玻璃窗传热按内窗考虑；当洁净室的墙板紧贴土建外墙或土建外墙经表面涂层处理作为洁净室墙面时（洁净度低的洁净室也有此结构），在室内外温差作用下，通过外玻璃窗的瞬变传热引起的冷负荷可按下式计算

$$CL = CKF(t_{1m} + t_d - t_n) \tag{5-6}$$

式中 CL——外玻璃窗瞬变传热引起的逐时冷负荷（W）；

F——窗口面积（m²）；

K——外玻璃窗的传热系数［W/(m²·℃)］；可查表5-2、表5-5；

C——玻璃窗传热系数修正值，根据窗框类型查表5-3；

t_{1m}——外玻璃窗冷负荷计算温度的逐时值（℃），可查表5-4；

t_d——玻璃窗的地点修正值，可从表5-6中查取。

4. 玻璃窗日射得热引起的冷负荷

不考虑外遮阳时，透过玻璃窗进入室内的日射得热形成的逐时冷负荷可按下式计算：

$$CL = FC_S D_{J.max} C_{CL} \tag{5-7}$$

式中 CL——透过玻璃窗进入室内的日射得热形成的逐时冷负荷（W）；

F——玻璃窗的净面积（m²）；

C_S——窗玻璃的遮阳系数，其定义为实际玻璃的日射得热与标准窗玻璃的日射得热之比，可由表5-8查得；因为洁净室的玻璃窗不允许设置窗帘之类的内遮阳设施，所以在式（5-7）中，不考虑窗内遮阳设施的遮阳系数。

$D_{J.max}$——日射得热因素最大值（W/m²）（采用3mm厚的普通平板玻璃作为“标准玻璃”，在特定条件下得出值），见表5-7；

C_{CL}——无内遮阳的冷负荷系数，以北纬27°30′为界，以北的地区为北区，以南的地区为南区，见表5-9、表5-10。

表5-2 双层窗玻璃的传热系数 K ［单位：W/(m²·℃)］[4]

α_N/[W/(m²·K)] \ α_W/[W/(m²·K)]	5.8	6.4	7.0	7.6	8.1	8.7	9.3	9.9	10.5	11
11.6	2.37	2.47	2.55	2.62	2.69	2.74	2.80	2.85	2.90	2.73
12.8	2.42	2.51	2.59	2.67	2.74	2.80	2.86	2.92	2.97	3.01
14.0	2.45	2.56	2.64	2.72	2.79	2.86	2.92	2.98	3.02	3.07
15.1	2.49	2.59	2.69	2.77	2.84	2.91	2.97	3.02	3.08	3.13

（续）

α_N/[W/(m²·K)] α_W/[W/(m²·K)]	5.8	6.4	7.0	7.6	8.1	8.7	9.3	9.9	10.5	11
16.3	2.52	2.63	2.72	2.80	2.87	2.94	3.01	3.07	3.12	3.17
17.5	2.55	2.65	2.74	2.84	2.91	2.98	3.05	3.11	3.16	3.21
18.6	2.57	2.67	2.78	2.86	2.94	3.01	3.08	3.14	3.20	3.25
19.8	2.59	2.70	2.80	2.88	2.97	3.05	3.12	3.17	3.23	3.28
20.9	2.61	2.72	2.83	2.91	2.99	3.07	3.14	3.20	3.26	3.31
22.1	2.63	2.74	2.84	2.93	3.01	3.09	3.16	3.23	3.29	3.34
23.3	2.64	2.76	2.86	2.95	3.04	3.12	3.19	3.25	3.31	3.37
24.4	2.66	2.77	2.87	2.97	3.06	3.14	3.21	3.27	3.34	3.40
25.6	2.67	2.79	2.90	2.99	3.07	3.15	3.20	3.29	3.36	3.41
26.7	2.69	2.80	2.91	3.00	3.09	3.17	3.24	3.31	3.37	3.43
27.9	2.70	2.81	2.92	3.01	3.11	3.19	3.25	3.33	3.40	3.45
29.1	2.71	2.83	2.93	3.04	3.12	3.20	3.28	3.35	3.41	3.47

表5-3 玻璃窗的传热系数修正值 C[4]

窗框类型	单层窗	双层窗	窗框类型	单层窗	双层窗
全部玻璃	1.00	1.00	木窗框，60%玻璃	0.80	0.85
木窗框，80%玻璃	0.90	0.95	金属窗框，80%玻璃	1.00	1.20

表5-4 玻璃窗逐时冷负荷计算温度 t_{1m} （单位：℃）[4]

时间/h	0	1	2	3	4	5	6	7	8	9	10	11
t_1	27.2	26.7	26.2	25.8	25.5	25.3	25.4	26.0	26.9	27.9	29.0	29.9
时间/h	12	13	14	15	16	17	18	19	20	21	22	23
t_1	30.8	31.5	31.9	32.2	32.2	32.0	31.6	30.8	29.9	29.1	28.4	27.8

表5-5 不同结构玻璃窗的传热系数值 K[4]

玻璃		间隔层厚/mm	间隔层充气体	窗玻璃的传热系数 K/[W/(m²·℃)]	窗框修正系数 α							
					塑料		铝合金		PA断热桥铝合金		木框	
普通玻璃	玻璃厚度3mm	—	—	5.8	0.72	0.79	1.07	1.13	0.84	0.90	0.72	0.82
		12	空气	3.3	0.84	0.88	1.20	1.29	1.05	1.07	0.89	0.93
	玻璃厚度6mm	—	—	5.7	0.72	0.79	1.07	1.13	0.84	0.90	0.72	0.82
		12	空气	3.3	0.84	0.88	1.20	1.29	1.05	1.07	0.89	0.93
Low-E玻璃		—	—	3.5	0.82	0.86	1.16	1.24	1.02	1.03	0.86	0.90
中空玻璃		6	空气	3.0	0.86	0.93	1.23	1.46	1.06	1.11		
		12		2.6	0.90	0.95	1.30	1.59	1.10	1.19		

（续）

玻璃	间隔层厚/mm	间隔层充气体	窗玻璃的传热系数 K/[W/(m²·℃)]	窗框修正系数 α							
				塑料		铝合金		PA 断热桥铝合金		木框	
辐射率≤0.25 Low－E 中空玻璃（在线）	6	空气	2.8	0.87	0.94	1.24	1.49	1.06	1.13		
	9		2.2	0.95	0.97	1.36	1.73	1.14	1.27		
	12		1.9	1.03	1.04	1.45	1.91	1.19	1.38		
	6	氩气	2.4	0.92	0.96	1.32	1.63	1.11	1.22		
	9		1.8	1.01	1.02	1.49	1.98	1.21	1.42		
	12		1.7	1.02	1.05	1.53	2.06	1.24	1.47		
辐射率≤0.15 Low－E 中空玻璃（离线）	12	空气	1.8	1.01	1.02	1.49	1.98	1.21	1.42		
		氩气	1.5	1.05	1.11	1.63	2.25	1.29	1.59		
双银 Low－E 中空玻璃	12	空气	1.7	1.02	1.05	1.53	2.06	1.24	1.47		
		氩气	1.4	1.07	1.14	1.69	2.37	1.33	1.66		
窗框比（窗框面积与整窗面积之比）				30%	40%	20%	30%	25%	40%	30%	45%

表 5-6　玻璃窗的地点修正值 t_d[4]　（单位：℃）

编号	城市	t_d	编号	城市	t_d	编号	城市	t_d	编号	城市	t_d
1	北京	0	11	杭州	3	21	成都	－1	31	二连	－2
2	天津	0	12	合肥	3	22	贵阳	－3	32	汕头	1
3	石家庄	1	13	福州	2	23	昆明	－6	33	海口	1
4	太原	－2	14	南昌	3	24	拉萨	－11	34	桂林	1
5	呼和浩特	－4	15	济南	3	25	西安	2	35	重庆	3
6	沈阳	－1	16	郑州	2	26	兰州	－3	36	敦煌	－1
7	长春	－3	17	武汉	3	27	西宁	－8	37	格尔木	－9
8	哈尔滨	－3	18	长沙	3	28	银川	－3	38	和田	－1
9	上海	1	19	广州	1	29	乌鲁木齐	1	39	喀什	－1
10	南京	3	20	南宁	1	30	台北	1	40	库车	0

表 5-7　夏季各纬度带的日射得热因素最大值 $D_{J.max}$　（单位：W/m²）[4]

纬度带 \ 朝向	S	SE	E	NE	N	NW	W	SW	水平
20°	130	311	541	465	130	465	541	311	876
25°	146	332	509	421	134	421	509	332	834
30°	174	374	539	415	115	415	539	374	833
35°	251	436	575	430	122	430	575	436	844
40°	302	477	599	442	114	442	599	477	842
45°	368	508	598	432	109	432	598	508	811
拉萨	174	462	727	592	133	593	727	462	991

注：每一纬度带包括的宽度为 ±2′30″纬度。

表5-8　窗玻璃的遮阳系数 C_S[4]

玻璃类型	C_S 值	玻璃类型	C_S 值
“标准玻璃”	1.00	6mm厚吸热玻璃	0.83
5mm厚普通玻璃	0.93	双层3mm厚普通玻璃	0.86
6mm厚普通玻璃	0.89	双层5mm厚普通玻璃	0.78
3mm厚吸热玻璃	0.96	双层6mm厚普通玻璃	0.74
5mm厚吸热玻璃	0.88		

注：1. “标准玻璃”是指3mm厚的单层普通玻璃。

2. 吸热玻璃是指上海耀华玻璃厂生产的浅蓝色吸热玻璃。

3. 表中 C_S 对应的内、外表面换热系数为 $\alpha_N=8.7\text{W}/(\text{m}^2\cdot\text{K})$ 和 $\alpha_W=18.6\text{W}/(\text{m}^2\cdot\text{K})$。

4. 这里的双层玻璃内、外层玻璃是相同的。

表5-9　北区（北纬27°30′以北）无内遮阳窗玻璃冷负荷系数[4]

朝向＼时间	0	1	2	3	4	5	6	7	8	9	10	11
S	0.16	0.15	0.14	0.13	0.12	0.11	0.13	0.17	0.21	0.28	0.39	0.49
SE	0.14	0.13	0.12	0.11	0.10	0.09	0.22	0.34	0.45	0.51	0.62	0.58
E	0.12	0.11	0.10	0.09	0.09	0.08	0.29	0.41	0.49	0.60	0.56	0.37
NE	0.12	0.11	0.10	0.09	0.09	0.08	0.35	0.45	0.53	0.54	0.38	0.30
N	0.26	0.24	0.23	0.21	0.19	0.18	0.44	0.42	0.43	0.49	0.56	0.61
NW	0.17	0.15	0.14	0.13	0.12	0.12	0.13	0.15	0.17	0.18	0.20	0.21
W	0.17	0.16	0.15	0.14	0.13	0.12	0.12	0.14	0.15	0.16	0.17	0.17
SW	0.18	0.16	0.15	0.14	0.13	0.12	0.13	0.15	0.17	0.18	0.20	0.21
水平	0.20	0.18	0.17	0.16	0.15	0.14	0.16	0.22	0.31	0.39	0.47	0.53
朝向＼时间	12	13	14	15	16	17	18	19	20	21	22	23
S	0.54	0.65	0.60	0.42	0.36	0.32	0.27	0.23	0.21	0.20	0.18	0.17
SE	0.41	0.34	0.32	0.31	0.28	0.26	0.22	0.19	0.18	0.17	0.16	0.15
E	0.29	0.29	0.28	0.26	0.24	0.22	0.19	0.17	0.16	0.15	0.14	0.13
NE	0.30	0.30	0.29	0.27	0.26	0.23	0.20	0.17	0.16	0.15	0.14	0.13
N	0.64	0.66	0.66	0.63	0.59	0.64	0.64	0.38	0.35	0.32	0.30	0.28
NW	0.22	0.22	0.28	0.39	0.50	0.56	0.59	0.31	0.22	0.21	0.19	0.18
W	0.18	0.25	0.37	0.47	0.52	0.62	0.55	0.24	0.23	0.21	0.20	0.18
SW	0.29	0.40	0.49	0.54	0.64	0.59	0.39	0.25	0.24	0.22	0.20	0.19
水平	0.57	0.69	0.68	0.55	0.49	0.41	0.33	0.28	0.26	0.25	0.23	0.21

表 5-10　南区（北纬 27°30′以南）无内遮阳窗玻璃冷负荷系数[4]

朝向＼时间	0	1	2	3	4	5	6	7	8	9	10	11
S	0.21	0.19	0.18	0.17	0.16	0.14	0.17	0.25	0.33	0.42	0.48	0.54
SE	0.14	0.13	0.12	0.11	0.11	0.10	0.20	0.36	0.47	0.52	0.61	0.54
E	0.13	0.11	0.10	0.09	0.09	0.08	0.24	0.39	0.48	0.61	0.57	0.38
NE	0.12	0.12	0.11	0.10	0.09	0.09	0.26	0.41	0.49	0.59	0.54	0.36
N	0.28	0.25	0.24	0.22	0.21	0.19	0.38	0.49	0.52	0.55	0.59	0.63
NW	0.17	0.16	0.15	0.14	0.13	0.12	0.12	0.15	0.17	0.19	0.20	0.21
W	0.17	0.16	0.15	0.14	0.13	0.12	0.12	0.14	0.16	0.17	0.18	0.19
SW	0.18	0.17	0.15	0.14	0.13	0.12	0.13	0.16	0.19	0.23	0.25	0.27
水平	0.19	0.17	0.16	0.15	0.14	0.13	0.14	0.19	0.28	0.37	0.45	0.52
朝向＼时间	12	13	14	15	16	17	18	19	20	21	22	23
S	0.59	0.70	0.70	0.57	0.52	0.44	0.35	0.30	0.28	0.26	0.24	0.22
SE	0.39	0.37	0.36	0.35	0.32	0.28	0.23	0.20	0.19	0.18	0.16	0.15
E	0.31	0.30	0.29	0.28	0.27	0.23	0.21	0.18	0.17	0.15	0.14	0.13
NE	0.32	0.32	0.31	0.29	0.27	0.24	0.20	0.18	0.17	0.16	0.14	0.13
N	0.66	0.68	0.68	0.68	0.69	0.69	0.60	0.40	0.37	0.35	0.32	0.30
NW	0.22	0.27	0.38	0.48	0.54	0.63	0.52	0.25	0.23	0.21	0.20	0.18
W	0.20	0.28	0.40	0.50	0.54	0.61	0.50	0.24	0.23	0.21	0.20	0.18
SW	0.29	0.37	0.48	0.55	0.67	0.60	0.38	0.26	0.24	0.22	0.21	0.19
水平	0.56	0.68	0.67	0.53	0.46	0.38	0.30	0.27	0.25	0.23	0.22	0.20

5. 地面传热引起的冷负荷

参照《采暖通风与空气调节设计规范》（GB 50019—2003）的规定，若洁净室内的空调属舒适性的，夏季可不计算通过地面传热引起的冷负荷；当洁净室位于低层，下面无地下室且有外墙时，对工艺性空调，宜计算距外墙 2m 范围内的地面传热形成的冷负荷。

6. 室内热源散热形成的冷负荷

洁净室内的热源散热主要是指室内工艺设备散热、照明散热、人体散热等。设备种类较多，有些设备只能满足生产工艺的功能，对保温、隔热等方面存在先天缺陷，在运行过程中，散发大量的热量、湿量及粉尘。在设计时应充分调研、仔细研究，不能单纯按相关计算公式进行冷负荷计算。否则，设备形成的冷负荷太大，即使是洁净室的大风量也难以消除余热余湿，这就相当于室内生火炉再用空调降温一样，能耗太大。因此，要求设计人员仔细了解工艺过程，通过隔热、排热等措施，在方案阶段就考虑节能措施，不能等大量的热散发至室内后再进行空调降温。如大输液配液罐的散热、碳纤维车间湿喷湿拉伸工艺的水槽散热、纤维碳化加热炉散热等。

在采用冷负荷系数法计算室内电动设备形成的冷负荷时，电动设备的额定功率只反映装机容量，实际的最大运行功率往往小于装机容量，而实际的运行功率也要比最大功率小。所以，在计算冷负荷时一定要考虑这些因素。

室内热源散热包括显热、潜热两部分。潜热散热直接成为室内的瞬时冷负荷，显热散热中只有以对流形式散出的热量成为室内瞬时冷负荷，而以辐射形式散出的热量先被周围壁面及物体的表面吸收，然后逐渐以对流方式散出，形成滞后的冷负荷。所以，在计算中，应分析各种设备的散热特点，采用相应的冷负荷系数。

（1）设备显热冷负荷　按下式计算：

$$CL = C_{CL}Q \tag{5-8}$$

式中　CL——设备散热形成的冷负荷（W）；

C_{CL}——设备散热冷负荷系数，查表5-11、表5-12；

Q——设备散热量（W）。

当设备和电动机都在室内时：　$Q = 1000n_1n_2n_3N/\eta$　(5-9)

当只有设备在室内时：　$Q = 1000n_1n_2n_3N$　(5-10)

当只有电动机在室内时：　$Q = 1000n_1n_2n_3\ N(1-\eta)/\eta$　(5-11)

式中　N——设备的安装功率（kW）；

η——电动机效率，可从产品样本上查得，或查表5-15；

n_1——同时使用系数，通过了解工艺过程来确定，其值小于等于1；

n_2——利用系数（安装系数），反映安装功率的利用程度，一般取0.7～0.9；

n_3——负荷系数，反映了平均负荷达到最大负荷的程度；精密机床取0.15～0.4，一般可取0.4～0.5。

以上各系数对负荷计算影响较大，特别是安装功率较大时，其影响更为明显。所以在计算时应仔细分析，必要时现场考察同类设备的实际运行情况，以确定各项系数。

电热设备散热量：无保温密闭罩时

$$Q = 1000n_1n_2n_3n_4N\ (\text{W}) \tag{5-12}$$

式中　n_4——考虑排风带走的热量的系数，一般取0.5。

（2）照明散热形式的冷负荷　按下式计算：

$$CL = C_{CL}Q \tag{5-13}$$

式中　CL——照明散热形成的冷负荷（W）；

C_{CL}——照明散热的冷负荷系数，查表5-13，洁净室都采用净化灯，按暗装荧光灯查取；

Q——照明设备散热量（W）；

白炽灯　$Q = 1000N\ (\text{W})$　(5-14)

荧光灯　$Q = 1000n_1n_2N\ (\text{W})$　(5-15)

式中　N——照明设备所需功率（kW）；

n_1——镇流器消耗功率系数，当明装荧光灯的镇流器在室内时，取1.2；当暗装荧光灯的镇流器装在顶棚内时取0.1；

n_2——灯罩隔热系数，当罩的上部穿孔时取0.5～0.6，无孔时取0.6～0.8，洁净室净化灯无孔，故取0.6～0.8。

（3）人体散热形成的冷负荷　按下式计算：

$$CL = C_{CL} n q_s \tag{5-16}$$

式中　CL——人体散热形成的冷负荷（W）；

C_{CL}——人体散热的冷负荷系数，查表5-14；

q_s——不同室温和劳动性质成年男子散热量（显热、潜热），查表5-16；

n——室内人数。

表5-11　有罩设备和用具显热散热冷负荷系数[4]

连续使用小时数	开始使用后的小时数											
	1	2	3	4	5	6	7	8	9	10	11	12
2	0.27	0.40	0.25	0.18	0.14	0.11	0.09	0.08	0.07	0.06	0.05	0.04
4	0.28	0.41	0.51	0.59	0.39	0.30	0.24	0.19	0.16	0.14	0.12	0.10
6	0.29	0.42	0.52	0.59	0.65	0.70	0.48	0.37	0.30	0.25	0.21	0.18
8	0.31	0.44	0.54	0.61	0.66	0.71	0.75	0.78	0.55	0.43	0.35	0.30
10	0.33	0.46	0.55	0.62	0.68	0.72	0.76	0.79	0.81	0.84	0.60	0.48
12	0.36	0.49	0.58	0.64	0.69	0.74	0.77	0.80	0.82	0.85	0.87	0.88
14	0.40	0.52	0.61	0.67	0.72	0.76	0.79	0.82	0.84	0.86	0.88	0.89
16	0.45	0.57	0.65	0.70	0.75	0.78	0.81	0.84	0.86	0.87	0.89	0.90
18	0.52	0.63	0.70	0.75	0.79	0.82	0.84	0.86	0.88	0.89	0.91	0.92

连续使用小时数	开始使用后的小时数											
	13	14	15	16	17	18	19	20	21	22	23	24
2	0.04	0.03	0.03	0.30	0.02	0.02	0.02	0.02	0.01	0.01	0.01	0.01
4	0.09	0.08	0.07	0.06	0.05	0.05	0.04	0.04	0.03	0.03	0.02	0.02
6	0.16	0.14	0.12	0.11	0.09	0.08	0.07	0.06	0.05	0.05	0.04	0.04
8	0.25	0.22	0.19	0.16	0.14	0.13	0.11	0.10	0.08	0.07	0.06	0.06
10	0.39	0.33	0.28	0.24	0.21	0.18	0.16	0.14	0.12	0.11	0.09	0.08
12	0.64	0.51	0.42	0.36	0.31	0.26	0.23	0.20	0.18	0.15	0.13	0.12
14	0.91	0.92	0.67	0.54	0.45	0.38	0.32	0.28	0.24	0.21	0.19	0.16
16	0.92	0.93	0.94	0.94	0.69	0.56	0.46	0.39	0.34	0.29	0.25	0.22
18	0.93	0.94	0.95	0.95	0.96	0.96	0.71	0.58	0.48	0.41	0.35	0.30

表5-12　无罩设备和用具显热散热冷负荷系数[4]

连续使用小时数	开始使用后的小时数											
	1	2	3	4	5	6	7	8	9	10	11	12
2	0.56	0.64	0.15	0.11	0.08	0.07	0.06	0.05	0.04	0.04	0.03	0.03
4	0.57	0.65	0.71	0.75	0.23	0.18	0.14	0.12	0.10	0.08	0.07	0.06
6	0.57	0.65	0.71	0.76	0.79	0.82	0.29	0.22	0.18	0.15	0.13	0.11
8	0.58	0.66	0.72	0.76	0.80	0.82	0.85	0.87	0.33	0.26	0.21	0.18
10	0.60	0.68	0.73	0.77	0.81	0.83	0.85	0.87	0.89	0.90	0.36	0.29
12	0.62	0.69	0.75	0.79	0.82	0.84	0.86	0.88	0.89	0.91	0.92	0.93
14	0.64	0.71	0.76	0.80	0.83	0.85	0.87	0.89	0.90	0.92	0.93	0.93
16	0.67	0.74	0.79	0.82	0.85	0.87	0.89	0.90	0.91	0.92	0.93	0.94
18	0.71	0.78	0.82	0.85	0.87	0.99	0.90	0.92	0.93	0.94	0.94	0.95

（续）

连续使用小时数	开始使用后的小时数											
	13	14	15	16	17	18	19	20	21	22	23	24
2	0.02	0.02	0.02	0.02	0.01	0.01	0.01	0.01	0.01	0.01	0.01	0.01
4	0.05	0.05	0.04	0.04	0.03	0.03	0.02	0.02	0.02	0.02	0.01	0.01
6	0.10	0.08	0.07	0.06	0.06	0.05	0.04	0.04	0.03	0.03	0.03	0.02
8	0.15	0.13	0.11	0.10	0.09	0.08	0.07	0.06	0.05	0.04	0.04	0.03
10	0.24	0.20	0.17	0.15	0.13	0.11	0.10	0.08	0.07	0.07	0.06	0.05
12	0.38	0.31	0.25	0.21	0.18	0.16	0.14	0.12	0.11	0.09	0.08	0.07
14	0.94	0.95	0.40	0.32	0.27	0.23	0.19	0.17	0.15	0.13	0.11	0.10
16	0.95	0.96	0.96	0.97	0.42	0.34	0.28	0.24	0.20	0.18	0.15	0.13
18	0.96	0.96	0.97	0.97	0.97	0.98	0.43	0.35	0.29	0.24	0.21	0.18

表5-13 照明散热冷负荷系数[4]

灯具类型	空调设备运行时数/h	开灯时数/h	开灯后的小时数											
			0	1	2	3	4	5	6	7	8	9	10	11
明装荧光灯	24	13	0.37	0.67	0.71	0.74	0.76	0.79	0.81	0.83	0.84	0.86	0.87	0.89
	24	10	0.37	0.67	0.71	0.74	0.76	0.79	0.81	0.83	0.84	0.86	0.87	0.29
	24	8	0.37	0.67	0.71	0.74	0.76	0.79	0.81	0.83	0.84	0.29	0.26	0.23
	16	13	0.60	0.87	0.90	0.91	0.91	0.93	0.93	0.94	0.94	0.95	0.95	0.96
	16	10	0.60	0.82	0.83	0.84	0.84	0.84	0.85	0.85	0.86	0.88	0.90	0.32
	16	8	0.51	0.79	0.82	0.84	0.85	0.87	0.88	0.89	0.90	0.29	0.26	0.23
	12	10	0.63	0.90	0.91	0.93	0.93	0.94	0.95	0.95	0.95	0.96	0.96	0.37
暗装荧光灯或明装白炽灯	24	10	0.34	0.55	0.61	0.65	0.68	0.71	0.74	0.77	0.79	0.81	0.83	0.39
	16	10	0.58	0.75	0.79	0.80	0.80	0.81	0.82	0.83	0.84	0.86	0.87	0.39
	12	10	0.69	0.86	0.89	0.90	0.91	0.91	0.92	0.93	0.94	0.95	0.95	0.50

灯具类型	空调设备运行时数/h	开灯时数/h	开灯后的小时数											
			12	13	14	15	16	17	18	19	20	21	22	23
明装荧光灯	24	13	0.90	0.92	0.29	0.26	0.23	0.20	0.19	0.17	0.15	0.14	0.12	0.11
	24	10	0.26	0.23	0.20	0.19	0.17	0.15	0.14	0.12	0.11	0.10	0.09	0.08
	24	8	0.20	0.19	0.17	0.15	0.14	0.12	0.11	0.10	0.09	0.08	0.07	0.06
	16	13	0.96	0.97	0.29	0.26								
	16	10	0.28	0.25	0.23	0.19								
	16	8	0.20	0.19	0.17	0.15								
	12	10												
暗装荧光灯或明装白炽灯	24	10	0.35	0.31	0.28	0.25	0.23	0.20	0.18	0.16	0.15	0.14	0.12	0.11
	16	10	0.35	0.31	0.28	0.25								
	12	10												

表 5-14　人体显热散热冷负荷系数[4]

在室内的总小时数	每个人进入室内后的小时数											
	1	2	3	4	5	6	7	8	9	10	11	12
2	0.49	0.58	0.17	0.13	0.10	0.08	0.07	0.06	0.05	0.04	0.04	0.03
4	0.49	0.59	0.66	0.71	0.27	0.21	0.16	0.14	0.11	0.10	0.08	0.07
6	0.50	0.60	0.67	0.72	0.76	0.79	0.34	0.26	0.21	0.18	0.15	0.13
8	0.51	0.61	0.67	0.72	0.76	0.80	0.82	0.84	0.38	0.30	0.25	0.21
10	0.53	0.62	0.69	0.74	0.77	0.80	0.83	0.85	0.87	0.89	0.42	0.34
12	0.55	0.64	0.70	0.75	0.79	0.81	0.84	0.86	0.88	0.89	0.91	0.92
14	0.58	0.66	0.72	0.77	0.80	0.83	0.85	0.87	0.89	0.90	0.91	0.92
16	0.62	0.70	0.75	0.79	0.82	0.85	0.87	0.88	0.90	0.91	0.92	0.93
18	0.66	0.74	0.79	0.82	0.85	0.87	0.89	0.90	0.92	0.93	0.94	0.94

在室内的总小时数	每个人进入室内后的小时数											
	13	14	15	16	17	18	19	20	21	22	23	24
2	0.03	0.02	0.02	0.02	0.02	0.01	0.01	0.01	0.01	0.01	0.01	0.01
4	0.06	0.06	0.05	0.04	0.04	0.03	0.03	0.03	0.02	0.02	0.02	0.01
6	0.11	0.10	0.08	0.07	0.06	0.06	0.05	0.04	0.04	0.03	0.03	0.03
8	0.18	0.15	0.13	0.12	0.10	0.09	0.08	0.07	0.06	0.05	0.05	0.04
10	0.28	0.23	0.20	0.17	0.15	0.13	0.11	0.10	0.09	0.08	0.07	0.06
12	0.45	0.36	0.30	0.25	0.21	0.19	0.16	0.14	0.12	0.11	0.09	0.08
14	0.93	0.94	0.47	0.38	0.31	0.26	0.23	0.20	0.17	0.15	0.13	0.11
16	0.94	0.95	0.95	0.96	0.49	0.39	0.33	0.28	0.24	0.20	0.18	0.16
18	0.95	0.96	0.96	0.97	0.97	0.97	0.50	0.40	0.33	0.28	0.24	0.21

表 5-15　电动机效率 η[4]

电动机类型	功率/kW	满负荷效率	电动机类型	功率/kW	满负荷效率
罩极电动机	0.04	0.35	三相电动机	1.5	0.79
	0.06	0.35		2.2	0.81
	0.09	0.35		3.0	0.82
	0.12	0.35		4.0	0.84
分相电动机	0.18	0.54		5.5	0.85
	0.25	0.56		7.5	0.86
	0.37	0.60		11.0	0.87
三相电动机	0.55	0.72		15.0	0.88
	0.75	0.75		18.5	0.89
	1.1	0.77		22.0	0.89

（4）室内湿源散湿引起的潜热冷负荷　人体散热量、散湿量及潜热负荷可由表 5-16 查取。

如果洁净室内有一个热的湿表面，水分被热源加热而蒸发（如碳纤维湿拉伸水槽），那么该设施与室内空气既有显热交换又有潜热交换。显热交换取决于其表面与室内空气的传热温差和传热面积，散湿量可由下式求得。

表5-16　人体散热量、散湿量及潜热负荷

劳动	热湿量	温度/℃														
		16	17	18	19	20	21	22	23	24	25	26	27	28	29	30
静坐	显热	99	93	90	87	84	81	78	74	71	67	63	58	53	48	43
	潜热	17	20	22	23	26	27	30	34	37	41	45	50	55	60	65
	全热	116	113	112	110	110	108	108	108	108	108	108	108	108	108	108
	散湿量	26	30	33	35	38	40	45	50	56	61	68	75	82	90	97
极轻劳动	显热	108	105	100	94	90	85	79	75	70	65	61	57	51	45	41
	潜热	34	36	40	43	47	51	56	59	64	69	73	77	83	89	93
	全热	142	141	140	140	137	136	135	134	134	134	134	134	134	134	134
	散湿量	50	54	59	64	69	76	83	89	96	102	109	115	123	132	139
轻度劳动	显热	117	112	106	99	93	87	81	76	70	64	58	51	47	40	35
	潜热	71	74	79	84	90	94	100	106	112	117	123	130	135	142	147
	全热	188	186	185	183	183	181	181	182	182	181	181	181	182	182	182
	散湿量	105	110	118	126	134	140	150	158	167	175	184	194	203	212	220
中等劳动	显热	150	142	134	126	117	112	104	97	88	83	74	67	61	52	45
	潜热	86	94	102	110	118	123	131	138	147	152	161	168	174	183	190
	全热	236	236	236	236	235	235	235	235	235	235	235	235	235	235	235
	散湿量	128	141	153	165	175	184	196	207	219	227	240	250	260	273	283
重度劳动	显热	192	186	180	174	169	163	157	151	145	140	134	128	122	116	110
	潜热	215	221	227	233	238	244	250	256	262	267	273	279	285	291	297
	全热	407	407	407	407	407	407	407	407	407	407	407	407	407	407	407
	散湿量	321	330	339	347	356	365	373	382	391	400	408	417	425	434	443

注：表中显热、潜热和全热的单位为W，散湿量的单位为g/h。

$$D = 1000\beta(P_b - P_a)FB_0/B(g/s) \tag{5-17}$$

式中　P_b——水表面温度下的饱和空气的水蒸气分压力（Pa）；

P_a——空气中水蒸气分压力（Pa）；

F——水的蒸发表面积（m^2）；

B_0——标准大气压力，101325Pa；

B——当地实际大气压力（Pa）；

β——蒸发系数［kg/（N·s）］；$\beta = (\alpha + 0.00363v)10^{-5}$；

α——不同水温下的扩散系数［kg/（N·s）］，见表5-17；

v——水面上周围空气的流速（m/s）。

表5-17　不同水温下的扩散系数

水温/℃	<30	40	50	60	70	80	90	100
α/［kg/（N·s）］	0.0046	0.0058	0.0069	0.0077	0.0088	0.0096	0.0106	0.0125

如果洁净室内的湿表面是通过吸收空气中的显热量蒸发的，而无其他的加热源，则室内的总得热量没有增加，只有部分显热负荷转化为潜热负荷。

如果洁净室内有一个蒸汽散发源（如碳纤维通过蒸汽的润湿而拉伸时泄漏的蒸汽量），则散湿量即为散入室内的蒸汽量。

计算出洁净室内各项散湿量 D_i 后，总散湿量 $W=\sum D_i$，则室内散湿源引起的潜热冷负荷为

$$CL=(2500+1.84t_n)W\ (\mathrm{W}) \tag{5-18}$$

冬季热负荷的计算比较简单，在此不再赘述。

5.4.2 送风量的计算方法

洁净室的送风量计算与一般空调的不同。一般空调（全空气系统）的送风量是根据计算出的热湿负荷，选取经济的送风温差，按消除余热、余湿来计算送风量。而洁净室的送风量计算一般不依赖于热湿负荷，而是根据不同的洁净度按断面平均风速或换气次数来计算送风量。必要时，再用热湿负荷进行送风量的校核计算，一般情况下都能满足消除余热、余湿的要求。也就是按断面平均风速或换气次数计算的送风量通常要大于按消除余热、余湿计算的送风量。所以，洁净室由于送风量大而使送风温差减小。如果经过校核计算，送风量不能满足消除余热、余湿的要求，有两种方法解决：第一种方法是按消除余热、余湿计算出的送风量作为洁净室的送风量（这时该洁净室的洁净度级别会提高）；第二种方法是分析该洁净室的余热（余湿）组成，也就是冷负荷（湿负荷）的组成，能否采取技术措施降低该洁净室的余热（余湿）量，如采用排热（排湿）、隔热、密闭等方法来降低冷负荷（湿负荷），满足送风量的要求，这是一种最积极的方法。

1. 正压非单向流洁净室的送风量计算

$$Q_1=nV \tag{5-19}$$

式中 Q_1——正压非单向流洁净室送风量（$\mathrm{m^3/h}$）；

V——洁净室净体积（$\mathrm{m^3}$）；

n——换气次数（次/h）。

换气次数 n 的确定有多种方法：

1）按各专业标准规定的换气次数选用。

2）按保证合理的自净时间所需的换气次数选用。

3）按不均匀分布理论计算的换气次数选用。

在工程设计中，第一种方法应用比较普遍。即根据洁净室的性质、所在行业、业主对标准的要求等条件，选用适宜的标准，查取符合洁净度级别的换气次数。第二、第三种方法由于有些数据较难准确获取，其使用受到限制，详细内容可查阅参考文献［1］。

可用下列公式进行校核计算：

$$Q_H=\frac{3600CL}{\rho\Delta h} \tag{5-20}$$

式中 Q_H——消除室内余热的送风量（$\mathrm{m^3/h}$）；

CL——洁净室的冷负荷（kW）；

ρ——空气密度（$\mathrm{kg/m^3}$）；

Δh——送风焓差（kJ/kg）。

$$Q_W=\frac{1000W}{\rho\Delta d} \tag{5-21}$$

式中 Q_W——消除室内余湿的送风量（$\mathrm{m^3/h}$）；

W——洁净室的湿负荷（kg/h）；

Δd——送风含湿量差（g/kg）。

把洁净室冷负荷 CL、湿负荷 W、送风焓差 Δh、送风含湿量差 Δd、空气密度 ρ 分别代入上述公式，得出 Q_H 和 Q_W。若两者都小于按换气次数计算出的送风量 Q，则送风量 Q 能消除室内余热、余湿，否则，按前面介绍的方法处理。

2. 正压单向流洁净室送风量计算

$$Q_1 = 3600v\ F \tag{5-22}$$

式中 Q_1——正压单向流洁净室送风量（m^3/h）；

F——洁净室垂直于气流方向的截面面积（m^2）；

v——洁净室垂直于气流方向截面上的平均风速（m/s）。

平均速度 v 的确定很关键，如果取值太大，将使初投资和运行费用增加；如果取值太小，可能达不到污染控制的效果。截面平均速度 v，通常按专业标准规定的风速来选用。若没有专业标准或有特殊要求时，可参考下限风速建议值（见表 5-18）。

表 5-18 下限风速建议值

洁净室	下限风速 m/s	条　件
垂直单向流	0.12	平时无人或很少有人进出，无明显热源
	0.3	无明显热源的一般情况
	≤0.5	有人、有明显热源，如 0.5 仍不行，则宜控制热源尺寸和加以隔热
水平单向流	0.3	平时无人或很少有人进出
	0.35	一般情况
	≤0.50	要求更高或人员进出频繁的情况

ISO 标准给出的风速范围：0.2～0.5m/s，什么条件用 0.2m/s，什么条件用 0.5m/s 并没有给出具体说明。设计选用时，应根据洁净室的具体生产工艺，操作人员的数量及所在位置，有无热源及其所在位置等情况进行仔细的分析。必要时，去同类性质的洁净室做调研，选出符合工艺要求的截面平均速度。确定原则：洁净室要求的自净时间短，v 可选得大点；如对自净时间没有特殊要求，那要看污染物散发速度的大小和污染物所处位置来考虑，若污染物散发速度大，应采用较大的截面平均速度；如果生产工艺上方有热源，应取较大的截面平均速度；如果操作人员较多且频繁移动，应取较大的截面平均速度；当送风平面距工作面较远时，选用较大的平均速度。但无论如何，所取用的截面平均速度不应大于 0.5m/s。

3. 系统送风量的计算

不管是单向流洁净室还是非单向流洁净室，当把各洁净室的送风量确定以后，可按下式求出所属系统的送风量。

$$Q_2 = \frac{\sum Q_i}{1 - \sum \varepsilon} \tag{5-23}$$

式中 Q_2——系统送风量（m^3/h）；

$\sum Q_i$——同一系统的各洁净室送风量之和（m^3/h）；

$\sum \varepsilon$——系统和空调设备漏风率之和，可从表 5-19 中选取。

表 5-19 建议的系统和空调设备漏风率

洁净度级别（209E）	漏风率（%）		
	系统	空调设备	总计$\Sigma\varepsilon$
7 ~ 9	2	2	4
5 ~ 6	1	1	2
1 ~ 4	0.5	1	1.5

5.4.3 新风量的计算步骤

1. 满足卫生要求洁净室所需的新风量 Q_1

1）对于室内无明显有害气体发生的一般情况，按《洁净厂房设计规范》（GB 50073—2001）的规定，每人每小时新风量不得小于 40m³。即

$$Q_{1-1} = \text{人数} \times 40\text{m}^3/\text{h}$$

对于特殊的洁净室，按其专业标准的规定来确定，如《医院洁净手术室部建筑技术规范》（GB 50333—2002）规定，洁净手术室每人每小时最小新风量为 60m³。

2）对于室内有多种有害气体发生的情况，应根据室内有害气体的允许浓度计算稀释室内有害气体的新风量 Q_{1-2}。

卫生所需新风量

$$Q_1 = \max\{Q_{1-1},\ Q_{1-2}\}$$

2. 补偿室内排风保持洁净室正压所需的新风量 Q_2

由于工艺及卫生要求，需在洁净室内设置排风装置。根据空气平衡原理，使洁净室内维持正压，必须送入一定量的新风来补充排风及由缝隙等处的渗出风。所以该项新风量可如下计算：

1）局部排风量 Q_{2-1}。可由排风罩罩口面积乘以罩口风速来确定。

2）通过余压阀的风量 Q_{2-2}。可从余压阀说明书中查得。在洁净室的设计中，作者不主张使用余压阀来控制压差。因为余压阀在系统停用时的密封性得不到保证，外形不美观，与洁净室的墙体不协调。在过去自控技术未被广泛应用时，用它来调节洁净室静压还是可行的，现在用自控技术来调节洁净室静压，准确而快捷。所以，当洁净室未安装余压阀时，这项新风量为零。

3）由缝隙漏出的风量 Q_{2-3}。正压洁净室与邻室的门、窗缝隙中的气流必然是渗出，由缝隙渗出的风量可由下式求得：

$$Q_{2-3} = 3600E_1F_1v_1 = 3600E_1F_1\sqrt{\frac{2\Delta P}{\rho}} \tag{5-24}$$

式中 E_1——缝隙流量系数，通常取 0.3 ~ 0.5；

v_1——漏出风速（m/s）；

ΔP——室内外压差（Pa）；

ρ——空气密度，通常取 1.2kg/m³；

F_1——缝隙面积（m²）；其计算差异较大，不同的装修材料、不同的密闭结构，其缝隙大小也不同。洁净室的窗户均要求采用固定密闭窗，几乎没有缝隙。其密封

条老化收缩时，缝隙增大。洁净室的主要缝隙在密闭门的四周，若门的左、上、右三边采用橡胶密封条密封，考虑 1mm 的缝隙就足够；若密闭门装配可升降合页，门的下边缝隙可考虑 5mm；若装配普通合页，门的下边缝隙可考虑 10mm；若门口处地面不平整，这个缝隙需增大到 15mm。目前书籍中给出的缝隙资料比较陈旧，像木窗、钢窗在洁净室中早已不用，所以现有洁净室取用其数值很显然偏大。

补偿室内排风保持室内正压所需新风量

$$Q_2 = Q_{2-1} + Q_{2-2} + Q_{2-3}$$

3. 系统新风量

净化空调系统是全空气系统，系统新风量就是该系统中每间洁净室所需新风量之和。即

$$Q_X = \sum_{i=1}^{n} Q_{Xi} = Q_{x1} + Q_{x2} + \cdots + Q_{xn} \tag{5-25}$$

$$Q_{Xi} = \max\{Q_{1i}, Q_{2i}\}$$

式中　Q_X——系统的新风量（m^3/h）；

Q_{Xi}——系统中每间洁净室所需的新风量（m^3/h）；

Q_{1i}——系统中第 i 间洁净室满足卫生要求所需的新风量（m^3/h）；

Q_{2i}——系统中第 i 间洁净室补充排风，保持正压所需的新风量（m^3/h）。

有些书籍中，把系统新风量的计算式写成 $Q_X = \max\{\Sigma Q_1, \Sigma Q_2\}$，即把各洁净室的 Q_1 相加，得到 ΣQ_1；把各洁净室的 Q_2 相加，得到 ΣQ_2，最后取其大者为 Q_X。这种算法是错误的，但许多书籍中均复制这种算法。只要你做过工程设计就明白错在何处。

举例：某系统共有 6 间洁净室，每间的 Q_1 与 Q_2 见表 5-20。

表 5-20　例题计算表

洁净室序号	1	2	3	4	5	6	Σ
$Q_1/m^3/h$	80	120	200	40	200	40	680
$Q_2/m^3/h$	40	60	100	300	50	300	850
$\max\{Q_1, Q_2\}$	80	120	200	300	200	300	1200

即：第 1 间洁净室需要新风量 $80m^3/h$，第 2 间需要新风量 $120m^3/h$，第 3 间需要新风量 $200m^3/h$，第 4 间需要新风量 $300m^3/h$，第 5 间需要新风量 $200m^3/h$，第 6 间需要新风量 $300m^3/h$。

这 6 间总共需要（80 + 120 + 200 + 300 + 200 + 300）= 1200（m^3/h）的新风量才能满足要求。而按 $Q_X = \max\{\Sigma Q_1, \Sigma Q_2\}$ 的算法，所需新风量 $Q_X = \max\{680、850\} = 850$（$m^3/h$），显然不能满足系统所需新风量。

系统新风量 Q_X 算出之后，再加上新风管道泄漏的新风量即为进入组合式空调机组的新风量。

5.4.4　回风量的计算方法

洁净室回风量是选择回风口、确定回风管尺寸的重要依据。根据空气平衡原理，每间洁净室的回风量等于送风量减去排风量与渗透风量之和。同一个系统所有洁净室的回风量之和

即为该系统的回风量，由于回风总管属于负压管道，周围的空气会漏入回风管，空气漏入量加系统回风量即为组合式空调机组的回风量。

5.4.5 计算实例分析

如图5-25所示，由6间洁净室组成的净化室空调系统，每间洁净室的送风量均为1000m³/h，洁净走廊的送风量也为1000m³/h，相对静压用“+”表示，每一个“+”代表5Pa，而6间洁净室周围为0Pa的建筑内环境，各洁净室及洁净走廊的渗透风量如图5-25所示。洁净室①、③、⑤各排风500m³/h，洁净室内的人员数量如图5-25所示，供给每人40m³/h新风。

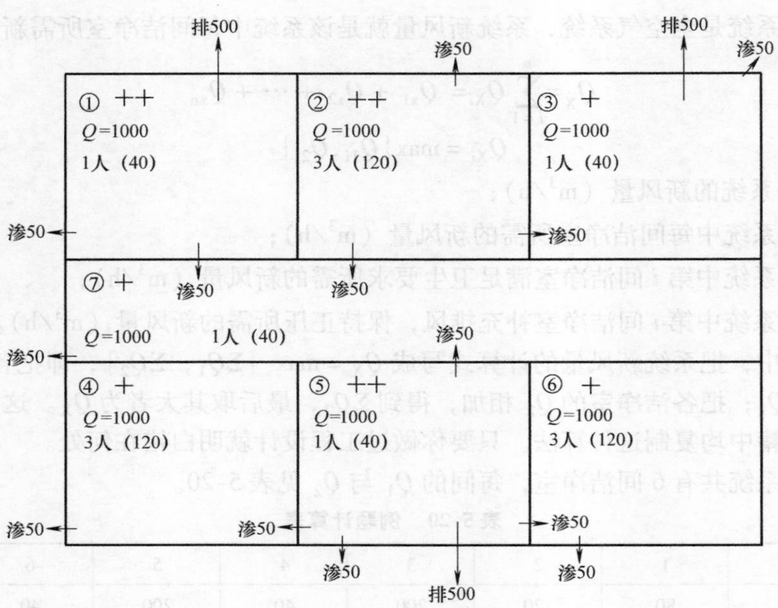

图5-25 计算实例图

求系统送风量 Q_S，系统回风量 Q_H，系统新风量 Q_X，系统排风量 Q_P。为了使问题简化，假定送、回风管漏风率为零。

解：(1) 系统送风量 $Q_S = 7\times1000 = 7000$ (m³/h)

(2) 系统回风量 Q_H：

先求每间洁净室的回风量 Q_{Hi} ($i=1$、2、3、4、5、6、7)

$Q_{H1} = 1000 - 500 - 50 - 50 = 400$ (m³/h)

$Q_{H2} = 1000 - 50 - 50 - 50 = 850$ (m³/h)

$Q_{H3} = 1000 + 50 - 50 - 500 = 500$ (m³/h)

$Q_{H4} = 1000 + 50 - 50 = 1000$ (m³/h)

$Q_{H5} = 1000 - 50 - 50 - 50 - 50 - 500 = 300$ (m³/h)

$Q_{H6} = 1000 + 50 - 50 = 1000$ (m³/h)

$Q_{H7} = 1000 + 50 + 50 + 50 - 50 = 1100$ (m³/h)

系统回风量 $Q_H = \sum_{i=1}^{7} Q_{Hi} = 400 + 850 + 500 + 1000 + 300 + 1000 + 1100 = 5150$ (m³/h)

（3）系统新风量Q_X：

$$Q_X=\sum_{i=1}^{7}\max\{Q_{1i},\ Q_{2i}\}=2230\text{m}^3/\text{h}$$

如果按$Q_X=\max\{\sum_{i=1}^{7}Q_{1i},\ \sum_{i=1}^{7}Q_{2i}\}=1950\text{m}^3/\text{h}$，很显然洁净室④、⑥、⑦供给量为$0\text{m}^3/\text{h}$，而实际上这三间洁净室分别需要$120\text{m}^3/\text{h}$、$120\text{m}^3/\text{h}$、$40\text{m}^3/\text{h}$新风量（见表5-21）。

表 5-21　新风量计算表

洁净室序号	①	②	③	④	⑤	⑥	⑦	Σ
卫生要求的 Q_1	40	120	40	120	40	120	40	520
保持正压 Q_2	600	150	500	0	700	0	0	1950
max $\{Q_1,\ Q_2\}$	600	150	500	120	700	120	40	2230

（4）系统排风量Q_P。

1）洁净室的排风量$Q_{P1}=500+500+500=1500\text{m}^3/\text{h}$，该例中直接给出洁净室①、③、⑤的排风量各为$500\text{m}^3/\text{h}$，在工程设计时，按工艺要求确定排风设计方案（排风罩排风、密闭室排风、排风口排风等），如果确定为排风罩排风，那么就按所设计的罩口面积乘以罩口风速来确定排风量。

2）系统排风量Q_P。根据空气平衡原理，如图5-26所示。

$$Q_X=Q_P+Q_{ST}$$

式中　Q_X——系统的新风量（m^3/h）；

Q_P——系统排风量（m^3/h）；

Q_{ST}——系统渗透风量（m^3/h），$Q_{ST}=7\times50=350$（m^3/h）（图5-25）

代入数据得：$2230=Q_P+350$

$Q_P=1880\text{m}^3/\text{h}>Q_{P1}=1500\text{m}^3/\text{h}$

所以，从理论上讲在系统中应设置排风管，排风量$Q_{P2}=Q_P-Q_{P1}=380\ \text{m}^3/\text{h}$，但在工程设计中，像这么小的排风量就不必设置专门的排风管，适当加大洁净室的排风量，可使系统简化且洁净室的排风罩罩口风速可提高，控制污染的效果得到增强。

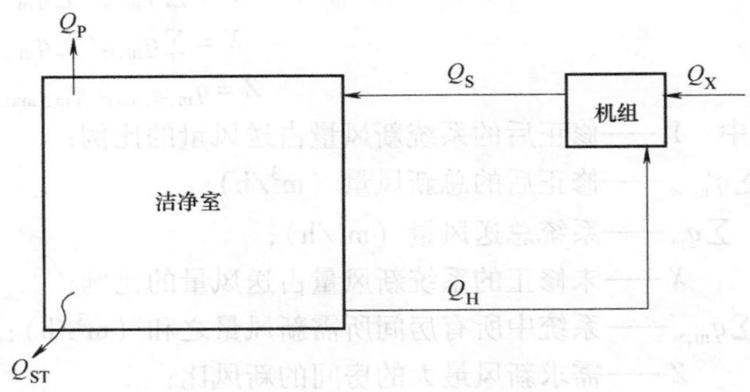

图 5-26　空气平衡图

5.4.6　洁净室新风量的供需分析

前面通过实例分析了净化空调系统新风量（Q_X）的计算。计算时，应先求出系统中每间洁净室需要的新风量（从满足卫生要求的新风量Q_1和补充排风保持正压的新风量Q_2中选大者），然后再相加得出系统中所有洁净室需要的新风量Q'_X，若忽略风管中新风的泄漏率ε，则Q'_X就是系统的新风量Q_X。洁净空调系统都是全空气系统，以一次回风为例，空气流向为：新、回风混合，经过滤加压、热湿处理等过程后送入每间洁净室，然后由每间洁净室的回风口经回风管道进入组合式空调机组的新回风混合段，有一部分空气从排风口及缝隙流出洁净室。可见，每间洁净室的新风不是由新风管单独送入的，而是伴随部分回风由送风口送入的。而各洁净室的送风量、人员数量各不相同，按前述的二者取其大值的方法计算出的新风量进入组合式空调机组，经送风管送入洁净室后是否能满足卫生要求（即每人$40m^3/h$）呢?

仍以5.4.5中的实例数据做分析：

该系统中连同洁净走廊共7间洁净室，洁净室①～⑦分别有1人、3人、1人、3人、1人、3人、1人。所需新风量分别为$40m^3/h$、$120m^3/h$、$40m^3/h$、$120m^3/h$、$40m^3/h$、$120m^3/h$、$40m^3/h$。系统的送风量$Q_S=7000m^3/h$，新风量$Q_X=2230m^3/h$。则新风量占送风量的比例为2230/7000，而每间洁净室的送风量均为$1000m^3/h$，所以每间洁净室得到的新风量（含在送风中）为$1000\times2230\div7000=319$（$m^3/h$），能满足人员对新风的需求。这是由于排风量较大而使系统新风总量增加的缘故。如果上例中无排风量，则系统新风量为$770m^3/h$，其他条件不变，每间洁净室得到的新风量为$1000\times770\div7000=110$（$m^3/h$）。对于洁净室①、③、⑤、⑦来说供给的新风量（$110m^3/h$）大于需求的新风量（$40m^3/h$），而对于洁净室②、④、⑥来说，供给的新风量（$110m^3/h$）小于需要新风量（$120m^3/h$），当每间洁净室人员相差悬殊而送风量相差较大时，这种供需矛盾更为明显。也就是说，当某间洁净室送风量较小，而由于工艺要求，操作人员较多，这时，这间洁净室有可能每人得到的新风量小于标准要求，空气品质得不到保证，在工程设计中，经常遇到这种情况。这就是这种新风供应方式的缺陷。

应对措施：校核系统中送风量小、操作人员多的洁净室所得到的新风量，若与标准相差较多，可适当加大该洁净室的送风量来提高新风供应量，该洁净室的洁净度相应也会提高，这种措施比较节能。也可按下式计算、调整新风量。

$$Y=X/(1+X-Z) \quad (5\text{-}26)$$

$$Y=\sum q'_{m,w}/\sum q_m \quad (5\text{-}27)$$

$$X=\sum q_{m,w}/\sum q_m \quad (5\text{-}28)$$

$$Z=q_{m,w,max}/q_{m,max}$$

式中 Y——修正后的系统新风量占送风量的比例；

$\sum q'_{m,w}$——修正后的总新风量（m^3/h）；

$\sum q_m$——系统总送风量（m^3/h）；

X——未修正的系统新风量占送风量的比例；

$\sum q_{m,w}$——系统中所有房间所需新风量之和（m^3/h）；

Z——需求新风最大的房间的新风比；

$q_{m,w,max}$——需求新风最大的房间的新风量（m^3/h）；

$q_{m,max}$——需求新风最大的房间的送风量（m^3/h）。

5.4.7 洁净度校核计算

在净化空调工程的设计中，有时也需要对洁净度进行校核计算，不管是按哪种方法计算送风量，在该送风量下，能否满足所要求的洁净度，对于缺乏经验的人来说，心里没底。到竣工验收时发现达不到所要求的洁净度时，为时已晚。所以，在设计阶段进行洁净度的校核计算也是必要的。特别是洁净手术室采用主流区理论送风时，对主流区与周边区洁净度的保证，至关重要。

但是，也得承认，校核计算只能作为辅助性措施，设计重点应放在气流组织上。应多积累竣工验收和综合性能评定的检测数据并进行分析，最好能亲自参与检测。作者多次把校核计算的含尘浓度与检测得到的含尘浓度对比，发现偏差大的工程要多于基本相符的工程，这主要是因为相关系数很难准确确定。同一间洁净室，送风量相同，当送风口数量（送风面积）增加时，洁净度可提高，即含尘浓度会减小；回风口的设置位置及回风面积都会影响洁净度。所以，校核计算与实测的偏差就不足为奇了。因此，只能把洁净度的校核计算作为辅助性的方法。

1. 洁净室稳定时的含尘浓度[1]

洁净室的净化空调系统不同、过滤器效率不同，计算出的含尘浓度也不同。对于高效过滤器净化系统，基于图 5-27 所示的含尘浓度计算如下：

室内尘粒均匀分布时

$$N=\frac{60G\times10^{-3}+Mn(1-S)(1-\eta_n)}{n}\approx N_s+\frac{60G\times10^{-3}}{n} \tag{5-29}$$

室内尘粒不均匀分布时（如图 5-28 所示）

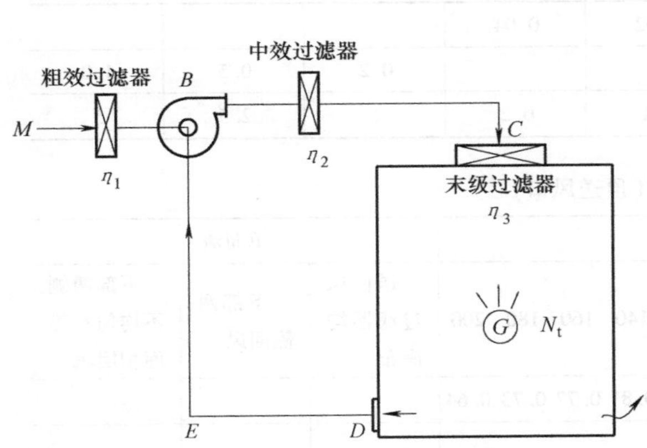

图 5-27 洁净室的基本图式

MBC—新风通路 *DEBC*—回风通路

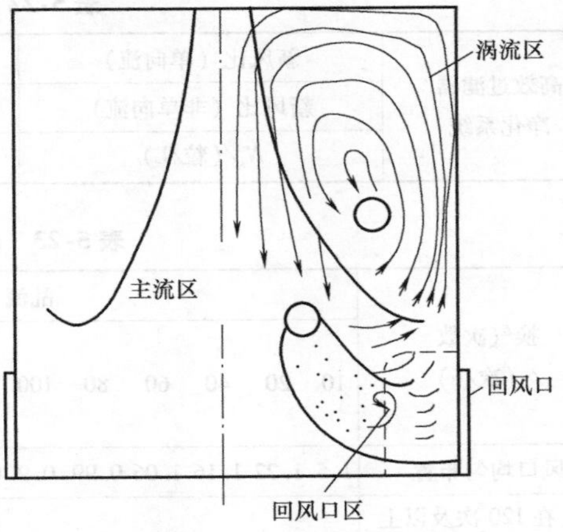

图 5-28 三区不均匀分布

$$N_V=N_s+\psi\frac{60G\times10^{-3}}{n}\approx\psi N \tag{5-30}$$

$$N_a\approx\left(1-\frac{\beta}{1+\phi}\right)\left(N_s+\frac{60G\times10^{-3}}{n}\right) \tag{5-31}$$

$$N_b\approx\left(1+\frac{1-\beta}{\phi}\right)\left(N_s+\frac{60G\times10^{-3}}{n}\right) \tag{5-32}$$

式中 N——按均匀分布计算的含尘浓度（粒/L）；

N_V——按不均匀分布计算的含尘浓度（粒/L）；

N_a——主流区内含尘浓度（粒/L）；

N_b——涡流区内含尘浓度（粒/L）；

N_s——送风含尘浓度（粒/L）；查表 5-22，也可按式（5-35）计算；

G——室内单位容积发尘量［粒/(m³·min)］；

n——换气次数（次/h）；

ψ——不均匀系数，查表5-23；

β——主流区中发尘量占总发尘量的比，查表5-24；

ϕ——涡流区至主流区的引带风量和送风量之比，查表5-25；

M——大气含尘浓度（粒/L）；

S——回风量占全风量的比例。

从新风口到送风口新风通路上过滤器的总效率 η_n 为

$$\eta_n = 1-(1-\eta_1)(1-\eta_2)(1-\eta_3) \tag{5-33}$$

从回风口到送风口回风通路上过滤器的总效率 η_r 为

$$\eta_r = 1-(1-\eta_2)(1-\eta_3) \tag{5-34}$$

式中　η_1——粗效过滤器效率；

η_2——中效过滤器效率；

η_3——高效过滤器效率。

η_1、η_2、η_3 应换算为对于同一粒径范围（≥0.5μm）的效率。

表5-22　送风含尘浓度 N_s

高效过滤器净化系统	新风比（单向流）	0.02	0.04			
	新风比（非单向流）			0.2	0.5	1.0
	N_s/（粒/L）	0.1	0.2	1	2.5	5

表5-23　ψ 值（顶送风口）[1]

换气次数/（次/h）	乱流											单向流		
	10	20	40	60	80	100	120	140	160	180	200	送回风过滤器均满布	下部两侧回风	下部两侧不均匀不等面积回风
风口均匀布置	1.5	1.22	1.16	1.06	0.99	0.9	0.86	0.81	0.77	0.73	0.64			
n 在120次及以上时风口布置集中可按主流区计算							0.65	0.51	0.51	0.43	0.43	0.03	0.05	0.15～0.2

表5-24　β 值[1]

顶棚一个过滤器担负的面积（如果风口布置较偏，担负的面积可取较大值）/m²		单向流洁净室，满布送风两侧下回风	0.97
>15	0.3	单向流洁净室，过滤器满布（满布比≥80%）	0.99
>10	0.4		
>5	0.5～0.7	侧送侧回	0.5～0.7（风口间距超过3m时可取小值）
>2	0.7～0.8		
>1	0.8～0.9	孔板：中间布置，面积≤1/2顶棚 两边布置，面积≤2/3顶棚	0.4
单向流洁净室，过滤器间布（满布比从40%～80%）	0.9～0.99	满布	0.9～0.95

表 5-25　ϕ 值[1]

顶棚每个过滤器负担的面积（如风口位置较偏，则所负担的面积应减少）/m^2		单向流洁净室，过滤器间布（满布比 60%）	0.05
≥7	1.5	单向流洁净室，过滤器满布（满布比≥80%）	0.02
≥5	1.4	孔板：局部	1
≥3	1.3	满布	0.65
≥2.5	0.65	散流器	按顶送×(1.3～1.4)
≥2	0.3	带扩散板高效过滤器顶送	
≥1	0.2	扩散较好	按顶送×(1.3～1.4)
单向流洁净室，过滤器间布（满布比 40%）	0.1	扩散较差	按顶送×(1.1)

$$N_s \approx M(1-s)(1-\eta_n) \tag{5-35}$$

式中　M——大气含尘浓度，取 10^6 粒/L；

s——回风量对于全风量之比；

η_n——从新风口到系统末端送风口空气过滤器的总效率。

2. 洁净度校核计算

空气洁净度由含尘浓度确定，所以，洁净度的校核计算应先计算含尘浓度，然后根据洁净度标准进行空气含尘浓度与洁净度的转换。

对于Ⅰ、Ⅱ、Ⅲ级洁净手术室，经校核计算求得主流区内含尘浓度（N_a）、涡流区内含尘浓度（N_b），如果超过相应级别浓度的上限值时（手术室的面积太大时会出现此情况），可采用加大送风天花面积（不应超过推荐值的 1.2 倍）的方法来降低含尘浓度，直至满足要求。

洁净室稳定时的含尘浓度（N、N_V、N_a、N_b）计算公式已在前面给出，只要计算出室内单位容积发尘量 G，就可计算出 N、N_V、N_a、N_b 的值来校核洁净度。

设净高为 2.5m 的洁净室，若 $1m^2$ 面积的空间中有 1 个人时的发尘量为 C 粒/（min·人），此时，单位容积发尘量为

$$G' = \frac{C}{2.5\times 1} = \frac{C}{2.5}\ [\text{粒}/(\text{m}^3\cdot\text{min}\cdot\text{人})] \tag{5-36}$$

把室内各表面发尘量折合为人的发尘量，根据统计数据，约 $8m^2$ 地面所代表的室内表面可看成是 1 个人静止时的发尘量，故可把整个表面看成是一定数量的人。设 P 为人数，F 为洁净室面积，当量人员密度 q' 可按下式求出：

$$q' = \frac{\frac{F}{8}+P}{F} = \frac{1}{8}+\frac{P}{F} = \frac{1}{8}+q \tag{5-37}$$

式中　q——实际人员密度。

所以，当每平方米为 q' 个人时，室内单位容积发尘量 G 为

$$G = \frac{C}{2.5}q' = \frac{C}{2.5}\left(\frac{1}{8\times\text{动静比}}+\frac{P}{F}\right) \tag{5-38}$$

式中，当 C 为静止时的发尘量，动静比取 1；当 C 为活动时的发尘量，动静比按要求取值，

所求的 G 值为动态值。

5.5 净化空调系统

不论是工业洁净室，还是生物洁净室，在计算出各室空调负荷、送风量、回风量、排风量、新风量之后，就需进行系统的划分，以满足生产工艺及相关规范的要求。

5.5.1 系统划分的原则

1. 按使用时间划分

任何一个生产工艺，每个生产环节并非同时工作，尽可能将工作时间相同的洁净室纳入一个系统（这些洁净室的位置相对集中），在非工作时间，该系统可以停止运行，以利节能。

2. 按洁净室内热湿比划分

尽可能将热、湿比相近的洁净室划分为一个系统，避免出现温湿度偏差太大的缺陷，也有利于简化系统，省去洁净室末端的冷却或再热的设施。

3. 按温湿度条件划分

将温湿度要求相同或相近的洁净室构成一个系统，使系统简化，利于节能。

4. 按排风情况划分

将要求排风或排风量大的洁净室划为一个系统，有利于系统的设计。

5. 按洁净度级别划分

将洁净度级别 100 级（209E）及高于 100 级的洁净室划为一个系统，把低于 100 级的洁净室划于一个系统，利于温湿度控制。

6. 按工艺性质划分

将工艺性质相同，不会释放污染物的洁净室集中于一个系统，有利于防止交叉污染。

以上的系统划分原则，有时很难同时满足。如应该划为一个系统的洁净室位置太分散，也不宜集中在一个系统中。这时可把个别分散的洁净室就近纳入别的系统。这里所讲的系统划分，是针对大的洁净车间，如果车间较小，只要行业规范允许使用一个系统，就不必划分，以利于节约机房面积。一般以 4 万 m^3/h 送风量为限来划分为好。

当整个车间只有很小面积的洁净室是单向流时，只要行业规范允许，也可与非单向流洁净室合为一个系统。采用特殊措施来解决夏季过冷、冬季过热的弊端（参见本书第 8 章）。这样可使系统简化，节约机房面积。所以，应灵活应用上述原则，不能生搬硬套。

5.5.2 净化空调系统与一般空调系统的区别

偶尔会看到一些人用一般空调的设计方法来做净化空调设计，他们认为只要安装上过滤器就能达到所需的净化效果，其结果教训惨痛。因此，应深入了解净化空调与一般空调的区别。

1. 空气过滤方面的区别

一般空调通常采用一级过滤，最多采用两级过滤，末端不设过滤器，没有亚高效及以上的过滤器；而净化空调系统必须设置三级甚至四级过滤器，末端必须设过滤器（亚高效及亚高效以上的过滤器)。因此，系统阻力、室内含尘浓度相差较大。

2. 气流组织方面的区别

一般空调采用乱流度大的气流组织形式，便于以较小的送风量达到提高室内温湿度场均匀度的目的，尽可能在室内造成二次诱导气流和部分向上的气流。而净化空调正好相反，要求尽可能减少二次气流和涡流，以限制和减少微粒的扩散，尽可能使污染物迅速流向回风口。像单向流洁净室采用的“活塞”平推气流组织形式，更是一般空调不可比拟的。

3. 室内压力控制方面的区别

一般空调对室内压力没有明确的要求，而洁净室则不然，不是要求正压就是要求负压，最小压差在 5Pa 以上，以保证洁净室不被周围环境污染，或洁净室内的污染物不会对周围环境构成威胁(如生物安全洁净室)。所以，在风量计算、系统设计方面均有较大的不同。

4. 风量及能耗方面的区别

一般空调的风量是按经济合理的送风温差而确定的，尽可能用小风量达到空调的效果；而净化空调系统的风量较大，是一般空调的几倍，甚至几十倍。由于风量大、系统阻力大，所以，系统能耗比一般空调的能耗要大。

5.6　压差控制

5.6.1　洁净室压差的作用

洁净室中的被操作对象，有多种多样，如电子产品、药品、保健品、微生物、病毒等。在操作过程中，有些对象（如病毒等）会产生对人有害的甚至是有生物学危险的气溶胶。所以，不管是在洁净室中生产产品，还是进行病毒研究，既需要保护产品不受外界污染，也需要使操作过程中产生的污染不外泄。除了采用密封很好的洁净室屏障保护外，还需利用压差的作用，使气流按规定的方向流动。如正压洁净室其静压大于邻室或环境的静压，利用这种压差作用，使洁净室中的空气只能向外流动，这就防止了邻室或室外环境对洁净室的污染。负压洁净室正好与此相反，在洁净室内做一些有生物学危险的操作，或者在操作过程中会产生强烈致敏性的药尘等，就需要利用这种压差，使污染物控制在特定的范围之内。

所以，通过这种压差和洁净室的密封围护结构的共同作用，形成屏障保护系统，达到控制污染的目的。

5.6.2　压差控制的方法

1. 回风口控制

通过调节回风百叶的气流通道或阻尼层阻力来调节回风量，达到控制室内静压的目的。这种方法简单易行，但调节量有限。仅靠调节百叶角度使洁净室的正压只能增加 1Pa 多，连 2Pa 都达不到。通过调节阻尼层（过滤布）阻力，调节的幅度能大点。

2. 回风阀控制

在洁净室净化空调设计中，每个回风支管上都应安装调节阀，否则，压差不好调节。在洁净室中，送风量是要求恒定的，当排风量确定后，室内压差靠调节支管上的回风阀来实现，这种调节方法，对压差的提升作用很有效。

3. 余压阀控制

余压阀调节压差是通过改变其上的平衡滑块的位置来改变余压阀的开度，实现室内压力控制。作者在前面提到，不主张采用余压阀，故在此不再讨论。

4. 自动控制

这是非常好的控制方法，根据洁净室的性质，有不同的控制方案。有控制排风的，有控制回风的，也有控制新风的。其原理是：通过敏感元件检测到室内压力的变化并传输给控制器，控制器发出调节指令由执行机构来调节阀门的大小或改变风机转速，以达到控制压差的目的。

对于未设自动控制系统的洁净室，定期手动调节压差也能满足一般的要求。对于一个系统，随着运行时间的增加，过滤器的阻力不断增大，送风量会不断减小。在末端高效过滤器的使用期内，通过清洗粗效、中效过滤器（破损时更换）来减小系统阻力（有生物学危险或其他产生损害人体健康的气溶胶的洁净室不允许清洗，必须按规定程序更换），以达到需要的风量（必要时开大送风调节阀）。在定期调节送风量的过程中，对新风阀和回风总阀也需同步微调，以使整个系统处于所需的压差环境中，然后再对每个洁净室做调节（因为回风过滤层的阻力变化，使洁净室的压差也发生变化）。若是 1Pa 左右的微调，可通过调节百叶角度来实现。否则，调节回风支管上的阀门。一般 3 ~ 6 个月调一次。

5.7　洁净室排风与防排烟系统设计

5.7.1　排风系统的设计方法

洁净室中排风口的位置是由生产工艺决定的，排风有如下作用：①排除生产过程中散发的有害气体及粉尘。②排热。如洁净手术室中的排风是要排除麻醉气体、消毒气体及不良气味；片剂车间的排风主要是排除生产过程中产生的药尘；小针剂封装工艺的排风是要排除燃烧产物及生成热。在设计排风系统时，排风量的计算与通风空调工程中的计算类似，在此不再赘述。在这里主要探讨如何科学地设计排风系统，既能满足工艺要求，又能节约能耗。因为排风量增大，新风量也随之增大，能耗必然增加。以固体制剂车间粉碎、过筛洁净室为例，来讨论排风系统的设计方法。原辅料进入生产车间后的第一道工序就是粉碎、过筛，而粉碎工序的产尘点主要在加料口、出料口及收料装置，如果不熟悉这一工艺，按产尘点位置设置排风罩，也算一种方法。但这种方法排风量大（能耗大），排尘效果差，药尘甚至会弥漫于整个室内，对工人的健康危害很大。所以，如果改变排风控尘的方法，效果就大不一样。粉碎机加料口产尘不大，可设置小排风罩（300mm × 300mm）排除加料时散发的药尘。在出料口及收料袋处，产尘很大。粉碎机刀片的旋转犹如风机叶片般增压，使该处产生的正压很大，用再大的排风罩，也很难有效控制药尘。所以，根据该工序的这一特点，可在出料口设置密闭收料箱，在收料箱上设置密闭门和排风口，只要用很小的排风量就能使箱内产生负压，很好地控制药尘。还有许多减少排风量的措施，就不再一一罗列了。

排风系统的设计关键是排风（排尘）方案的设计，通过深入了解生产工艺，熟悉产尘、产热的特点，制订出有效的捕尘、排热方案（采用密闭箱、密闭小室、气幕隔离加排风罩、排风罩)。但所有的措施都不能影响生产工艺操作，都不应该给洁净室增加集尘产尘的隐患。也就是说排尘、排热、捕尘等设施应不集尘、不产尘。对于排气罩的形式及安装位置都需仔细推敲，洁净室内的排气罩都要求用不锈钢板制作，应安装于产尘点的正上方，但这个位置通常也是高效送风口的位置（特别是面积小的洁净室，只有一个送风口，在气流组织设计时，要尽可能把送风口置于需保护的工作点上方），解决这一矛盾的方法如下：

1）送风口位置不变，改变排风罩的形状，如图 5-29 所示。采用非中心对称的排风罩（其伸入吊顶夹层内的排风管错开高效送风口 *B*），使加料口 *A* 处于排风罩的覆盖之下，同时也处于送风口的主流区内。这样有送风口主流区高洁净度的保护，加料口处不会被污染，而其产尘也被及时排走，不会对其他操作点产生交叉污染。排风罩罩口的标高，在不影响加料的前提下尽可能低点，以保证罩口的有效抽吸。一般罩口距加料口保持 300mm 为宜。

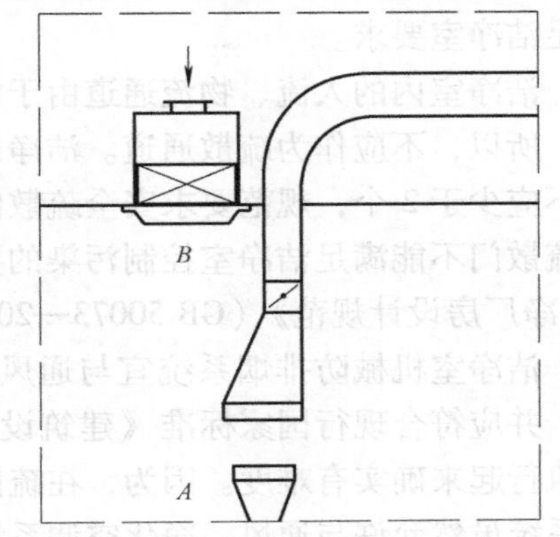

图 5-29 非中心对称的排风罩

2）排风罩位置不变，形状可为中心对称，也可为非中心对称。调整送风口的位置，同时再调整回风口位置，仍使加料口处于送风口的主流区中（切忌处于涡流区中）。如果是单侧下回风，回风口设于如图 5-29 中罩的右侧，让送风气流“掠”过加料口。

排风罩的位置、形状确定后，就可确定排风系统了。对于产生有害气体及产热的工作点，应把排风排向室外（需经处理或热回收）。可把同一性质、同时使用的工作点的排风集中于一个系统经处理后排出，也可单设排风机组。在排风系统中必须设置：关闭阀、中效过滤器（有的需设置亚高效或高效过滤器）、止回阀及防雨百叶。关闭阀设置于罩口处，在室内可手动启闭（或电动启闭），排风停止后及时关闭；在一般排风系统中设置中效过滤器即可，主要作用是过滤排尘气流中的微粒及防止停用时室外空气倒流（由热压、风压引起）时的污染。因为止回阀虽然也可起防倒流的作用，但其密闭性较差，效果不好。一般情况下，风压、热压不可能大于中效过滤器的阻力，所以，过滤器防止倒流的效果非常好。有的排风系统，采用中效过滤器不能满足要求，如青霉素分装车间，生物安全洁净室等，在这些排风系统中必须装设高效过滤器，以防止排风中的致敏物及具有生物学危险的气溶胶对环境的污染。所以，在排风系统中，设置什么过滤器，应根据行业标准及生产工艺等方面的要求而定。止回阀设于过滤器后的正压排风管段上，最好离室外排风口近些，起双重保险作用。对于排风出口为防雨百叶的系统，如果排风系统中已设置中效过滤器，从效果上讲，可不设置止回阀，但图纸审核及工程验收时，有些人对止回阀的重视程度比过滤器还高（其实过滤器的止回效果比止回阀强得多），有些规范规定在排风系统上设置止回阀而没有规定设置过滤器。所以，只设置过滤器不设置止回阀有时还真通不过验收，还得改造增设止回阀，“教条主义害死人”，看来与时俱进在哪个领域都有用。

5.7.2 安全疏散门及防排烟系统设计要点

洁净室的消防验收常常困扰业主及工程技术人员。消防讲究在事故时以最短的路径，畅通无阻地撤离火灾现场。因此，消防门不能上锁，需直通室外。而洁净室的污染控制方法之一是靠密闭、压差来实现，通向室外的门需设置两道且密闭性能要好，消防门根本不能满足这一要求。这一矛盾一直是消防验收的主要矛盾之一。所以，在过去，消防验收时，把安全密闭门打开，验收过后，再把门密封起来，这种做法隐患很大。后来，经过技术人员的努力，把通向室外的安全门改为钢化玻璃落地密封窗，旁边配置不锈钢小锤。火灾时，用小锤击碎钢化玻璃，洁净室内的人员逃离现场。密闭落地窗的密封效果很好，即使是单层，也能满足洁净室要求。

洁净室内的人流、物流通道由于污染控制的要求，设置的室多、门多、且有些门还需连锁。所以，不应作为疏散通道。洁净厂房每一层、每一防火分区或每一洁净区的安全出口数目不应少于2个，规范要求安全疏散门应向疏散方向开启，并加闭门器。前已述及，这种安全疏散门不能满足洁净室控制污染的要求。对于洁净厂房的疏散走廊，通常也是洁净走廊，《洁净厂房设计规范》（GB 50073—2001）规定："洁净厂房疏散走廊，应设置机械防排烟设施。洁净室机械防排烟系统宜与通风、净化空调系统合用，但必须采取可靠的防火安全措施，并应符合现行国家标准《建筑设计防火规范》（GBJ 16—2001）的要求"。对于这条规定执行起来确实有难度。因为，在疏散走廊设置防排烟设施还比较容易，而洁净室机械防排烟系统虽然允许与通风、净化空调系统合用，但具体实施起来很难。如现在使用的排烟口不能满足洁净室的要求；对于没有排风罩的洁净室，把高效送风口作为火灾时的防排烟口更是难以做到。介于以上困难，在防排烟系统设计时，宜采用设计方案先行报审的方法。即根据洁净室的性质，生产工艺特点，发生火灾的可能性等因素，制订出个性化防排烟方案，对于特殊难以实施的条款，设计出相应的补救方案，一并上报主管部门审查，得到许可后再进行施工。在洁净室内，建议采用独立的防排烟系统。尽管吊顶夹层中的管线较多，对于新建洁净室，通过调整送、回风管的位置，独立的防排烟系统还是容易布置的。

5.8 净化空调施工图设计

5.8.1 图纸深度不够的原因及对策

目前，净化空调施工图普遍存在深度不够的现象，有些施工图纯粹就是示意图，拿到这种施工图后，还得由施工单位重新进行二次设计。造成这种现象的原因，首先是设计人员不熟悉净化工程施工工艺及施工技术、闭门造车造成的。在交谈中发现，有的设计人员连净化设备及有些附件实物都没见过，对其结构及安装技术一无所知，甚至连洁净室都没有进去过。所以，就不可能画出符合要求的施工图。其次是现有书籍资料中谈理论、谈计算的内容多，谈洁净室材料、构造、做法等方面的内容少。技术人员查阅参考资料后，头脑中建立不起洁净室的构架，也就无法把三维空间的内容用二维平面（设计图纸）表示出来。再者，洁净室施工现场管理很严，无关人员不得入内。所以，技术人员很难找到去施工现场深入学习、体验的机会。有些技术人员即使去现场（如设计变更、中间验收等），走马看花的多。因此，要想提高净化空调设计水平，应找机会多去施工现场体验，能参与调试、检测更好。在头脑中建立起洁净室的构架模型，再读一些有阅读价值的书籍，弥补实践中的不足，强化实践效果。当你豁然开朗时，就完成了由知识转变为能力的过程。你就会在二维平面中准确表达三维空间的净化空调系统。施工技术人员是评价设计人员设计水平的最权威的专家。一个优秀的设计人员应有如下经历：学校系统学习、施工实践（一年以上）、设计企业搞设计。而现在设计人员大多数的经历是：学校系统学习，设计单位搞设计。缺少了一个学院教育所欠缺的非常重要的过程：有效的施工实践。洁净室的施工实践不同于一般空调的施工实践，前者的重要性更大。

5.8.2　送风口、回风口的布置技巧

净化空调设计中，气流组织设计是很重要的一项内容，它关系到洁净室的成败。而气流组织设计是通过合理布置送风口、回风口、排风口实现的，如果送风量、回风量、排风量计算正确但风口布置不合理，也达不到所需的效果，甚至导致设计失败。比如有一间洁净室，要求达到 1 万级洁净度，经计算送风量为 $900m^3/h$，回风量为 $850m^3/h$。如图 5-30 所示，布置额定风量为 $1000m^3/h$ 的送风口 A 一台，回风口 B 一个且设置在短边上，这种气流组织设计肯定达不到所要求的洁净度（尽管风量计算正确）。大家可以想象一下，这种送、回风口的布置，气流在室内是怎样流动的，主流区、涡流区、回风区各在什么位置，如图 5-31 所示。

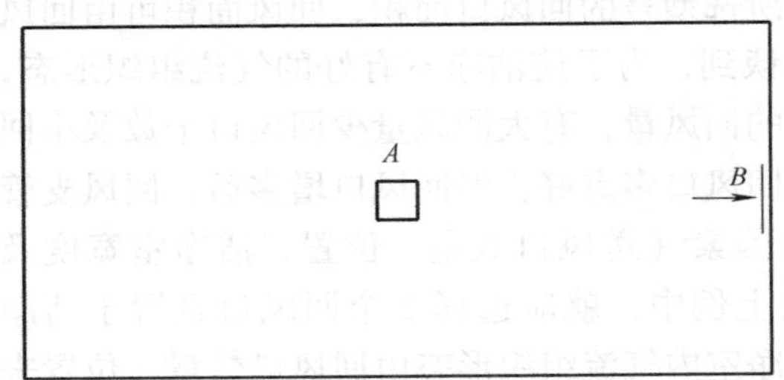

图 5-30　长宽比较大布置一台送风口的平面示意图

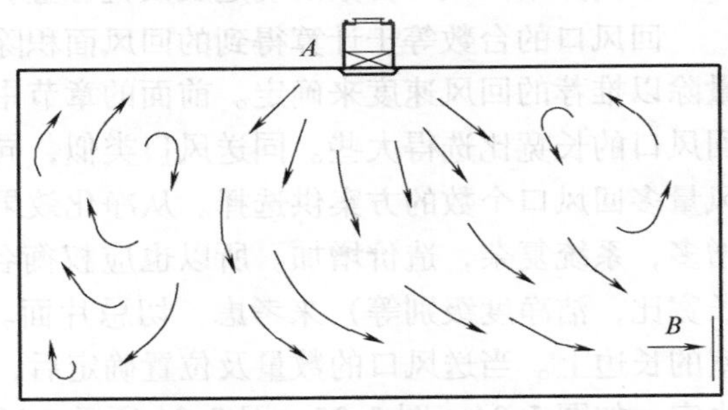

图 5-31　布置一台送风口时气流流线示意图

这种气流组织设计，涡流区太大，洁净室控制污染的效果差。这种洁净室的长宽比比较大，如果把送回风口像图 5-32 那样布置，就能达到很好的洁净效果。即选用 2 台 $500m^3/h$ 风量的送风口，回风口布置在长边上，为了减少涡流区，选用 2 个回风口，其气流流线如图 5-33 所示。涡流区明显减少，洁净度可提高。如果采用双侧下回风的话，净化效果更好。

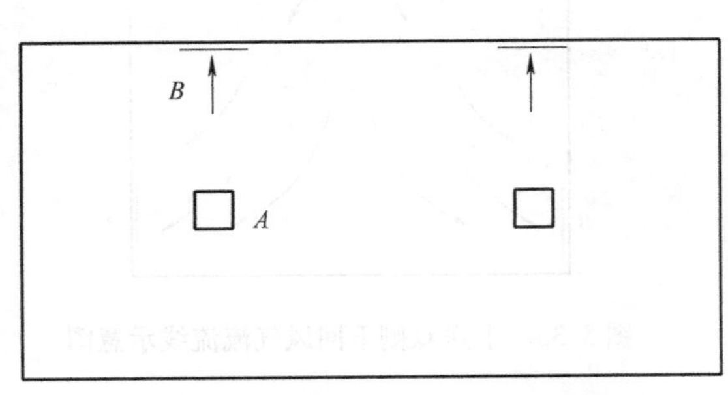

图 5-32　长宽比较大布置两台小送风口的平面示意图

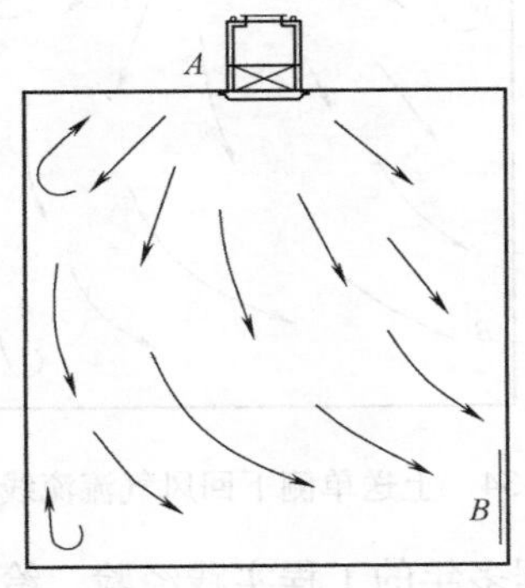

图 5-33　布置两台送风口时气流流线示意图

从上面的例子可以看出，会计算风量只是最基本的条件。对于送风口、回风口的台数及布置位置需考虑许多因素。送风口台数的确定：选择送风口的型号，目前采用较多的高效过滤器有额定风量分别为 $500m^3/h$、$1000m^3/h$、$1500m^3/h$ 的送风口，只要准确计算出洁净室的送风量，那么，送风口台数等于送风量除以所选型号的额定风量。在上例中，既可以选择一台 $1000m^3/h$ 风量的送风口，也可以选择 2 台 $500m^3/h$ 风量的送风口，究竟选择哪种型号好，要具体情况具体分析。在上例中，洁净室的长宽比比较大，就必须选择 2 台小风量的送风口，这样的气流组织才能满足要求。如果洁净室的长宽比不大，可选择一台大风量的送风口。这样既能使气流组织满足洁净度要求，又能节约初投资（因为 2 台 $500m^3/h$ 的高效送风口的造价要大于 1 台 $1000m^3/h$ 风量的造价），当然，在这种情况下，若也选择 2 台小风量的送风口，对洁净度的提升也有好处。

送风口的设置位置：首先应考虑操作点的位置，尽可能布置在工艺操作点的上方，尽可能让送风口的主流区覆盖被保护的操作点。其次，应考虑送风口的均衡性，当操作点较多，要求室内有均匀的洁净度时，把送风口尽可能对称布置（为了美观，同一洁净室宜布置同一型号的送风口）。对称布置的目的是使气流尽可能均匀扩散，减少涡流区。

下面介绍回风口台数的确定及设置位置。

回风口的台数等于计算得到的回风面积除以所选型号的回风口面积，回风面积可由回风量除以推荐的回风速度来确定。前面的章节中已谈到，为了使洁净室有好的气流组织形态，回风口的长宽比选得大些。同送风口类似，同样的回风量，有大回风量少回风口个数及小回风量多回风口个数的方案供选择。从净化效果讲回风口多点好，但回风口增多后，回风支管增多，系统复杂，造价增加。所以也应权衡各种因素（送风口数量、位置、洁净室宽度及长宽比，洁净度级别等）来考虑，切忌片面。在上例中，就应选择 2 个回风口且置于洁净室的长边上。当送风口的数量及位置确定后，洁净室内气流组织形态由回风口数量、位置来决定。如图 5-34、图 5-35、图 5-36 所示，送风口的数量及位置不变，只改变回风口的数量和位置，洁净室的气流组织形态是不同的。以上三种气流组织形态，图 5-35 所示的最好，图 5-34 所示的次之，图 5-36 所示的最差。

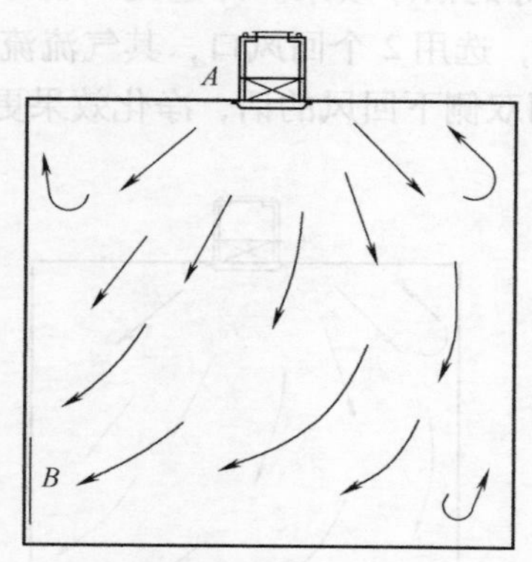

图 5-34 上送单侧下回风气流流线示意图

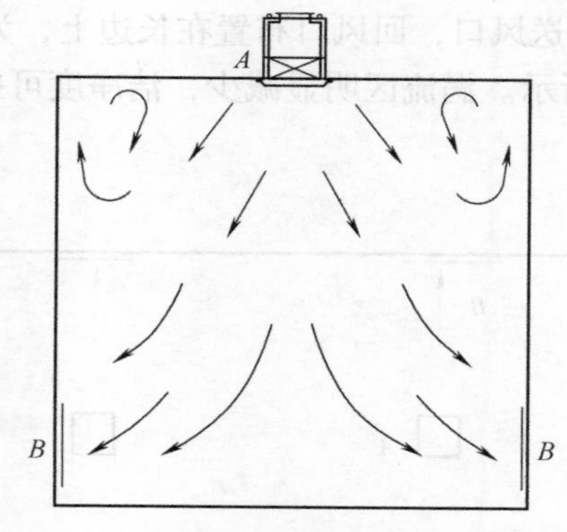

图 5-35 上送双侧下回风气流流线示意图

根据多年的工程实践经验，给出如下建议：

1）洁净度要求高的非单向流洁净室或长宽比比较大的洁净室，尽可能选用小风量多送风口数量的送风形式；而回风口也应选用小风量多回风口数量的方案。

2）对于洁净度为1000级的洁净室，选用双侧下回风的形式。对低于1000级洁净度的洁净室，当洁净室宽度不大于3m时，可采用单侧下回风；当大于3m时，宜采用双侧下回风；当洁净室宽度较大时，若双侧下回风不能满足气流组织要求时，应在洁净室1/2宽度处增设回风口（采用回风柱等形式），以减少涡流区。在具体设计时，应根据洁净度的大小、工艺设备的位置等条件灵活掌握。布置回风口的总原则是：适应送风口，与送风口配合，使洁净气流充分地扩散，充分地稀释室内气流，并均匀地流出室内。

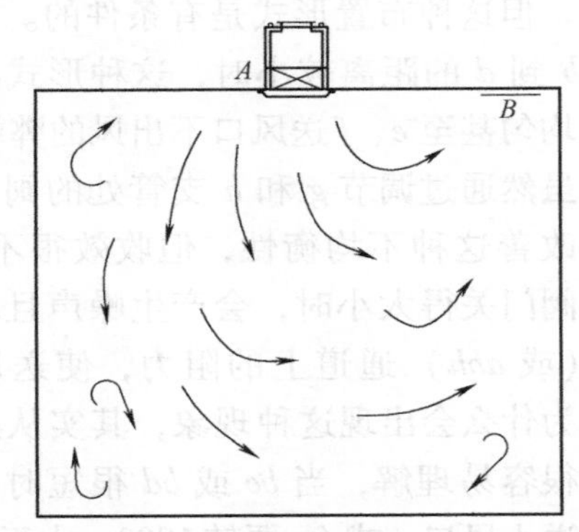

图5-36 上送上回风气流流线示意图

3）在洁净室的操作间不应采用上送上回气流组织形式，在洁净走廊、更衣室等非工作面可采用上送上回气流组织形式。但当条件允许时，在非工作面最好也采用上送侧下回的气流组织形式，因为上送上回气流组织形式存在下列缺陷：在一定高度上，5μm的大微粒较多（因为其跟随气流的能力差），往往以0.5μm的微粒浓度衡量能达到洁净度标准，而以5μm的微粒浓度衡量则不达标；如果是局部百级的洁净室，若采用上送上回方案，则工作区的风速往往很小，很难达到标准，自净时间较长，容易造成送风气流的短路，使部分洁净气流和新风不能参与全室的稀释作用。因而降低了洁净度和卫生效果，容易使污染微粒在上升过程中污染其经过的操作点。

5.8.3 送风管、回风管的布置方法

当送风口、回风口布置好后，可进行送风管、回风管的布置。在净化空调风管系统中，由于高效送风口的高度在500～600mm，所以送风管和回风管即使发生交叉也很容易布置。一般情况下送风管在上方，回风管在下方。对于采用主流区送风的手术室、高效送风天花一般为侧进风。所以，在吊顶夹层内送风支管可设置在回风支管的下面。风管尺寸可根据风量与推荐风速来确定。风管内风速应根据室内容许噪声级要求，按下列规定选用。

总风管风速为6～10m/s，取用小风速，产生的噪声小，所需的风管断面尺寸大，占用的空间也大，初投资大；取用大风速，产生的噪声大，风管断面尺寸可减小，占用的空间也小，建筑层高可降低，初投资较小。所以在选用风速时既要统筹兼顾，还应主次分明。一般总风管风速小于8m/s为好，若由于空间尺寸的原因，总风管内风速大于8m/s时，应把消声器装在风速较小的主支风管上。

支风管风速：无送、回风口的支风管取4～6m/s。

有送、回风口的支风管取2～5m/s。

根据上述规定，选用适当的风速计算出风管断面面积后，应考虑镀锌钢板的模数、风管加工工艺、安装空间、是否穿墙等因素，并参考规范推荐的矩形风管规格来确定风管的断面尺寸。净化空调风管要求拼接缝尽可能少，所以，尽可能利用镀锌钢板的尺寸模数，减少拼接缝。风管的单节长度最好不大于2m，风管的连接方式宜采用法兰连接，这样密封性可靠。

1. 送风管的布置方法

送风口位置、风管尺寸确定后，开始布置送风管。先用单线画出各送风支管的走向，主

风管的位置。根据各支管的风量、主风管的位置、空间尺寸，反复调整，使气流分配均衡、顺畅为准。如图 5-37 所示的送风管布置图，是设计图纸中经常出现的布置形式，看起来很对称，但这种布置形式是有条件的。当 *b* 到 *c* 或 *b* 到 *d* 的距离较小时，这种形式存在送风不均匀甚至 *e*、*f* 送风口不出风的弊端。

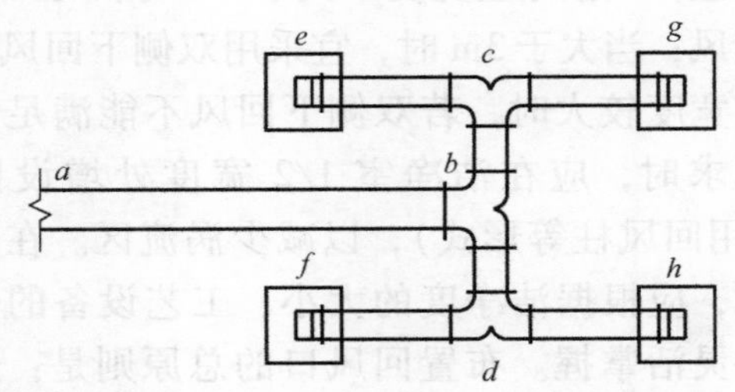

图 5-37　常见的送风管布置形式

虽然通过调节 *g* 和 *h* 支管处的阀门可以适当改善这种不均衡性，但收效很不明显。当把阀门关得太小时，会产生噪声且增加了 *abg*（或 *abh*）通道上的阻力，使送风量减小。为什么会出现这种现象，其实从感性角度也很容易理解，当 *bc* 或 *bd* 很短时，送风气流送入风口 *e* 或 *f*，要转 180°，由于惯性，送风气流很难回头。而送入风口 *g* 或 *h* 的气流，经过两个相连的 90°弯头的转向，气流流动的总趋势没有改变。所以，连接在 *ab* 支管上的四个送风口，*e*、*f* 风量小（当风速较大时甚至风量为零），而 *g*、*h* 风量较大。因此，当支管 *bc* 及 *bd* 较长时，可以采用这种连接形式。作者习惯采用图 5-38 所示的布置形式，气流转向的角度相同，只要调整好 *b* 点处四通的直通分支管的管径（最好采用静压复得法计算），即使不调节送风口处的四个阀门，风量分配也很均衡。若把图 5-37 所示的布置形式应用在一般空调中，后果更为严重。因为一般空调的送风口不像净化空调的高效送风口那样有较大的阻力。所以在支管 *bc* 或 *bd* 很短时，送风口 *e* 或 *f* 会倒吸室内空气。因此，图 5-38 是较好的送风管布置形式。

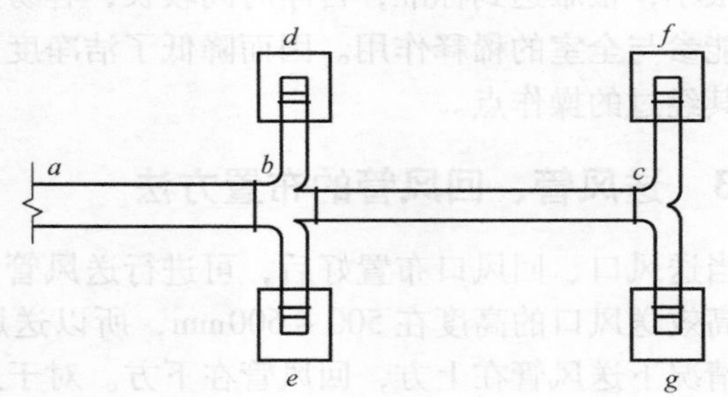

图 5-38　较好的送风管布置形式

在净化空调系统中，当风管在水平面方向缩小尺寸时，尽可能不专门设置变径管，应利用三通、四通或弯头进行变径。因为增设变径管，使得连接法兰增多，浪费材料且漏风量增加，如图 5-39、图 5-40 所示。

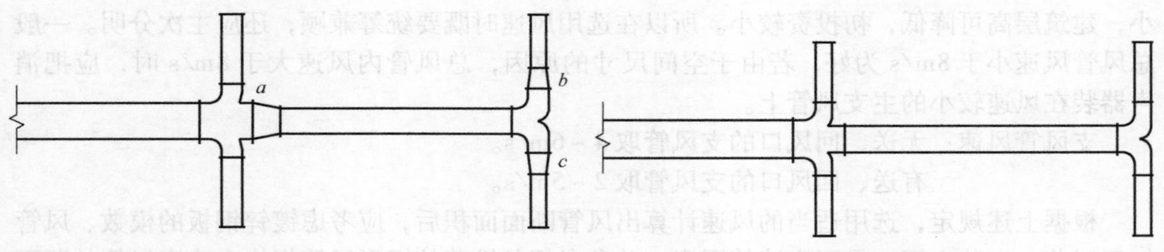

图 5-39　变径管变径　　　　图 5-40　三通、四通变径

图 5-39 中，需采用 *a*、*b*、*c* 三个变径管，才能满足各支管送风量的要求。而图 5-40 中，通过四通、三通处直接变径，就少用了三个变径管，同样能满足送风量要求，且节约材料、减少漏风机会。

当风管在高度方向变小时，应采用变径管，不应在三通、四通等管件处变径。否则，容易漏风。在高度方向变径时，应保持风管下表面平直，上表面斜向下变径，这样便于风管的安装，如图5-41所示。

高效送风口进风支管处的阀门位置如图5-42所示，气流应先流过调节阀，再通过软接头进入高效送风口。若把阀门与软接头顺序对调，会引起施工中的不便及调节风量时软接头振荡，详见参考文献［2］。

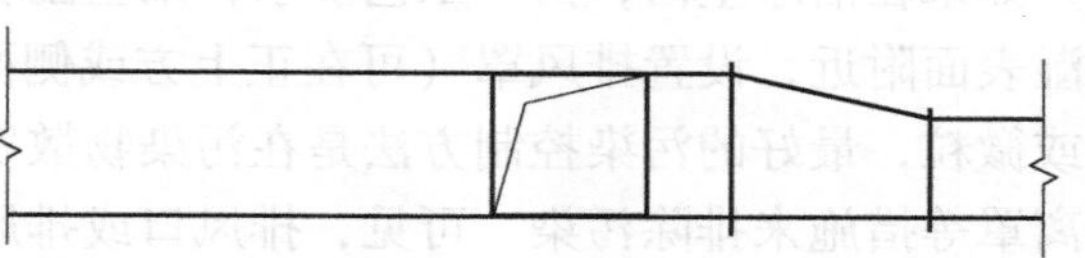

图5-41　上表面斜向下变径

在每台高效过滤器送风口入口处，均应设置密闭调节阀，以便于系统风量的调节（初调节、运行调节）。

当计算出的高效送风口进风支管尺寸比其接口小时，宜选用接口尺寸。例如$1000m^3/h$风量的高效送风口，其进风接口尺寸为320mm×200mm，当计算出的尺寸比它小时，还需设置变径管（切忌用软接头变径），这样做便于取用接口尺寸，使安装方便还可减小送风速度。仔细比对镀锌钢板尺寸模数，也不浪费材料。实际上就是把扔掉的无利用价值的板条利用起来罢了。

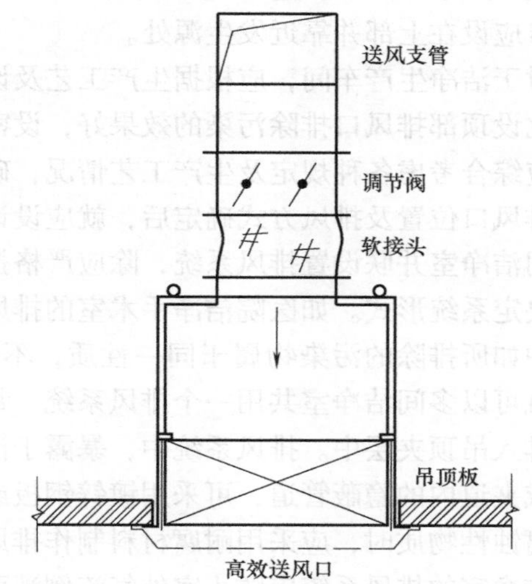

图5-42　进风支管调节阀位置

2. 回风管的布置方法

回风管的布置方法类同送风管，与回风口相连接的回风支管上应装设调节阀（调节洁净室回风及静压时用），应注意回风口与支管的连接形式。若采用夹道回风，回风支管与夹道的连接形式如图5-6所示。这种形式因为施工安装方便得到广泛应用；若采用回风支管直接与回风口连接的形式，由于回风口长宽比比较大，所以，回风口与支管之间宜采用静压箱相连接。这种形式在安装时需交叉施工，很不方便（除非夹道很宽，施工人员可方便出入）。

送回风主管及主支管的布置应视具体情况而定，当工程为改造工程时，这些管道的布置应以在土建墙上少开大洞为好，即管道穿墙的大洞越少越好。若为新建工程，安装空间不受限制时，这些管道的布置以顺畅、初投资少为好。

送回风主管上均应安装调节阀，其安装位置最好在组合式净化空调机组的出风口及回风口处。各支管处阀门安装的原则：在主支管分叉处宜安装阀门，以便初调节时用；在各洁净室所有送风口的连接支管及回风支管均应安装调节阀，以便调节风量及压差；除此以外的其他分支管，视阻力平衡情况酌情装设调节阀。

如果需要装设消声器，应选用微穿孔板消声器，且应装设在送风管和回风管上。对于送风管上的消声器，其后的管内风速应不大于其前面的管内风速；对于回风管上的消声器，其前面的管内风速应不大于其后面的管内风速，以保证消声效果。

5.8.4　排风口与排风管的布置

洁净室内的排风口，其作用为排热、排湿、排污染物质。当室内设备产热太大时，为了节能，可把设备产热就地排走以减小空调冷负荷。这时的排风口位置应设在产热设备的正上方；如果在洁净室内，由于工艺要求，某些湿表面不能密闭时，为了减小室内的湿负荷，可在湿表面附近，设置排风罩（可在正上方或侧面设置）；在生产过程中，有可能散发有害气体或微粒，最好的污染控制方法是在污染物散发源处及时排走污染物。可采用排风罩或密闭隔离罩等措施来排除污染。可见，排风口或排风罩的布置应根据行业规范或生产工艺的具体条件来确定。如洁净手术室内的排风，在《医院洁净手术部建筑技术规范》（GB 50333—2002）中规定："洁净手术室必须设上部排风口，其位置宜在病人头侧的顶部。排风口进风速度应不大于2m/s"。这一规定，是为了排除一部分较轻的麻醉气体和室内污浊空气。所以排风口应设在上部并靠近发生源处。

对于洁净生产车间，应根据生产工艺及设备特征灵活设置，如果工艺条件允许，设排气罩要比设顶部排风口排除污染的效果好，设密闭排气罩排污效果更好。所以，在布置排风口时，应综合考虑各种规定及生产工艺情况，确定最有效的排风方式及排风口位置。

排风口位置及排风方式确定后，就应设计排风管系统。在各洁净室单独设置排风系统还是多间洁净室并联设置排风系统，除应严格执行相关规范的规定外，还应通过分析污染的性质来决定系统形式。如医院洁净手术室的排风系统应和辅助用房的排风系统分开设置。生产车间中如所排除的污染物属于同一性质，不会造成交叉污染，在混合后也不会产生各种危险，就可以多间洁净室共用一个排风系统。每一个排风系统的排风出口都应直接通向室外，不应排入吊顶夹层中。排风系统中，暴露于洁净室的管道及排风罩宜采用不锈钢板制作，在夹层或夹道内的隐蔽管道，可采用镀锌钢板或满足排风要求的其他板材制作。当排风气流中含有腐蚀性物质时，应采用耐腐材料制作排风管。

洁净室的排风系统应防止室外气流倒灌而污染洁净室。工程中常采取的防倒灌措施有：采用中效（或高中效）过滤器，效果最好。因为它不仅有过滤功能，更主要的是风压或热压不太可能克服过滤器的阻力，因此，倒灌气流就不太可能形成。不过，采用这种措施时，需定期清洗、更换过滤器。否则，会影响排风量。还可以采用止回阀防止倒灌，使用方便，无需经常维修管理，但效果最差。因为止回阀的密封性较差，在热压或风压的作用下，室外气流很容易渗入室内污染洁净室。还可采取装设电动密闭阀的措施来防止倒灌，只要密闭阀质量好，其防止室外污染的可靠性就高。

当排风中含有易燃易爆的气体时，应采用防爆排风机（洁净室内的净化灯及开关等均需采用防爆型的产品，墙面应采取防静电的措施）。

当排风气流中含有致敏性物质，或有害物浓度及排放量超过国家或地区有害物排放浓度及排放量规定时，应进行无害化处理。无害化处理的具体措施应根据有害物性质来确定，如青霉素分装车间的排风中，主要含有致敏性的有害物，可在排风系统的入口处装设高效过滤器来防止对环境的污染。如实验动物房，排风中的有害物质主要是氨等臭气，可采用在排风系统中装设活性炭过滤器（或分子筛过滤器）的措施来防止臭气的污染。

当排风气流中含有水蒸气和凝结性物质时，应在排风系统中设坡度及排放口。

在布置排风管道时，应遵循短、直、顺的原则，尽量减少管件，降低管道系统阻力。在排风系统出口应装设防雨百叶或防雨帽（竖向排风管）。

5.8.5　机房设备的布置

净化空调工程机房设备包括制冷机组、组合式净化空调机组、水泵、软水器等。对于中小型工程，通常把上述设备布置在一个机房内，对于大型工程或特殊用途的工程，通常把空气处理机组（即组合式净化空调机组）和制冷机组分设于不同的机房。

在医院洁净手术部工程中，由于其用途的特殊性，气流组织的特殊性，通常把空气处理机组设置于手术部上面的技术夹层内，这样便于布置风管。而把制冷机组、水泵等设备设于地下建筑内的空调机房。该制冷机房的布置同中央空调制冷机房一样，在此不再赘述。现只讨论空气处理机房设备的布置。《医院洁净手术部建筑技术规范》（GB 50333—2002）规定，Ⅰ、Ⅱ级洁净手术室应每间采用独立净化空调系统，Ⅲ、Ⅳ级洁净手术室可 2～3 间合用一个系统，新风可采用集中系统，各手术室应设独立排风系统。由此可见，位于手术室上部的空调机房（设在土建技术夹层内），由于组合式净化空调机组台数很多，其布置的合理与否，直接影响到管路的布置、预留洞口的多少及运行管理。在设计时，应画出机房设备平面布置图（安装机组时用）、机房设备管道平面布置图（安装管道时用）、机房设备基础图（提供给土建专业做基础用）、留洞图（提供给土建专业留洞、配钢筋用）、必要的剖面图、大样图等。机房设备平面布置是结合手术部设备管道平面布置图来进行的。当把手术部各洁净室的净化送风口、回风口布置好后，根据规范要求，进行系统划分。用风管连接系统中的风口，在这个过程中，每个系统的送、回风总管位置的确定，需参照顶部技术夹层中组合式净化空调机组的位置进行调整。因为技术夹层中土建构造柱的影响，各机组的布置会受到限制。因此，机组位置及下面手术部各对应系统总风管位置的确定应反复调整，才能合理定位。否则，会影响风管的布置。当二者的位置确定好后，根据各系统送、回风主管的位置，就可确定出机房地板上的开洞位置及大小。各系统的送、回风总管可以共用一个洞口穿过楼板，也可以分开设置，视具体情况而定。前者洞口少且尺寸大，后者洞口多而尺寸小，各有利弊。通常以分开设置为宜，这样做便于管道的布置。通过上述方法，把组合式净化空调机组定位后，就可确定新风机组的位置。新风机组的位置应结合新风口的位置、该新风机组所负担的系统机组的位置及构造柱的位置来确定，最后用 1∶100 的比例画出施工图，如图 5-43 所示。

对于中小型净化工程，通常把组合式净化空调机组、制冷机组、水泵等设备置于同一机房内。在布置设备时，应考虑管道连接顺畅，运行管理方便，视觉感受舒服等因素，如图 5-44 所示为某制药车间机房原平面布置图，图 5-45 所示是经修改后的机房平面布置图。

图 5-44 所示是设计单位的机房设备平面图，该图的设计缺陷：4 台水泵布置于室内地沟的上方，冷水机组与水泵的相对位置不合理，使管道布置不顺畅且浪费管材。两台组合式净化空调机组未对齐。进机房后，首先看到的是 4 台置于地沟盖板上（不允许）的水泵，其管线布置零乱，把相对美观的冷水机组置于里边，给检查、验收人员的第一感觉就是乱。而经过修改后，进门后首先看到的是外形美观的冷水机组，整齐的净化空调机组。水泵移至冷水机组的里侧，管道布置既顺畅又省料。

净化空调工程的机房在验收时比一般空调工程的机房要求严格，施工安装及平时的维护管理，都要求进行验证。所以，在设备布置时，既要考虑管线布置顺畅、运行管理方便，还要考虑美观。

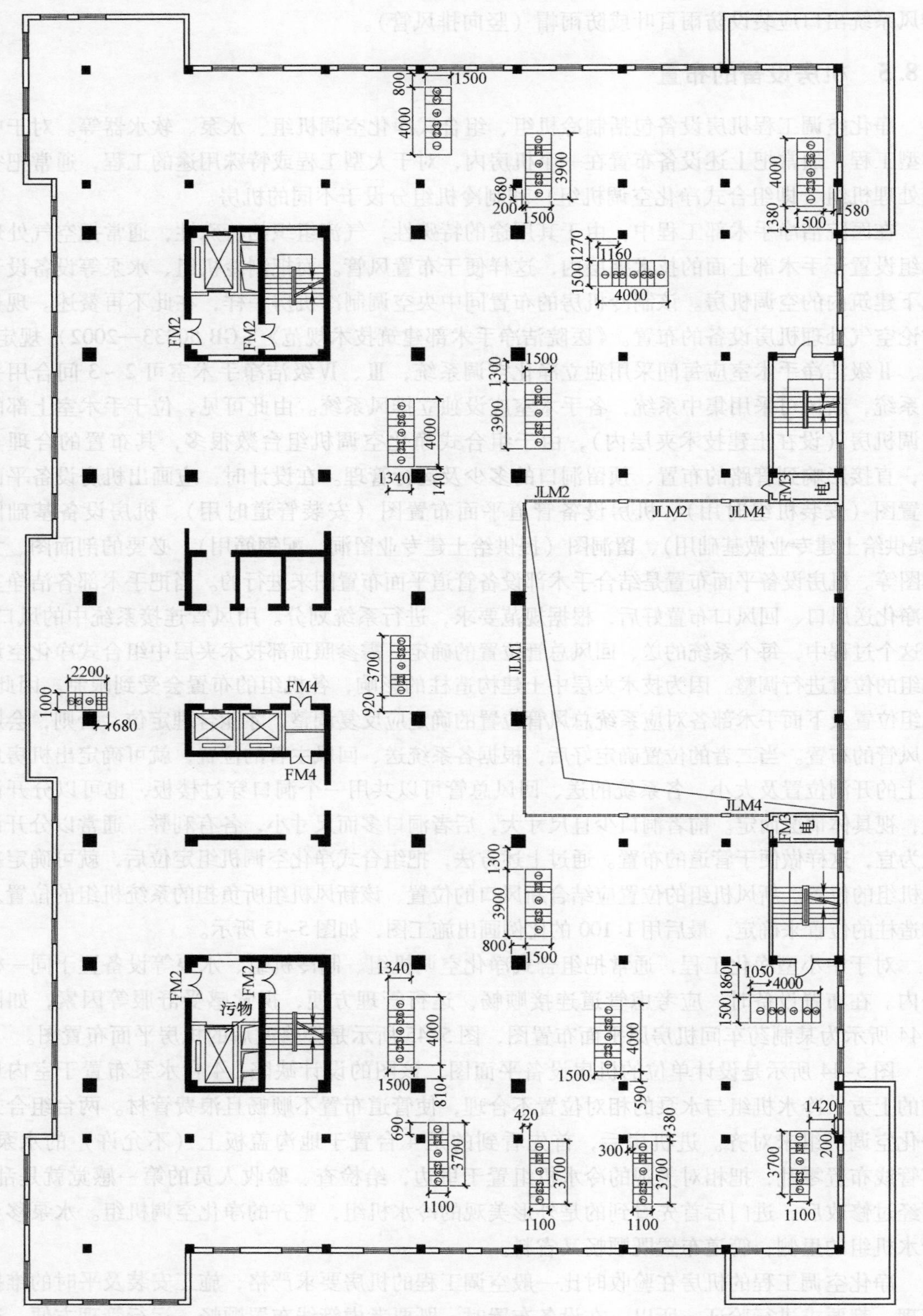

图 5-43 某手术部空气处理机组平面布置图

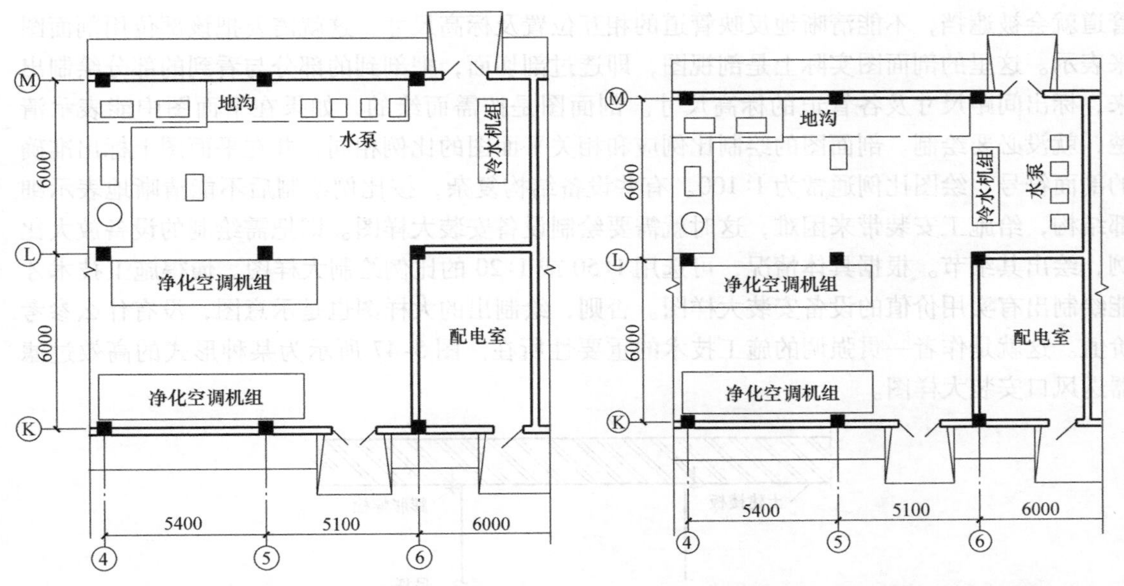

图 5-44　某制药车间机房原平面布置图　　图 5-45　经修改后的机房平面布置图

5.8.6　机房管道的布置

前已述及，在施工图设计阶段，应绘制机房设备管道图。机房管道包括风管、水管、蒸汽管等。在机房设备布置好后，就应布置各种连接管道。对于机房的风管（主风管），尺寸大、占用空间多，应首先布置。而水管、蒸汽管与风管相比，尺寸要小得多，可最后布置。在布置管道时，应遵循小管避让大管的原则。机房一般不做吊顶，所以，所有管道全部为明装，应调整好各种管道的空间层次及相对位置，尽可能做到直、顺、管件少。水管、汽管尽可能沿墙敷设，在设备上方的管道应排列有序，尽可能使用 U 形吊架。与水泵、冷水机组等设备相连接的管道，在连接点标高位置的水平管不宜太长，应尽早向上弯与其主管连接，避免占用太多的下部空间。组合式净化空调机组，其出风口、回风口及新风口一般都比设计的风管尺寸小，与风管相连时，如果空间尺寸允许，应尽可能采用变径管连接，少用静压箱连接。对于管道上的各种附件、检测仪表的设置类同一般空调机房，在此不再赘述。图 5-46 所示为某制药车间机房设备风管平面图。

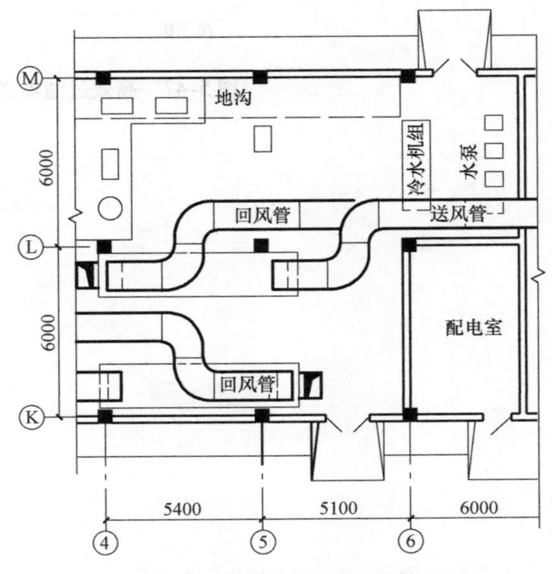

图 5-46　某制药车间机房设备风管平面图

5.8.7　剖面图及设备大样图

在二维平面上，要表示三维空间的设备与管道系统，当管道种类多时，需分层布置、相互交叉。这时，在平面图上有些管道就会被遮挡，不能清晰地反映管道的相互位置及标高尺寸，这就需要把该部位用剖面图来表示。这里的剖面图实际上是剖视图，即透过剖切面，把剖到的部分与看到的部分绘制出来，标出间距尺寸及各管道的标高尺寸。剖面图是按需而绘的，如果在平面图中能表示清楚，就没必要绘制。剖面图的绘制比例应和相关平面图的比例相同，并在平面图上标出准确的剖面符号，绘图比例通常为1:100。有些设备结构复杂，按比例绘制后不能清晰地表示细部结构，给施工安装带来困难，这时就需要绘制设备安装大样图。即把需绘制的设备放大比例，绘出其细节。根据具体情况，可选用1:50或1:20的比例绘制大样图。懂得施工技术才能绘制出有实用价值的设备安装大样图。否则，绘制出的大样图也是示意图，没有什么参考价值。这就是作者一贯强调的施工技术的重要性所在。图5-47所示为某种形式的高效过滤器送风口安装大样图。

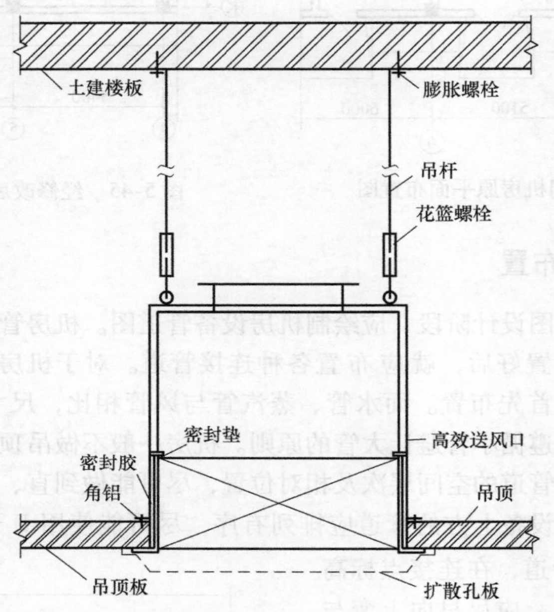

图5-47 高效过滤器送风口安装大样图

第 6 章　空气净化设备

空气净化设备是净化空调系统中非常重要的组成部分，应对其结构、原理、性能、应用场合及安装方法进行深入了解，这样才有利于设备的正确选型，也有利于深入绘制施工图。

6.1　高效过滤器送风口

高效过滤器送风口是空气净化系统中的末端设备，从广义上讲还包括层流罩、风机过滤器单元（FFU）、自净器等送风设备，这些送风设备因为赋予专有名称，故在随后节次中依次介绍，本节只介绍应用非常广泛的常规高效过滤器送风口。

6.1.1　送风口的结构

顾名词义，高效过滤器送风口是由高效过滤器和送风口组合而成，它还包括扩散板、压框等部件。高效过滤器装于送风口内，初学者可能觉得不可思议，高效过滤器怎么能装于送风口内呢？这是由于对一般空调送风口的先入为主的印象造成的。

这里说的送风口，不是散流器送风口，也不是百叶送风口，而是由冷轧钢板制作成的箱形设备，经喷塑或烤漆处理表面（也有用喷漆处理表面的），其上焊有吊环、螺杆或螺母（为压紧高效过滤器而设）、进风口法兰，在静压箱内还装有保温材料（保温材料外护 0.3mm 镀锌钢板），如图 6-1 所示。

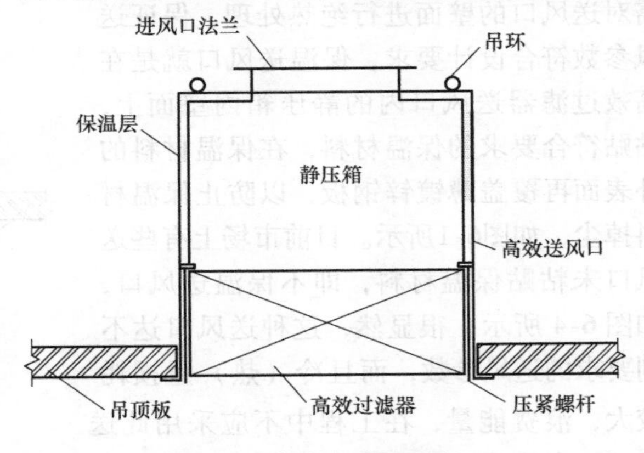

图 6-1　高效过滤器送风口

常规的高效过滤器送风口规格依其内安装的高效过滤器规格而定，通常有送风量为 500m³/h、1000m³/h、1500m³/h 三种规格，内装的高效过滤器分别为 320×320×260、484×484×220、630×630×220（610×610×292），现在市场上，对于 500m³/h 风量的高效送风口，其内部装设 320×320×220 的高效过滤器，所以额定风量不足 500m³/h，设计选型时应注意这一点。

6.1.2　送风口的选型

高效过滤器送风口有多种形式：

1. 带扩散孔板的送风口（如图 6-2 所示）

扩散孔板的开孔孔径一般为 8mm，也有孔径为 6mm 的，孔径大小要与开孔率相配合，穿过圆孔的气流速度应适宜。扩散孔板呈凸形结构，对洁净气流的扩散效果好。

2. 带平面形扩散板的送风口（如图 6-3 所示）

这种送风口的扩散板在一个平面上，周边开设斜向条缝出风口，中间开设孔径为 3mm 左右的圆孔组，根据作者所做的实测研究，其混合、扩散效果不如图 6-2 所示的带扩散孔板的送风口好，故在净化空调工程设计中不应采用这种送风口。

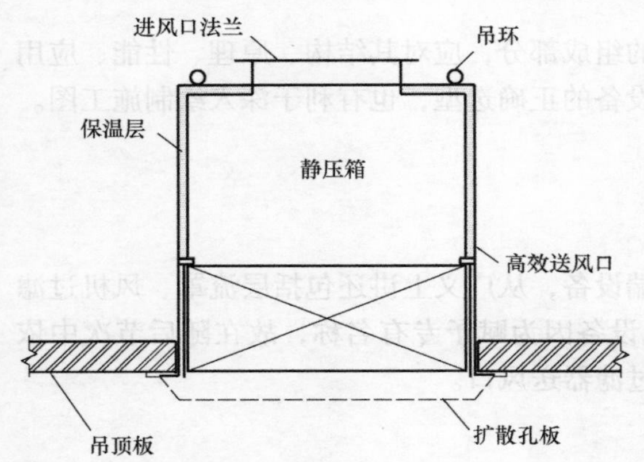

图 6-2　带扩散孔板的送风口

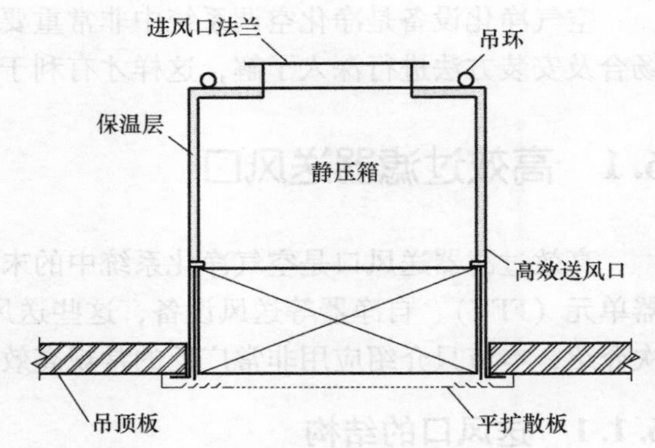

图 6-3　带平面形扩散板的送风口

3. 保温送风口，不保温送风口

在洁净室中，夏季送风温度低于室内温度，而冬季一般都高于室内温度。因此，需对送风口的壁面进行绝热处理，保证送风参数符合设计要求，保温送风口就是在高效过滤器送风口内的静压箱内壁面上，粘贴符合要求的保温材料，在保温材料的外表面再覆盖薄镀锌钢板，以防止保温材料掉尘，如图6-1所示。目前市场上有些送风口未粘贴保温材料，即不保温送风口，如图 6-4 所示。很显然，这种送风口达不到要求的送风参数，而且冷（热）量损耗较大，浪费能量，在工程中不应采用此送风口。当然若已购得此送风口，可在安装现场，在其静压箱内粘贴保温材料并用 0.3mm 的镀锌钢板覆盖保温材料，保温材料最好选用橡塑板。也可在不保温送风口外粘贴保温材料来达到保温效果。

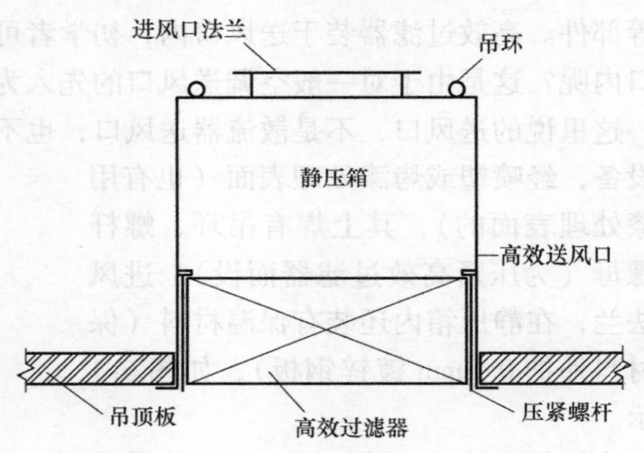

图 6-4　不保温送风口

4. 上进风送风口，侧进风送风口

这两种风口在工程中应用得很普遍，如图6-5、图 6-6 所示。上进风送风口要求有较大的安装空间，即在吊顶以上应留有较大的空间，其进风气流在静压箱内扩散较好。

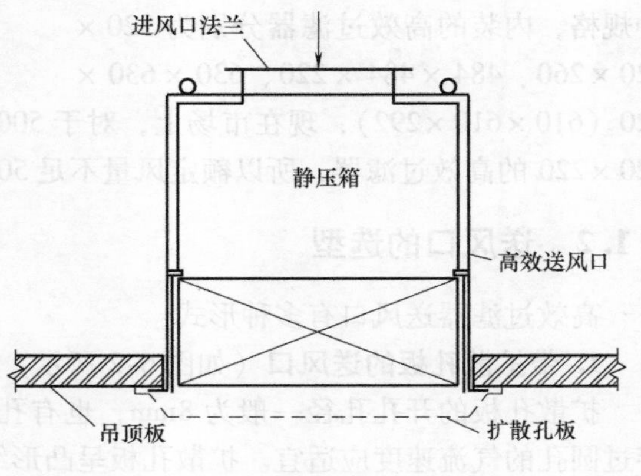

图 6-5　上进风送风口

这种送风口适合于新建建筑或高层高建筑。侧进风送风口，进风气流在静压箱内要转向，进风气流在静压箱内的扩散性能不及上进风送风口好，但其所需要的安装空间较小，吊顶夹层的净高度小到800mm也可安装，故其适合于低层高建筑，特别是既有建筑改造成洁净室时非常适用。但进风口法兰应做成可拆卸式，否则，不能够装入吊顶的安装孔内。

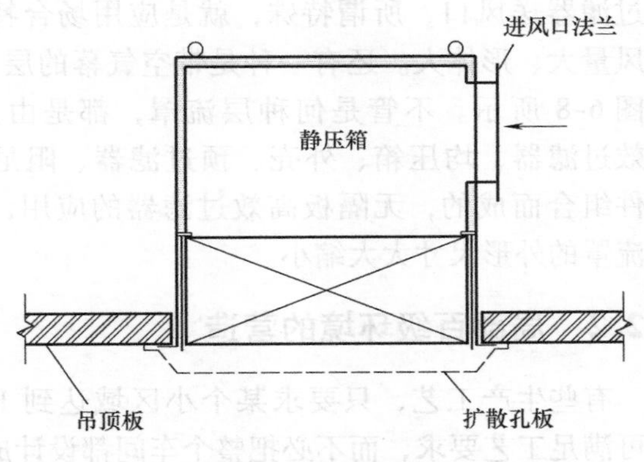

图6-6 侧进风送风口

对于上述各种类型的高效送风口，均有不同的送风量，究竟是选大风量送风口还是选小风量送风口，这很有讲究，这部分内容请参阅本书“5.8.2送风口、回风口的布置技巧”。

6.1.3 扩散板的形式对洁净度的影响

前已述及，常用的高效过滤器送风口扩散板有两种形式：扩散孔板和平面形扩散板，如图6-2、图6-3所示。前者外形为凸形，四斜面与底平面上密布直径为6mm或8mm的圆孔，斜面与底面的夹角为135°，洁净气流的扩散角大而且均匀，符合净化原理。后者外形呈平面状，中心区域密布直径3mm左右的圆孔，周边均布斜向条缝，条缝内侧的导流片与平面呈45°夹角，洁净气流的扩散靠这些周边斜向条缝向四周喷出，条缝中气流速度、中心圆孔区气流速度很不均匀，产生的涡流较多，其混合、扩散及稀释效果较差，不符合净化原理。

高效过滤器送风口是用于非单向流洁净室的末端送风设备，非单向流洁净室的原理概括地讲就是“稀释”原理，哪种送风口扩散、稀释效果好，该洁净室的洁净度就高。作者对凸形扩散孔板与平面形四周带条缝的孔板做过实测研究，发现在同样的送风量下，前者的污染控制效果即洁净度要比后者的高（详见参考文献［5］)。

综上所述，高效过滤器送风口的选型应注意以下要点：

1）安装空间足够时，尽量选择顶进风的送风口。

2）送风口表面涂层尽量选用喷塑或烤漆的，避免选用喷漆涂层（该涂层易剥落)。

3）应选用保温型的送风口。

4）扩散板应选用凸形扩散孔板。

5）尽量选用压框式压紧结构的送风口，这种结构在压紧高效过滤器时受力均匀（特别是铝合金框的有隔板高效过滤器，受力不均匀时容易变形)。

6.2 层流罩

6.2.1 层流罩的结构

层流罩的内部结构多种多样，其区别在于风机形式及所处的位置，图6-7所示为其中一种。当然还有无风机的层流罩，这实际上就是一个特殊的高

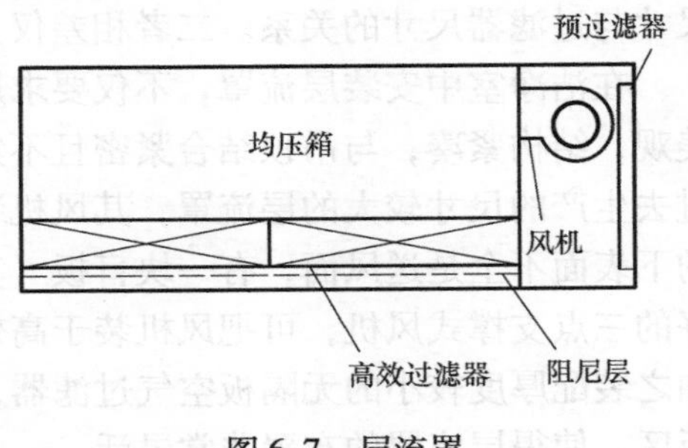

图6-7 层流罩

效过滤器送风口，所谓特殊，就是应用场合特殊且送风量大、形体大。还有一种是带空气幕的层流罩，如图 6-8 所示。不管是何种层流罩，都是由风机、高效过滤器、均压箱、外壳、预过滤器、阻尼层等部件组合而成的，无隔板高效过滤器的应用，使得层流罩的外形尺寸大大缩小。

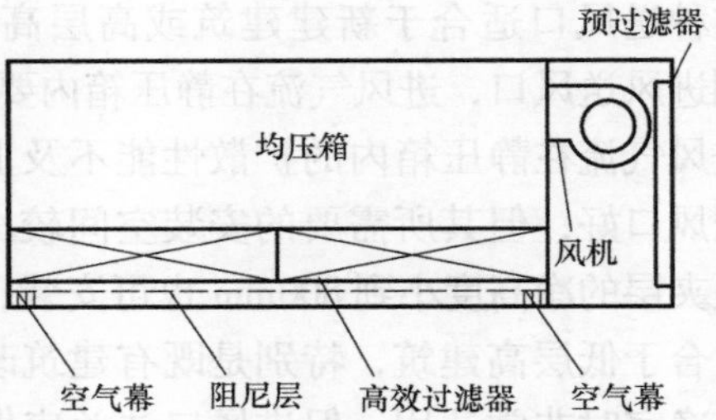

图 6-8　带空气幕的层流罩

6.2.2　局部百级环境的营造

有些生产工艺，只要求某个小区域达到 100 级就可满足工艺要求，而不必把整个车间都设计成 100 级的洁净度。如大输液的灌装线，青霉素的分装线等。这样的设计，既能满足工艺要求，又能降低工程初投资及运行费用。而局部百级环境的营造，可用层流罩来实现。百级的气流组织是用单向流来实现的，过去把单向流称为层流，这就不难理解层流罩的来历。

层流罩的外形尺寸及风量大小取决于其内部所装高效过滤器的规格尺寸、数量、壳体的材料和风机的大小。从层流罩的结构不难看出，高效过滤器的排列方式不同，其送风面的大小也不同，外形尺寸也就不相同。这也就是前面章节介绍高效过滤器尺寸系列的目的所在。表 6-1 为某厂生产的层流罩部分性能。

表 6-1　层流罩部分性能

型号	外形尺寸 $A \times B \times H$/mm	工作尺寸 $a \times b$/mm	高效空气过滤器		备注
			尺寸/mm	台数	
CLBⅠ－1220×610	1360×740×500	1220×610	610×610×150	2	无风机
CLB －1220×915	1360×1040×500	1220×915	915×610×150	2	
CLBⅡ－1220×610	1360×740×850	1220×610	610×610×150	2	有风机
CLBⅡ－1220×915	1360×1040×850	1220×915	915×610×150	2	
CLBⅢ－1220×610	1360×740×750	1220×610	610×610×90	2	有风机
CLBⅢ－1220×915	1360×1040×750	1220×915	915×610×90	2	

从表 6-1 可以看出，无风机层流罩，其外形尺寸的高度只有 500mm，实际上就是一台尺寸较大的高效过滤器送风口；有风机的层流罩，外形尺寸的高度很显然较高。对于 CLBⅡ型的层流罩，它装配有隔板的高效过滤器，过滤器高度为 150mm，外形尺寸高度为 850mm；而对于 CLBⅢ型的层流罩，它装配无隔板的高效过滤器，过滤器高度仅为 90mm，外形尺寸的高度只有 750mm。仔细分析层流罩中的高效过滤器尺寸及数量，就可发现层流罩的外形尺寸与过滤器尺寸的关系。二者相差仅为过滤器安装间隙加上罩壳壁厚。

在洁净室中安装层流罩，不仅要求风量、风速、噪声等参数满足要求，而且还要求外形美观，结构紧凑，与吊顶结合紧密且不集尘。目前见到的书籍中所画的层流罩结构图大多为过去生产的尺寸较大的层流罩，其风机装于层流罩的一侧，如图 6-7、图 6-8 所示。层流罩的下表面不全是送风面，有一块盲板（其上安装风机）。而现在生产的层流罩，采用性能较好的三点支撑式风机，可把风机装于高效过滤器的上方，使层流罩的下表面全部为送风面，加之装配厚度较小的无隔板空气过滤器，使其结构非常紧凑，如图 6-9 所示。而且由于无盲板区，使得层流罩的布置非常灵活。

在净化空调工程中，需要营造多大的局部百级环境，完全由工艺要求、回风形式确定。例如，大输液生产的灌装工序，其灌装生产线的宽度不足500mm，那么，百级区域的宽度应大于500mm，究竟大多少合适，也即百级的覆盖宽度是多少，需具体情况具体分析。如果用带空气幕的层流罩，由于空气幕的保护作用，使层流罩送风速度的衰减较慢，这时可采用相对较小的百级覆盖宽度。当然，还需参考层流罩的安装高度。如果层流罩的出风面距灌装工作面不大于1200mm，局部百级覆盖宽度可取915mm，即选用CLB系列1220/915的层流罩；如果采用层流罩加软垂帘方案，局部百级的覆盖宽度可取得小点，比如610mm，即选CLB系列1220/610的层流罩。百级区域的缩小，将带来可观的节能效果。局部百级的长度确定原则类同宽度，即要求局部百级的工艺线长度加适当的富裕量。

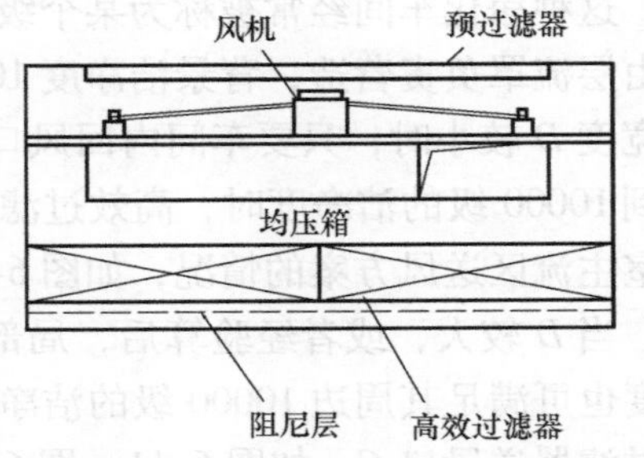

图6-9　风机置于高效过滤器上方的层流罩

6.2.3　层流罩的应用

局部百级的营造并不仅仅是在工艺线的上方安装一排层流罩，而应该根据工艺具体情况、层流罩的送风速度、安装高度等条件进行分析，确定合理的局部百级覆盖区域，达到工作面上要求的百级洁净度，这才是科学的设计。如果为了保证工作面的百级洁净度而过分加大覆盖区域，这显然不符合局部百级的节能理念。那么，怎样才能做到合理呢？通过下面的分析，希望读者能悟出道理，举一反三，在工程应用中逐步做到以不变应万变。

层流罩分为带风机与不带风机两种，带风机的层流罩噪声较大，适用于对噪声要求不高、低层高建筑及改造工程；不带风机的层流罩噪声较低，但它需要外接风机。因此，所需的建筑层高较高，适合于新建工程。不带风机的层流罩如图6-10所示，从功用上讲就是一台大的高效过滤器送风口，与常规高效过滤器送风口不同之处是出风口处用阻尼孔板或格栅代替扩散孔板。常规高效过滤器送风口适用于非单向流洁净室，而层流罩是营造局部百级的设备，送风气流应避免扩散。在条件允许时，采用无风机的层流罩是作者的偏爱，因为带风机的层流罩所产生的噪声很难处理。

1. 不带风机的层流罩的应用

图6-11所示为在非单向流洁净室中营造局部百级环境经常采用的方案，该方案很难达到要求。图中，A为不带风机的层流罩，B为需百级洁净度的生产工艺线，C为高效过滤器

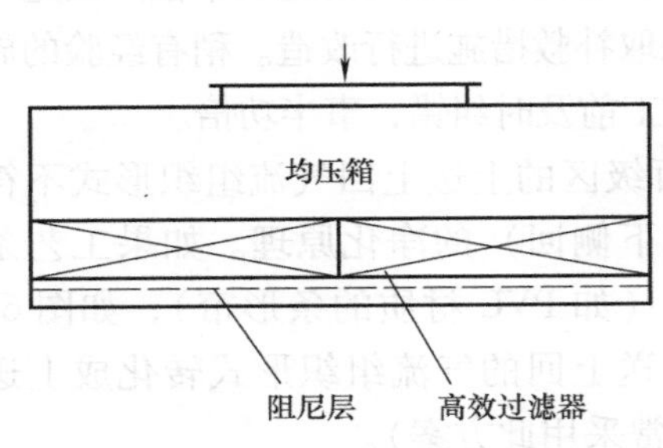

图6-10　不带风机的层流罩

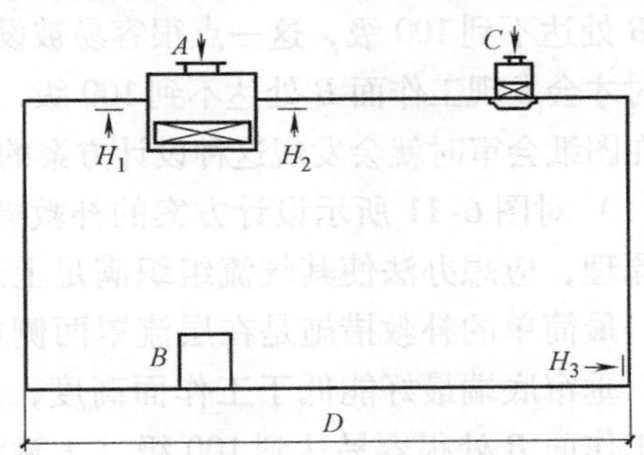

图6-11　局部百级净化车间

送风口，D 为生产车间的宽度，H 为回风口。

这种净化车间经常被称为某个级别下的局部百级。例如10000级下的局部百级，局部百级由层流罩负责营造，背景洁净度10000级由高效过滤器送风口配合层流罩来营造，但当车间宽度 D 较小时，只要车间内回风口设置合理，经验算 B 处能达到百级的洁净度，周边能达到10000级的洁净度时，高效过滤器送风口 C 就没必要设置。这种方案类似于Ⅰ级洁净手术室主流区送风方案的情况，如图6-12所示。

当 D 较大，或者经验算后，局部百级周边区达不到10000级，虽然增加层流罩的覆盖宽度也可满足其周边10000级的洁净度要求，但经济上不合算，这时就需要在周边区增设高效过滤器送风口 C，如图6-11、图6-13所示。初涉洁净空调领域的技术人员认为只要增设高效过滤器送风口 C 就可保证工艺线 B 处的百级洁净度及周边区的10000级洁净度。但如果气流组织不合理，即回风口位置不当的话，虽然送风速度及送风量满足要求，但洁净度不可能同时都满足要求，如图6-11、图6-13所示的气流组织方案。

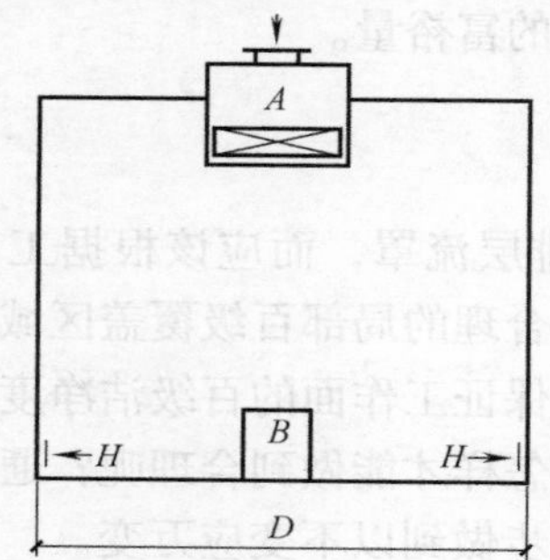

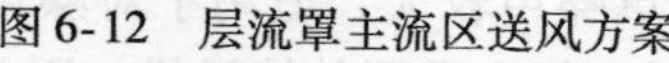

图6-12 层流罩主流区送风方案

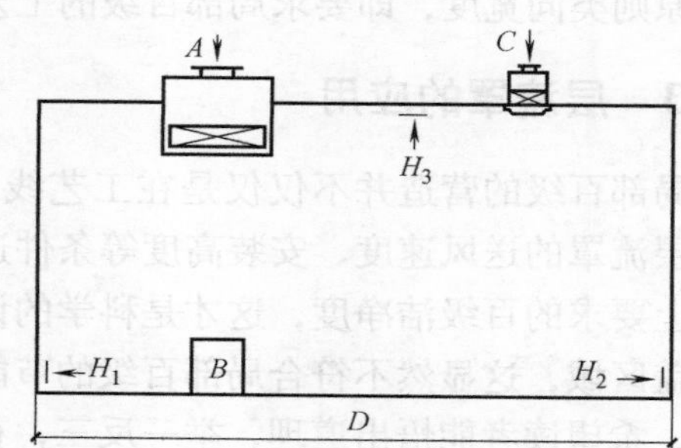

图6-13 层流罩距工作面的距离较小时的方案

画一画洁净气流流线示意图就会发现，图6-13所示中，B 处的百级洁净度不容易达到（除非层流罩的送风面距工作面 B 较近）。高效过滤器送风口 C 的气流有可能经过 B 处流入回风口 H_1（当回风口 H_1 回风量大时），这样高效送风口 C 的气流就对 B 处产生干扰，层流罩送出的平行气流过早弯曲，致使 B 处的百级环境很难保证。图6-11所示的方案是工程中经常见到的设计方案，这种方案在大多数情况下 B 处达不到100级，只有层流罩的送风面距工作面 B 的距离较小时，B 处才有可能达到100级。工作面达不到百级的原因，是其回风口设置在顶上，属上送上回的气流组织形式。层流罩的送风速度衰减很快，到达工作面 B 时，速度已经很小，且5μm的微粒跟随气流的能力很差，容易在工作面附近滞留，这两者的共同作用，使工作面 B 处达不到100级，这一点很容易被设计人员忽视，等到经验缺乏的施工单位照图施工后检测时才会发现工作面 B 处达不到100级，这时只能采取补救措施进行改造。稍有经验的施工单位在图纸会审时就会发现这种设计方案的缺陷，在施工前及时纠错，事半功倍。

（1）对图6-11所示设计方案的补救措施　局部百级区的上送上回气流组织形式不符合净化原理，应想办法使其气流组织满足上送下回（或下侧回）的净化原理。如果工艺条件允许，最简单的补救措施是在层流罩两侧加软质垂帘（如PVC材质的条形帘），如图6-14所示。垂帘底端最好能低于工作面高度，这样就把上送上回的气流组织形式转化成上送下回，工作面 B 处很容易达到100级（大输液灌装线经常采用此方案）。

（2）对图6-13所示设计方案的修改　当层流罩距工作面的距离较大时，图6-13所示的设计方案很难满足要求。如果工艺允许，可用符合净化要求的透明材料把局部百级工艺线从净化车间中隔离出来，如图 6-15 所示，隔离材料可采用塑钢框架、5mm 厚浮法玻璃结构，也可采用优质铝合金或不锈钢框架、5mm 厚浮法玻璃结构，这样局部百级区的气流组织形式就转化为上送下侧回的形式（大输液灌装线也经常采用此方案）。是否设置回风口 H_4，可视具体情况而定。

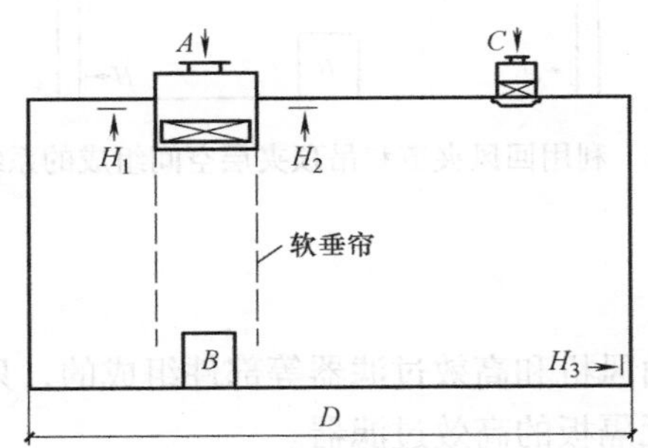

图 6-14　层流罩两侧加软质垂帘

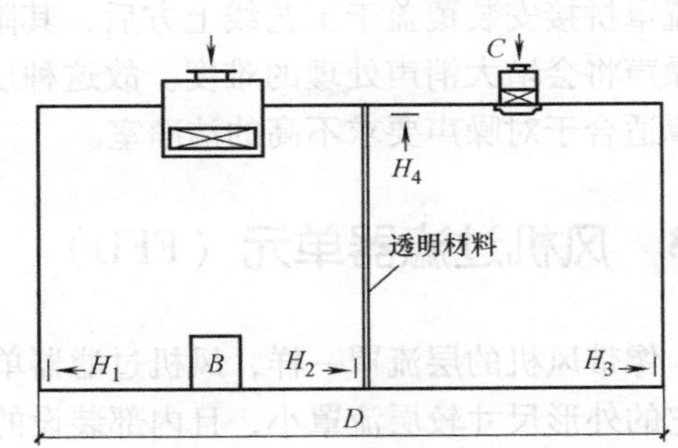

图 6-15　透明材料隔离

在图 6-13 所示中，也可加大回风口 H_2 的回风量，在层流罩与高效送风口之间悬吊软隔断，使局部百级区的静压大于其周边区的静压，阻止乱流气流对局部百级区的干扰，必要时在软隔断的右侧增设回风口 H_3。使回风口 H_1 的回风量为层流罩送风量的一半，另一半风量压入软隔断右侧区域，即靠软隔断与动压共同控制周边区对百级区的污染，如图 6-16 所示。

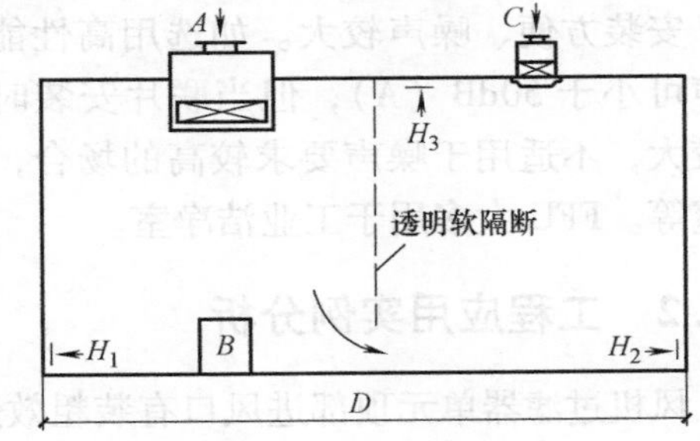

图 6-16　透明软隔断方案

设计方案、补救措施多种多样，由于篇幅限制不可能过多的列举，只要紧紧抓住洁净室原理这个纲，结合工程具体情况因地制宜，就可制订出科学的设计方案，这也就是作者一贯倡导的以不变应万变。

2. 带风机的层流罩的应用

带风机的层流罩有侧面进风和顶面进风两种形式，前者多用于改造工程，层流罩的送风口与回风口都在洁净室内，形成自循环回路，也属上送上回的气流组织形式。工作面局部百级也靠加设垂帘等措施来保证，室内温度的调控及新风的引入受到限制。后者适用于有吊顶夹层的洁净室，利用风管和夹道可使气流组织符合净化原理，如图 6-17 所示。图中，采用回风夹道和风管组成的层流罩局部百级净化系统，可引入经热湿处理后的空气来调控局部为百级区的温湿度，新风的引入也很容易。

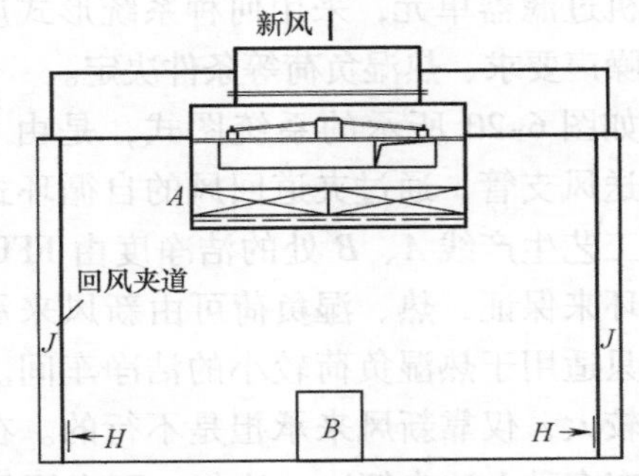

图 6-17　利用回风夹道和回风管组成的系统

图 6-18 所示为利用回风夹道和吊顶夹层空间组成的局部百级系统。吊顶夹层内未设置风管，夹层空间的内表面需按洁净室的要求处理，夹层内呈负压，有利于洁净室内的污染控制。在

吊顶夹层内可装设直接蒸发式空调机或风机盘管，通过其调节夹层内的空气温湿度进而调节洁净室内的温湿度（冷量损失较大），新风可方便地引入。这种自带风机的层流罩最大的缺点是噪声较大且不好处理，当多台层流罩拼接安装覆盖于工艺线上方后，其附加噪声将会增大消声处理的难度。故这种层流罩适合于对噪声要求不高的洁净室。

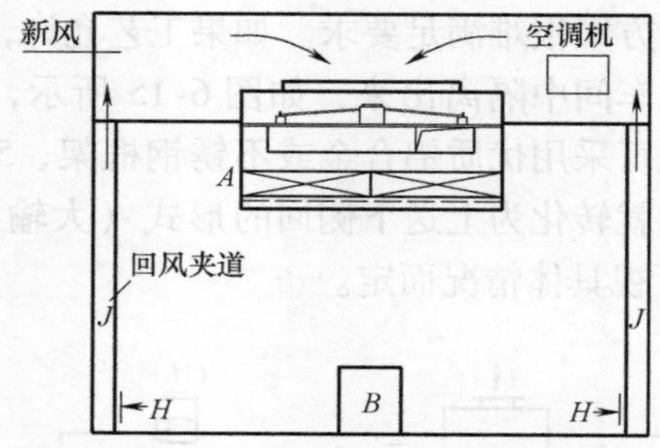

图 6-18　利用回风夹道和吊顶夹层空间组成的系统

6.3　风机过滤器单元（FFU）

像带风机的层流罩一样，风机过滤器单元也是由风机和高效过滤器等部件组成的，只不过它的外形尺寸较层流罩小，且内部装设的全部为无隔板的高效过滤器。

6.3.1　FFU 的结构

如图 6-19 所示，风机过滤器单元主要由离心后倾式直驱风机组、无隔板高效过滤器、外壳、阻尼层等部件组成。外壳材料为不锈钢板、镀锌钢板或表面喷塑的冷轧钢板。其特点是结构紧凑、安装方便、噪声较大。如选用高性能风机，其噪声可小于 50dB（A），但当联片安装时，叠加噪声较大，不适用于噪声要求较高的场合，如洁净手术室等。FFU 大多用于工业洁净室。

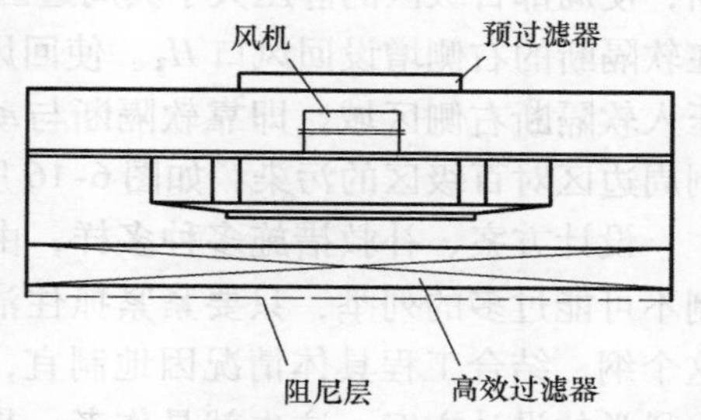

图 6-19　风机过滤器单元

6.3.2　工程应用实例分析

风机过滤器单元顶部进风口有装粗效过滤器的，也有不装粗效过滤器的。有装设送风管接口的，也有不装的。不装粗效过滤器的 FFU 外形尺寸的厚度比装粗效过滤器的厚度小、噪声低、功耗小。使用时如果采用不接送风支管的自循环式且进风口无粗效过滤器，应在洁净室的回风口处装粗效过滤器进行保护；如果采用连接送风支管的系统，FFU 中的高效过滤器可由空气处理机组中的粗效、中效过滤器保护。至于选择何种风机过滤器单元，采用何种系统形式应因工程性质、噪声要求、热湿负荷等条件决定。

如图 6-20 所示的系统图式，是由 FFU 组合，不接送风支管，通过夹道回风的自循环式加新风系统。工艺生产线 A、B 处的洁净度由 FFU 送风末端自循环来保证，热、湿负荷可由新风来承担。这种系统只适用于热湿负荷较小的洁净车间。如果热湿负荷较大，仅靠新风来承担是不行的。在这种情况下，有多种办法来解决，比如，可在回风夹道或在吊顶夹层内装设冷却去湿机组（直接蒸发式冷却器

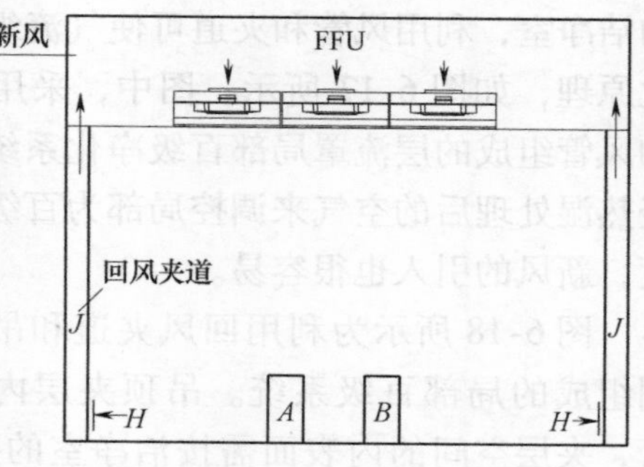

图 6-20　FFU 自循环式加新风系统

或暗装式风机盘管等）通过该机组的自循环来吸收余热余湿。也有在夹道或吊顶夹层内装设干盘管，只调节温度。这样做可避免湿盘管的冷凝水造成的污染。

对于图6-20所示这种系统，吊顶夹层内被FFU的风机抽吸成负压，这就降低了安装工程的技术难度，即使FFU与支撑框架间的微小缝隙密封不严，在运行工况下，吊顶夹层内的污染物也不会渗入车间内。但净化系统停止运行时，这种污染不可避免。这就增加了系统起动前的自净时间。这种系统形式，对吊顶夹层内的壁面装饰也应严格要求，应采用满足洁净室装修要求的材料进行装饰（特别是对未装设粗效过滤器的FFU机组，更应严格。否则，吊顶夹层的污染会加速FFU内高效过滤器的堵塞速度），对该夹层内的电缆桥架、通信管线、工艺管线均应严格要求，做到不产尘，不宜积尘，不散发有害气体。

图6-20所示系统可通过中央控制系统逐台控制FFU，这就使某些非连续性的生产工艺在非工作时段停止FFU工作成为可能。仅靠新风来保持洁净室正压。这种运行方式节能潜力很大。FFU单台噪声不大，但当联片安装时叠加噪声较大。比较适用的降噪措施是把吊顶夹层和回风夹道做成消声箱。这种噪声属低频噪声，比处理高频噪声难，采用孔径为1mm左右的微穿孔板做消声材料，空腔厚度取50～100mm，这种消声结构完全符合洁净工程的要求。有些技术人员不太注重对回风夹道的消声处理。事实上，FFU出风面有高效过滤器，而进风口直通吊顶夹层。所以传向吊顶夹层内的噪声比直接传向洁净室的噪声要大，该噪声经吊顶夹层内表面的吸收、反射，再通过吊顶缝隙，回风夹道传向洁净室。所以，吊顶拼接缝的密封、回风夹道的消声就显得至关重要。

另一种FFU是在进风口处装有风管接口，其形状以圆形居多，其系统形式如图6-21所示。在这种系统形式中，FFU中的风机起接力风机的作用，其全压比不带风管接口的要小，只要能克服高效过滤器阻力即可。这样，也可使空气处理机组的余压小些，降低系统噪声。对吊顶夹层内的装饰要求可降低，这种系统对室内不同的热湿负荷都能很好地满足。但这种系统最大的缺点就是风管尺寸大，占用较大的建筑空间。FFU灵活布置的优越性也不能体现，如生产工艺线改变时，由于有连接管道的存在，不像图6-20所示那样，FFU可随工艺线位置的改变而与之适应。这种系统实际上是把FFU当作一般送风口来使用。优点是能保证每个FFU出风均匀，也能使空气处理机组的余压降低，从而使机组噪声降低。但FFU产生的噪声抵消了上述噪声的降低，且FFU产生的噪声位于送风末端，增加了降噪的困难。总之，在这种系统中，风机起的作用是弊大于利，若把风机拆掉，上述缺陷可以弥补，但这已不是FFU了，而是形似FFU的送风口，生产厂家也生产这种不带风机的FFU。

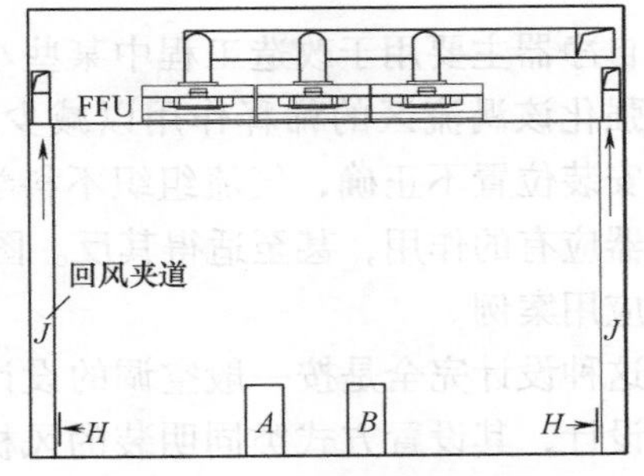

图6-21　FFU与送回风管组成的系统

6.4　自净器

自净器是一种空气净化的自循环机组，在此只介绍高效自净器（如果末级过滤器是亚高效过滤器，则可称为亚高效自净器，以此类推）。

6.4.1　自净器的结构

自净器由风机、粗效（或中效）过滤器、高效（或亚高效）过滤器、出风口、进风口、扩散孔板（或阻尼孔板）组成。如图6-22、图6-23所示，图6-22所示为悬吊式自净器。图6-23所示为移动式自净器，其外形尺寸、风量大小取决于内装的高效过滤器的尺寸及额定风量。常见的悬吊式自净器额定风量有1000m³/h，1500m³/h；移动式额定风量以1000m³/h为多见。

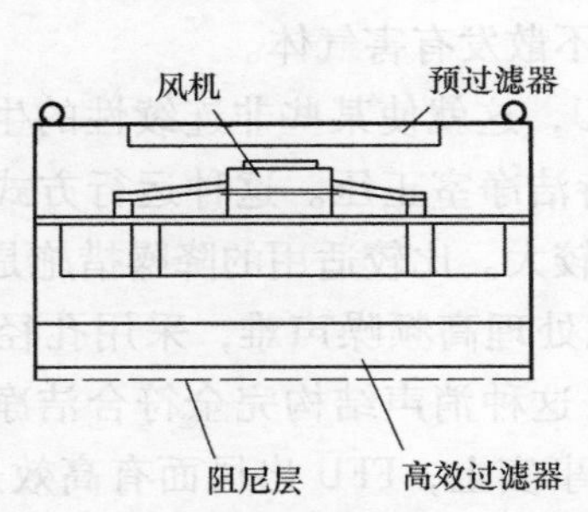

图6-22　悬吊式自净器

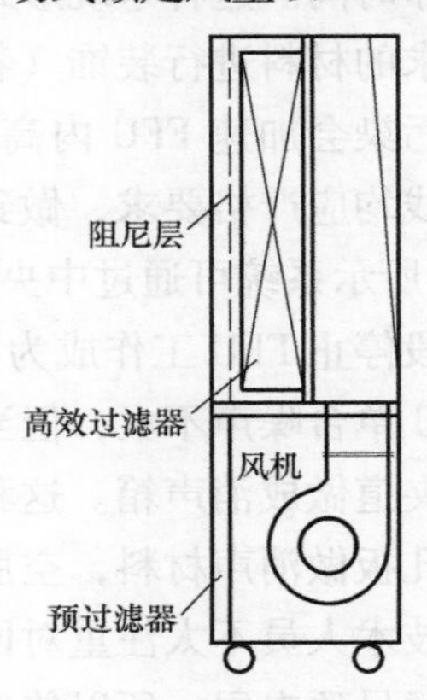

图6-23　移动式自净器

6.4.2　工程应用及弊病分析

自净器主要用于改造工程中某些小空间的局部净化，也可用于非单向流洁净室的涡流区，强化该涡流区的稀释作用以减少灰尘滞留的机会。如果安装位置不正确，气流组织不科学，往往不能发挥自净器应有的作用，甚至适得其反。图6-24所示是改造前的应用案例。

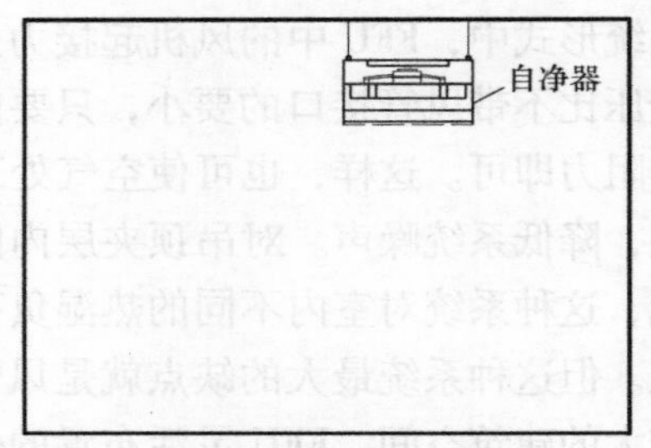

图6-24　自净器错误应用示意图

这种设计完全是按一般空调的设计理念进行洁净空调的设计，其设置方式类同明装的风机盘管，殊不知一般空调与洁净空调的气流组织有本质的区别。一般空调是以少量送风来诱导大量的周边空气，产生大量的扰动气流来进行热湿交换，使室内温湿度达到相应的要求。而洁净空调中的非单向流洁净室，是让洁净送风气流扩散，混合来稀释室内污染空气，尽量减少涡流，迅速把污染物从出风口排出室内。可见，图6-24所示中，自净器送出的洁净气流稀释作用很差，很可能达不到工作区就短路返回其顶部的回风口，画一下气流流线图，就知道涡流区很大，是很差的气流组织方式。图6-25所示为经改造后的系统，在原洁净室内做吊顶和回风夹道，形成顶送下侧回的气流组织形式。这一改动，使自净器发挥了较好的作用。如果室内跨度较大，还可采用双侧回风夹道，形成顶送双下侧回风的气流组织。吊顶夹层和回风夹道

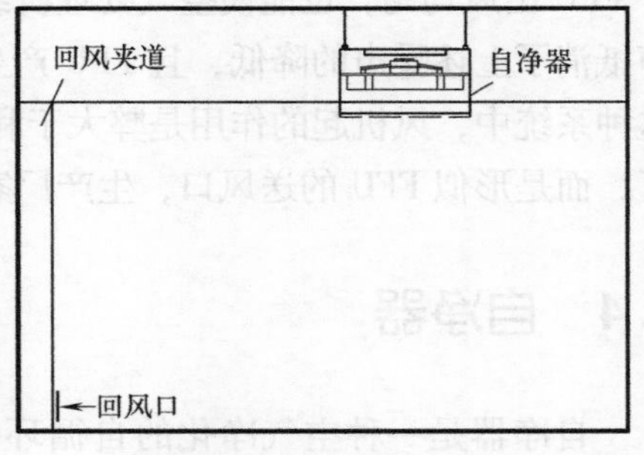

图6-25　改造后的系统示意图

内被自净器中的风机抽成负压，在运行工况下，不会对洁净室形成污染，而且电缆线路、各种管道可暗装于其中，使洁净室内平整、光洁。

图 6-26 所示为移动式自净器应用于局部百级洁净室的涡流区内的示意图，局部百级的送风装置随生产工艺线 B 而布置于洁净室的左侧，在其右侧形成较大的涡流区，在该区内不能达到要求的洁净度，若把移动式自净器按图 6-26 所示放置，涡流区内的洁净度可以提高，但自净器的气流直接影响局部百级区域，使其洁净度降低，得不偿失。改进办法，可把移动式自净器转 90°，让其出风方向平行于工艺线 B，或在百级区和移动式自净器间增加隔离屏。若采用悬挂式自净器，应注意其气流组织不能影响局部百级区域（参阅层流罩部分）。

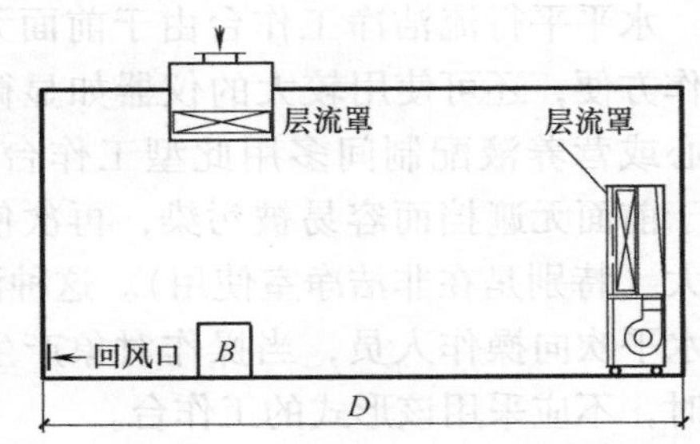

图 6-26　移动式自净器错误应用示意图

总之，不管是何种形式的自净器，也不论是作为操作点的临时净化措施，还是应用于非单向流洁净室的涡流区，设置原则是自净器自循环气流不能影响相邻区域的洁净度，最好是通过增设回风夹道使自净器与主流区域的送风末端协同作用，既能保证主流区的洁净度，又能提高涡流区的洁净度。

6.5　洁净工作台

洁净工作台也称超净台，它是在操作台面以上的空间局部形成无尘无菌环境的装置。是净化空调系统中游离于系统之外的一种净化设备。也就是说它的送风、回风不纳入净化空调系统，只是在洁净室内自循环的净化设备。也有在非洁净室内使用的，这样，它的粗效过滤器、高效过滤器寿命将缩短。

6.5.1　结构与分类

洁净工作台的结构与类型紧密相关，把组成洁净工作台的各主要部件进行不同的排列，就得到不同形式的洁净工作台，服务于不同的用途。不管是哪种形式的洁净工作台，都是由风机、高效过滤器、粗效过滤器、壳体、台面、紫外线灯（进行起始前或终了后的灭菌）、照明灯、调压器、压差显示表等部件组成的。

1. 水平平行流洁净工作台

图 6-27 所示为水平平行流洁净工作台，所用的高效过滤器分为有隔板与无隔板两种。有隔板的高效过滤器大多采用 150mm 的厚度，无隔板的高效过滤器厚度大多小于 100mm，从结构上可以看出，采用无隔板高效过滤器可使洁净工作台的宽度尺寸减小，便于搬运。

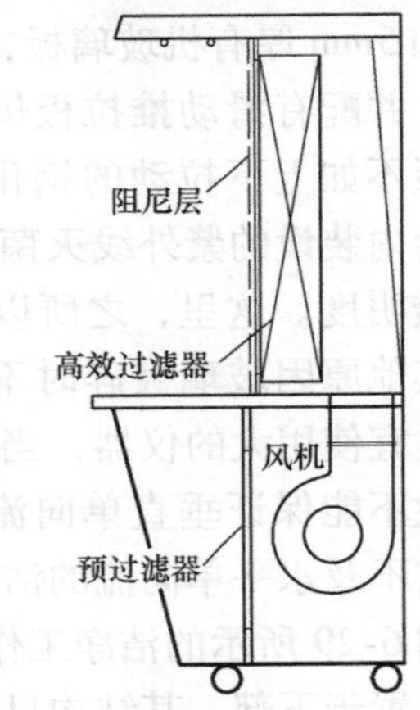

图 6-27　水平平行流洁净工作台

洁净工作台有的装设离心风机，有的装设三点支承式的离心风机组，前者在双人水平流洁净工作台中多用，而后者多用于单人洁净工作台，如图 6-28 所示，若用于双人洁净工作台，需装设两台离心风机组，噪声较高。双人水平平行流洁净工作台与单人水平平行流洁净工作台的区别在于工作台的长度不同，前者用于两人同时操作，后者用于单人操作，而宽度与高度二者相同。

水平平行流洁净工作台由于前面无玻璃遮挡，所以操作方便，还可使用较大的仪器如显微镜，在医院生殖中心或营养液配制间多用此型工作台。但当使用完毕，由于前面无遮挡而容易被污染，再次使用前的擦洗工作量大（特别是在非洁净室使用）。这种洁净工作台洁净气流水平吹向操作人员，当操作对象产生对人体有害的微粒时，不应采用该形式的工作台。

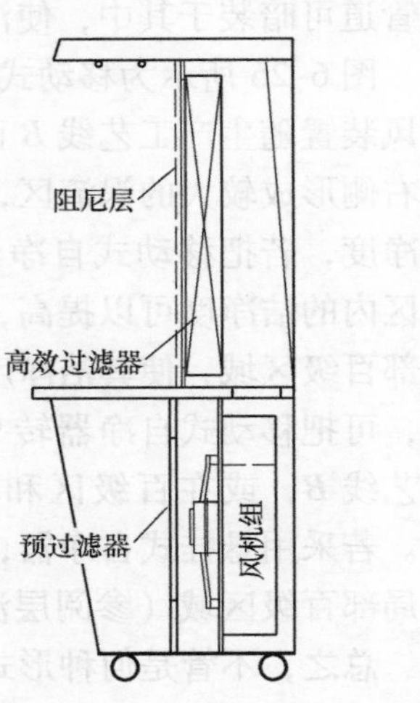

图6-27、图6-28所示的形式，都是洁净气流与室内空气进行交换的形式。也就是说，工作台的风机吸入的是经粗效过滤后的室内空气，再经高效过滤后送出，故洁净工作台宜在洁净室内使用。

图6-28　单人水平流洁净工作台

2. 垂直平行流洁净工作台

垂直平行流洁净工作台与水平平行流洁净工作台的区别是高效过滤器顶置，外形结构随着风机的类型、设置位置以及气流通道的改变而改变。其形式比水平平行流的工作台多，有单人单侧型、双人单侧型、双人双侧型等。其结构上的最大优点是可做成上下两段组合，搬运很方便。随之结构还派生出桌上型洁净工作台，也就是把支撑上段的下部框架以桌代之。

图6-29所示是单侧型洁净工作台，所谓单侧就是操作人员（单人或双人）坐在同一侧操作。该工作台分上下两部分，核心部分在上段，下段仅起支撑作用。对于单人单侧型的工作台，去掉下半部分，就变成桌上型的洁净工作台。

由图可见，操作面有可上下拉动的钢化玻璃，操作时拉起，留出供手伸入的操作口。玻璃不应全部拉起，否则影响气流平行度。使用完毕，擦洗干净后可把玻璃拉至台面，封闭操作空间。这种形式的洁净工作台，也有采用固定透明挡板，如5mm厚有机玻璃板，在其上留出供手伸入的圆孔或条形孔，并配有滑动推拉板供停用时封闭操作孔。这种固定透明挡板不如上下拉动的钢化玻璃使用方便，而且有机玻璃在工作台内装设的紫外线灭菌灯的定期照射下，容易老化变黄，影响透明度。这里，之所以要用钢化玻璃，是因为当操作不当或其他原因玻璃破碎时不容易伤人。这种形式的洁净工作台不适宜使用大的仪器，当仪器较大时，只能把操作口开大，这样做不能保证垂直单向流的气流流型，影响洁净度，在这方面它不及水平单向流的洁净工作台。

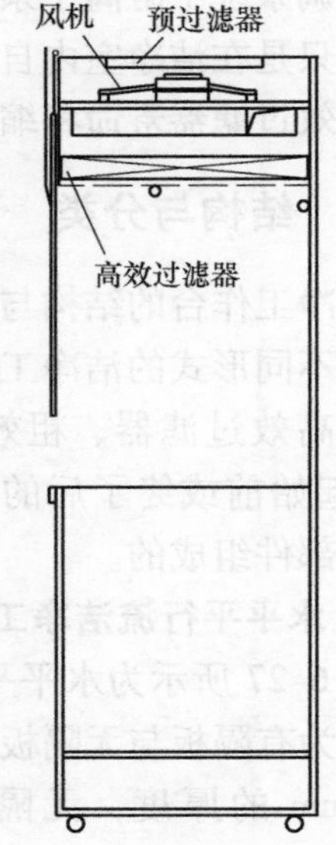

图6-29　单侧型洁净工作台

图6-29所示的洁净工作台是把风机置于顶部，这样设置才能把它分为上下两部分，若把风机置于下部，其结构只能做成整体式，搬运不太方便，如图6-30所示。它的宽度比风机置于顶部的要大（因为空气通道要占用一定的空间）。宽度尺寸太大，不仅搬运不便，而

且对于门宽尺寸较小的洁净室，很难搬进去。该洁净工作台也可装设传统的双进风离心风机，如图 6-31 所示。这种风机要比三点支撑式离心风机噪声小。

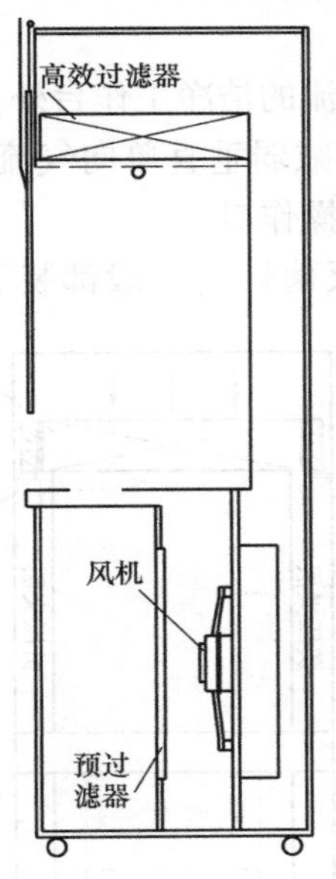

图 6-30 风机置于下部的洁净工作台

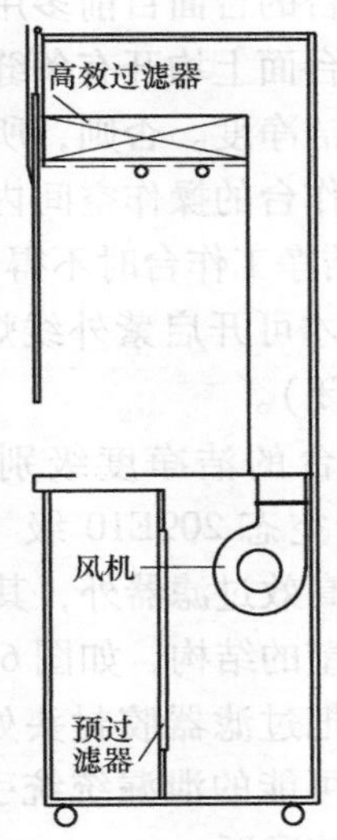

图 6-31 装设双进风离心风机的洁净工作台

对于洁净工作台的气流循环，不同的结构有不同的形式，适合不同的应用环境，图 6-29所示结构，风机吸入的是被粗效过滤器过滤后的室内空气，经加压后通过高效过滤器，垂直向下流动。一部分从操作台上的条缝或圆孔组流入室内，另一部分从操作口流入室内。所以在洁净工作台的使用过程中，有室内空气参与。而图 6-30、图 6-31 所示与之有所区别，洁净工作台的风机吸入部分经粗效过滤器的室内空气和部分洁净工作台工作区的空气，经风机加压后，通过高效过滤器过滤垂直向下，一部分从操作口流入室内，另一部分从操作台面上的条缝组（或圆孔组）被风机吸入。

双人双侧型洁净工作台是垂直平行流洁净工作台的又一种形式，当操作工作需要两个人面对面完成时，选用这种形式的洁净工作台（如图 6-32 所示），宽度比单人单侧型的洁净工作台稍宽点，结构也相似，只不过在相对的两面都留有操作口，两操作面都可做成上下推拉的钢化玻璃封闭结构，但市场上以固定透明材料上开操作口的形式居多，因为这种形式结构简单。单人（或双人）单侧形的洁净工作台在室内靠墙布置较好，而双人双侧型的洁净工作台不能靠墙布置，只能布置在洁净室的中央。

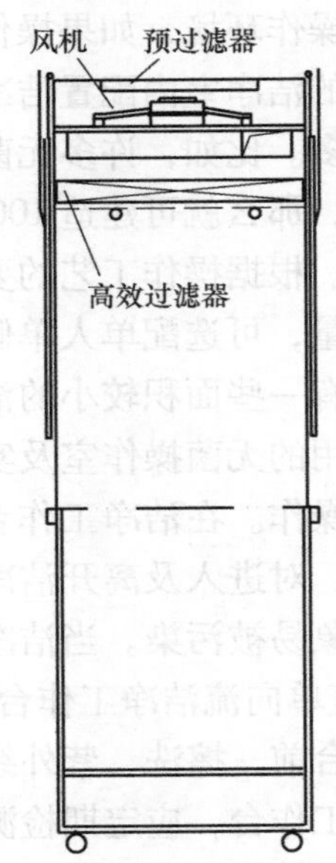

图 6-32 双人双侧型洁净工作台

洁净工作台还有其他形式，在此不再一一列举，只要知道了洁净工作台的原理、应用场合，我们不仅能选出满足使用要求的洁净工作台，也应该能设计出满足使用要求的洁净工作台。

目前市场上的洁净工作台其功能都能满足使用要求，但造型简洁、美观的不多见，这与生产厂家不太注重产品的造型设计是分不开的。其实，洁净工作台完全可以制作得很美观。

洁净工作台的台面目前多用不锈钢板制作，除水平单向流的洁净工作台外，垂直单向流的洁净工作台台面上均开有条缝组或圆孔组出风口，这样可减弱垂直单向气流流线的弯曲，保证操作区的洁净度。否则，所有的气流将过早地弯曲流向操作口。

在洁净工作台的操作空间内，都装有照明灯和紫外线灭菌灯（一般都装于操作区的顶部）。在使用洁净工作台时不得开启紫外线灭菌灯，只有其停用时，才可开启紫外线灯进行灭菌（一般半小时左右自动关闭）。

洁净工作台的洁净度级别大多数是空态 100 级(209E)，对于空态 209E10 级（0.1μm）的洁净工作台，除采用超高效过滤器外，其密封措施应安全可靠。可采用双层侧壁的结构，如图 6-33 所示。双侧壁夹层内为负压，可把过滤器胶封头处有可能的泄漏以及过滤器密封垫处可能的泄漏统统引入该负压夹层内，保证操作区的高洁净度。

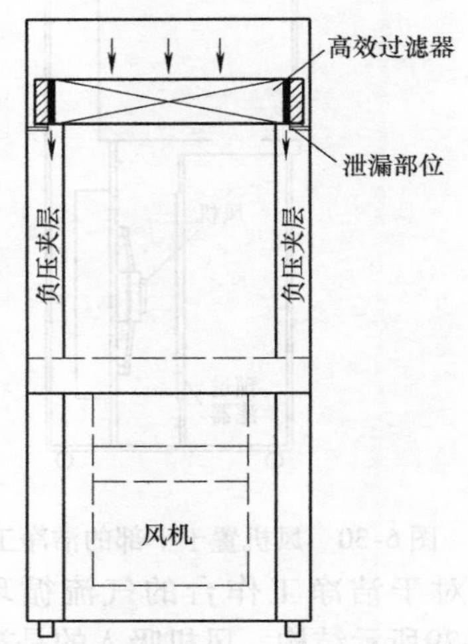

图 6-33　双层侧壁法防止泄漏

洁净工作台的性能参数可从各生产厂家的样本中找到，此处不再赘述。

6.5.2　应用场合

目前的洁净工作台大多数能提供 ISO5 级（209E100 级）的洁净操作环境，也有特殊的洁净工作台，能提供 209E10 级（0.1μm）的洁净操作环境。对于要求在某一级别下的局部百级的操作环境，如果操作对象不大，也就是说所需的操作空间不大，那么就可以采用在某一级别的洁净室内配置洁净工作台的方案。这要比通过净化空调系统构筑局部百级环境经济实用得多。比如，许多无菌检验及生物制品的研发，需要 1000 级或 10000 级以下的局部百级环境，那么就可建造 1000 级或 10000 级的洁净室，在其内部配置 209E100 级的洁净工作台即可。根据操作工艺的要求，可选配水平单向流或垂直单向流的洁净工作台。根据操作人员的数量，可选配单人单侧、双人单侧或双人双侧型洁净工作台。

也有一些面积较小的洁净室，被操作对象不大，可选配桌上型洁净工作台。对于医科大学学生用的无菌操作室及实验室，由于资金的原因，往往是在非洁净室内配置洁净工作台进行相关操作。在洁净工作台运行条件下，其操作环境也能满足 209E100 级的要求，这种实验操作，对进入及离开洁净工作台操作空间内的操作对象，应有严格的密封要求。否则，被操作对象易被污染。当洁净工作台停止运行时，尽管有的洁净工作台操作面有透明材料封闭（如垂直单向流洁净工作台），其操作空间也很容易被室内空气污染。所以，在再次启用洁净工作台前，擦洗、紫外线灭菌工作一定要认真、细致地去做。对于这种在非洁净室内使用的洁净工作台，应定期检测送风量的大小及洁净度。当风量减小，洁净度达不到要求时应及时清洗粗效过滤器（层），若清洗后检测还达不到要求，这时应更换高效过滤器。有些洁净工作台装有高效过滤器失效报警装置即压差报警装置，当高效过滤器达到规定容尘量时，其前后压差达到设定值，发出报警声，这时需及时更换高效过滤器。粗效过滤器可以清洗，直至有破损时才需更换，而高效过滤器失效时只能更换，不能清洗。有些单位的洁净工作台，从不更换高效过滤器，通过检测可发现其操作环境的洁净度随着使用时间的延长而降低，特别是在非洁净室使用的洁净工作台，洁净度的降低非常明显。所以，有条件时应在洁净室内使用洁净工作台，不仅能延长过滤器的使用寿命，而且也能保证无菌操作的质量。

总之，凡是需无菌操作的工艺，所需空间又不大，都可选用洁净工作台。若能与洁净室的气流组织统一考虑，使用效果更佳。可见，洁净工作台的应用范围很广。

6.6　空气吹淋室与传递窗

洁净室的人流通道、物流通道的布置有极其严格的要求，也就是说，人和物的进出须遵循规定的程序。在有些洁净室的人流通道上，需设置空气吹淋室，让人通过空气吹淋室，用其高速洁净气流吹掉洁净工作服上的尘埃，以防止洁净工作服上的尘埃污染洁净室。进入洁净室的物品应通过物流通道，为防止物品进入洁净室时带来的污染，物品应通过传递窗来传递。

6.6.1　结构原理与分类

空气吹淋室也称风淋室，主要由风机、过滤器、喷嘴、互相连锁的门及控制系统组成。图 6-34 所示为单人单侧风淋室原理示意图。经高效过滤器过滤的洁净空气从喷嘴喷出，吹落工作服上的灰尘，含尘空气经粗效过滤器被风机吸入，加压后流过高效过滤器再从喷嘴喷出，如此循环。风淋室都装有定时装置，工作人员按压起动按钮后，即可进入风淋室并关门吹淋，30～60s 后风淋自动停止。这时，工作人员即可进入洁净室。图 6-35 所示为风淋室平面示意图，其中图 a 为双侧吹淋，图 b 为单侧吹淋。双侧吹淋的风淋室是在相对的两侧装设喷嘴，人进入风淋室内时，转 90°可被高速切向气流把人周身吹遍；而单侧吹淋室只有一侧安装喷嘴，人进入风淋室内时需向左（或右）至少转 270°才能被高速切向气流吹遍周身。

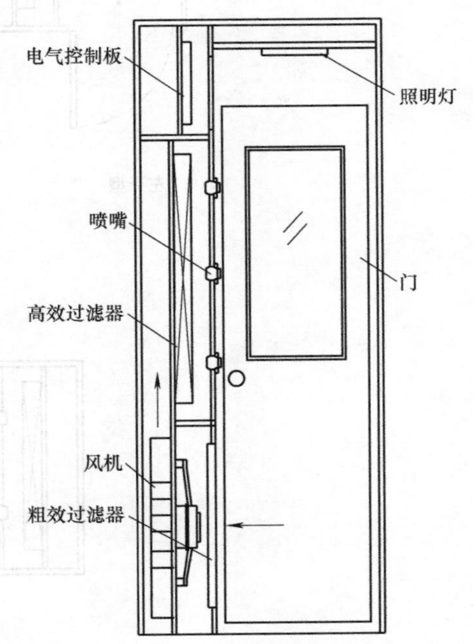

图 6-34　单人单侧风淋室原理示意图

风淋室分单人、双人及多人等形式，双人或多人风淋室可由单人风淋室串联拼装而成，也可在现场根据使用条件制作非标型多人风淋室。风淋室的门可做成左开型、右开型或三门型，以适应平面布局的要求，如图 6－36 所示。

不管哪种形式的风淋室，最好应使人流通道方向上的两个门连锁，即这两个门不能同时开启，以防止洁净室被污染。如果未安装电子连锁装置，在使用风淋室时，应制订洁净室管理程序，使两门不同时开启。

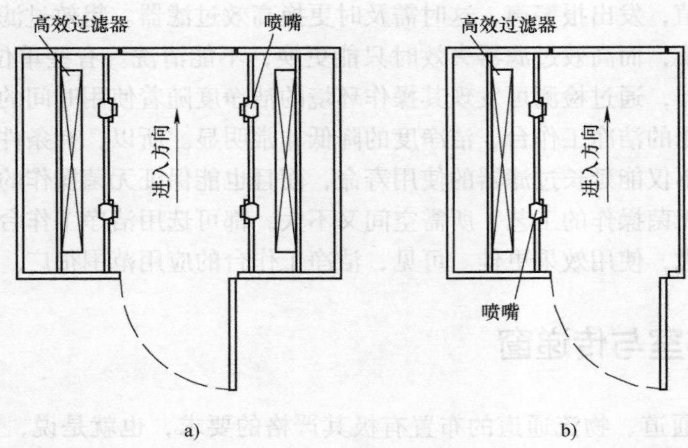

图 6-35 风淋室平面示意图

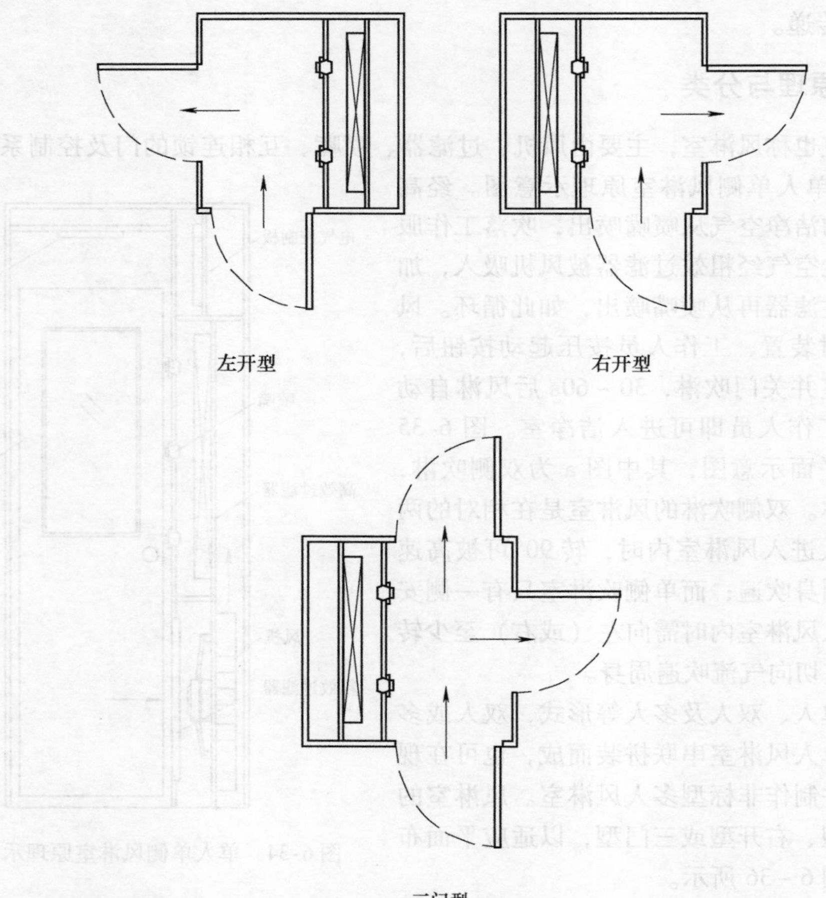

图 6-36 风淋室的开门形式

传递窗是洁净室物流通道上物净的重要设备，有普通传递窗、洁净传递窗、消毒传递窗等类型。普通传递窗如图6-37所示。

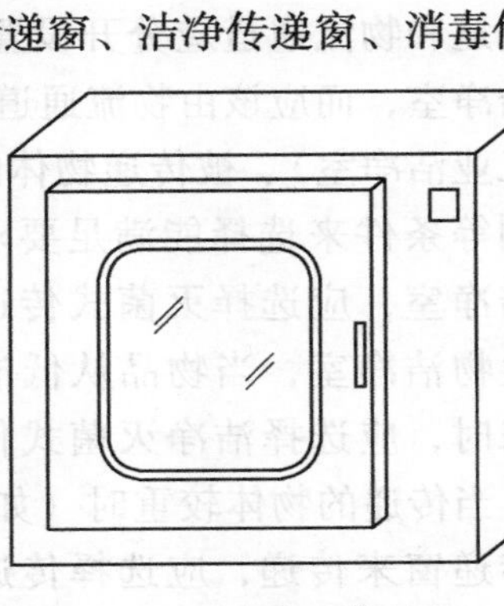

它是最简单的传递窗，它实际上就是两个门连锁的小箱子。打开一个门，把欲传递的物体放入小箱子内，这时，另一个门不能打开，以防止污染物进入。当把门关上后，才能把另一个门打开，取出物体。当传递窗设置在洁净室与非洁净室之间时，即物体由非洁净室向洁净室传递时，这种传递窗不能完全阻止污染物进入洁净室，如图6-38所示。

图6-37 普通传递窗

在物体的传递过程中，尽管传递窗的两个门不能同时开启，但传递窗内近一半体积的污染空气进入洁净室。所以，当物体由非洁净室向洁净室传递，或由低洁净度的区域向高洁净度区域传递时，普通传递窗不能很好地起到防止污染的作用。在这种情况下，应该设置洁净传递窗来传递物体，图6-39所示为洁净传递窗示意图。

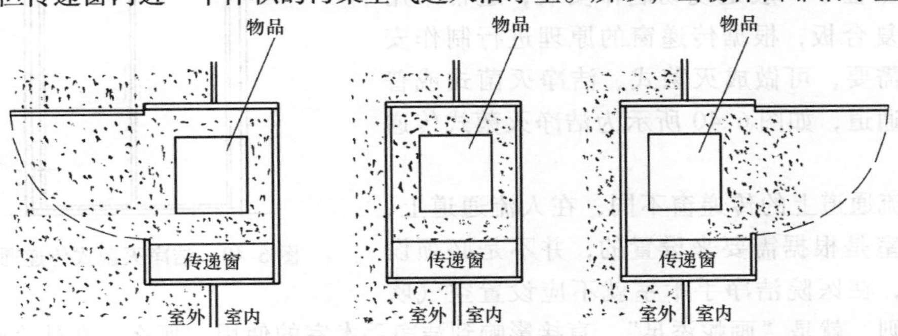

图6-38 普通传递窗传递物体时的污染示意图

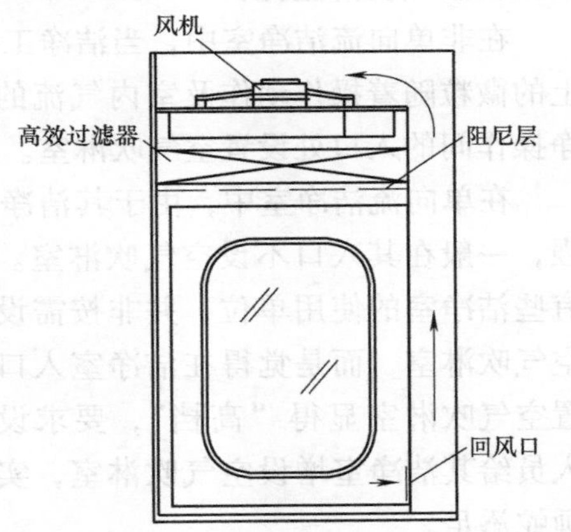

图6-39 洁净传递窗示意图

它实际上就是在普通传递窗内增设高效过滤器和风机，使传递窗内的空气形成自循环，当污染空气随着物体传递过程进入传递窗内时，通过洁净气流的稀释作用来消除污染。当在洁净室（或洁净度高的区域）内打开另一扇门时，就不会产生污染。

有些被传递的物体，其表面有可能有微生物等污染物，靠洁净气流的稀释作用是不能灭菌的。因此需要对其进行灭菌，这时就需装设灭菌式传递窗。灭菌式传递窗就是在传递窗内装设紫外线灭菌灯，当被传递的物体表面需灭菌时，可在关闭传递窗门以后打开紫外线灯进行灭菌（30min左右）。现在生产的传递窗大都装有紫外线灭菌灯和照明灯。当普通传递窗内装有紫外线灭菌灯时，就称其为灭菌式传递窗；当洁净传递窗内装有紫外线灭菌灯时，就称其为洁净灭菌传递窗。

6.6.2 正确设置及“画蛇添足”

向洁净室传递物体时，必须采用传递窗。其设置位置由物流通道的设计规则来确定。

人流通道和物流通道应分开设置，不可混用。即使被传递的物体很小，也不能由人直接带入洁净室，而应该由物流通道通过传递窗进入洁净室。根据洁净室的性质（生物洁净室或工业洁净室）、被传递物体的表面情况、洁净度级别等条件来选择能满足要求的传递窗。对于生物洁净室，应选择灭菌式传递窗；洁净度级别高的生物洁净室，当物品从低洁净度的洁净室传递进来时，应选择洁净灭菌式传递窗。对于制药车间，当传递的物体较重时（如原辅料），就不能选用传递窗来传递，应选择传递通道来传递。传递通道就是放大了尺寸并落地安装的传递窗。在净化空调工程中一般是现场制作安装，通常采用彩钢夹芯复合板，根据传递窗的原理进行制作安装。根据需要，可做成灭菌式、洁净灭菌式或普通式传递通道，如图 6-40 所示为洁净灭菌式传递通道。

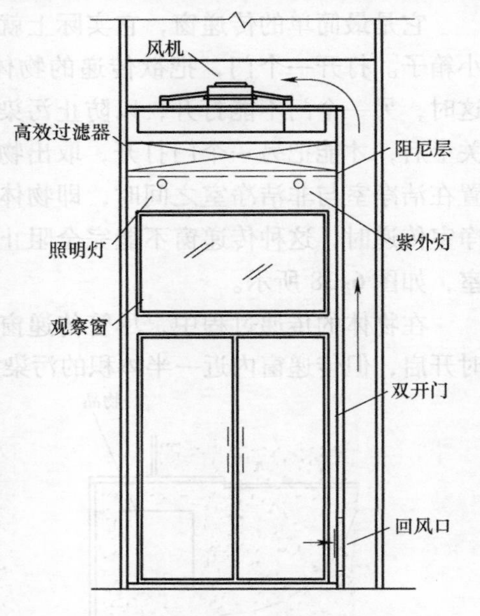

图 6-40　洁净灭菌式传递通道

与物流通道上的传递窗不同，在人流通道上，空气吹淋室是根据需要来设置的，并不是必须设置。例如，在医院洁净手术室就不应设置空气吹淋室。否则，就是“画蛇添足”，直接影响到洁净手术室的使用。那么，在什么情况下需要设置空气吹淋室呢？

在非单向流洁净室中，当洁净工作服上残留微粒会影响到操作工艺时，即洁净工作服上的微粒随着操作动作及室内气流的作用飞落到洁净室内污染操作对象时，就必须在洁净操作间的入口处设置空气吹淋室。

在单向流洁净室中，由于其洁净气流的“活塞”般的平推作用，控制污染的能力很强，一般在其入口不设空气吹淋室。在有些洁净室的使用单位，并非按需设置空气吹淋室，而是觉得在洁净室入口设置空气吹淋室显得“高档”，要求设计人员给其洁净室增设空气吹淋室，实属画蛇添足。

当洁净室需要设置空气吹淋室时，其位置一般设在二更（或三更）进入洁净操作间的入口（如图 6-41 所示），且应设置旁通门供下班时使用（即下班时没必要风淋），在工作时间应关闭旁通门。风淋室的门较小，当洁净操作间有较大的设备时，可从旁通门进出。

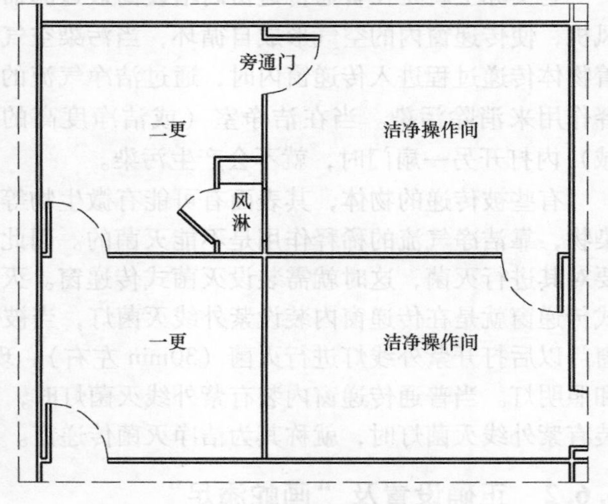

图 6-41　风淋室的设置位置

6.7 组合式净化空调机组

组合式净化空调机组与组合式空调机组都是对空气进行热、湿处理的设备，前者用于净化空调系统，后者用于一般空调系统。二者有相似点，也有相异点。对于组合式空调机组大家都很熟悉其结构和功能，在此不再赘述，本节重点介绍组合式净化空调机组。

6.7.1 结构特点及功能

组合式净化空调机组是净化空调系统中非常重要的空气处理设备，它的制造、安装要比一般空调中用的组合式空调机组严格得多。对机组的壁板、风机、密封性等方面都有特殊要求。特别是对用于生物洁净室的组合式净化空调机组，要求更高。从字面上看，组合式净化空调机组是由各功能段组合而成的，其中的“净化”二字特别强调是用在净化空调系统中。因净化空调系统阻力较一般空调系统的大，所以组合式净化空调机组的风机压头、机组内外的压差也比组合式空调机组的大，因而对机组的密封性要求较高。

组合式净化空调机组通常由如下段位组成：

1）新、回风混合段。

2）粗效过滤段。

3）加热段。

4）表面冷却段。

5）加湿段。

6）风机段。

7）灭菌段。

8）二次回风段。

9）中间段。

10）中效过滤段。

11）出风段。

12）消声段。

在工程设计中所选的组合式净化空调机组并非包含上述所有段位，而应根据空气处理的要求选择所需段位并进行科学的排列。可见，认真了解每个段位的结构特点及功能是非常重要的。

1）新、回风混合段，其功能就是把新风和回风（一次回风）在该段内进行混合。通常在新风和回风的入口处设有手动调节阀，如净化空调系统设有自动控制装置时，在新风入口和回风入口处均装设电动调节阀，在过渡季节可增大新风量有利于节能。

2）粗效过滤段，内装板式或袋式粗效过滤器，板式粗效过滤器占用的空间比袋式粗效过滤器的小，可使机组长度缩短，节约机房面积。但在同样的断面风速下，板式粗效过滤器的滤速较大，因而阻力较大。当机房面积不受限制时，作者主张优先选用袋式粗效过滤器。这样，其滤速较小，阻力也较低，有利于系统的设计。有的净化设备公司，把组合式净化空调机组的选型与洁净室的洁净度级别联系起来，这是完全错误的，因为它们二者没有必然联系。经询问开发设备选型软件的技术人员获知：“他们规定洁净度级别高的洁净室选用袋式粗效过滤器，否则，选用板式粗效过滤器”。你想想，这科学吗？难道对于洁净度级别低的洁净室就不可以选用袋式粗效过滤段的机组吗？凡是空调机房面积允许，最好选用袋式粗效过滤段。这样，粗效过滤器也不需要频繁清洗或更换。所以，机组各段位的选型应由设计人员统筹考虑，不应如此教条。

3）加热段，供冬季加热空气或夏季空气再热用。根据加热介质的不同，可选用热水加热器或蒸汽加热器，视具体情况经技术经济比较后也可选用电加热器。

4）表面冷却段，内装表冷器和凝水盘，供夏季对空气进行冷却或冷却去湿用。

5）加湿段，内装加湿器，对于生物洁净室最好选用干饱和蒸汽加湿器，它不会污染空气且加湿量容易控制。若采用水喷雾加湿器，不管是离心式还是超声波式，由于水槽容易滋生细菌，所以在生物洁净室工程中尽量不选用该类加湿段。

6）风机段，内装离心风机。在满足系统要求的前提下，尽量选用低转速的风机。这样，可减小噪声。与一般空调相比，其风量大，风压高。选用弹簧式减振器效果较好，对于医院洁净手术部所用机组，应选用不锈钢风机。

7）灭菌段，内装臭氧发生器或紫外线灭菌灯。臭氧灭菌属环保型灭菌，灭菌效果好。可把机组内、管道系统内及洁净室内的细菌杀灭。而紫外线灭菌只对机组的内表面有灭菌效果，对流动的空气几乎没有什么灭菌效果。臭氧灭菌应在洁净室内无人的状态下进行，否则，对人体的呼吸系统及黏膜有损坏作用。臭氧对有些电子仪器的电路板有氧化作用，这点应引起注意。

8）二次回风段，如果空气处理方案采用二次回风的话可选用此段。

9）中间段，也称过渡段。由于组合式净化空调机组各段位排列顺序不同，有些段之间必须设中间段以供日后检修使用。所以，中间段内不装什么设备，只设置检修门。

10）中效过滤段，通常内装袋式中效过滤器。

11）出风段，有时与中效过滤段合而为一，称为中效出风段。其上留有出风口及调节阀，出风口可设在顶部，也可设在侧面，视具体情况而定。如医院洁净手术部，在其顶部均设置技术夹层，这时可选用侧面开口的出风段，以减少弯头，简化系统。

12）消声段，起消声作用。在净化空调工程中多选用微穿孔板消声器作消声段。之所以把该段放在最后来介绍，是由于作者不主张在机组内设置消声段。因为从消声效果来讲，应在机组的出、入口加装消声段才有效，且消声段应有一定的长度。这样一来，就使组合式净化空调机组的长度增加很多，一般情况下，机房面积不能满足。所以，比较有效的做法是机组内不设消声段，而在送回风管道上设置足够长的消声器。

6.7.2 风机位于表冷器前的利弊分析

在组合式净化空调机组中，风机的位置很重要。位置不同，产生的效果也不同。所以，应对其有深刻的认识，以利于正确排列各段的顺序。当风机位于表冷器前时，如图6-42所示。

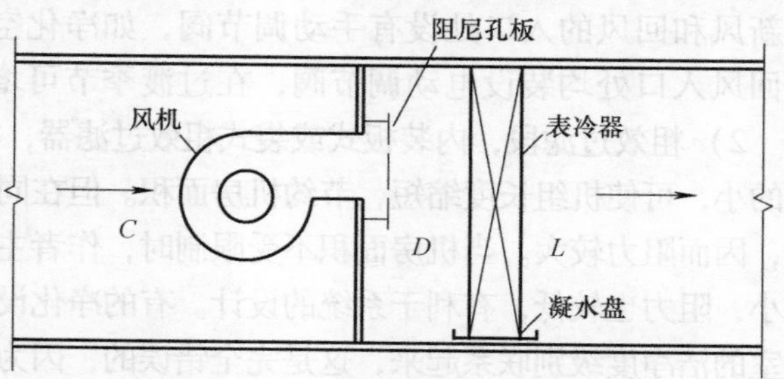

图 6-42 风机位于表冷器前

这种排列顺序的优点是：表冷器处于正压段，冷凝水容易排出，这对于生物洁净室来说是重大的利好，凝水盘内不容易滋生细菌。但其缺点是如果风机出口处未设置阻尼孔板，且未设置均流段或中间段时，风机出口的气流对表冷器的冲刷不均匀，影响热交换的效果。若不采取措施很难引入二次回风。可见，该种排列方式应在风机出口加装阻尼孔板、设置均流段（或中间段）来改变这种冲刷不匀的缺陷。这时，可在中间段内加装臭氧发生器，使中间段变为灭菌段，一举两得。

以一次回风加再热系统为例，当风机置于表冷器前时，由图 6-43 所示可见，表冷器处理的焓差大，再热量也大，因此，能耗也大。若采用该排列顺序，须采取节能措施，如风机的电动机置于机组之外，减小风机温升。但这种方案在实际工程中较难采用。

若想引入二次回风，可在表冷器侧加装旁通调节阀或旁通管来实现。

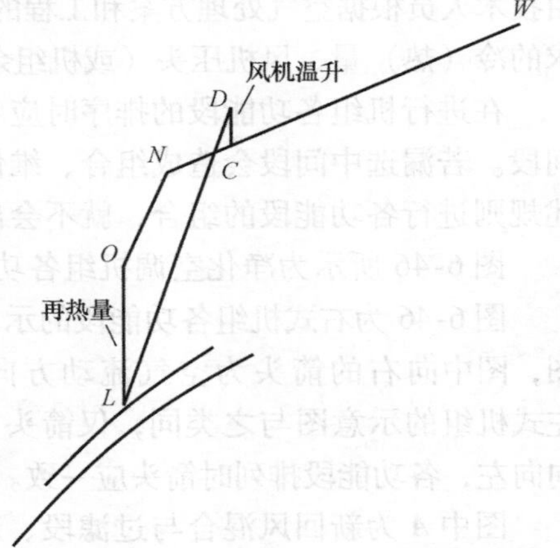

图 6-43　风机位于表冷器前的 $i-d$ 图

6.7.3　风机位于表冷器后的利弊分析

当风机位于表冷器后时，如图 6-44 所示。

这种组合顺序的优点是：气流能均匀冲刷表冷器，热交换效率较高，很容易引入二次回风。从图 6-45 所示可见，风机的发热量可被用作再热的一部分，表冷器处理的焓差较小，比较节能。其缺点是：表冷器处于负压段，凝结水不易排出，容易孳生细菌，这对于生物洁净室来说是非常严重的隐患。

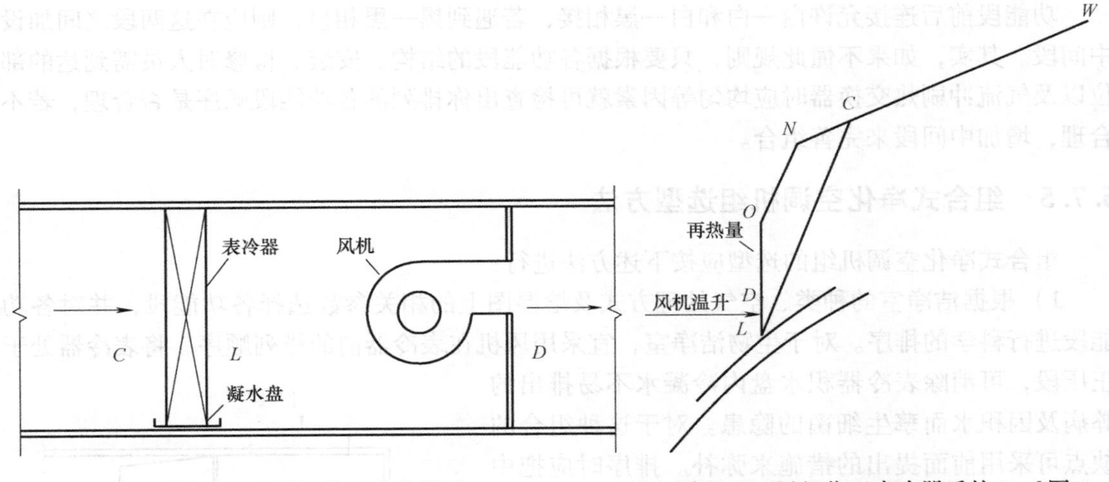

图 6-44　风机位于表冷器后　　图 6-45　风机位于表冷器后的 $i-d$ 图

6.7.4　机组各段的组合顺序由设计人员确定

目前，有些工程设计人员在选择组合式净化空调机组时受限于生产厂家产品样本的组合顺序，以为其组合顺序是不能改变的。常常是依据风量、冷热量、机组余压及所需的功能段来选择机组，对机组的组合顺序不做要求。这样做，虽然也能满足洁净室内大部分参数的要求，但有时会带来隐患和风险。造成这种后果的主要原因是受过去在一般空调的设计中所形成的思维方式影响，而没有考虑到净化空调工程本身的特殊性，这一点应引起设计人员的注意。其实，不管我们是搞产品开发，还是产品选型，对于组合式净化空调机组来说，各段的组合顺序应该由技术人员根据空气处理方案和工程的具体要求来确定。把机组的组合顺序（画图示意）、要求的冷（热）量、风机压头（或机组余压）等技术指标提交给设备厂商进行订货。

在进行机组各功能段的排序时应考虑到日后检修、维护的方便，应在需要的部位加装中间段。若漏选中间段会造成组合、维修时的困难，而多选了中间段又会造成浪费。只要按下述规则进行各功能段的组合，就不会出现组合不当的问题。

图 6-46 所示为净化空调机组各功能段示意图，其组合规则如下：

图 6-46 为右式机组各功能段的示意图，图中向右的箭头为空气流动方向，左式机组的示意图与之类同，仅箭头方向向左，各功能段排列时箭头应一致。

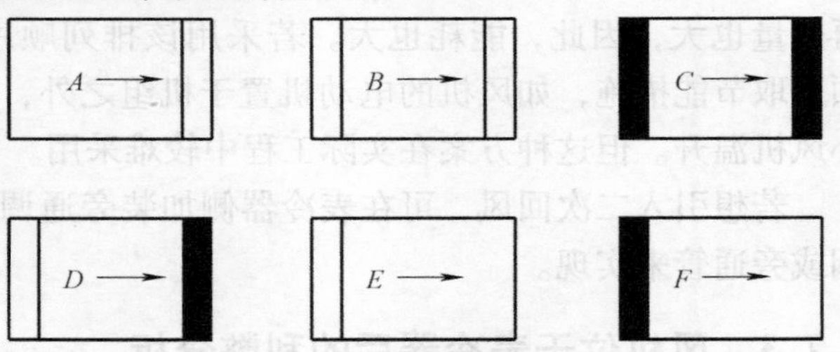

图 6-46　净化空调机组各功能段示意图

图中 *A* 为新回风混合与过滤段、新回风混合段。

图中 *B* 为二次回风段、中间段、均流段、加湿段。

图中 *C* 为粗效过滤段、中效过滤段、表冷段、加热段、消声段。

图中 *D* 为风机段。

图中 *E* 为出风段、风机出风段。

图中 *F* 为中效出风段。

功能段前后连接允许白—白和白—黑相接，若遇到黑—黑相接，则应在这两段之间加设中间段。其实，如果不懂此规则，只要根据各功能段的结构、安装、检修时人员需到达的部位以及气流冲刷热交换器时应均匀等因素就可检查出你排列的各功能段顺序是否合理，若不合理，增加中间段来完善组合。

6.7.5　组合式净化空调机组选型方法

组合式净化空调机组的选型应按下述方法进行：

1）根据洁净室的种类、空气处理方式及焓湿图上的相关参数选择各功能段，并对各功能段进行科学的排序。对于生物洁净室，宜采用风机在表冷器前的排列顺序，将表冷器处于正压段，可消除表冷器积水盘内冷凝水不易排出的弊病及因积水而孳生细菌的隐患。对于这种组合的缺点可采用前面提出的措施来弥补。排序时应把中效过滤器放在正压段，粗效过滤器一般放在负压段。如图 6-47 所示的组合方式在实际工程中经常可以看到，几乎成了各种书籍中推荐的经典组合。

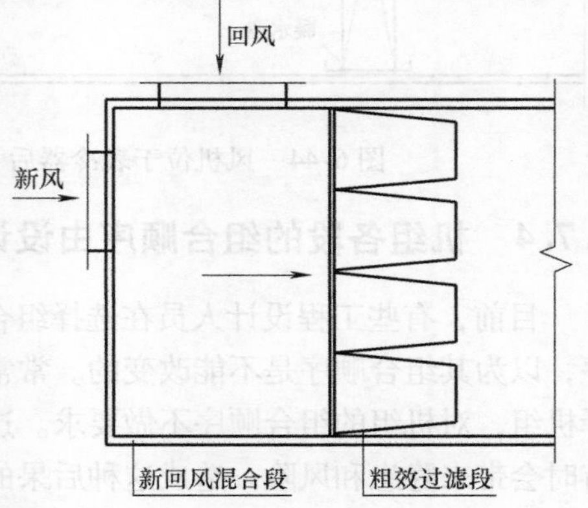

图 6-47　常见的机组组合方式

当新风处理不当时，如只在新风入口装设粗效过滤器（有的只装一层粗效无纺布）。那么，经粗效过滤的新风与回风混合后再经过粗效过滤段过滤，这种组合顺序很显然不科学。因为经粗效过滤的新风含尘浓度很高，而回风含尘浓度略高于洁净室动态级别下的平均浓度，很干净。把二者混合再经过粗效过滤后含尘浓度仍然较高，对热交换器起不到很好的保护作用，而且带入系统的微粒也增多。如果把粗过滤段换成中效过滤段，效果较好。若把新回风混合段放在此中效过滤段的后面，效果更好。也就是新风经入口的粗效过滤器过滤，再经机组内的中效过滤器过滤，然后再与回风混合。所以，把新风经粗效、中效两级过滤或粗效、中效、亚高效三级过滤后再引入组合式净化空调机组是很科学的理念。这么做，初投资增加不多（因为新风量不太大），而长期运行的成本降低不少。但这么做，由于新风通道上阻力增加，与回风通道上的阻力不易平衡。所以，吸入的新风量不易保证，只能在新风通道上增加风机。这样，系统就变得复杂。若新风经两级或三级过滤后再与回风混合，图6-47所示的粗效过滤段就可去掉。

若采用臭氧灭菌段，应放在加湿段的前面，以延长臭氧发生器的寿命。

2）根据机房的设备平面布置图及送、回风管的洞口位置，确定机组的接管方向（左式或右式）。机组接管方向的判断，面对表冷器（或加热器）的进风气流，其进、出水管位于左侧的称为左接管，位于右侧的称为右接管。接管应置于机组的操作面。

3）风机段的选择，该段中风机的参数及质量至关重要，风量与风压裕量不宜太大。随着施工技术的提高，风管的气密性有了很大的提高，故风管系统的漏风系数取下限即可。在选择风机时，风量与压头很难同时满足。在认真进行系统的阻力计算并考虑裕量后，应优先满足压头要求，同时兼顾风量要求，这时有可能风量“稍”小点，这也没有关系。因为计算风量时已考虑了一定的富裕量，且净化空调系统过滤器的终阻力通常是按初阻力的两倍来考虑的，系统运行的实际阻力大多数时间小于计算阻力，所以风机性能曲线与系统的阻力曲线的交点会向右移，这样实际风量会增大。如果风机压头选取太高，会导致噪声增大，风量增大，造成浪费。

在满足要求的前提下，尽可能选择转速小于等于1450r/min的风机，配置弹簧式减振器，这样可大大降低机组噪声。

4）表冷器的选型。最好根据焓湿图上空气处理过程曲线上的相关参数和冷水进口水温等参数进行选型。在工程设计中，有的设计人员图省事直接套用机组样本上的冷量参数来选型，尽管考虑了安全裕量，但这样做多数不能满足空气处理的要求。试想，表冷器排数较少，若增加表冷器的断面面积，其处理冷量会增加。但当湿负荷较大时，能满足处理要求吗？很显然不行。所以，当湿负荷较大时，增加表冷器的排数才可满足其处理要求。

有些生产厂家的机组样本，给出了机组处理的全热量、潜热量参数，可由这两个参数在焓湿图上画出所选机组表冷器处理空气的曲线，若该曲线的斜率不大于所要求的空气处理过程曲线斜率，则所选机组符合要求。

如果机组样本所给参数不全，或冷水温度与机组参数中要求的冷水温度不同时，需进行表冷器选择计算。即使无计算软件，手算也不费事。特别是对于缺乏经验的设计人员，表冷器的选择计算必不可少，表冷器选择计算方法：

① 查焓湿图。由 t_1、ϕ_1 得 i_1，由 t_2、ϕ_2 得 i_2。t_1、t_2 为空气处理前后的干球温度（℃）；ϕ_1、ϕ_2 为空气处理前后的相对湿度（%）；i_1、i_2 为空气处理前后的焓（kJ/kg）。

② 由 $\Delta i = i_1 - i_2$ 初定表冷器排数。

当 $\Delta i \leqslant 21$kJ/kg 时，初定四排。

21kJ/kg $< \Delta i \leqslant 27$kJ/kg 时，初定六排。

$\Delta i > 27\text{kJ/kg}$ 时，初定八排。

由表冷器性能表查得 F_Y、F、f_w，F_Y 为迎风面积（m^2）；F 为总散热面积（m^2）；f_W 为冷媒流通面积（m^2）。

③ 求析湿系数

$$\xi = \frac{i_1 - i_2}{1.01(t_1 - t_2)} \tag{6-1}$$

④ 求迎面风速 V_Y（m/s）

$$V_Y = \frac{L}{F_y \times 3600} \text{ (m/s)} \tag{6-2}$$

式中 L——风量（m^3/h）。

⑤ 求传热系数 $K[\text{W}/(\text{m}^2 \cdot \text{K})]$

水速 ω：$1.0\text{m/s} \leqslant \omega \leqslant 1.8\text{m/s}$

V_y、ξ 已知，利用传热系数公式计算 K。

⑥ 计算所需的冷量 Q(W)

$$Q = L\gamma\ (i_1 - i_2) \times \frac{1000}{3600} \text{ (W)} \tag{6-3}$$

式中 γ——空气密度（kg/m^3）。

⑦ 计算冷水量 W

$$W = f_W \omega \times 3600 \times 1000 \text{ (kg/h)} \tag{6-4}$$

式中 f_W——冷水流通总面积（m^2）；

ω——冷水流速（m/s）。

⑧ 计算冷水终温 $t_{\omega 2}$

$$t_{\omega 2} = t_{\omega 1} + \frac{Q}{CW} \times \frac{3600}{1000} \tag{6-5}$$

式中 $t_{\omega 1}$、$t_{\omega 2}$——冷水初、终温（℃）；

C——水的比热容，$C = 4.187\text{kJ}/(\text{kg} \cdot ℃)$。

⑨ 计算对数平均温差

$$\Delta t_m = \frac{\Delta t_d - \Delta t_x}{\ln \dfrac{\Delta t_d}{\Delta t_x}} \text{ (℃)} \tag{6-6}$$

⑩ 计算所需传热面积

$$F_{需} = \frac{Q}{0.9K\Delta t_m} \text{ (m}^2\text{)} \tag{6-7}$$

⑪ 比较 $F_{实}$ 与 $F_{需}$ 的大小。如 $F_{实} > F_{需}$，则所选表冷器排数符合要求。

⑫ 阻力计算。

总之，只要真正熟悉了机组各功能段的功能，对机组的核心段：风机段、表冷段等有深入的了解，那么，机组的选型就变得轻而易举。最后画出机组各功能段排序图，标出左（右）式，选出机组的型号。对于组合式净化空调机组，同一型号有不同的配置。所以，在设计图纸上不仅要标明型号，还应标明表冷器（加热器）排数，冷（热）量，风机风量与压头（或机组风量与余压），粗、中效过滤器的形式（是板式还是袋式），灭菌方式，加湿方式，甚至要写明风机所配减振器的形式。只有这样，生产厂家才可按照设计人员的要求进行配置。可见，机组选型的主动权在设计人员，不能受厂家所谓“定型”产品制约。否则，很难满足空气处理及工程技术的要求。其实，组合式净化空调机组就不应该有标准配置。

6.8　装配式洁净室

6.8.1　结构及材料

装配式洁净室可看作一种大型的净化设备，其围护结构由不同形式的板材或型材框架结构组成，它的基本结构按一定的模数设计，在工厂预制生产，在使用现场进行拼装。围护结构的材料有：

（1）钢板板壁结构　过去多采用冷轧板压型，表面喷塑处理，现场螺栓连接，钢材耗量大，比较笨重，现在基本不用。

（2）铝型材框架结构　铝型材作框架，5mm 浮法玻璃作围护结构，顶棚用塑料贴面胶合板。这种结构由于棱角太多早已退出市场。

（3）彩钢夹芯复合板结构　由于彩钢夹芯复合板强度较高，不需框架，直接用壁板拼接。可企口连接，也可用工字铝连接（这种连接方式已淘汰），壁板相交的阴阳角都有配套的铝型材做成圆弧角，符合洁净室的要求。因此，这种材料得到广泛的应用。

装配式洁净室一般不带空调冷源，也可做成带空调冷源的结构，还可做成移动式结构。除上面提到的结构用材外，其他能满足洁净室装饰要求的材料均可用作装配式洁净室的围护结构材料。

6.8.2　应用场所及净化效果

装配式洁净室主要用于改造工程及不允许在现场长时间施工的洁净室用户。对于一些精密装配车间，某些工艺需洁净环境，可用移动式洁净室来满足要求。

装配式洁净室可做成垂直单向流，也可做成水平单向流来达到 100 级的洁净度，应用最多的是非单向流装配式洁净室。

随着材料的推陈促新，洁净室的施工变得快捷而简单。如采用彩钢夹芯复合板制作洁净室的施工速度和组装装配式洁净室的速度相差无几，而且制作的洁净室效果和质量要优于装配式洁净室。因此，装配式洁净室的优势越来越弱，其应用受到限制。

第7章　净化空调工程设计及实例之一

本章以制药厂固体制剂车间及医院洁净手术部为例，介绍净化空调设计的方法及程序。希望读者能举一反三，提高洁净室工程的设计水平。只要细心体会，勤于思考，定能达到"以不变应万变"的境界。

7.1　制药厂固体制剂车间净化空调设计

固体制剂包括片剂、颗粒剂、胶囊剂等剂型。生产过程中有些工序散发大量药尘，而有些工序（如压片）对湿度要求较严。所以，该制剂的生产，对洁净度要求不太高，但其净化难度很大，从某种意义上讲，甚至比设计100级的洁净环境还困难，在设计中不可掉以轻心。

7.1.1　药品生产GMP和空气洁净技术

GMP为药品生产质量管理规范（Good Manufacturing Practice）的简称。美国食品药品管理局（FDA）于1962年率先颁布了GMP，到现在全世界已有100多个国家和地区相继实行了GMP制度。中国自1982年由医药工业公司颁行《药品生产管理规范》以后，陆续由卫生部、医药工业公司修订、颁发本部门的GMP。兽药GMP由农业部于1989年颁发，2001年组织了修订工作。国家药品监督管理局组建后，于1999年6月18日颁发了《药品生产质量管理规范》（1998年修订），并于1999年8月1日起实施；在2010年又颁发了《药品生产质量管理规范》（2010年修订），自2011年3月1日起实施。

GMP是指从厂区环境、厂房设施、工艺设备、生产过程、质量管理、包装材料、仓储环境及标签管理直至管理人员、生产人员素质的一套保证药品质量的管理体系。GMP的目的是为了防止药品生产中的混批、混杂、污染及交叉污染，以确保药品的质量。可见，这套管理体系是一项系统工程，任何一个环节出现问题都会影响药品质量。因此，在做制药车间的净化空调设计时，应认真学习和体会GMP。

空气洁净技术在GMP这套管理体系中起着非常重要的作用，如果这一环节控制不好，再好的生产工艺、再好的生产管理也很难确保药品的质量。因为，在药品的生产过程中，会产生各种各样的污染物（如药尘、有害气体等）。而生产人员也会散发菌、尘等污染物，室内壁面、设备也会散发污染物，室外空气中的污染也会影响室内。如此多的污染物，若不加以控制，要保证药品质量就成为一句空话。所以，只有采用空气洁净技术，对这些污染物进行有效的控制，使药品生产环境达到要求的洁净度，才有可能生产出合格的药品。生产出真正合格的药品，还需其他环节的有效配合。因此，空气洁净技术是实施GMP的必要条件。

空气洁净技术也是一项系统工程，需多学科、多专业的有机配合，才能达到控制污染的目的。净化空调系统只是空气洁净技术控制污染的一个主要部分。净化空调技术人员应成为一个多面手，在洁净室的建造中应起主要的作用，这是其他专业人员不可替代的。因此，在制药车间的设计中，应从整体考虑污染控制措施（包括人流、物流、人净、物净、壁板材料、地面材料、密封、排尘、控尘及气流组织等）。

7.1.2　工程概况

某固体制剂车间，单层框架结构、300mm 厚加气混凝土砌块墙体，洁净区无外窗，层高 5.2m，室内外高差为 0.45m，内围护结构选用彩钢岩棉夹芯复合板，厚度为 50mm。车间尺寸及房间功能如图 7-1 所示。各房间温度：18～26℃，相对湿度：45%～65%，洁净度级别：30 万级，总混间吊顶标高为 2.8m，制粒干燥间、辅机间的吊顶标高为 3.0m，其他洁净室的标高均为 2.6m，其他参数要求参见《药品生产质量管理规范》及其附录。

主要气象参数：

夏季：

大气压	91.92kPa
空调室外日平均计算温度	26.1℃
空调室外计算干球温度	31.2℃
空调室外计算湿球温度	23.4℃
最热月月平均室外计算相对湿度	72%
室外平均风速	2.1m/s

冬季：

大气压	93.29kPa
空调室外计算干球温度	−15℃
空调室外计算相对湿度	51%
室外平均风速	2.6m/s

7.1.3　设计需收集的资料

1. 行业规范及规定

《药品生产质量管理规范》（2010 年修订）及其附录。

《洁净厂房设计规范》（GB 50073—2001）。

《洁净室施工及验收规范》（GB 50591—2010）。

《医药工业洁净厂房设计规范》（GB 50457—2008）。

主管部门有关 GMP 认证的要求及规定等。

2. 生产工艺及要求（最好去企业调研收集）

同样是固体制剂，不同的药品其生产环境的要求并不相同，设计人员应与生产企业的工艺人员进行沟通，获得第一手资料。

该车间生产片剂、胶囊剂及颗粒剂三种剂型，散发药尘的工序及特点：

（1）粉碎、过筛　对原辅料进行粉碎及过筛，这两项工序设在同一间洁净室内，粉碎机产尘较大，产尘点主要在出料口，加料口处只有在加料时才产尘。振动筛的产尘点主要在加料口处。

（2）称量、配料　称量时散发药尘。若采用混合机配料制软膏，产尘较大。

（3）制粒、干燥、整粒　这三道工序通常设在一间洁净室内。若采用湿法制粒机制粒，只在加料时散发粉尘。若用流化床干燥机干燥颗粒，出料时散发的粉尘多，该设备应选用不锈钢材质的加热器。否则，应在加热器后增加亚高效过滤器。流化床干燥机排气须经过滤处理才能排入大气。整粒机的产尘主要在加料口。

(4) 压片　有些压片机带有除尘装置，但加料口的产尘不容忽视。压片间需保持相对负压。

(5) 铝塑包装　产尘不大，但PVC加热后散发有害气体。

(6) 胶囊充填　产尘，该间需保持相对负压。

7.1.4　热湿负荷计算

由于洁净区内无外窗，负荷计算变得简单。紧贴土建外墙的洁净室，在日射和室外气温的共同作用下，由外墙瞬变传热引起的逐时冷负荷均可按式（5-1）计算，即 $CL = FK(t_{\rm ln} - t_{\rm n})$。

由于有吊顶夹层，屋顶的瞬变传热引起的冷负荷可不必计算，只需计算相当于非空调房间的吊顶夹层对洁净室传热而产生的冷负荷，计算方法如下：

当洁净室与邻室的夏季温差大于3℃时，通过内墙、楼板传热引起的冷负荷可按式（5-4）计算，即 $CL = KF(t_{\rm ls} - t_{\rm n})$。

对于室内热源散热形成的冷负荷及潜热负荷的计算参见本书“5.4.1　空调负荷计算”。

7.1.5　风量计算

根据图7-1及工程概况中的有关参数参阅本书“5.4.2　送风量的计算方法”、“5.4.3　新风量的计算步骤”、“5.4.4　回风量的计算方法”。计算出的风量见表7-1。

表7-1　各洁净室的风量

洁净室名称	送风量 /(m^3/h)	回风量 /(m^3/h)	排风量 /(m^3/h)	洁净室名称	送风量 /(m^3/h)	回风量 /(m^3/h)	排风量 /(m^3/h)
男一更	430	390		收料称量	610	560	
男二更	240	220		前室	430	400	
女一更	440	400		粉碎过筛	800	820	
女二更	260	240		称量配料间	610	600	
安全通道	400	360		总混间	1500	1460	
洗涤间	380	330		制粒干燥间	3380	3190	
器具存放间	410	380		辅机间	630		810
内包材间	410	380		打浆间	450	170	280
缓冲	200	180		中转间	1500	1470	
化验室	560	450		不合格品存放间	360	350	
洁具间	260	250		包衣造粒	420	410	
胶囊充填间	800	810①		压片室	510	220	300
前室	220	190		前室	230	200	
胶囊壳存放间	340	320		袋包装间	510	490	
除尘间	260	280		铝塑包装	820	410	400
传递通道	200	150		洁净走廊	2320	2020	

①表示该室回风通过净化除尘器处理后才进入回风管。

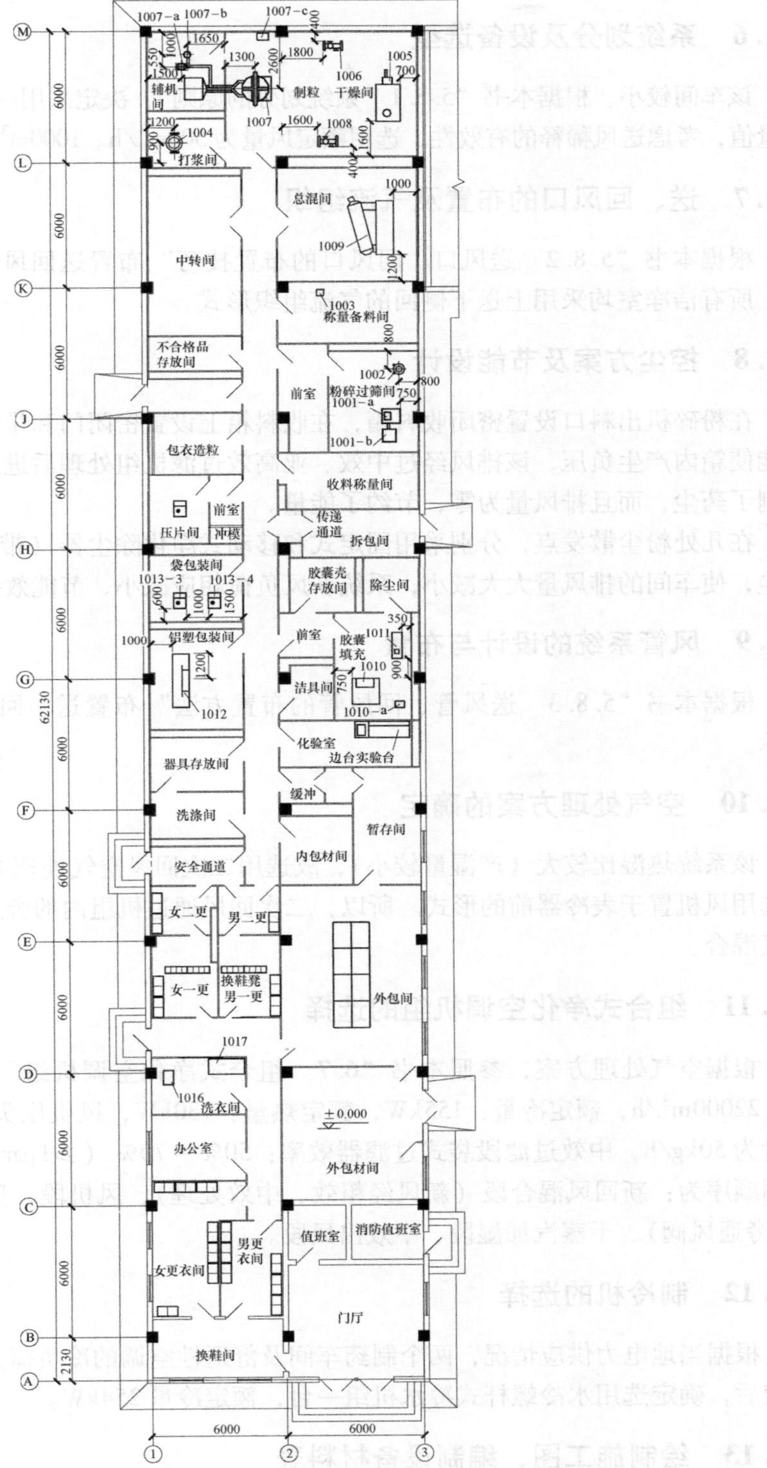

图 7-1　车间工艺布置平面图

7.1.6 系统划分及设备选型

该车间较小，根据本书“5.5.1 系统划分的原则”，决定采用一个系统。参照各洁净室的风量值，考虑送风稀释的有效性，选用额定风量为500m^3/h、1000m^3/h 的高效过滤器送风口。

7.1.7 送、回风口的布置及气流组织

根据本书“5.8.2 送风口、回风口的布置技巧”布置送回风口，如图 7-2、图 7-3 所示。所有洁净室均采用上送下侧回的气流组织形式。

7.1.8 控尘方案及节能设计

在粉碎机出料口设置密闭收料箱，在收料箱上设置密闭门和排风口，只要很小的排风量就能使箱内产生负压，该排风经过中效、亚高效过滤机组处理后进入回风系统。不但很好地控制了药尘，而且排风量为零，节约了能量。

在几处粉尘散发点，分别采用固定式和移动式净化除尘器（带有亚高效过滤器）捕尘、除尘，使车间的排风量大大减小，系统新风负荷相应减小，节能效果显著。

7.1.9 风管系统的设计与布置

根据本书“5.8.3 送风管、回风管的布置方法”布置送、回风管，如图 7-4、图 7-5 所示。

7.1.10 空气处理方案的确定

该系统热湿比较大（产湿量较小），故选用二次回风空气处理方案。组合式净化空调机组选用风机置于表冷器前的形式。所以，二次回风通过机组内的旁通阀与经表冷器处理后的空气混合。

7.1.11 组合式净化空调机组的选择

根据空气处理方案，参照本书“6.7 组合式净化空调机组”进行选择。机组额定风量：22000m^3/h，额定冷量：155kW，额定热量：130kW，风机压头 1500Pa，蒸汽加湿器加湿量为 50kg/h，中效过滤段袋式过滤器效率：50% ~70%（≥1μm）、初阻力≤80Pa。段位排列顺序为：新回风混合段（新风经粗效、中效处理）、风机段、臭氧灭菌段、表冷加热段（带旁通风阀）、干蒸汽加湿段、中效出风段。

7.1.12 制冷机的选择

根据当地电力供应情况，两个制药车间及舒适性空调的冷负荷大小等因素进行技术经济比较后，确定选用水冷螺杆式冷水机组一台，额定冷量 254kW。

7.1.13 绘制施工图、编制设备材料表

制药车间的净化空调设计应提交的主要图纸如下（限于篇幅，只绘出部分图）：

车间送风口平面布置图（如图 7-2 所示）。

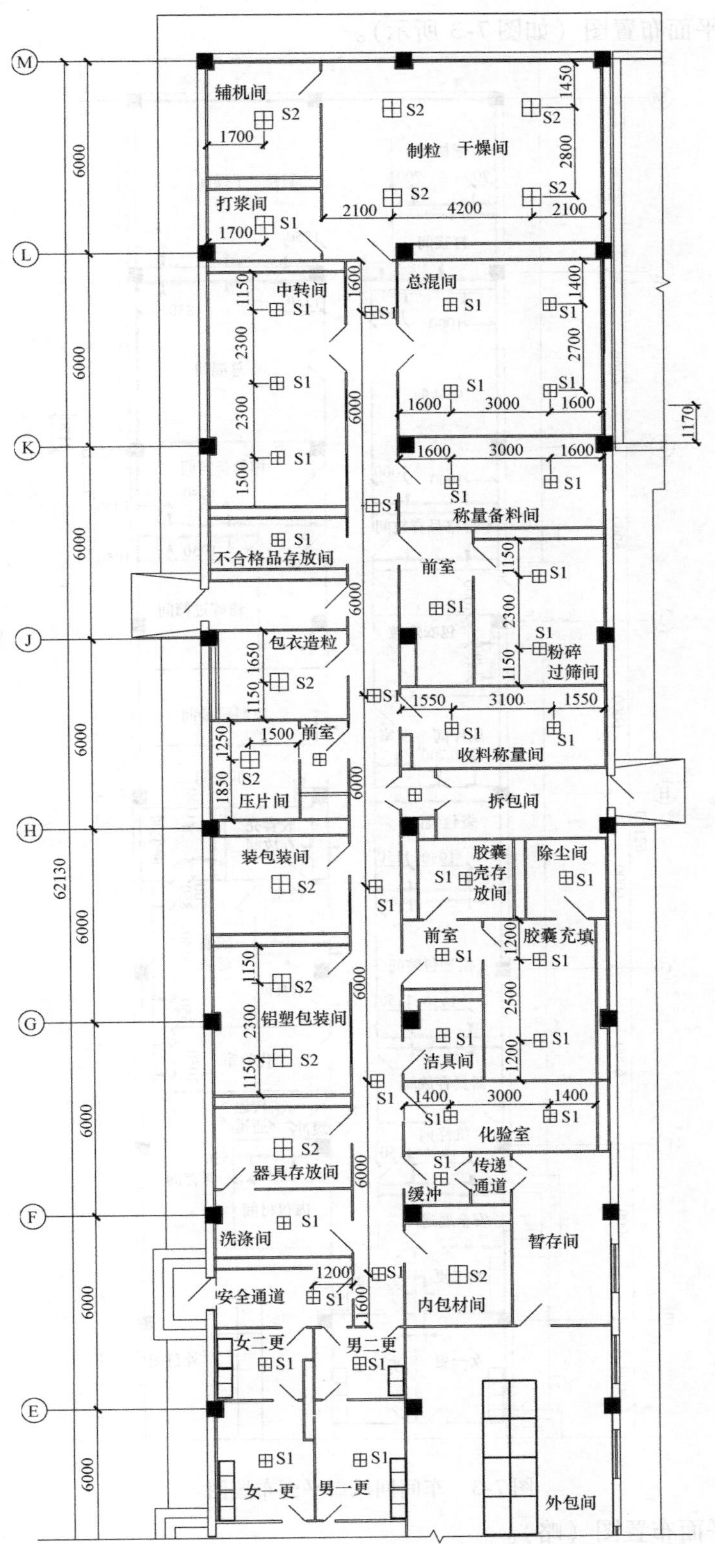

图 7-2　车间送风口平面布置图

车间回风口平面布置图（如图 7-3 所示）。

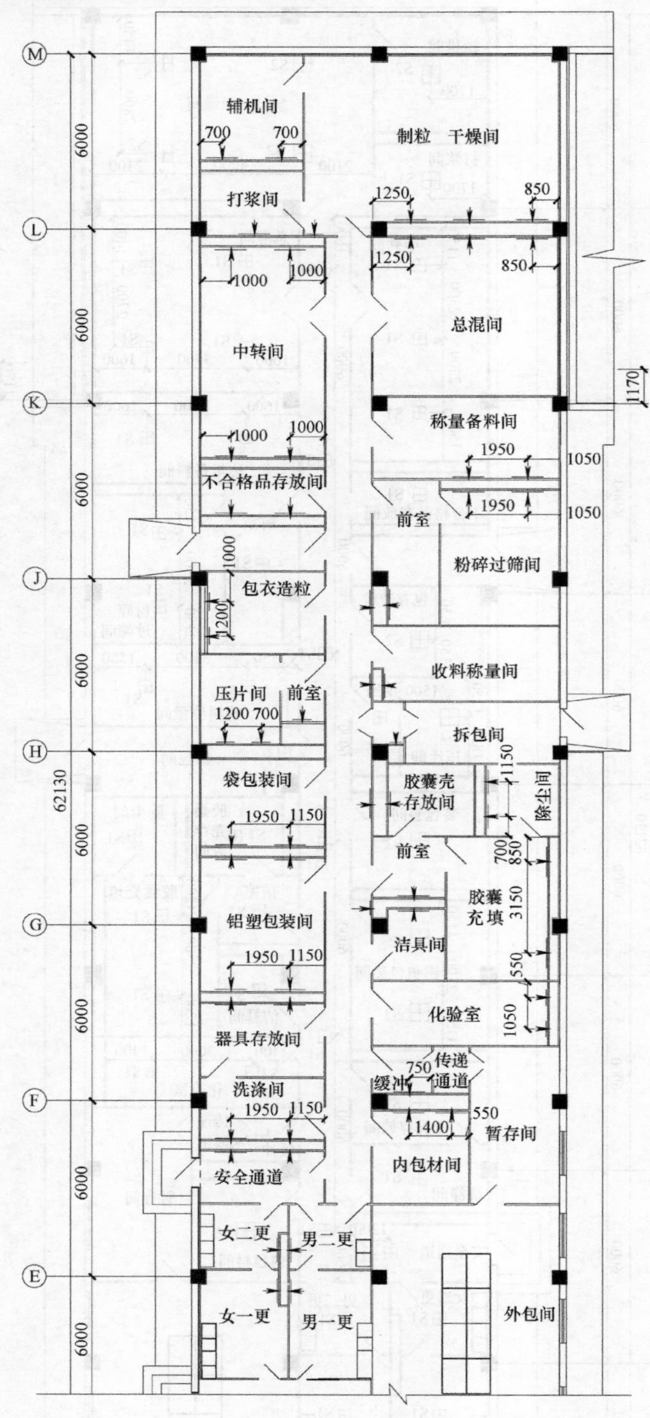

图 7-3　车间回风口平面布置图

车间排风口平面布置图（略）。

车间送风管道平面图（如图 7-4 所示）。

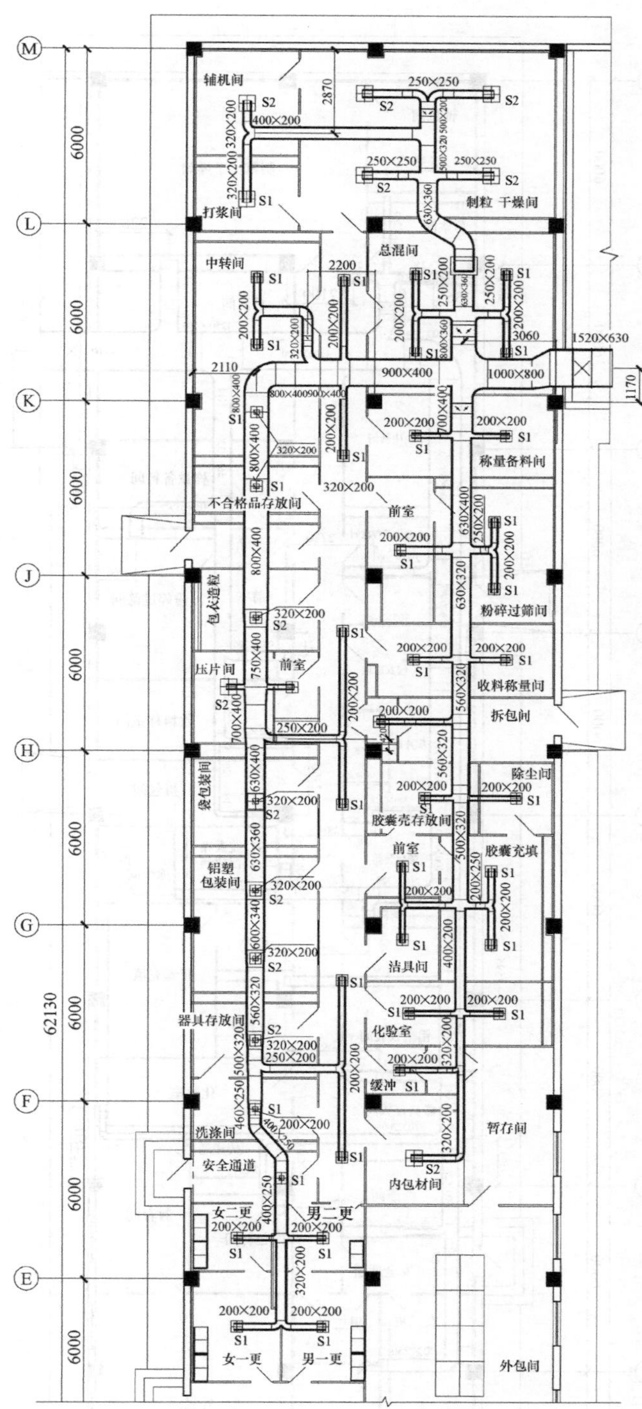

图7-4 车间送风管道平面图

车间回风管道平面图（如图7-5所示）。

车间排风系统平面图（略）。

机房设备平面布置图（如图5-43所示）。

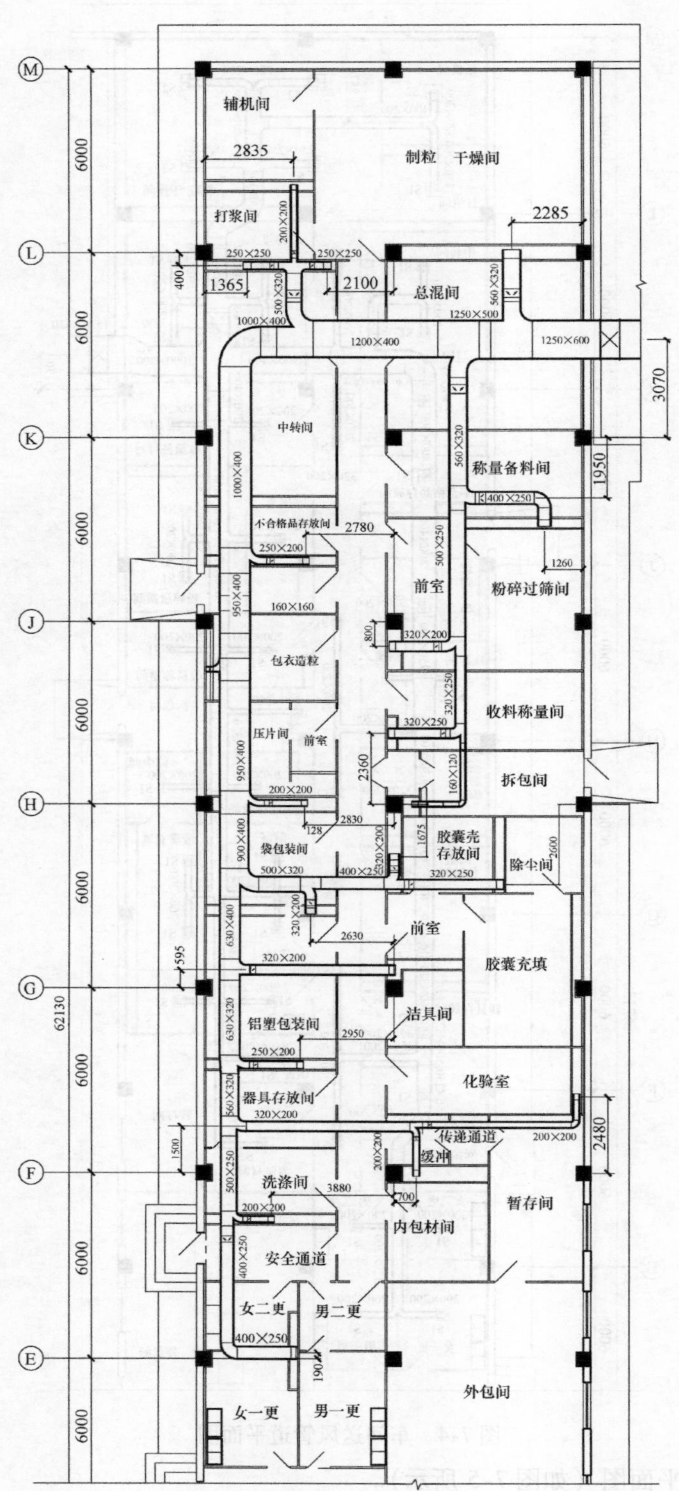

图 7-5　车间回风管道平面图

机房风管设备平面布置图（如图 5-44、图 5-45 所示）。

机房水管设备平面布置图（略）。

制冷水系统流程图（略）。

必要的剖面图及大样图（如图 5-47 所示）。

主要设备材料表（略）。

7.2　医院洁净手术部净化空调设计

医院洁净手术部的作用，是能有效地阻止室外污染物侵入室内，同时应能迅速有效地排除室内所产生的菌、尘污染，防止污染扩散以降低手术感染率，促进病人早日康复。

7.2.1　工程概况

本实例为某医院门诊综合楼洁净手术部的净化空调设计。

1）图 7-6 为洁净手术部建筑平面图，洁净手术部用房技术指标参见《医院洁净手术部建筑技术规范》（GB 50333—2002）。

2）门诊综合楼为框架结构、300mm 厚加气混凝土砌块墙体，无外窗。洁净手术室内围护结构选用彩钢岩棉夹芯复合板，厚度为 50mm，手术部设在门诊综合楼的三层，建筑层高 5.2m。技术设备层设在手术部的上一层，层高为 2.2m。

3）洁净手术部共有手术室 16 间，各手术室等级见表 7-2。

表 7-2　各手术室等级

手术室编号	OR1	OR2	OR3	OR4	OR5	OR6	OR7	OR8
手术室等级	Ⅱ级	Ⅱ级	Ⅱ级	Ⅱ级	Ⅲ级	Ⅲ级	Ⅲ级	Ⅲ级
手术室编号	OR9	OR10	OR11	OR12	OR13	OR14	OR15	OR16
手术室等级	Ⅲ级	Ⅲ级	Ⅲ级	Ⅲ级	Ⅲ级	Ⅰ级	Ⅲ级	Ⅲ级

4）主要气象资料

夏季：

大气压	100.45kPa
空调室外日平均计算温度	30.1℃
空调室外计算干球温度	33.5℃
空调室外计算湿球温度	27.7℃
最热月月平均室外计算相对湿度	83%
室外平均风速	1.8m/s

冬季：

大气压	101.95kPa
空调室外计算干球温度	5℃
空调室外计算相对湿度	70%
室外平均风速	2.4m/s

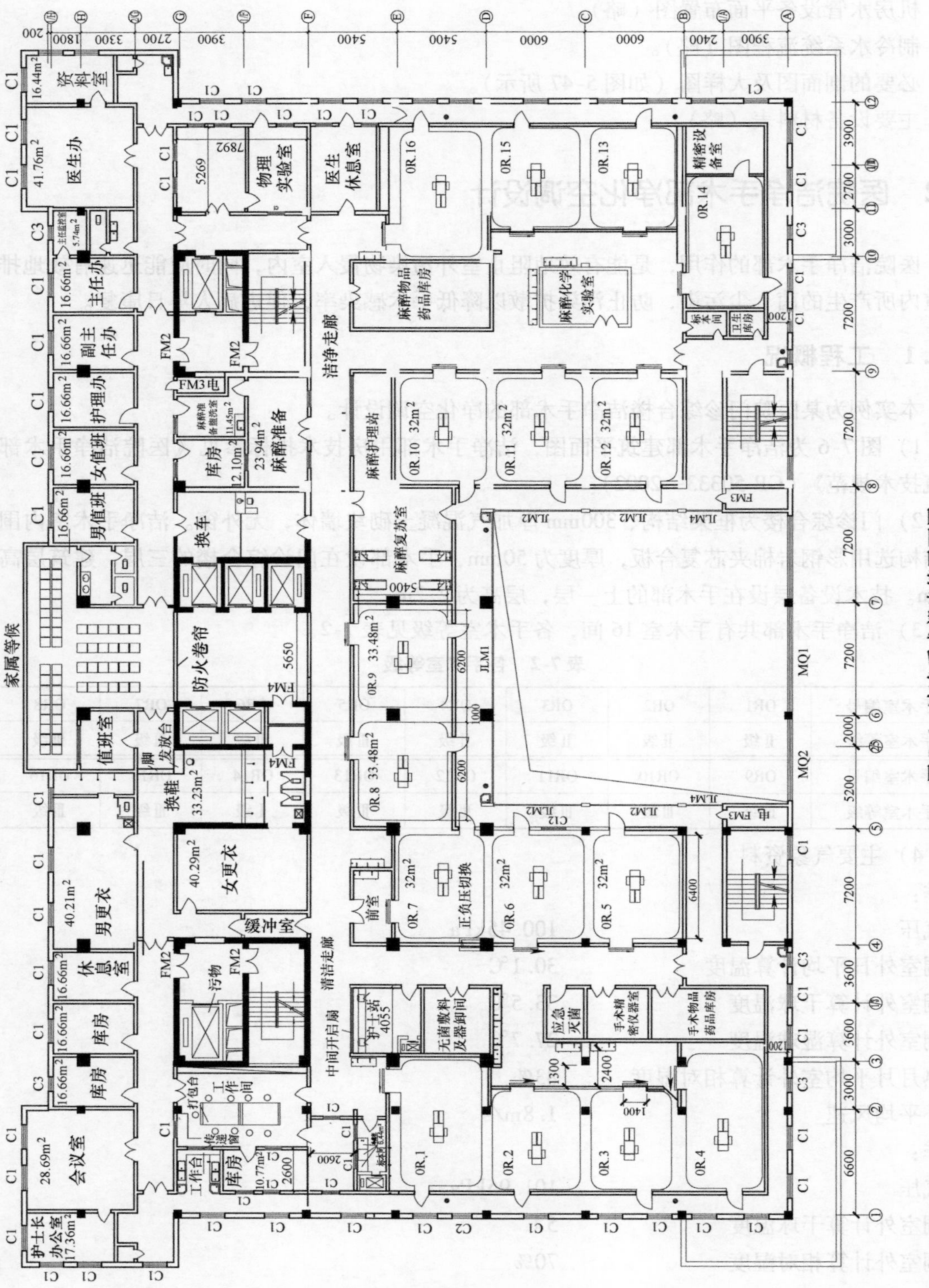

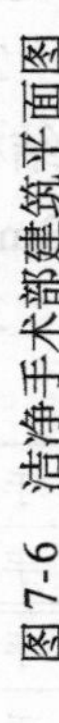

图 7-6 洁净手术部建筑平面图

5）其他资料。医院有 0.8MPa 的饱和蒸汽热源可供使用。

7.2.2 需收集的资料

1）《医院洁净手术部建筑技术规范》（GB 50333—2002）
2）《综合医院建筑设计规范》（JGJ 49—1998）
3）《洁净室施工及验收规范》（GB 50591—2010）
4）《洁净厂房设计规范》（GB 50073—2001）
5）《通风与空调工程施工质量验收规范》（GB 50243—2002）
6）《采暖通风与空气调节设计规范》（GB 50019—2003）
7）《高层民用建筑设计防火规范》（GB 50045—2001）

7.2.3 热湿负荷计算

1. 计算模型

医院洁净手术室的围护结构参见图 5-1。洁净手术室一般不靠外墙布置，大多是在土建围护结构内设置内衬小室。根据其室内的装饰要求，内衬小室可由多种材料建造。常用的材料有：钢制龙骨框架和电解钢板组成的结构，电解钢板表面喷涂抗菌涂料，背面粘贴保温材料；彩钢夹芯复合板。

本设计实例，采用彩钢岩棉夹芯复合板，厚度为 50mm。所以，手术室的外形只能采用四角形结构。（参见参考文献［2］，7.1.4 洁净手术室的形状）

2. 空调负荷计算

空调负荷由围护结构负荷、人体负荷、照明负荷、设备负荷及散湿负荷等几部分组成。

（1）空调冷负荷的计算

1）围护结构传热形成的冷负荷。由图 7-6 及本书“5.4.1 空调负荷计算”可知，该手术室（内衬小室）的围护结构属内围护结构，冷负荷计算可以按稳态传热考虑。用下式计算围护结构传热形成的冷负荷。

$$CL_1 = KF(t_{ls} - t_n) \tag{7-1}$$

式中 CL_1——内围护结构传热形成的冷负荷（W）；
K——内围护结构的传热系数［W/(m^2·℃)］；
F——内围护结构的传热面积（m^2）；
t_n——手术室夏季空调室内计算温度（℃）；
t_{ls}——邻室计算平均温度（℃）。

洁净手术室的邻室一般为走廊、技术夹道、洗手间、吊顶夹层或其他手术室等。其中的非空调房间可以认为是散热量小于 23W/m^3 的房间。可用下式计算 t_{ls}（查表 5-1）：

$$t_{ls} = t_{wp} + 3 \tag{7-2}$$

式中 t_{wp}——夏季空调室外计算日平均温度（℃）。

内围护结构的传热系数 K［W/(m^2·℃)］由下式计算：

$$K = 1/(1/\alpha_n + \sum \delta/\lambda + 1/\alpha_w) \tag{7-3}$$

式中 α_n ——围护结构内表面换热系数［W/(m^2·℃)］；

α_w ——围护结构外表面换热系数［W/(m^2·℃)］；

δ ——围护结构各层材料的厚度（m）；

λ ——维护结构各层材料的热导率［W/(m·℃)］。

内衬小室彩钢夹芯复合板的外表面面向其他相邻房间，故 $\alpha_n=\alpha_w=8.7$［W/(m^2·℃)］，$\delta=0.05$m，$\lambda=0.046$W/(m·℃)（岩棉）。

彩钢夹芯复合板的传热系数

$K=1/(1/\alpha_n+\sum\delta/\lambda+1/\alpha_w)$

$=1/(1/8.7+0.05/0.046+1/8.7)$（忽略两侧彩钢板的热阻，参见"5.4.1 空调负荷计算"）

$=0.76$［W/(m^2·℃)］

根据式（7-1），可算出各洁净室围护结构传热形成的冷负荷。

2）人体散热形成的冷负荷。手术室内人员数量及活动规律较难掌握，为简化计算，可用下式计算人体散热形成的冷负荷（可以不考虑人体散热冷负荷系数）：

$$CL_2=nq$$

式中 CL_2 ——人体散热形成的冷负荷（W）；

n ——手术室内人数，对于特大手术室，不超过12人；对于大手术室，不超过10人；对于中手术室，不超过8人；对于小手术室，不超过6人；

q ——每人平均散热量（按轻劳动强度考虑，查表5-2），取70W/人。

3）照明形成的冷负荷[7]。《医院洁净手术部建筑技术规范》（GB 50333—2002）推荐手术室照度为350（lx）。若采用荧光灯作为泛光照明，不计手术灯集中照明，耗电量约为20W/m^2。若手术室泛光照明不考虑同时使用系数的折减，又因为荧光灯为暗装且灯罩上无孔，所以，照明设施形成的冷负荷以20×0.8＝16（W/m^2）计。即

$$CL_3=16F \tag{7-4}$$

式中 CL_3 ——泛光照明形成的冷负荷（W）；

F ——手术室净面积（m^2）。

4）设备散热形成的冷负荷[7]。手术室内用电设备包括无影灯、电力呼吸机、麻醉机、人工心肺机、心脏监护仪、电动手术台等，数量较多，种类复杂，使用频度差异较大，应由手术室医护人员提出手术器械的配置后详细计算。若无详细资料，可按70W/m^{2}估算。即

$$CL_4=70F \tag{7-5}$$

式中 CL_4 ——手术室内设备散热形成的冷负荷（W）；

F ——手术室净面积（m^2）。

5）散湿负荷。手术室内散湿量主要来自人员的散湿量和湿表面的散湿量，人员的散湿量

$$W_1=nw/1000$$

式中 W_1——人体的散湿量（kg/h）；

n——手术室内人数；

w——每人平均散湿量（按轻劳动强度考虑，查表5-2），取167g/(h·人)，由此散湿量形成的潜热冷负荷为112W/人。

手术室内湿表面的大小因手术种类而异，通常取0.7m^2的湿表面，湿表面温度取40℃，$\phi=50\%$，湿表面散湿量$W_2=1.022kg/h$，该项散湿量形成的冷负荷为685W。

手术室内散湿量

$$W=W_1+W_2 \tag{7-6}$$

手术室内由于散湿而形成的冷负荷为[7]

$$CL_5=112n+685 \tag{7-7}$$

式中 CL_5——手术室内由于散湿而形成的冷负荷（W）；

n——手术室内人数。

6）手术室内空调冷负荷CL：

$$CL=CL_1+CL_2+CL_3+CL_4+CL_5 \tag{7-8}$$

夏季热湿比 $\varepsilon=CL/W$

（2）空调热负荷的计算 手术室内衬小室的围护结构属内围护结构，可只计算基本耗热量。

$$HL=\alpha FK(t_n-t_{wn}) \tag{7-9}$$

式中 HL——内围护结构的基本耗热量（W）；

F——内围护结构的传热面积（m^2）；

K——内围护结构的传热系数[W/(m^2·℃)]；

t_n——手术室冬季空调室内计算温度（℃）；

t_{wn}——室外计算温度（℃）；按围护结构的类型查《采暖通风与空气调节设计规范》（GB 50019—2003）中表4.1.9，当已知或可求出冷侧温度时，t_{wn}一项可直接用冷侧温度代入，不再进行α值修正；

α——围护结构温差修正系数；查《采暖通风与空气调节设计规范》（GB 50019—2003）中的表4.1.8-1，本例取$\alpha=0.4$。

手术室内人员、照明、设备等散热量不予考虑，可作为安全余量。

冬季热湿比 $\varepsilon=-HL/W$

手术室内散湿量的计算同前。

（3）新风负荷的计算

1）系统新风量Q_x的计算。每间手术室的新风量应按下列要求确定，并取其最大值：

① 按新风换气次数确定新风量Q_1，Ⅰ、Ⅱ级手术室为6次/h，Ⅲ、Ⅳ级手术室、预麻醉室和恢复室为4次/h，其余辅助用房为3次/h，产科手术为全新风。

② 人员呼吸所需确定新风Q_2，每人每小时新风量为60m^3[准备室为30m^3/(h·人)]。

③ 补偿室内的排风并能保持室内正压所需的新风量Q_3。

④ 手术室新风量的最小值Q_4，Ⅰ级手术室为1000m^3/h（眼科专用800m^3/h）；Ⅱ、Ⅲ级手术室为800m^3/h；Ⅳ级手术室为600m^3/h。

每间手术室的新风量 $Q_{xi}=\max\{Q_1,Q_2,Q_3,Q_4\}$ (7-10)

对于Ⅰ、Ⅱ级洁净手术室应每间采用独立的净化空调系统，若系统新风漏风量为 Q_x'，则系统新风量

$$Q_x=Q_{xi}+Q'_x \tag{7-11}$$

对于Ⅲ、Ⅳ级洁净手术室可2~3间合用一个净化空调系统，则系统新风量

$$Q_x=\sum Q_{xi}+Q'_x \tag{7-12}$$

新风集中供应时，新风机组处理的新风量等于其所负担的各净化空调机组的新风量之和再加上新风漏风量。

2）新风负荷

$$CL_x=Q_x(h_w-h_n)\rho/3.6\ (\mathrm{W}) \tag{7-13}$$

式中　Q_x——系统新风量（m^3/h）；

h_w——室外空气的焓（kJ/kg）；

h_n——室内空气的焓（kJ/kg）；

ρ——空气的密度（kg/m^3）。

根据上述计算方法，把各洁净手术室及辅助间的热湿负荷分别算出列入表7-3、表7-4，供设备选型时采用。

各洁净辅助用房夏季冷负荷、湿负荷计算表略。

表7-3　各洁净手术室夏季冷负荷计算表

手术室编号	围护结构	新风负荷		人体负荷		散湿负荷以0.7m² 计	照明及用电设备	负荷汇总	单位面积冷负荷
	W	m³/h	W	个	W	W	W	W	W/m²
OR1	1387.4	800	10344	10	1820	685	3242.2	17478.6	463.6
OR2	1140.8	800	10344	8	1456	685	2666.0	16291.8	525.5
OR3	1096.6	800	10344	8	1456	685	2562.8	16144.4	541.8
OR4	1383.7	800	10344	10	1820	685	3233.6	17466.3	464.5
OR5	1177.6	800	10344	8	1456	685	2752.0	16414.6	513.0
OR6	1177.6	800	10344	8	1456	685	2752.0	16414.6	513.0
OR7	1177.6	800	10344	8	1456	685	2752.0	16414.6	513.0
OR8	1185.0	800	10344	8	1456	685	2769.2	16439.2	510.5
OR9	1185.0	800	10344	8	1456	685	2769.2	16439.2	510.5
OR10	1177.6	800	10344	8	1456	685	2752.0	16414.6	513.0
OR11	1177.6	800	10344	8	1456	685	2752.0	16414.6	513.0
OR12	1177.6	800	10344	8	1456	685	2752.0	16414.6	513.0
OR13	1096.6	800	10344	8	1456	685	2562.8	16144.4	541.8
OR14	1383.7	1000	12930	10	1820	685	3233.6	20052.3	533.3
OR15	1140.8	800	10344	8	1456	685	2666.0	16291.8	525.5
OR16	1387.4	800	10344	10	1820	685	3242.2	17478.6	463.6

表 7-4　各洁净手术室夏季湿负荷及 ε 计算表

手术室编号	湿表面负荷	人体湿负荷		湿负荷汇总	冷负荷（新风负荷除外）	ε
	g/h	人数	g/h	g/h	W	kJ/kg
OR1	1022	10	1670	2692	7134.6	9541
OR2	1022	8	1336	2358	5947.8	9081
OR3	1022	8	1336	2358	5800.4	8856
OR4	1022	10	1670	2692	7122.3	9525
OR5	1022	8	1336	2358	6070.6	9268
OR6	1022	8	1336	2358	6070.6	9268
OR7	1022	8	1336	2358	6070.6	9268
OR8	1022	8	1336	2358	6095.2	9306
OR9	1022	8	1336	2358	6095.2	9306
OR10	1022	8	1336	2358	6070.6	9268
OR11	1022	8	1336	2358	6070.6	9268
OR12	1022	8	1336	2358	6070.6	9268
OR13	1022	8	1336	2358	5800.4	8856
OR14	1022	10	1670	2692	7122.3	9525
OR15	1022	8	1336	2358	5947.8	9081
OR16	1022	10	1670	2692	7134.6	9541

7.2.4　风量计算

1. 送风量的计算

洁净手术室的送风量与手术室的等级、手术室的面积、手术室的净高等因素有关。对于Ⅰ、Ⅱ、Ⅲ级洁净手术室，要求送风口集中布置于手术台的上方，使包括手术台的一定区域处于洁净气流的主流区内。

对于Ⅰ级洁净手术室，送风面积 F 不应小于 6.24m² （2.4m×2.6m），手术区手术台工作面高度截面平均风速为 0.25～0.30m/s，由于局部百级送风气流的引带作用，所以送风速度 v 应大于上述平均风速，设计时送风速度可取 0.44～0.48m/s。洁净手术室的净高宜为 2.8～3.0m，净高增加，送风速度也应增大（但不应大于 0.5m/s）。在设计中应根据手术室净高酌情选取合适的送风速度，以保证手术台工作面高度截面平均风速为 0.25～0.30m/s。

手术室的送风量为

$$Q = vF \ (\mathrm{m^3/h}) \tag{7-14}$$

对于Ⅱ、Ⅲ级洁净手术室，送风面积 F 分别不应小于 4.68m² （1.8m×2.6m）、3.64m² （1.4m×2.6m），换气次数 n 分别为 30～36 次/h、18～22 次/h。

手术室的送风量为

$$Q = nV \ (\mathrm{m^3/h}) \tag{7-15}$$

式中　V——手术室净体积。

在一般情况下，根据上述方法计算出的送风量即可满足要求。但当手术室面积较大时，须进行校核计算。

校核计算可按本书“5.4.7　洁净度校核计算”中的公式进行。

对于Ⅰ、Ⅱ、Ⅲ级洁净手术室，计算出的主流区内含尘浓度 N_a 应分别满足100级、1000级、10000级的含尘浓度的要求；计算出的涡流区内含尘浓度 N_b 应分别满足1000级、10000级、100000级的含尘浓度的要求。有的Ⅰ级手术室面积较大，若 N_b 超标，可适当调高送风速度（但不应大于0.5m/s）再校核，若还不满足要求，可加大送风天花的面积（但不能超过规定面积的1.2倍）再校核，直至满足要求为止。

对于Ⅳ级洁净手术室及洁净辅助用房，高效送风口按本书“5.8.2　送风口、回风口的布置技巧”中的技巧进行布置。换气次数 n 可查阅《医院洁净手术部建筑技术规范》（GB 50333—2002）中的表4.0.1。

Ⅳ级洁净手术室及洁净辅助用房的送风量为

$$Q = nV \ (\mathrm{m^3/h})$$

式中　V——手术室、辅助用房的净体积。

2. 回风量的计算

各洁净室回风量可通过空气平衡关系来计算，即：送风量等于回风量加上出风量（排风量加正压渗透风量）。

3. 排风量的计算

根据规范要求，每间手术室的排风量不宜低于200m³/h，其他辅助用房的排风根据其使用性质及排风方式来确定（计算方法同一般生物洁净室）。

7.2.5　系统划分及设备选型

手术部各洁净室的送风量算出后，即可进行系统划分及设备选型。

对于Ⅰ、Ⅱ级洁净手术室应每间采用独立的净化空调系统，对于Ⅲ、Ⅳ级洁净手术室可2~3间合用一个净化空调系统，各洁净辅助用房及洁净走廊可根据送风量的大小和相对位置，组合成不同的系统。洁净手术室的空气处理机组通常设置在其上部的技术夹层（2.2m高）内，层高低，风管尺寸大。所以，空气处理机组的送风量宜为10000m³/h左右，即以10000m³/h左右的风量作为系统划分的依据。该洁净手术部的净化空调系统选用集中供给新风的分散式系统。

送风末端设备有多种形式，高效送风天花（用于Ⅰ、Ⅱ、Ⅲ级洁净手术室）、高效过滤器送风口、带阻漏层的送风天花。对于Ⅰ、Ⅱ、Ⅲ级洁净手术室，选用高效送风天花或带阻漏层的送风天花，后者多用于低层高的建筑。对于Ⅳ级洁净手术室、洁净辅助用房及洁净走廊选用高效过滤器送风口。空气处理机组的选型参见“6.7　组合式净化空调机组”。回风口选用门铰型竖向百叶回风口［回风口的个数等于计算得到的回风面积除以所选型号的回风口面积，回风口面积可由回风量除以推荐的回风速度（不应大于1.6m/s）来确定］。

7.2.6　风口布置与气流组织

1）对于Ⅰ、Ⅱ、Ⅲ级洁净手术室，送风口集中布置于手术台上方，使包括手术台的一定区域处于洁净气流的主流区内。回风口布置于手术室长边双侧下部，对于Ⅰ级洁净手术室，回风口连续布置（实际上，由于有门及土建柱的影响，不可能真正连续），对于Ⅱ、Ⅲ、Ⅳ级洁净手术室，回风口均衡布置。

2）对于Ⅳ级洁净手术室及各级辅助用房，送风口采用常规分散布置方式，布置技巧参见本书“5.8.2 送风口、回风口的布置技巧”。

3）排风口的布置。排风口布置于病人头侧的顶部。

4）气流组织。手术室内采用上送双侧下回风的气流组织形式，在洁净走廊，也可采用上送上回的气流组织形式，这样设计可简化管路系统。

图 7-7 所示为手术室送风口平面布置图。

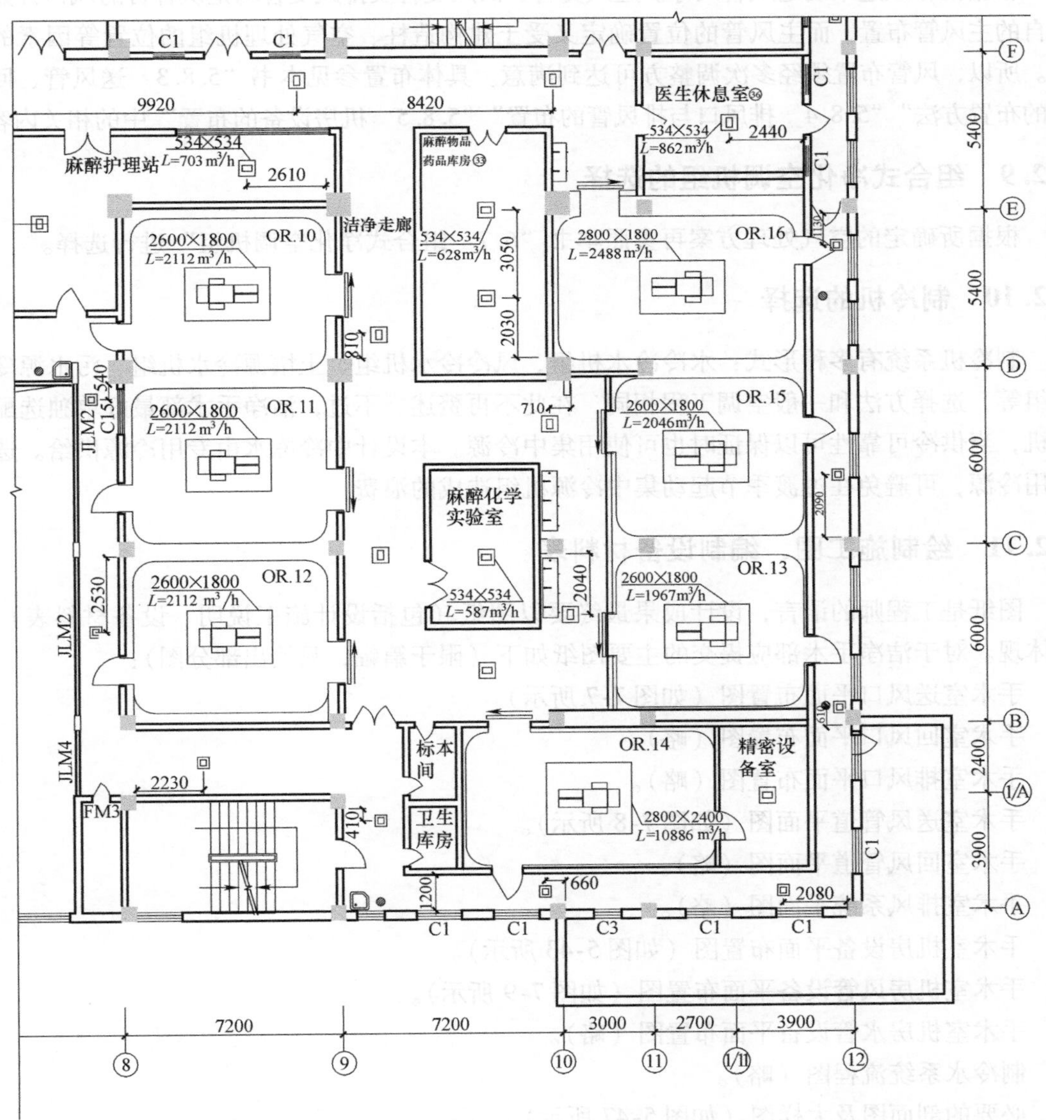

图 7-7 送风口平面布置图（局部）

7.2.7 空气处理方案的确定

有两种方案可供选择：一次回风加再热的热湿处理及二次回风热湿处理方案。前者系统简单，调节容易但能耗较大，常用于热湿比较小（产湿量较大）的系统；后者系统复杂，调节滞后但非常节能，常用于热湿比较大（产湿量较小）的系统，若热湿比较小时，要求的机器露点低，则对冷源的要求高。在设计中，可根据热湿比、温湿度要求、自控方式、冷源形式等进行选择。本设计采用新风处理至室内等焓线的一次回风加再热的热湿处理方案。

7.2.8 风管系统设计与布置

根据推荐风速来确定风管尺寸。送风支管、回风支管及排风支管均是从各自的风口开始向各自的主风管布置，而主风管的位置确定又受土建构造柱、空气处理机组的位置等因素的制约。所以，风管布置须经多次调整方可达到满意。具体布置参见本书“5.8.3 送风管、回风管的布置方法”“5.8.4 排风口与排风管的布置”“5.8.5 机房设备的布置”中的相关内容。

7.2.9 组合式净化空调机组的选择

根据所确定的空气处理方案再参照本书“6.7 组合式净化空调机组”进行选择。

7.2.10 制冷机的选择

制冷机系统有多种形式：水冷冷水机组、风冷冷水机组、土壤源冷水机组、污水源冷水机组等，选择方法和一般空调工程相同，在此不再赘述。不过，洁净手术部最好单独选配制冷机，当供冷可靠性可以保证时也可使用集中冷源。本设计中冷冻水由专用冷源供给。选配专用冷源，可避免在过渡季节起动集中冷源机组造成的浪费。

7.2.11 绘制施工图、编制设备材料表

图纸是工程师的语言，设计成果最终要以图纸（包括设计施工说明、设备材料表）形式体现。对于洁净手术部应提交的主要图纸如下（限于篇幅，只绘出部分图）：

手术室送风口平面布置图（如图7-7所示）。

手术室回风口平面布置图（略）。

手术室排风口平面布置图（略）。

手术室送风管道平面图（如图7-8所示）。

手术室回风管道平面图（略）。

手术室排风系统平面图（略）。

手术室机房设备平面布置图（如图5-43所示）。

手术室机房风管设备平面布置图（如图7-9所示）。

手术室机房水管设备平面布置图（略）。

制冷水系统流程图（略）。

必要的剖面图及大样图（如图5-47所示）。

主要设备材料表（略）。

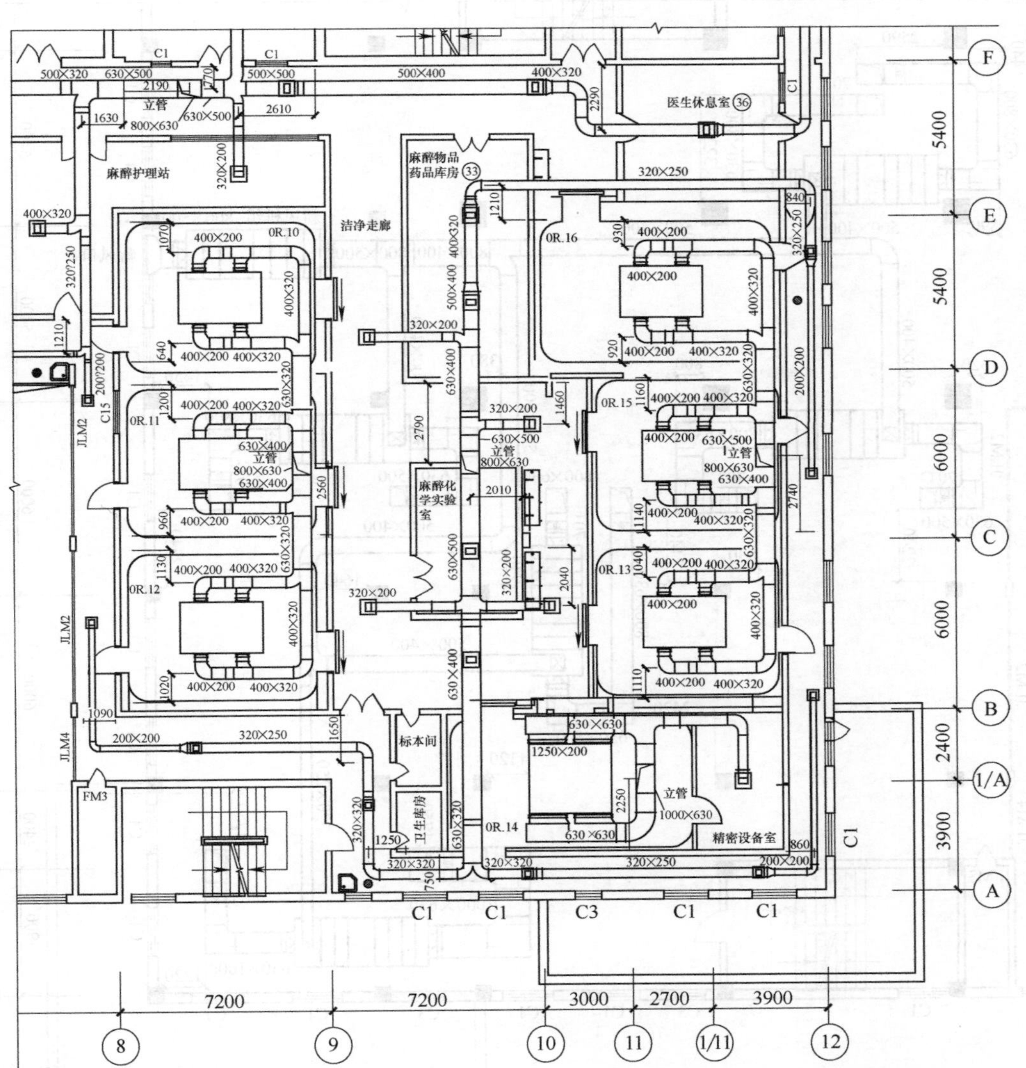

图 7-8　送风管道平面图（局部）

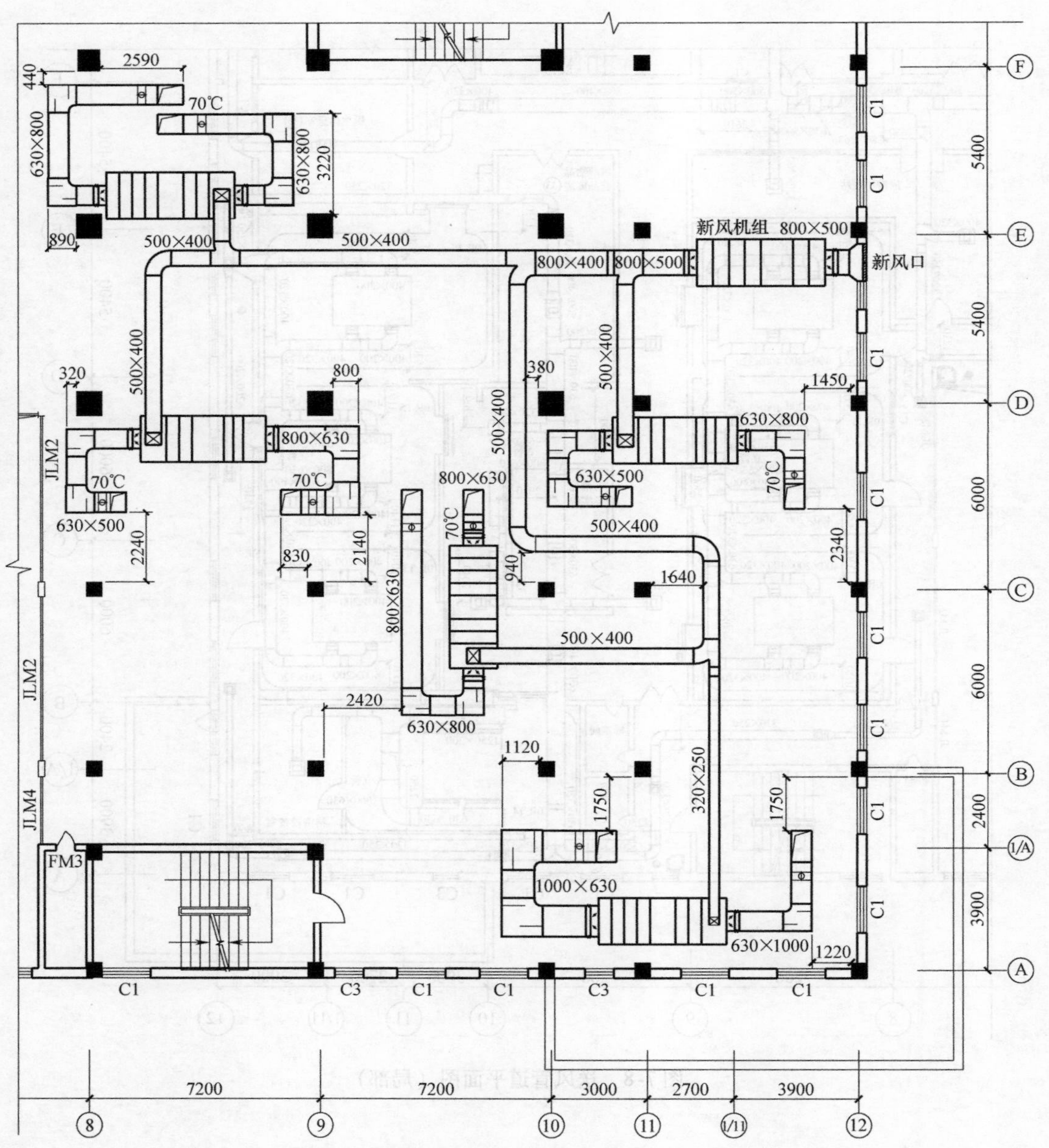

图 7-9 机房风管设备平面布置图（局部）

第 8 章　净化空调工程设计及实例之二

8.1　某量子光学科研楼净化空调工程设计实例（分散式净化空调系统的应用）

净化空调系统按处理空气的集中程度来分类：有集中式和分散式两种，这个问题在本书 5.2 节中已有详细的介绍。在工程设计中，究竟采用何种系统，这要根据具体情况做分析，要对每种系统的特点有深刻的了解，综合多方因素最终做出满足用户要求的合理方案。在本书“5.2.2 分散式净化空调系统”中讲到：分散式净化空调系统，从狭义上讲就是在洁净车间内，每间洁净室自成一个系统，各自有不同的空气处理机组。

8.1.1　分散式净化空调系统的特点

1）每个小系统用一台空气处理机组，系统风量小，风管尺寸小，占用空间少，甚至可把空气处理机组吊挂于吊顶夹层内（噪声应能满足要求），节约机房面积。

2）每台机组可以有不同的送风参数，能很好地满足不同洁净室的热湿负荷要求。

3）调节灵活，当某些洁净室不用时，可把机组关掉，节能效果显著。

4）空气处理机组较多，管理不太方便。

5）由于是分散式系统，对于整个车间内各洁净室的压差不好控制。

8.1.2　分散式净化空调系统的适用条件

1）洁净室改造工程，由于建筑层高一般较低，不能满足集中式净化空调工程所需大层高的要求，采用分散式系统，风管尺寸可减小。

2）各洁净室内热湿比相差很大。

3）各洁净室内的生产班次不同，或时序性很强。

4）有些洁净室在生产过程中会产生污染物。

5）各洁净室的能耗要求单独计量。

8.1.3　分散式净化空调系统的设计案例

在该量子光学科研楼的 15 间实验室中需设置洁净室，用户提出如下要求：

1）根据实验要求及管理的需要，15 间不同功能的实验室均要求独立控制。

2）激光技术研究室（13）的洁净室要求洁净度级别为百级（FS209E）、千级（FS209E）；其余实验室的洁净室要求洁净度级别均为千级（FS209E）。

3）要求每间实验室单独配电、单独计量、单独核算。

4）各洁净实验室内，净化空调系统的噪声波与振动波不应影响实验光波。

5）各洁净实验室及其吊顶夹层内不允许空调水管通过。

6）各洁净实验室内相对湿度取标准值的下限（要求低湿度）。

各洁净室的人数见表 8-1。

表 8-1　各洁净室的人数

实验室名称	人数	实验室名称	人数
冷分子实验室（1）	3	备用实验室（9）	2
单分子实验室（2）	3	量子通信实验室（10）	2
原子系统量子效应实验室（3）	2	量子光学实验室（11）	2
超冷波色费米混合气体实验室（4）	4	量子干涉实验室（12）	2
CQED 实验室（5）	3	激光技术实验室（13）百级/千级	3/6
单原子操控实验室（6）	3	备用实验室（14）	2
光量子器件实验室（7）	5	备用实验室（16）	2
新 QMC 实验室（8）	2		

8.1.4　净化空调专业在洁净室建筑设计中的作用

设计单位提供的实验室原建筑平面图如下：

图 8-1 所示为地下一层实验室原建筑平面图。

图 8-2 所示为一层实验室原建筑平面图。

图 8-3 所示为二层实验室原建筑平面图。

从原建筑图上可以看出，各实验室的洁净室布置在非净化区而未设置缓冲室和更衣间，对污染控制极为不利；人净通道上的风淋室开门方向也不对（风淋室的门不能向内开），激光技术研究室百级入口处设置的风淋室也不合理，设置风淋室的洁净室均没有设置旁通门；所有洁净室均未设置物流通道；洁净室最低级别为千级，根据本书“5.8.2 送风口、回风口的布置技巧”中所讲内容可知，应采用双侧下回风的气流组织方案，而建筑图上未设置回风夹道。图上的这些缺陷就需要由净化空调专业的设计人员来完善。在建筑设计阶段，建筑师应与净化空调专业的设计师密切配合，设计出符合净化空调气流组织、污染控制等要求的建筑平面图。通常，都是由净化空调工程师画出洁净室平面草图，标明回风夹道、风淋室（如果有的话）、传递窗、旁通门及人流、物流通道的位置，提交给建筑师进一步细化而成洁净室建筑平面图。

通过与用户的沟通得知，实验室面积有限，没有设置更衣室的空间，加之实验人员在实验过程中频繁出入洁净室，频繁地更衣也不现实。根据用户的使用特点、洁净室人数，综合用户意见，在洁净室（1）、（2）、（3）、（4）、（5）、（6）、（7）、（8）、（9）、（10）、（11）、（12）、（14）、（16）中，通过设置单人双侧吹风淋室来解决人净问题（这么做实属无奈之举，若有条件还应该设置更衣室），在各洁净室内设置旁通门解决大物件的出入及实验人员离开洁净室时的通道（人员离开洁净室时无需风淋）问题。在各洁净室内设置传递窗来解决物件、产品及工具等物品的传递问题。因为激光技术研究室（13）内设有百级和千级洁净室，故把此洁净室的人员通道设计成更衣室。把百级洁净室入口处的三通风淋室改为常规直通风淋室且移至千级洁净室入口处（百级洁净室为单向流气流组织，其入口无需设置风淋室），该实验室的人流通道为：一更、二更（万级）、风淋室、千级、百级，在千级洁净室内设置旁通门解决大物件的出入问题。设置三个传递窗来解决产品、物件及工具等物品的传递问题。在各洁净室的长边设置回风夹道，净宽度为 200mm、250mm。完善后的建筑平面图如下：

图 8-4 所示为完善后的地下一层建筑平面图。

图 8-5 所示为完善后的一层建筑平面图。

图 8-6 所示为完善后的二层建筑平面图。

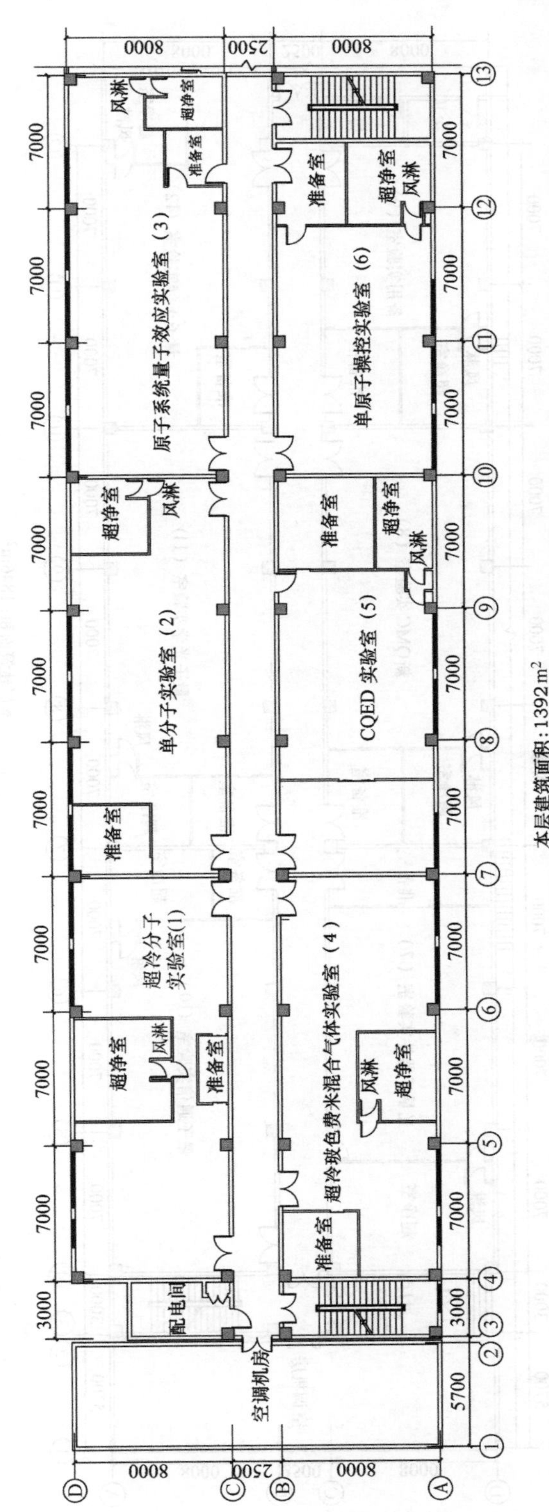

本层建筑面积：1392 m²

图 8-1 地下一层实验室原建筑平面

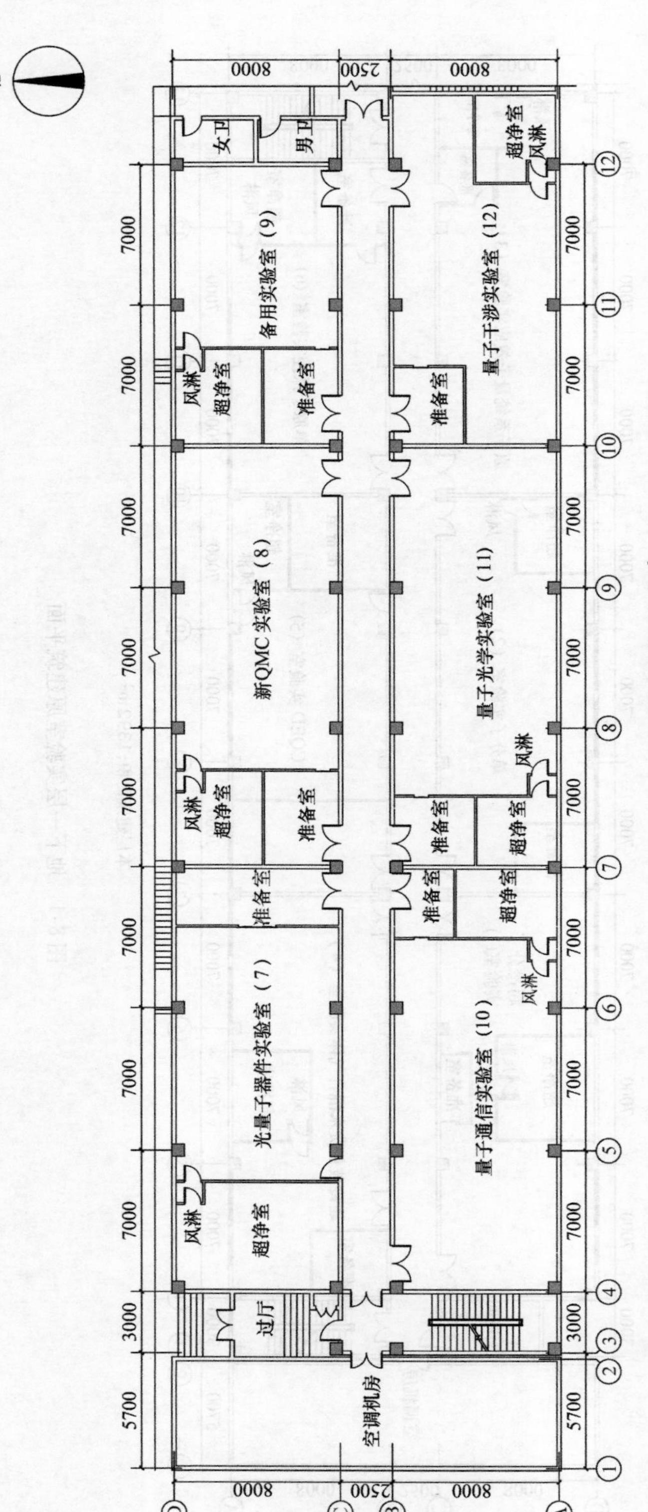

图 8-2　一层实验室原建筑平面图

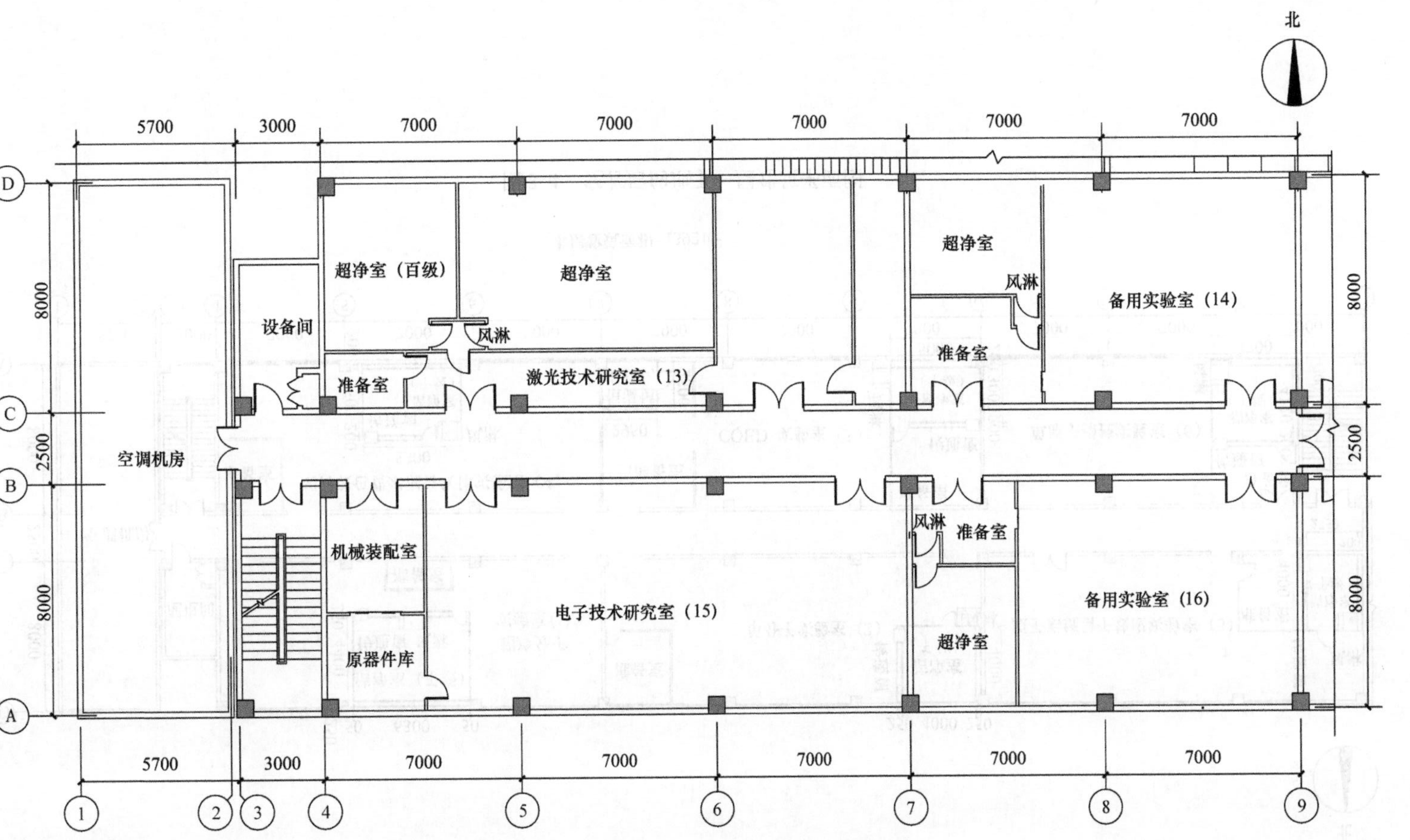

本层建筑面积：1800m²

图 8-3 二层实验室原建筑平面图

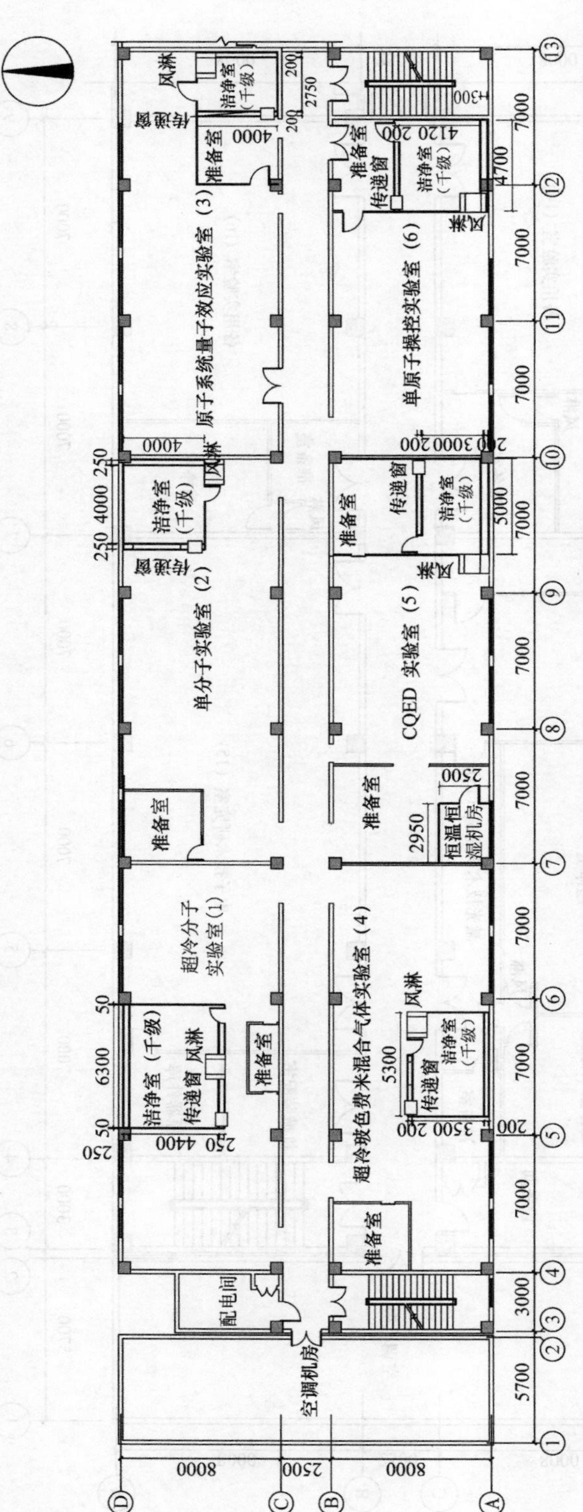

图 8-4　完善后的地下一层建筑平面图

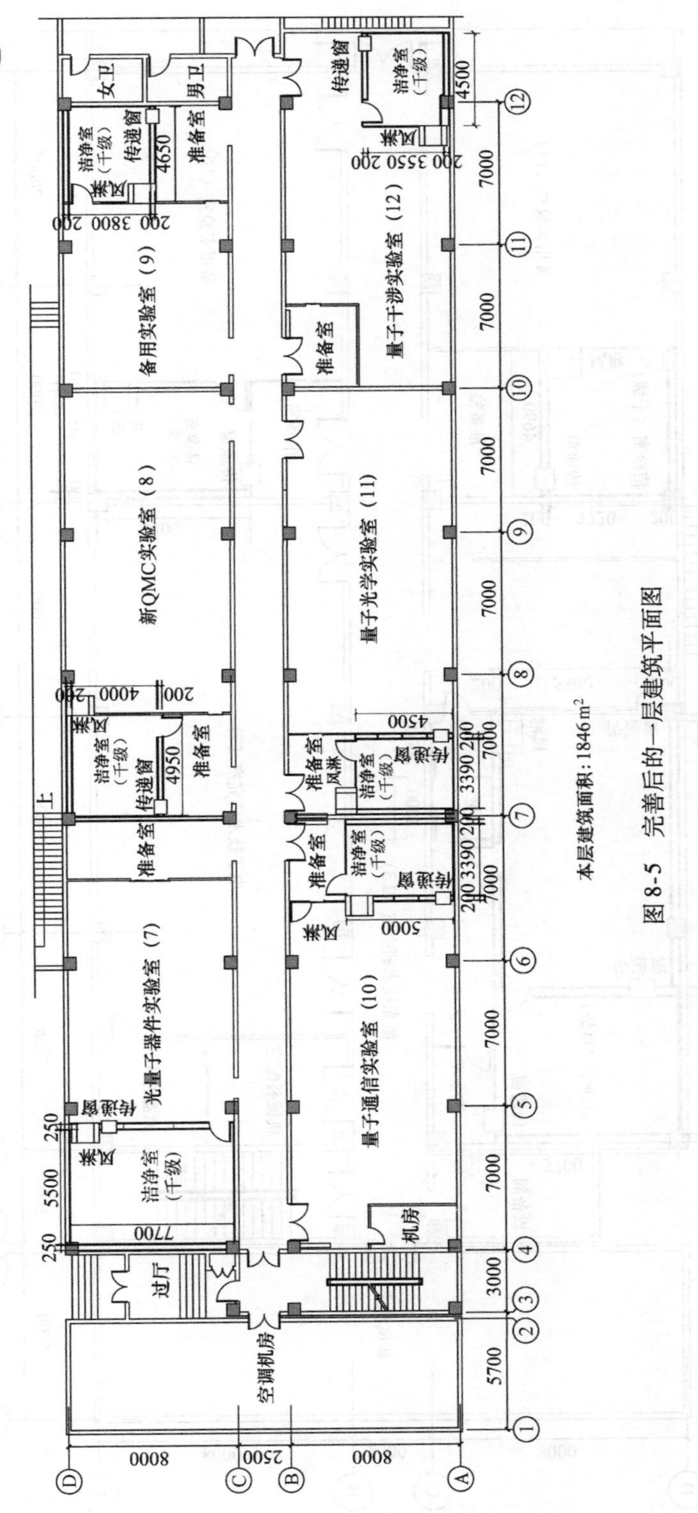

图 8-5　完善后的一层建筑平面图

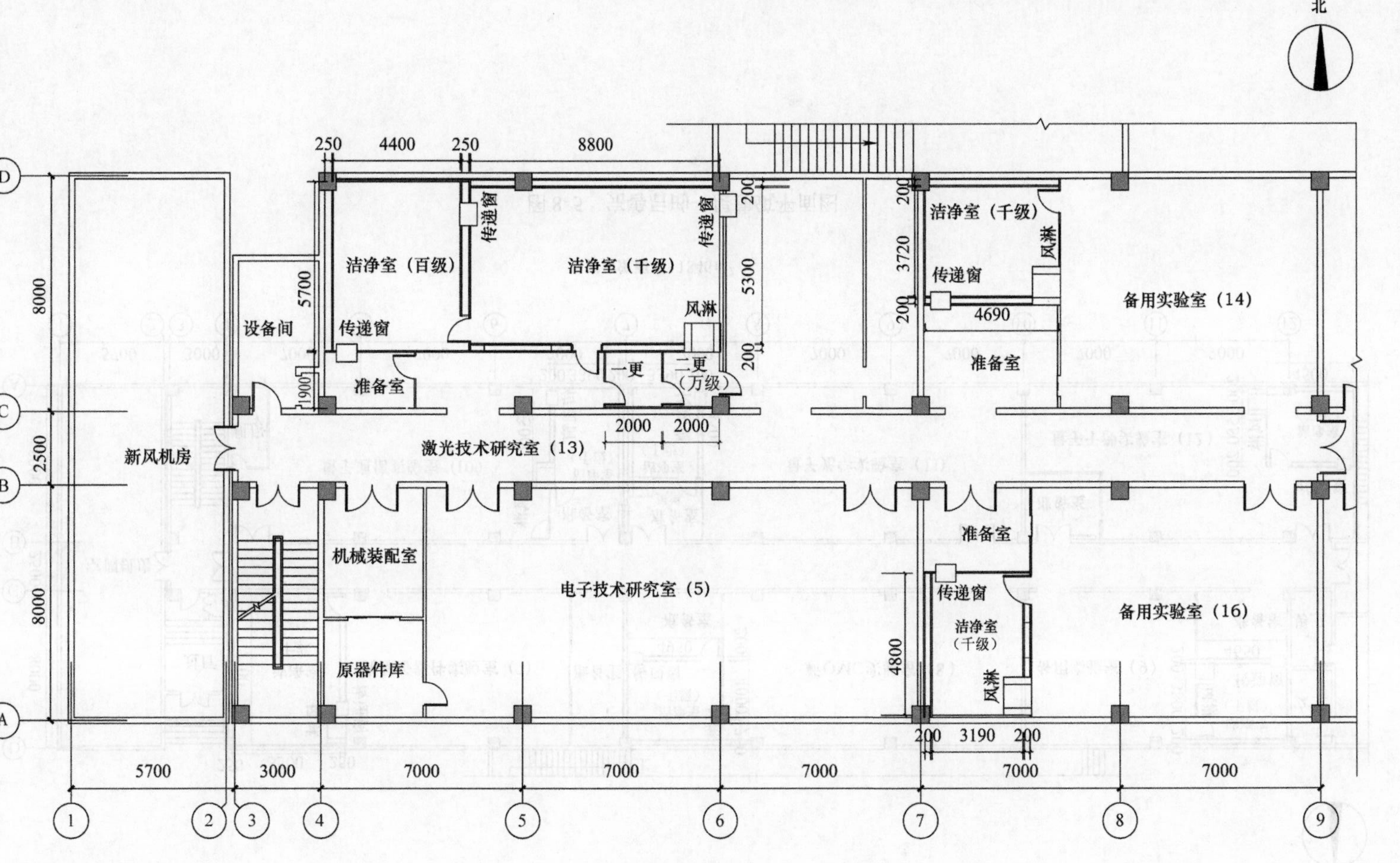

本层建筑面积:1800 m^2

图 8-6 完善后的二层建筑平面图

8.1.5 净化空调初步设计方案制订

如果只看建筑图未看用户要求，设计人员大都会想到采用集中式净化空调系统，即每层用一套净化空调机组对空气集中处理后分别送入各个洁净室。这样的系统简单、初投资少、运行管理方便。但用户要求中："1）15 间不同功能的实验室均要求独立控制；3）要求每间实验室单独配电、单独计量、单独核算"。这样，采用集中式净化空调系统显然不能满足用户要求，所以只能采用集中供冷、供新风的分散式净化空调系统。

按本书 5.4 节介绍的方法，计算出负荷、风量，初选设备，再复核空调机房的面积。经复核可知地下一层机房面积太小，所以该层和一、二层应选用不同的净化空调系统形式。该实验楼的制冷机无专门的机房设置，故把制冷机设于地下一层机房内。这样，地下一层的组合式空气处理机组就无地方设置，只能利用吊顶夹层的空间来设置。但在吊顶夹层内只能吊挂小型机组，所以，把地下一层的组合式空气处理机组分解成热湿处理机组和过滤加压机组（即中效循环机组）吊挂于洁净室吊顶夹层内。根据用户要求，空调水管不能进入实验室，因此把空气热湿处理机组吊挂在准备室或走廊的吊顶夹层内。所以，地下一层就采用集中供冷冻水、集中供新风的自循环净化空调方案。新风采用粗效、中效及亚高效的三级过滤，新风机组设在机房。通过新风管道把新风分别送至每个洁净室的空气处理机组（吊挂于准备室或走廊的吊顶夹层内），新风与各洁净室的回风混合后经各洁净室的空气处理机组热湿处理，再与各洁净室的回风混合，通过各洁净室的中效循环机组过滤、加压，再经布置于各洁净室顶部的高效过滤器送风口送入洁净室内，净化空调原理图如图 8-7 所示。可见，新风通路上经过粗效、中效、亚高效及高效过滤器四级过滤，回风通路上经过粗效（设于回风百叶处）、中效（设于中效循环机组内）、高效三级过滤。通过与实验人员的沟通，得知洁净室内几乎没有湿负荷。所以，空气的热湿处理采用了二次回风系统，虽然管路较复杂，但节能效果显著。

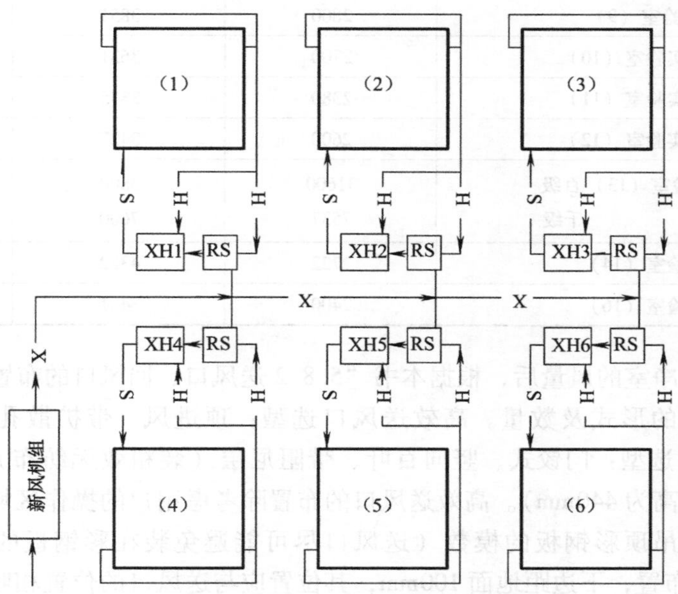

图 8-7 地下一层净化空调原理图

图中：(1)、(2)、(3)、(4)、(5)、(6) 分别表示6个洁净室，XH1、XH2、XH3、XH4、XH5、XH6分别表示6个洁净室的中效循环机组，RS表示卧式暗装空气处理机，X表示新风，S表示送风，H表示回风。

一、二层采用组合式净化空调机组分别向各自的实验室送风，机组设在所在楼层的空调机房。一、二层的方案比较容易满足用户要求中："4) 各洁净实验室内，净化空调系统的噪声波与振动波不应影响实验光波"，因为把组合式空调机组设在专用机房，"噪声波、振动波"可采用多种技术处理；而地下一层对"噪声波、振动波"的处理就比较麻烦，需采用综合技术：选用低转速、低噪声的机组，采用减振吊架吊挂机组，采用低风速送风、回风，建造消声夹层等。一、二层系统的设计难点在于送风管、回风管的设置，由于空间狭小风管不好布置。

方案确定后，根据本书第5章介绍的方法及公式详细计算出各洁净室的冷热负荷、湿负荷及送风量等。限于篇幅只列出各洁净室的送风量及冷负荷，见表8-2。

表8-2　各洁净室的送风量及冷负荷

实验室名称	送风量/(m^3/h)	冷负荷/W	备注
冷分子实验室(1)	3744	5201	
单分子实验室(2)	2340	3330	
原子系统量子效应实验室(3)	1716	2407	
超冷波色费米混合气体实验室(4)	2566	3900	
CQED实验室(5)	2028	3200	
单原子操控实验室(6)	2652	3876	
光量子器件实验室(7)	6600	8503	
新QMC实验室(8)	3200	3903	
备用实验室(9)	2800	3851	
量子通信实验室(10)	2700	3631	
量子光学实验室(11)	2380	3335	
量子干涉实验室(12)	2600	3427	
激光技术实验室(13) 百级	31600	3800	
千级	7537	7600	含二更万级
备用实验室(14)	2722	4332	
备用实验室(16)	2400	3481	

计算出每个洁净室的风量后，根据本书"5.8.2送风口、回风口的布置技巧"所讲的方法选出送、回风口的形式及数量。高效送风口选型：顶进风、带扩散孔板、额定风量为1000m^3/h；回风口选型：门铰式、竖向百叶、带阻尼层（装粗效无纺布）、高250mm（百级洁净室回风口净高为440mm）。高效送风口的布置除考虑用户的操作区域及送风的均匀性外，还应适当考虑吊顶彩钢板的模数（送风口尽可能避免装在彩钢板的接缝上，后面介绍）；回风口双侧布置，下边距地面100mm，其位置应与送风口的位置相呼应并应考虑用户工作台位置及墙面彩钢板的模数。

各洁净室送、回风口参数见表 8-3；地下一层送风口及机组布置平面图如图 8-8 所示。

表 8-3　各洁净室送、回风口参数

实验室名称	高效送风口（额定风量）	台数	百叶回风口/mm	个数
冷分子实验室（1）	1000m^3/h	6	600×250	6
单分子实验室（2）	1000m^3/h	4	500×250	4
原子系统量子效应实验室（3）	1000m^3/h	2	400×250	4
超冷波色费米混合气体实验室（4）	1000m^3/h	4	600×250	4
CQED 实验室（5）	1000m^3/h	3	500×250	4
单原子操控实验室（6）	1000m^3/h	4	500×250	4
光量子器件实验室（7）	1000m^3/h	8	800×250	6
新 QMC 实验室（8）	1000m^3/h	4	600×250	4
备用实验室（9）	1000m^3/h	4	500×250	4
量子通信实验室（10）	1000m^3/h	4	500×250	4
量子光学实验室（11）	1000m^3/h	4	500×250	4
量子干涉实验室（12）	1000m^3/h	3	500×250	4
	1000m^3/h	8	800×250	3
激光技术实验室（13）千级			700×250	4
	500m^3/h	1	300×250	1
万级	液槽密封顶棚满布高效	45	1050×440	6
百级	过滤器		880×440	2
			700×440	1
备用实验室（14）	1000m^3/h	4	500×250	4
备用实验室（16）	1000m^3/h	3	500×250	3
			400×250	1

地下一层吊挂式中效循环机组选型见表 8-4。

表 8-4　地下一层吊挂式中效循环机组选型

实验室名称	额定风量/（m^3/h）	余压/Pa
冷分子实验室（1）	4000	500
单分子实验室（2）	3000	500
原子系统量子效应实验室（3）	2000	500
超冷波色费米混合气体实验室（4）	3000	500
CQED 实验室（5）	2500	500
单原子操控实验室（6）	3000	500

地下一层6个实验室：冷分子实验室（1）、单分子实验室（2）、原子系统量子效应实验室（3）、超冷波色费米混合气体实验室（4）、CQED实验室（5）、单原子操控实验室（6），其洁净室均选用卧式暗装空气处理机（4排表冷器、名义供冷量12kW、额定风量2000m^3/h），该空气处理机与各自的中效循环机组组合成净化空调机组。

地下一层6间洁净室的送风口及机组布置平面图，参见图8-8地下一层送风口及机组布置平面图；限于篇幅，把送风管、回风管及新风管平面图合为一张图列出，参见图8-9地下一层送风、回风及新风管平面图。

8.1.6 自循环净化空调方案的设计要点及应用场合

地下一层净化空调方案采用中效自循环机组，设计要点如下：

1）设计时风管内气流速度应取经济流速的下限值。

2）吊挂式机组风量不宜太大，以3000~4000m^3/h为宜，过滤器宜采用中效级别的，不宜追求高级别。否则，风机压头大，噪声不好处理。与之配套的新风处理机组应采用装有亚高效过滤器的三级过滤。

3）在改造工程中，若没有集中冷源供应，也可采用直接蒸发式的空气处理机组，把室外机挂于建筑外墙上，直接蒸发式的空气处理机与中效循环机组组成净化空调机组。

4）应在送、回风管上均设置微穿孔板消声器。

5）应采用减振吊架吊挂机组。

6）对噪声级别要求严格的洁净室，应在吊顶夹层空间做消声腔处理噪声。

该方案主要应用于无机房设置空气处理机组且有足够的吊顶夹层空间，也常用于洁净室改造工程。

8.1.7 一、二层设计方案

1. 一层净化空调系统

采用组合式净化空调机组向各自的实验室送风，组合式净化空调机组共6台，全部设置在空调机房内。该层的6个洁净室的吊顶夹层内没有产生噪声的设备，洁净室的消声措施：采用低转速组合式净化空调机组，从源头上开始治理噪声，送、回风气流采用低风速从传输通道上降低噪声，在洁净室的送、回风总管上设置微穿孔板消声器消声。送风、回风总管布置在走廊及实验室的吊顶夹层内，送风管在上、回风管在下，一层送风管平面图如图8-10所示。该图旨在说明设计方案，为使图面清晰故删去送风管定位尺寸。

2. 二层净化空调系统

二层只有3个实验室设置洁净室，设计思路与一层洁净室的相近，其中实验室（14）、（16）的设计方法与一层的相同，限于篇幅，平面图及管道平面图略。实验室（13）的洁净室洁净度级别分别要求达到100级、1000级，这种系统的设计很有代表性，故另设一节专门介绍，详见8.2节。

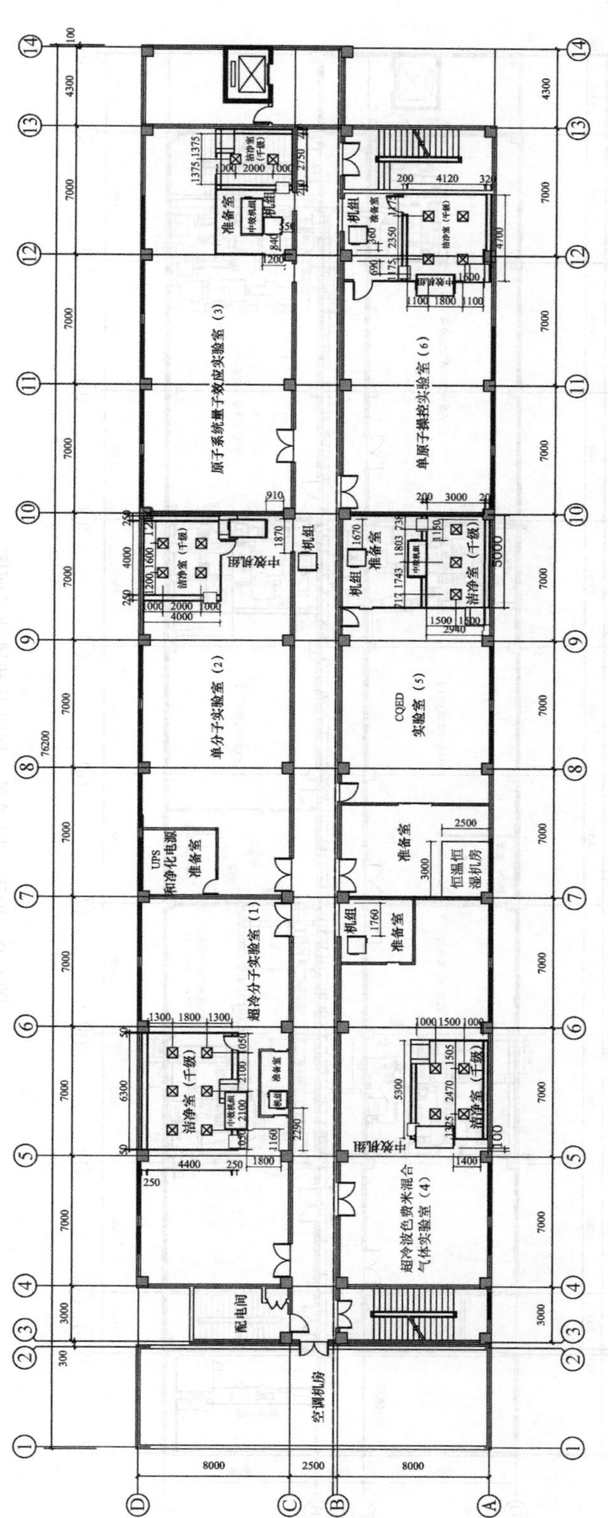

图 8-8　地下一层送风口及机组布置平面图

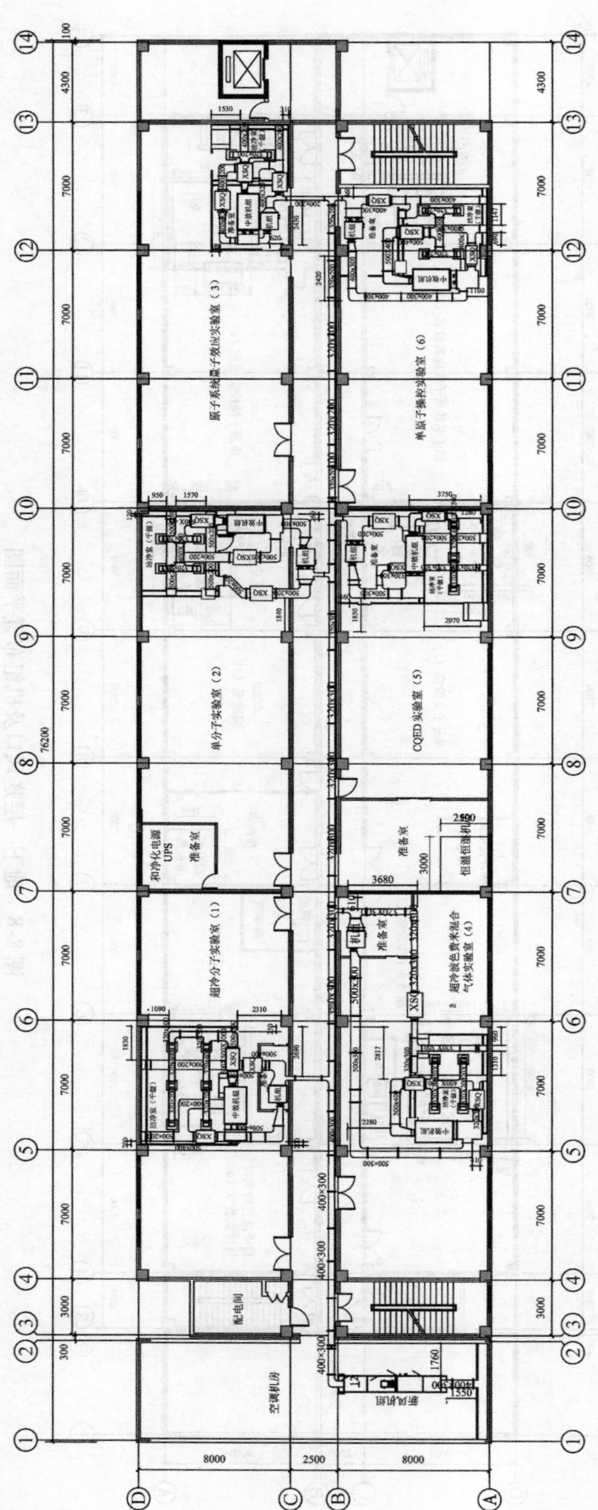

图8-9 地下一层送风、回风及新风管平面图

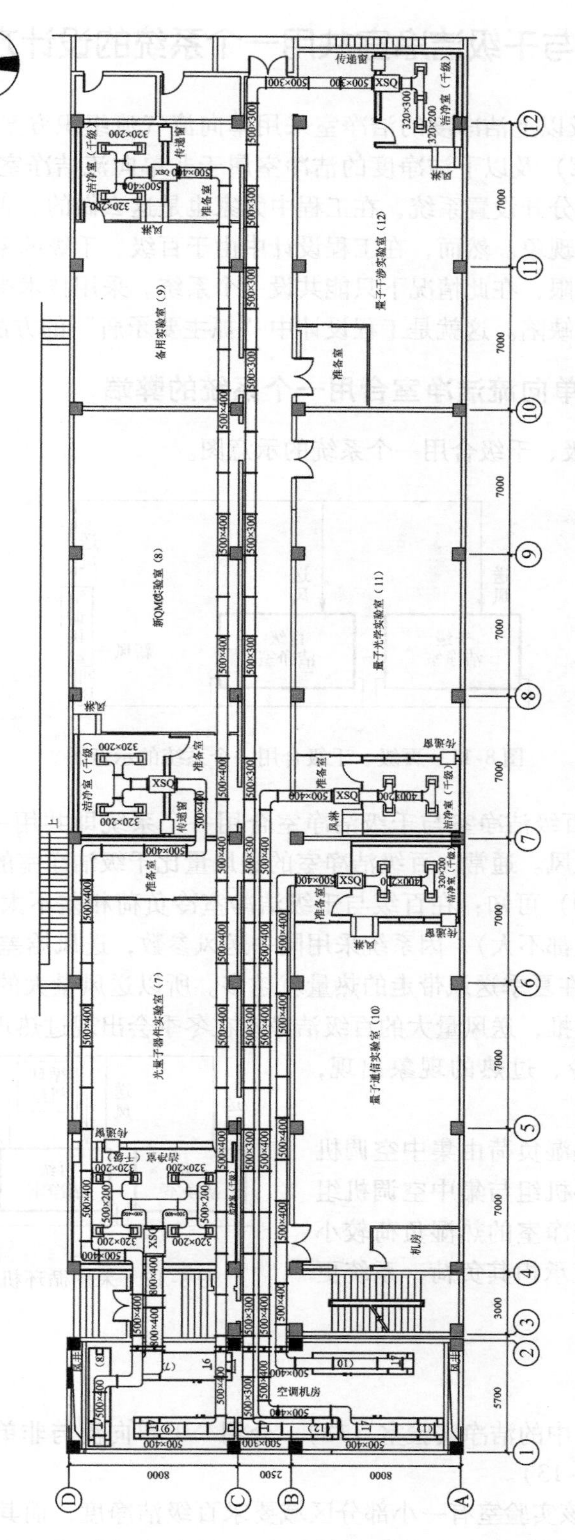

图 8-10　一层送风管平面图

8.2 百级洁净室与千级洁净室共用一个系统的设计方法

百级（FS209E）及以上洁净度的洁净室采用单向流气流组织方案，按断面风速计算送风量；而千级（FS209E）及以下洁净度的洁净室属于非单向流洁净室，按换气次数计算送风量。规范要求把两者分开设置系统，在工程中大家也是这么做的。否则，百级洁净室会出现夏季过冷、冬季过热现象。然而，在工程设计中由于百级、千级的系统均较小，而吊顶夹层空间、机房面积又有限，在此情况下只能共设一个系统。采用技术措施来弥补百级洁净室夏季过冷、冬季过热的缺陷。这就是工程设计中“抓主要矛盾”的方法。

8.2.1 单向流、非单向流洁净室合用一个系统的弊端

图 8-11 所示为百级、千级合用一个系统的示意图。

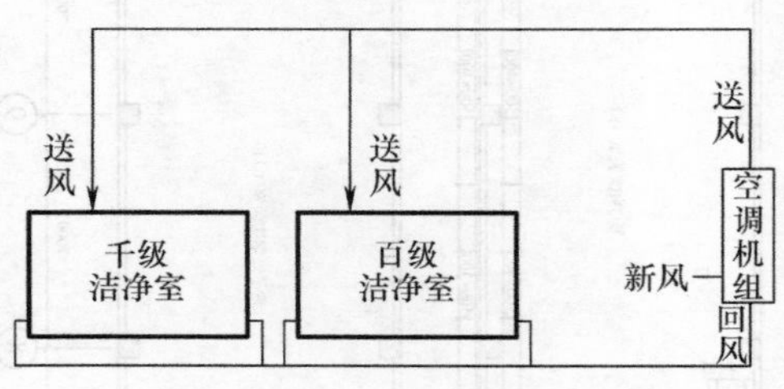

图 8-11 百级、千级合用一个系统的示意图

由图 8-11 可见，百级洁净室与千级洁净室合用一个系统即共用一个组合式空调机组，采用同一个送风参数送风。通常，百级洁净室的送风量比千级洁净室的送风量大很多，根据本书第 5 章中式（5-20）可知：在百级与千级洁净室冷负荷相差不太大的情况下（大多数情况下冷、热负荷相差都不大），因系统采用同一送风参数，送风焓差不变（也即送风温差不变），送风量越大，在夏季送风带走的热量就越多。所以送风量大的百级洁净室在夏季会出现过冷现象；以此类推，送风量大的百级洁净室在冬季会出现过热现象。

为了避免上述过冷、过热的现象出现，采用图 8-12 所示系统。

即百级洁净室的热湿负荷由集中空调机组承担，洁净度由循环机组与集中空调机组共同承担；如果百级洁净室的热湿负荷较小的话，也可由新风机组承担其负荷，系统更为简单。

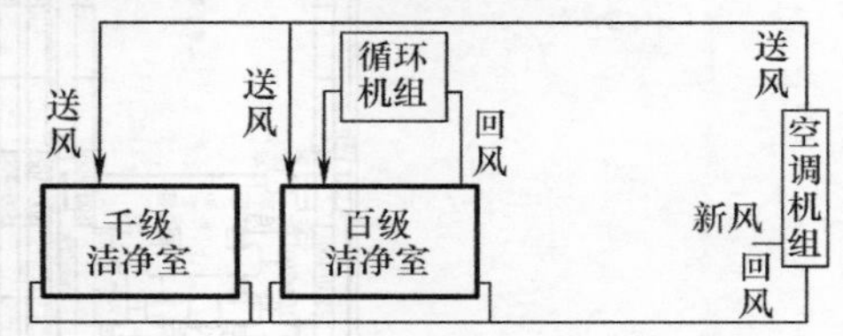

图 8-12 采用循环机组的系统示意图

8.2.2 设计实例

下面就上一节 8.1 中的洁净实验室（13），介绍一下单向流与非单向流洁净室合用一个系统的设计方法（图 8-13）。

由图 8-13 可知，该实验室有一小部分区域要求百级洁净度，而其余部分要求千级洁净度（根据人净要求，二更的洁净度定为 10000 级）。综合考虑该实验室所在楼层的机房（参

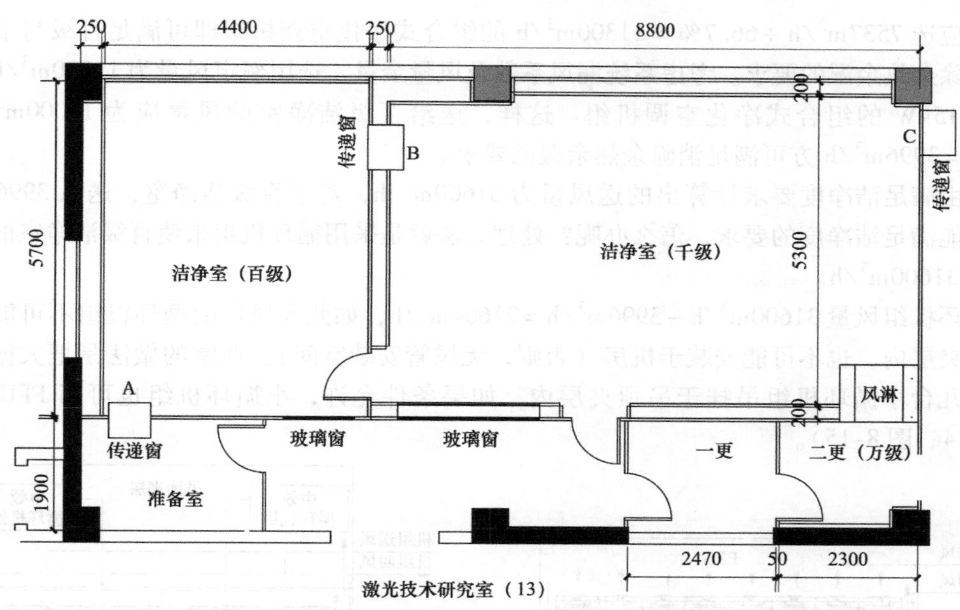

图 8-13　激光技术研究室（13）平面图

见图 8-6）面积及实验室的要求，如果把百级和千级、万级分设成两个系统，百级洁净室的送回风管道尺寸较大，布置在走廊吊顶夹层很困难，穿越剪力墙又不合适，管理起来也不太方便。如果把这两个不同级别的洁净室合用一个系统，则便于管理但百级洁净室存在过冷过热问题。在此情况下，就需要采用技术措施来解决这一问题。下面就夏季工况给出一举两得的设计方法。根据本书第 5 章的送风量计算公式可得：

百级洁净室：面积 $5.7\times4.4\text{m}^2=25.08\text{m}^2$

送风量 $25.08\times0.35\times3600\text{m}^3/\text{h}=31600\text{m}^3/\text{h}$

千级洁净室：面积 $8.8\times5.3\text{m}^2=46.6\text{m}^2$

送风量 $46.6\times2.6\times60\text{m}^3/\text{h}=7270\text{m}^3/\text{h}$

万级洁净室：面积 $2.3\times1.8\text{m}^2=4.1\text{m}^2$

送风量 $4.1\times2.6\times25\text{m}^3/\text{h}=267\text{m}^3/\text{h}$

非单向流总送风量 $(7270+267)\ \text{m}^3/\text{h}=7537\text{m}^3/\text{h}$

由负荷计算得：

百级洁净室冷负荷 3800W

千级、万级洁净室冷负荷 7600W

洁净实验室（13）总冷负荷为 $(3800+7600)\ \text{W}=11400\text{W}$

百级洁净室冷负荷占总冷负荷的比例 $(3800\div11400)\times100\%=33.3\%$

千级、万级洁净室冷负荷占总冷负荷的比例 $(7600\div11400)\times100\%=66.7\%$

洁净实验室（13）用一台组合式净化空调机组送风（即合用一套净化空调系统），送风参数相同，只有把百级和千级（包含万级，以下同）的送风量按上述负荷比例分配方可满足其温度要求。

千级、万级洁净室送风量 $7537\text{m}^3/\text{h}$

故应选 $7537m^3/h \div 66.7\% = 11300m^3/h$ 的组合式净化空调机组即可满足百级与千级洁净室消除余热余湿的要求。考虑系统漏风系数及风量余量，选用额定风量为 $12000m^3/h$、额定冷量 15kW 的组合式净化空调机组。这样，送给百级洁净室的风量应为 $12000m^3/h \times 33.3\% = 3996m^3/h$ 方可满足消除余热余湿的要求。

但由满足洁净度要求计算出的送风量为 $31600m^3/h$，对于百级洁净室，送入 $3996m^3/h$ 风量不能满足洁净度的要求，怎么办呢？处理方法就是采用循环机组来使百级洁净室的送风量达到 $31600m^3/h$。

循环机组风量 $31600m^3/h - 3996m^3/h = 27604m^3/h$，如此大风量的循环机组不可能吊挂于吊顶夹层内，也不可能安装于机房（否则，无风管安装空间）。通常的做法是把大循环机组分成几台小循环机组吊挂于吊顶夹层内，如果条件允许，小循环机组也可用 FFU 代替（图 8-14、图 8-15）。

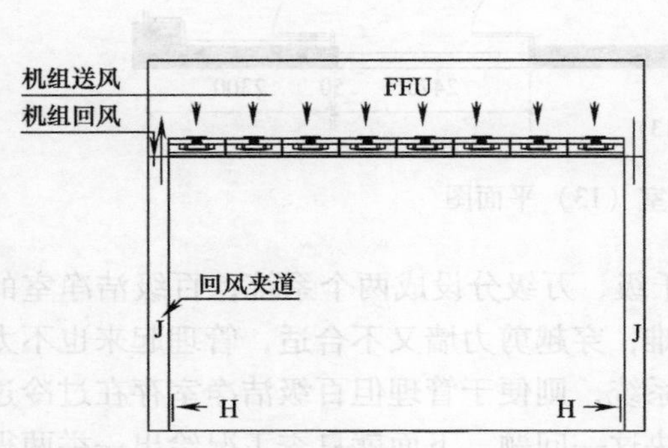

图 8-14 FFU 作为送风循环机组示意图

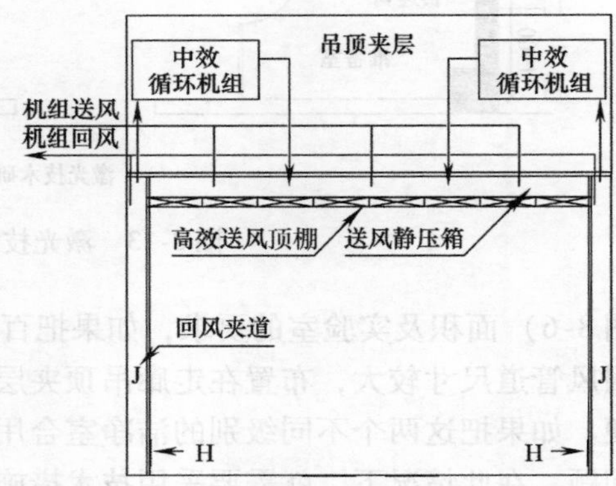

图 8-15 中效机组作为送风循环机组示意图

8.2.3 FFU 作为送风循环机组的特点

FFU 即风机过滤器单元，其顶部进风口有装粗效过滤器的，也有不装粗效过滤器的。有装设送风管接口的，也有不装设的。不装粗效过滤器的 FFU 外形尺寸的厚度比装粗效过滤器的厚度小、阻力小。所以，其风机压头低、噪声低、功耗小。图 8-14 为不接送风支管的自循环式 FFU，通过夹道回风。若 FFU 进风口无粗效过滤器，应在洁净室的回风口处装粗效过滤布进行保护，尽管加一层粗效无纺布保护，在循环回路上也只有两级过滤即粗效、高效，若新风机组未设高中效或亚高效级的过滤器，FFU 的寿命将缩短。

百级洁净室送风量由循环机组 FFU 保证，即系统组合式空调机组送风量的一部分（$3996m^3/h$）送到吊顶夹层内，与回风混合后经 FFU 送入洁净室，消除洁净室的余热余湿。吊顶夹层内被 FFU 的风机抽吸成负压，这就降低了安装工程的技术难度，即使 FFU 与支撑框架间的微小缝隙密封不严，在运行工况下，吊顶夹层内的污染物也不会渗入洁净室内。但净化系统停止运行时，这种污染不可避免。这就增加了系统启动前的自净时间。这种系统形式，对吊顶夹层内的壁面装饰也应严格要求，应采用满足洁净室装修要求的材料进行装饰。特别是对未装设粗效过滤器的 FFU 机组，更应严格。否则，吊顶夹层的污染会加速 FFU 内高效过滤器的污染、堵塞速度。对该夹层内的电缆桥架、通信管线、工艺管线均应严格要求，做到不产尘、不宜积尘，不散发有害气体。

该方案可通过中央控制系统逐台控制 FFU，如果在某些时段洁净室不需要 100 级时可停止部分或全部 FFU，这种运行方式节能潜力很大。FFU 单台噪声不太大，但当联片安装时叠加噪声较大。尽管可把吊顶夹层和回风夹道做成消声箱来减弱噪声，但 FFU 的风机噪声距洁净室只隔一层高效过滤器，进入洁净室的噪声很难处理，加之 FFU 直接安装在吊顶框架上，其振动会影响该实验室的实验，故本设计不采用此方案。

FFU 的另一种应用是在进风口处装有风管接口，在这种系统形式中，FFU 中的风机起接力风机的作用，其全压比不带风管接口的要小，只要能克服高效过滤器阻力即可。这样，也可使空气处理机组的余压减小，降低系统噪声，对吊顶夹层内的装饰要求可降低。但这种系统最大的缺点就是风管尺寸大，占用较大的建筑空间。FFU 灵活布置的优越性也不能体现，这种系统实际上是把 FFU 当作一般送风口来使用。优点是能保证每个 FFU 出风均匀，也能使空气处理机组的余压降低，从而使机组噪声降低。但 FFU 产生的噪声抵消了上述噪声的降低，且 FFU 产生的噪声位于送风末端，增加了降噪消声的困难。总之，在这种系统中，风机起的作用是弊大于利，故在该系统中也不采用。

也可在回风夹道中设置冷却干盘管来消除洁净室的余热，把新风送入吊顶夹层与经干盘管处理过的回风混合后通过 FFU 送入洁净室，这种方案的风管系统更为简单。由于 FFU 的噪声、振动不好处理，在本设计中也不采用。

8.2.4 中效机组作为送风循环机组的特点

中效机组即装有中效过滤器的送风机组，吊挂在吊顶夹层，机组出风口与送风天花的静压箱相连，而进风口与回风夹道顶部相连形成自循环系统。为什么循环机组采用中效过滤器，是因为若采用粗效过滤器，虽然可降低风机压头减少噪声的产生，但用粗效过滤器来保护末端的高效过滤器不太科学，这样做会降低高效过滤器的寿命。若采用亚高效或更高级别的过滤器，对末端高效过滤器的保护非常有效，但必然需要增加风机的压头，这样做产生的噪声很难处理。所以，在实际设计选型时，经常采用中效循环机组。中效循环机组的作用与上述 FFU 的作用相近，但消声、减振效果要优于上述的 FFU。所以，在该洁净室工程中采用中效循环机组。该方案的优点是：中效过滤器加回风口粗效过滤层共同保护送风末端的高效过滤器，使高效过滤器的寿命得以延长；中效循环机组可配置低噪声风机，而风机又由机组箱体包围，噪声得到有效隔离；噪声通过机组送风管衰减后进入送风天花的静压箱，可由静压箱内的消声装置进一步减弱，所以消声效果较好。其缺点是要求较大的吊顶夹层空间。

本方案采用 8 台中效循环机组，每台风量为 $27604m^3/h \div 8 = 3451m^3/h$，取 $3500m^3/h$。之所以选 8 台机组（单台风量 $3500m^3/h$）是综合考虑了送入静压箱风量的均衡性及吊挂机组的体积与重量，机组太大、太重不适于吊挂且占用吊顶夹层空间较大。这方面需平时积累施工经验，了解不同风机及机组的性能、体积与重量。图 8-16 为该洁净室送风管平面图。

8.2.5 百级送风天花的设计

百级送风天花即满布高效过滤器的送风顶棚，有多种形式，本设计采用液槽密封形式的送风天花。目前，液槽密封结构有两种形式。其一，高效过滤器上装，即带液槽的高效过滤器从上部装入与之配套的框架刀口上，依靠高效过滤器边框液槽内的密封胶与框架刀口来实施对气流的密封。这种结构需要的静压箱高度较大，否则，高效过滤器调转不开。虽然高效

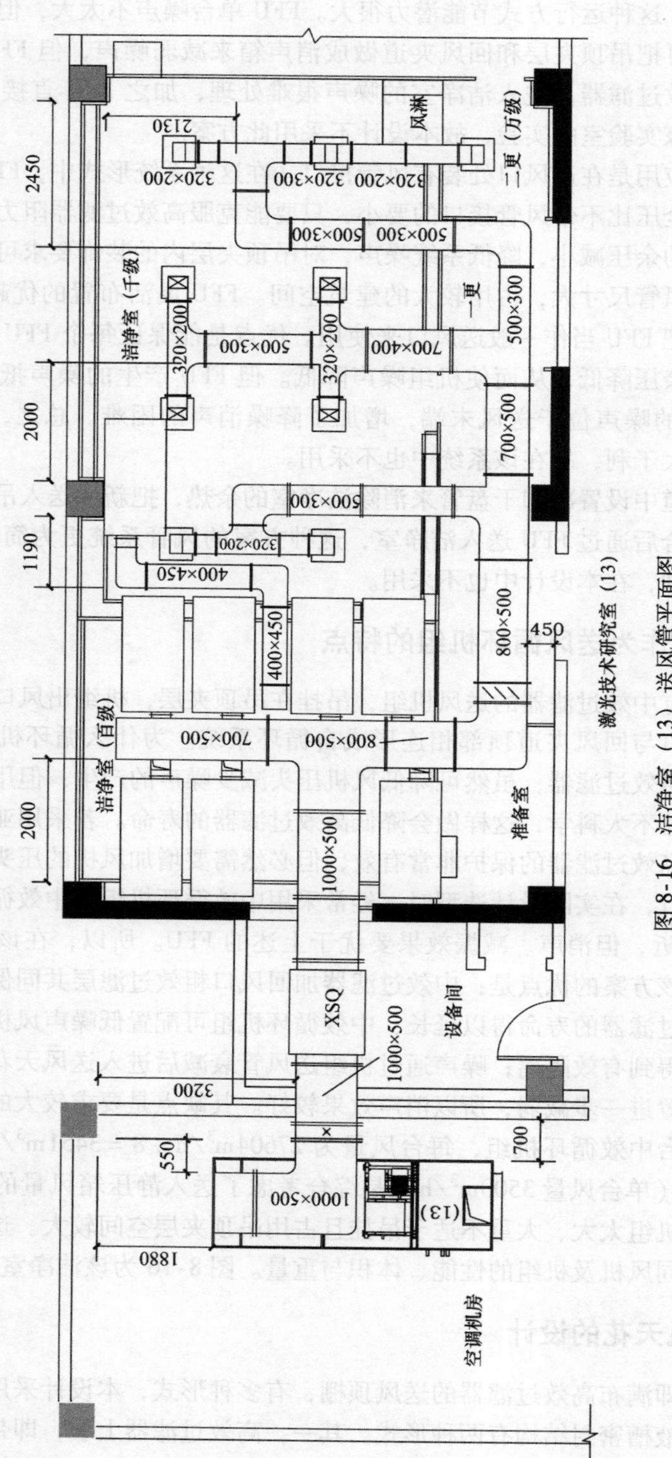

图8-16 洁净室（13）送风管平面图

过滤器在刀口框架上方，但并非在吊顶夹层内安装，而是在洁净室内把高效过滤器穿过框架口伸入静压箱后再转向放于框架的刀口上。所以，夹层空间小的话，高效过滤器转不开。其二，高效过滤器下装，即高效过滤器带液槽的边在下方，带刀口的框架位于液槽的上方，与第一种情况正好相反，框架的刀口向下，把高效过滤器伸入静压箱内，液槽边在刀口正下方，用压件托住高效过滤器，使其边框液槽与刀口接触来密封空气，高效过滤器的重量由 4 个压件承担，如图 8-17、图 8-18 所示。

图 8-17 下装式液槽密封顶棚局部

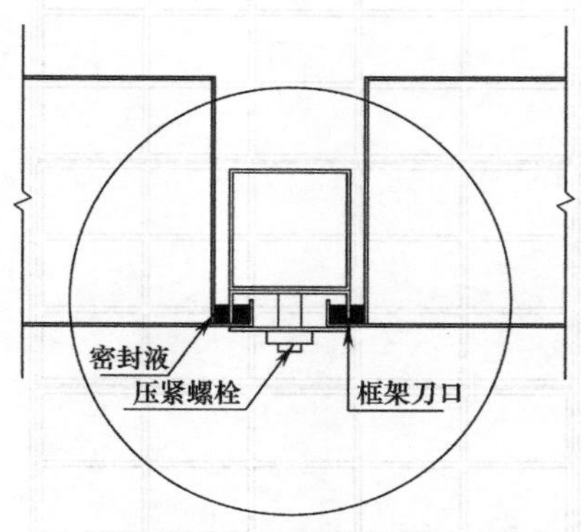

图 8-18 液槽密封大样图

带刀口的框架常用的材质有专用铝合金型材、不锈钢型材。铝型材运输、安装比较方便，可工厂化制作现场组装。但在连接缝处需靠密封胶密封，组装后铆钉外露，不太美观。不锈钢型材采用氩弧焊焊接，比铝型材的插件铆接密封性好。但如果在施工现场焊接，质量不好保证。如果送风天花面积小的话可工厂化制作，现场安装，这样质量可得到保证。如果送风天花面积大的话，工厂化制作后的成品运输又有困难。在本设计中综合上述优缺点，采用不锈钢型材工厂化制作。由于送风天花的面积较大，考虑到运输的因素，把送风天花分割成三部分（即用 25mm 厚的彩钢夹芯板将静压箱分割成三等分），如图 8-19 所示。每一部分安

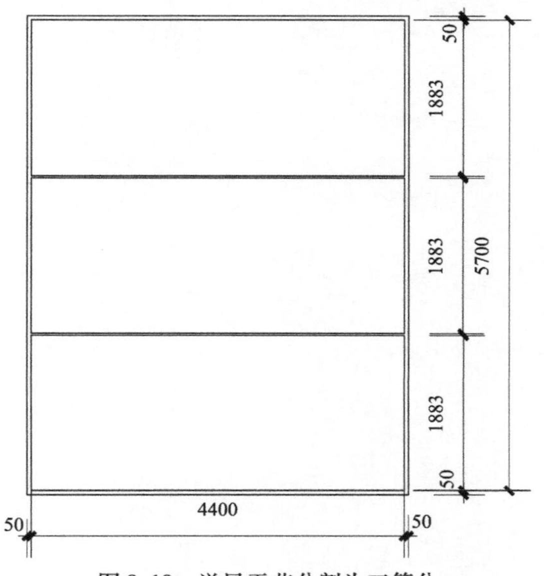

图 8-19 送风天花分割为三等分

装一整片刀口框架，把每一片框架分割成 15 个高效过滤器单元，如图 8-20、图 8-21 所示。这样做比采用一个大的静压箱均压效果好，但整个送风面的盲区有所增大，不过，经验算满布比能满足垂直单向流的要求。尽管如此，在本设计中采用了高效过滤器下部装设阻尼孔板来消除送风面盲区的影响，以保证百级单向流气流组织。

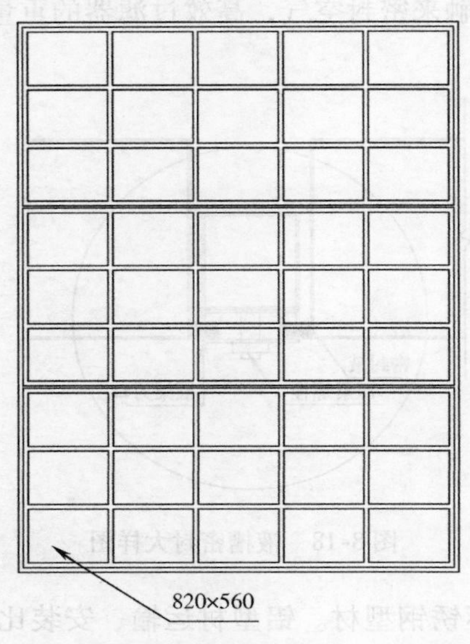

图 8-20 送风天花过滤器单元示意图

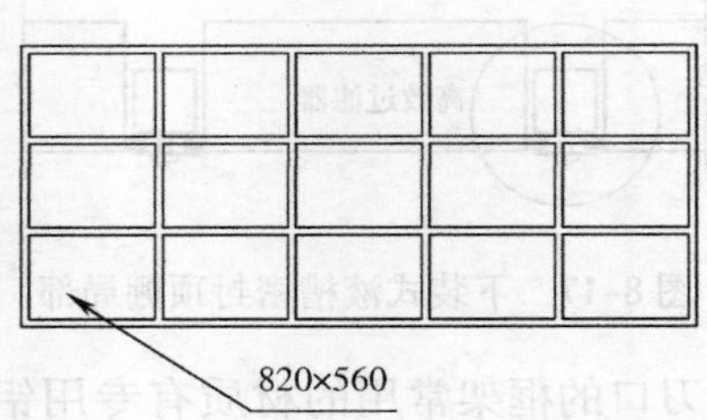

图 8-21 单片送风天花过滤器单元示意图

第 9 章　净化空调施工组织设计

施工组织设计是工程施工最基本也是最重要的技术经济文件，是施工企业进行施工准备、组织施工的指导性文件。也是施工企业工程投标时展示施工技术及管理的重要文件之一。任何一项工程的施工，均需在人力、物力、时间、空间及技术等方面进行全面合理的计划安排。否则，就无法达到预定的目的。净化空调的施工是一项系统工程，它需要土建、暖通空调、装修装饰工程、自动控制及电气等专业的有序配合。在施工过程中需多次交叉施工才能完成，这就增加了施工的复杂性。而净化空调施工又有其特殊的要求，有些施工工序需要施工环境干净。因此，对于净化空调施工来说，无论是在空间方面还是在时间方面都需要做科学而严密的设计，施工组织设计就显得更加重要。

9.1 编制依据

净化空调施工组织设计的编制依据主要有以下几方面的内容：

1）施工合同及相关部门的批示文件。

2）建设单位提供的有效施工图纸，图纸会审记录及设计单位对新材料、新技术的要求等资料。

3）现行国家颁布的各种规范、规程、法规及标准图等。

4）施工组织总设计。净化空调工程一般均为整个建设项目中的子项目，在编制该子项目的施工组织设计时，应把施工组织总设计的有关规定及要求作为编制依据。通常施工组织总设计的编制不可能全部精准，它与各个子项目或多或少有相互冲突之处。所以净化空调的施工组织设计应与施工组织总设计进行相应的协调，互相完善施工组织设计。

5）施工现场勘察资料，包括土建结构、土建尺寸的误差、施工场地周边道路条件等。

6）建设单位可提供的条件如供水、供电及可能提供的临时房屋及场地情况。

7）工程预算文件等资料。

9.2 施工准备及部署

施工准备是为正式施工创造必要的人力、物力、技术及组织等条件，以便工程施工有序安全地进行。准备的完善与否，直接影响工期及工程质量。

9.2.1 收集资料

收集与施工有关的资料，如施工现场条件，供水、供电及道路交通情况。施工现场条件主要是指土建工程施工进程，现场清理情况，门窗安装情况（通常，土建工程的外门窗是在整个工程竣工时才安装，故在净化空调施工前期应临时封闭门窗），有尘作业的施工进程。供水资料包括离工地最近水源点位置，接管距离，水压、水质情况（为生活饮用及清洗风管、水管打压使用)。供电资料包括可供施工使用的电源位置，电压是否稳定、接入施工现场的路径。收集道路交通情况是指到达施工现场的道路通行能力，主要材料及设备运输通道的情况，应包括道路、街巷、途经的桥涵高度，允许载重量及转弯半径限制等资料(因为洁净室装修材料大多使用彩钢夹芯板，其宽度为1.2m左右，而长度由运输条件、现场空间等因素决定，长度越长施工中的接缝就越少，越符合洁净室的要求)。

9.2.2 施工技术准备

根据建设方提供的合格的施工图及收集到的现场资料，结合工程特点，确定工程施工的技术人员构成，管理体系。通常由总工程师组织工程项目经理和现场施工技术人员及管理人员，熟悉、消化技术文件、设计图纸及相关规范、标准。对于由建设单位组织的设计交底和图纸会审工作，应由总工程师带队，项目经理、项目工程师参加。施工图纸会审一定要认真对待，力求将图纸上可能存在的问题解决在开工之前。

所谓图纸会审，是由建设单位组织，在开工前由设计单位、施工单位和建设单位三方对全套施工图纸共同进行的审查与核对。其主要目的是领会设计意图，明确技术要求，熟悉图纸内容，早期发现图纸中的错误并及时修改。图纸会审是非常重要的环节，特别是对施工单位，不可掉以轻心。

在图纸会审前拿到全套设计图纸后，施工单位应组织相关人员仔细审阅施工图纸，熟悉施工图的内容，领会其设计思想，必要时进行相关的校核计算，发现问题，详细记录。如：建筑、结构、安装有无矛盾之处；标高、尺寸、孔洞、预埋件等是否准确，图纸及说明是否齐全、清楚；所选设备及材料是否技术先进、经济合理、符合节能环保的要求，建设方是否能承受等。

在三方会审过程中，把上述问题逐一提出，进行讨论通过，做好详细记录（见表9-1)，经三方会签，形成正式文件。需修改部分应由设计单位另出设计变更图或变更通知单，作为施工依据，列入工程档案。这项工作做得越仔细到位，在施工过程中就越顺利。若忽视这项工作，在施工过程中发现设计中存在的问题，再行修改，将会延误时间，影响工程进度。对于施工单位，不应有只管照图施工，不过问设计图纸缺陷的思想。设计方、施工方，都是为建设方服务的，都应该有良好的职业道德及服务意识，把问题发现在施工前并及时纠正，避免给建设方带来经济损失。

表9-1 图纸会审记录表

工程名称：__________ 年____月____日

施工单位		设计单位	
建设单位			
顺　序	图纸名称（图号）	存在问题	会审结论

施工单位 设计单位 建设单位 记录人

在净化空调施工过程中，除土建及消防工程外，其余工种最好均由净化空调施工单位统筹安排，这种管理模式易于保证洁净室的建造质量。所以在图纸会审时，净化空调施工单位应和土建及消防施工单位沟通，协调好开工时间、施工进度及交叉施工的相互配合等方面的问题。对于净化空调施工单位所负责的专业工种的协调配合问题，应通过技术交底来解决。图纸会审时应做好记录，形成会审纪要，由建设单位正式行文，建设方、设计方及施工方共同会签并加盖公章，作为指导施工和结算的依据，也为施工组织设计提供依据。项目经理应组织专业项目工程师给各施工班组进行详细的施工技术交底。

9.2.3　外购材料及设备的准备

材料及设备是施工必需的物质基础，必须根据设计要求及图纸会审文件，制订不同施工阶段的供应计划，了解生产厂家的生产周期，落实货源。了解运输方式及运输条件，组织运输。安排好现场储备，准备存货场地。最终制订出详细的货物采购、运输、存储计划，使项目施工连续有序进行。

9.2.4　施工人员组织准备

施工人员组织准备是指工程施工必需的人力资源准备，包括项目经理部管理人员和施工工人，由此两者组成工程施工管理层及作业层。施工人员的选择及合理组合，直接关系到工程质量及施工进度。因此，该项工作是工程开工前准备的一项重要内容，必须编制出详细的用工计划。

9.2.5　施工机具的准备

净化空调施工的主要机具是电动工具，种类较多，如型材切割机、砂轮切割机、手动圆盘锯、曲线锯、电剪刀、折弯机、咬口机、电焊机、电锤、电钻等。应根据施工进度及方案确定其类型、数量和进场时间、存放地点，编制出施工机具需用量计划。

9.3　施工方案

施工方案是施工组织设计的核心，也称为施工设计。施工方案的合理与否，直接影响施工进度、施工质量及施工效率。施工组织设计是施工方案编制的依据，而施工方案是施工组织设计的深化，它的操作性更强。在确定施工方案时就应根据现场情况、材料尺寸及特性、工程特点，充分考虑施工的可行性，力求做到技术先进、经济合理。施工方案应包括施工程序、施工顺序、施工方法及相应的技术组织措施等。

9.3.1　施工程序

净化空调施工，交叉作业多，这就要求施工程序科学合理，先后顺序不可颠倒或跨越，否则不利于施工质量的控制及既有施工产品的保护，更不利于尘埃的控制。在确定施工程序时应考虑下列要素。

(1) 先有尘后无尘　即先安排产尘作业（如安装管道支吊架、管道焊接、地面打孔等），后安排无尘作业。这样便于尘埃的控制，否则会带来大量的擦洗工作。

(2) 先上后下、时有交叉　洁净室的施工大体上遵循先上后下的原则，即首先安装上部的支吊架、主管道、电缆桥架，然后进行洁净室装修，待洁净室装修初步完成后，再安装顶部与洁净室吊顶相连接的设备支管，这样既可保证施工精度，又省工省时。在实际施工中还应灵活掌握，若教条地遵循先上后下的施工原则，待顶部所有管道设备安装完毕后再进行下部装修，将会导致吊顶板装不上去的困难，还得拆卸返工，费时费工。所以应该“先上后下、时有交叉”。

(3) 先大管后小管　净化空调属全空气系统，风量大，风管尺寸大，应先安装主风管，后安装消防水管、自来水管、蒸汽管道、工艺管道。否则，会增加安装难度，甚至会导致返工。

9.3.2　施工顺序

施工顺序即施工的先后次序。它的确定是为了按施工规律组织施工，有效解决各工种之间在时间上的衔接和在空间上的配合问题，达到保证质量缩短工期的目的。确定施工顺序时，应考虑下列因素。

1）遵循施工程序。

2）熟悉材料特性及施工工艺。如彩钢夹芯板的施工，应先安装墙板，后安装顶板，有时还需墙板、顶板交错安装。否则，会出现墙板无法插入铝型材地槽中或顶板无足够空间吊装的情况。

3）由内向外。彩钢夹芯板大多利用企口拼接，所以应从一端向另一端有序施工，不可由两端向中间或由中间向两端施工。为此，通常采用由内向外的施工顺序，以利于材料的转运（详细介绍参见第 11 章）。

9.3.3　施工方法

施工方法是施工方案的核心，在确定施工方法时应考虑材料特性、工程特点、施工空间等因素，不能千篇一律，照抄既有的施工方法。同样级别及用途的洁净室，材料不同，施工方法也不同。如机制彩钢夹芯板与手工彩钢夹芯板，虽然都是彩钢夹芯板，但所用的施工方法不尽相同。同样的材料，尺寸大小不同，施工方法也不同。如彩钢夹芯顶板的安装，若顶板为无纵向拼接缝的整板，考虑到安装空间，就需要墙板与顶板交替安装；若顶板有纵向拼接缝，就可安装完墙板后再安装顶板。所以在施工中采用何种施工方法必须结合实际情况，进行周密的分析才能确定，在选择施工方法时应考虑下列因素。

1）根据收集到的现场资料、二次设计图所示材料尺寸及板材位置，确定行之可行的方法，以满足施工工艺的要求。

2）采用先进的技术和工艺应切合实际，进行可行性及经济性分析比较，使技术的先进性与经济的合理性相统一。如风管的制作，工厂化制作精度高、效率高，但需要远距离运输，使成本增加且易损坏风管。如果采用工厂化加工，现场组合的方式加工风管，虽然可降低运输费用，但这种方式对于法兰连接的风管优势不大（净化空调用的风管不应采用插条连接）。在现场半机械半人工加工制作风管，省去大量运输费用且灵活性强，虽工效不及工厂化制作高，但整体经济性不亚于工厂化制作。

3）无论何种施工方法，均须符合国家颁发的施工验收规范和质量检验评定标准的有关规定。

4）抓住每个子项目的主要矛盾，因地制宜，制订出切实可行的施工方法，以确保质量、工期及成本要求。

9.4 劳动力组织

劳动力计划应根据施工总量、施工工种、施工现场、工期及质量标准进行制订，由项目经理根据施工顺序及施工进度，编制劳动力动态曲线图，确保劳动力计划满足施工进度和施工质量要求，防止劳动力安排不当引起施工顺序混乱，影响施工质量和施工进度。

9.5 制订施工进度计划

施工进度计划是在施工方案的基础上，依据规定工期和各种资源供给条件来确定各工序的合理施工顺序和施工时间及其搭接关系，通常用图表形式表示。它是制订各项资源需要量计划和编制施工准备工作计划的依据，是控制施工进度和竣工期限等各项活动的依据。一个符合实际的施工进度计划，能使施工过程有条不紊地进行。

用图表形式表示的施工进度计划，反映了从开工到竣工的全部施工过程，反映出施工过程中土建、装饰装修、净化空调、水、电、消防等各专业工种之间的配合关系。科学地编制施工进度计划，有利于在施工过程中统筹全局，合理安排人力、物力。有利于各专业、各工种的技术人员明确目标，有的放矢。有利于各交叉工种的协调配合。

9.5.1 施工进度计划的编制依据

1）施工图及现场二次设计图，相关标准图、图纸及技术资料。

2）施工工期、开工、竣工时间。

3）各种资源的供应情况，现场施工条件。

4）施工方案、施工程序、施工顺序、施工方法等。

5）施工合同及施工定额。

9.5.2 施工进度计划的编制原则

1）严格按照施工顺序编制，要与既定施工技术方案相适应。

2）首先安排有尘作业、高空作业，不允许把有尘作业与无尘作业交叉安排。

3）应考虑对洁净室装修工程的成品采取保护措施。

4）净化空调机组的安装应能及时配合洁净室系统的“空吹”运行。

9.5.3 施工进度计划编制的方法步骤

编制的理论依据是流水作业原理。首先编制各项目的进度计划，然后依据流水作业原理搭接各项目进度计划，且应充分考虑到各项目的产尘状况。还应合理安排不便组织流水施工的工序。现简要介绍施工进度计划编制的方法步骤：

(1) 划分项目，确定施工顺序　划分项目应根据工程性质、施工验收标准及施工现场的实际情况决定。它是进度计划的基本组成单元。划分项目应按序列表，编排序号，凡是和工程施工相关的内容均应列入。划分项目后便可确定施工顺序，参照施工方案中确定的施工顺序，按所选的施工方法和施工机具进一步完善细化施工顺序。该施工顺序可解决各项目之间在时间上的先后顺序和相互搭接问题，以达到充分利用空间，有效利用时间，提高施工质量，科学安排工期的目的。

(2) 计算工程量、确定项目的持续时间及人数　计算工程量是施工组织设计中非常繁琐费时的一项工作，应针对划分的每一个项目进行计算，且应分段计算。最便捷的办法是根据已有的施工预算加工整理。计算人员应经常去施工现场了解施工工艺及技术，这样对计算项目的持续时间和人数的确定很有好处。切忌机械地套用施工定额、预算定额。甚至在根本不熟悉施工技术的情况下来照猫画虎地做计算，计算结果的误差可想而知。对于采用新工艺、新材料、新方法的施工过程，无定额可循，通常采用经验法估算项目人数及持续时间。如洁净室中的彩钢板装修工程，无合适的定额可套用，且材料品种不同，施工所用人数及持续时间也不同，这就要求计算人员有相当丰富的一线施工经验，才可能估算准确。否则，所确定的施工进度计划就如纸上谈兵。有定额可循的工程，可灵活应用定额计算法确定项目持续时间。

(3) 确定各项目之间的关系，进行搭接　依照施工程序、施工顺序、各项目在施工过程中的产尘状况及交叉情况、中间验收标准等条件，把各项目的施工流水线搭接起来，形成初步的施工进度计划。对不能组织流水或与其他工序无关的项目，根据具体情况灵活搭接。

(4) 优化初始方案　首先，检查工期是否符合总进度计划的规定或合同的要求，是否能按期交付使用。若不满足要求就应调整，使其满足规定的要求。其次，应检查能否做到对尘埃的全过程有效控制，有无交叉污染、二次污染的隐患。若有，应及时调整，采取确实可行的技术措施，使整个施工过程能有效控制污染，不留隐患。其三，检查同一施工期内的交叉工种，有无窝工或间断情况。若有，做适当调整，使其完善。经上述检查调整后，使进度计划更加合理，最终形成进度计划表。

净化空调工程的施工是一个复杂的生产过程，影响施工的因素较多，经常会出现不符合原计划的状况（如甲方要求变更、停电、停水、不可掌控的工种拖延工期及自然条件等影响）。因此，在施工过程中应随时掌握施工动态，并适时调整计划。

9.6　工程质量保证措施

工程质量是企业的生命。实践证明，凡是注重施工质量的企业，在市场经济中都有很好的美誉度，都是竞标市场中的优胜者。所以，在做施工组织设计时，应认真制订好质量保证措施，并在施工活动中落实好。

9.6.1　建立质量保证体系

净化空调的施工不同于其他建筑工程，它的施工难度大，质量要求高。除应符合《通风空调工程施工质量验收规范》（GB 50243—2002）及《洁净室施工及验收规范》（GB 50591—2010）规定的条款外，还应满足所在行业的各种规定和要求。所以施工企业应建立良好的质量保证体系，使各分部分项工程均在质量体系的控制下进行实时动态控制。这就需要建立好档案，做出质量计划，将质量管理的任务、责任以及要求落实到每个职能部门，甚至落实到每个人，使施工产品具有可追溯性。如通过采取标识、编号等方法，使查出的质量问题产品可追溯到施工班组及施工工人。通过奖惩制度会使所有施工人员真正提高质量意识。

9.6.2　进场设备、材料的保证

良好的质量保证体系，还需优质合格的设备、材料做保证。首先，应对设备、材料生产厂家进行如下内容考查：

1）有效的营业执照及生产许可证。

2）企业注册资金、信用度及美誉度。

3）企业的质量保证措施、价格水平、售后服务水平。

其次，应对进场的设备、材料进行如下几方面的检验及处理：

1）规格、型号、数量、质量证明文件等逐一检验，并会同监理人员做详细记录，经监理单位盖章后存入档案。

2）对有包装的产品，首先应检查外包装，若发现损坏，应及时通知生产厂方到现场拆包，各项指标检验合格后才可入库保存。

3）在验收中缺少材质证明的材料按不合格产品进行单独存放并标识，直到资料齐全后方可投入使用。

4）对不合格产品，应由相关技术人员确认，做好不合格品登记封存，由相关人员与生产厂方联系退货等事宜，坚决杜绝不合格产品进入施工领域。

9.6.3　设备、材料的储存及使用

合格的材料、设备，若保存不当也会产生质量缺陷。如净化空调工程中所用的高效空气过滤器，如果保存不当，很容易损伤、泄漏且难于补救。彩钢夹芯板及配套的型材，如果储存不当，会损伤板面、扭曲变形，这样会影响使用及安装质量。因此，材料、设备存放时应注意以下几点：

1）储存环境应符合材料、设备所需要的保存环境，应分类堆放并进行标识，注明其名称、规格、生产厂、质量等级、数量等。

2）对有时效要求的材料（如密封胶等），还要在标识牌上标明生产日期及失效期。

3）彩钢夹芯板应存放在离施工现场较近的地方，室内室外均可（若放在室外应有防雨措施），但必须水平放置且周围环境尺寸应能满足其搬运要求。过分狭小的环境很容易使其受损。储存搬运时，特别要注意板面的保护，一旦损坏，很难修复。彩钢夹芯板上禁止踩踏，因为踩踏会造成表面涂层的伤痕，当竣工后撕去保护薄膜时才能发现此缺陷，这种伤痕无法补救。彩钢夹芯板应按生产厂加工批次分类堆放并做好标识，否则会在同一洁净室内造成色差，影响美观。同一种颜色但不同生产批次的彩钢板卷材，会有微小色差，加工成彩钢夹芯板后，安装在一起时才能看出这种细微的色差。故在材料的组织上应充分考虑到这一点，做到同一间洁净室使用同一卷材料生产的彩钢夹芯板。

4）易燃易爆的材料应单独存放，并做好标识。

5）对于贵重易损材料，应专室存放。

6）材料保管员及质检员应会同现场监理人员做好材料的验收工作，并把由监理人员签字、盖章的材料、验收单及时存档，以供竣工资料使用。

7）若不同工种的材料存于同一库房时，材料保管员应做好搬运物料时的现场提醒及保护工作，以防划伤或损坏其他工种的材料。

8）彩钢夹芯板的配套型材，应根据类别分架放置，以便取用方便。对于装饰型材的存放架，其支撑间距不宜太大以防弯曲变形。支架表面应由软材包裹，以防产生压痕。

9）质保部应实时检查各项目部的材料、设备管理工作，发现问题及时整改，并把整改结果上报质保部存档。

9.6.4　与其他专业的配合

净化空调工程，交叉施工较多，加之土建、消防等专业对洁净室的质量要求认识不足，经常出现划伤、损坏墙面壁板的事故，甚至出现争端。比较有效的质量保证措施是由建设方牵头，各专业项目经理及工程监理组成质量保证联合体，根据施工组织设计的进度计划，在不同施工班组或不同专业交接时，由各自的项目经理或负责人到现场查看现有施工产品状况（如彩钢夹芯板板面情况、已装玻璃的情况等），做好交接记录，由承接方签字盖章后交给上一工序的施工组，待完成该施工段的任务后再由双方检查验收。上一工序的施工组把签字盖章后的检查验收文件交给该施工组。依此类推，各衔接组都做好流水施工的交接记录工作。各施工班组长应控制好施工人员进场数量并做好进场时间记录，这样在发现问题时有据可查。

在交叉施工时，各项目组应对施工人员做好提醒工作，被保护建筑产品的施工组应安排专人负责现场巡视工作，以防发生损坏事故后互相推诿。

对于管道安装、定位及标高的矛盾，采用常规的协调原则：小管避让大管，上水管避让下水管等；若协调不成，应由建设方出面协调。在施工前的图纸会审中，把各管道的标高、走向及相互位置协调好是很重要的，可避免施工过程中的矛盾，尽可能将此类问题解决在施工安装之前。

土建专业在设备基础施工时，设备安装专业应安排专人陪护，避免土建施工人员碰坏已进场的设备。

9.6.5　质量保证档案

质量保证档案的建立，在工程施工过程中对质量控制起着至关重要的作用。特别是当今在施工过程中实行的工程监理制度，如能建立完善的施工档案，对保证质量、质量问题的追溯、隐蔽工程验收以及问题工程的责任分担起着举足轻重的作用。能避免许多纠缠不清的责任事故的麻烦。不能把质量控制及质量保证仅限于宣传口号上，而应该有一套科学完善的管理制度、奖惩制度。真正把质量放在首位，把优良的工程交给建设方，提高自身企业的信誉度、美誉度。

质量管理工作除须建立完善的管理制度及档案外，还应在下列几方面引起高度重视。

1）组织相关技术人员认真读懂图纸及各项技术要求，把施工组织设计的相关内容向各班组详细交底，让施工人员做到心中有数。

2）创建激励制度，鼓励施工人员技术攻关、出点子、想妙招，为提高质量献计献策。

3）各班组坚持记施工日记，把施工的原始记录记入技术档案中。

4）重视隐蔽工程的验收工作，工程监理人员在验收材料上签字盖章后才算验收工作结束。

9.7 施工安全措施

施工过程中应始终贯彻以人为本、质量第一的原则。进行人性化管理，把施工安全放在首位。实践证明，施工安全是企业正常生产的前提条件，加强安全技术工作是施工管理工作的重要组成部分，也是施工组织设计不可缺少的部分。加强安全技术管理，必须做好如下几方面的工作：

1）提高企业员工的安全意识，组织员工认真学习安全技术规程并落实到实处。要建立安全上岗证制度，无证员工不许上岗。

2）建立完善的安全生产组织机构及规章制度，安全工作应由企业一把手亲自抓。

3）施工负责人应认真贯彻国家颁发的有关安全生产和劳动保护政策、法令和规章制度。坚决杜绝违章作业，当施工进度和施工安全发生矛盾时，必须服从安全规程要求。实践证明，事故大多发生在赶工期、抢速度、违规作业过程中。所以，应认真执行施工进度计划，避免盲干、杜绝空喊口号。

4）安排专职安全员，督促、帮助施工人员遵循安全操作规程，做到班前动员班后检查。

5）建立工地安全规章制度，做到进入工地必须戴安全帽，无安全设施的高处作业必须系好安全带，工地用电应由专人管理，机电设备应由专人操作。

6）有害健康的施工作业，应提供防毒口罩，最好能创造条件增设临时通风设施（如壁板涂料的喷涂等工种），若没有通风设施，将严重损害施工人员的健康，应引起足够的重视。

7）防火安全应落实到人，职责明确，并应设专职消防员，建立防火档案，配备足够的消防器材并设于醒目位置。做到人人会使用灭火器，严禁在施工现场明火做饭烧水，动用明火应由主管领导审批并提出安全监护措施。焊接作业应有防止火星喷溅的措施。

9.8 某净化空调工程施工组织设计实例

9.8.1 工程说明

（1）工程名称 某量子光学科研楼净化空调工程。

（2）工程简介 该工程项目建筑面积8575m²，其中地上7195m²，地下1380m²，结构形式均为钢筋混凝土框架结构，建筑耐火等级为一级。

空调负荷：该科研楼净化空调、中央空调工程，夏季空调总冷负荷为325.3kW，冬季空调总热负荷为242.68kW。

冷源为模块化水冷冷水机组，提供7℃冷冻水。热源由城市集中供热管网提供，通过二次换热器，提供50℃热水。

空调系统形式：有一间实验室设置恒温恒湿机组，其他各层实验室的非净化区域采用风机盘管加新风的空调形式。

净化区域：地下一层、一层及二层的千级洁净室采用上送双侧下回风气流组织形式；二层的百级洁净室采用顶棚满布高效过滤器送风、双侧下回风的准单向流气流组织形式。

(3) 工程内容　包括净化空调工程，彩钢夹芯板装饰装修工程，舒适性空调工程。

(4) 净化空调系统概述　这项净化空调工程共有15间洁净实验室，分别设置在该楼的地下一层、一层及二层的实验室内。净化空调均采用二次回风系统，新风经三级过滤后集中供给所服务的净化空调机组。地下一层共6个洁净实验室，洁净度级别为1000级；一层共6个洁净实验室，洁净度级别为1000级；二层共3个洁净实验室，其中两个洁净实验室的洁净度级别为1000级，另一个洁净实验室洁净度级别为100级、1000级。

由冷水机组为这三层的舒适性空调、净化空调集中供冷。地下一层净化空调采用集中供冷冻水、集中供新风的自循环净化空调方案。新风机组设置粗效、中效及亚高效三级过滤器，新风机组设在每层的空调机房内。地下一层新风通过管道分别送至每个洁净室的空气处理机组（吊挂于准备室或走廊的吊顶夹层内），与各自的洁净室回风混合后经该空气处理机组热湿处理，然后再与各自的洁净室回风混合，通过各自洁净室的中效循环机组过滤、加压后，经布置于各自洁净室顶部的高效过滤器送风口送入洁净室内。一、二层净化空调采用组合式净化空调机组分别向各自的洁净实验室送风，洁净实验室所需新风由新风机组分别送给各自的组合式净化空调机组。组合式净化空调机组设在所在层的空调机房内。

千级洁净室的气流组织形式均为顶送风双侧下回风，顶部送风口均采用带扩散孔板的高效过滤器送风口。送、回风管道均设于吊顶夹层内。百级洁净室采用顶棚满布高效过滤器送风，两侧下回风的准垂直单向流气流组织方案。其送风由设置于机房的组合式净化空调机组及中效自循环机组共同承担，中效自循环机组吊挂在吊顶夹层内。该组合式空调机组同时也承担该实验室千级洁净室的送风。

9.8.2 施工条件

经图纸会审及施工现场勘察，土建工程顶部防水及保温已竣工，室内墙面施工已完工，地下一层地面施工已完工。一、二层地面未做水泥面层，门窗均未安装。外墙磁砖贴面正在施工中，水、电供应良好，实验楼周围交通便利，能通过8m长的汽车。地下一层机房的顶板未浇筑，为该层留作专门的施工通道，供设备、材料进入。楼道较窄，只能供搬运小件设备、材料使用。所以，这三层的净化空调施工应从地下一层开始。

9.8.3 施工现场人员配备

1. 项目经理部的组建（施工管理层）

该工程的项目经理，他是该公司法人代表在此工程项目上的全权委托代理人。项目经理部的其他管理人员由项目经理选定，组成项目经理部，见表9-2。

表 9-2　项目管理机构配备情况表

序号	姓名	职称	执业或职业资格证明				已承担在建工程情况		
			证书名称	级别	证号	专业	原服务单位	项目数	主要项目名称
项目经理	×××	高工	贰级建造师	贰级		暖通		1	
技术负责人	××	高工	专业技术人员任职证书	高级		暖通		2	
施工员	×××	工程师	管理人员岗位证书	中级		暖通		1	
施工员	×××	工程师	管理人员岗位证书	中级		土建		1	
安全员	×××	助工	安全生产考核合格证书			暖通		1	
安全员	×××	助工	安全生产考核合格证书			暖通		1	
预算员	×××	工程师	造价员资格证书	中级		暖通		2	
质量员	×××	助工	管理人员岗位证书			暖通		1	
标准员	××	工程师	管理人员岗位证书	中级		暖通		1	
机械员	××	助工	管理人员岗位证书			暖通		2	
材料员	×××	助工	管理人员岗位证书			暖通		2	

2. 劳动力计划（施工作业层）

该项目的施工人员全部由公司职工组成，根据施工总量、施工期限、施工条件、施工技术水平及质量标准来制订劳动力计划。制订劳动力计划时征求了各工种施工主管的意见，使制订的劳动力计划能满足施工质量和施工进度的要求，避免由于安排不合理造成窝工或施工顺序混乱现象。

3. 施工现场平面布置（图 9-1）

净化空调工程施工需要有一封闭的干净环境来制作、存储净化风管，本工程选在光电楼的一层实验室（7）、（10）作为风管、法兰及吊架等附件的制作场所。该施工场所进料方便，加工制作的成品距地下一层、二层的施工现场较近。在法兰加工区制作风管法兰、管道支架、吊架等。在风管加工区划线、裁板、折弯、制作咬口、风管表面除油。在洁净风管加工区擦洗洁净风管内外表面并压口组对风管、铆接法兰、打胶密封、分段检漏、塑料薄膜封口。该区域的门窗及洞口需临时封闭，水泥地面需封闭尘埃。本工程采用彩条布覆盖水泥地面、其上铺设胶木板的方法来创造干净、平整的洁净风管加工环境。在洁净风管保温区给风管保温，地面也用彩条布覆盖封尘。风管保温也可在安装后进行，本工程风管布置比较紧密，安装后保温空间不够。所以，采用安装前给风管保温、安装后给法兰接口保温的方案。保温区及法兰加工区需通风，以防胶粘剂、防锈漆溶剂对工人的伤害。

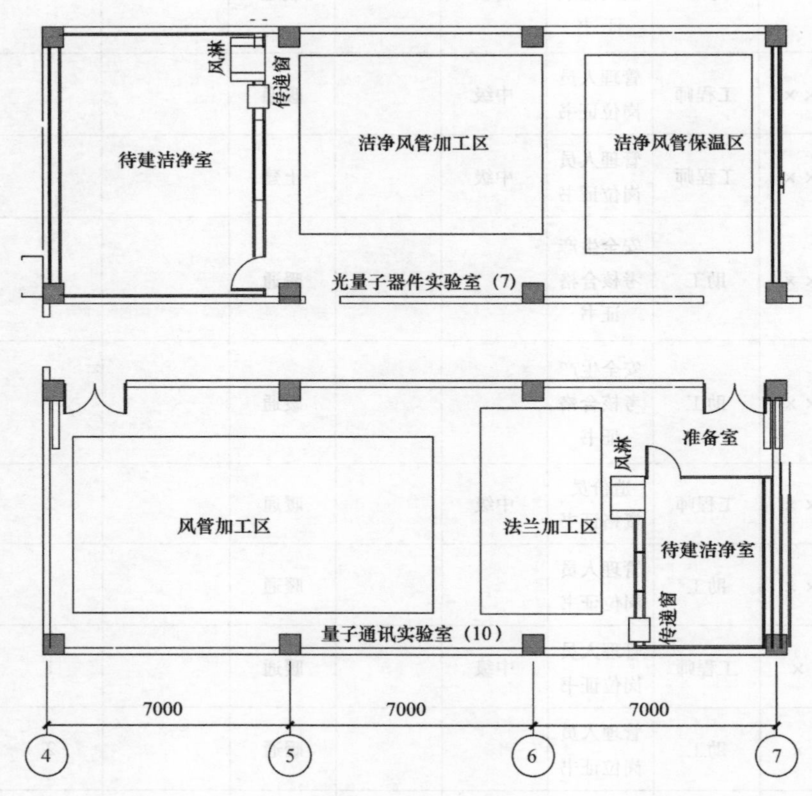

图 9-1　施工现场平面布置图

4. 材料设备进场计划

为使施工连续有序地进行，同时又兼顾施工现场储料条件及运输周期，经过现场技术人员对建设方提供的施工图进行二次设计后，提出所用材料的尺寸、数量（有关二次设计详见第 10 章），结合施工进度计划表提出用料计划。净化空调设备、彩钢夹芯板需从外地采购，周期较长。镀锌钢板、角钢等材料及附件可在本地采购。根据不同的供货周期制订出相应的采购计划。本工程地下一层的施工通道留在其空调机房未浇筑的顶板处，待大型设备、材料进场后方可浇筑地下一层的机房顶板。所以，根据施工进度计划及合同要求，进工地初期先加工风管、吊架，根据地下一层设备、材料的生产周期、运输周期先确定该层的订货计划。一层、二层设备材料的订货计划应参考土建工种的施工进度计划、地面面层的施工时间、施工进度等因素来制订。

9.8.4　施工方案

1. 施工程序

该项目施工工期短、工种多。因此，交叉施工不可避免。制订科学的施工程序就显得非常重要。将本工程分为净化空调工程、彩钢夹芯板装修工程、空调管道工程三个施工阶段。由于用户要求的特殊性及施工安装的复杂性，每个阶段并不是孤立地进行，而要多次交叉施工。所以，采取有效的产品保护措施尤为重要。

本工程共 3 层，纵向施工顺序为地下一层、二层、一层。之所以这样安排，主要考虑到地下一层的净化空调设备、材料进场后土建工种方可浇筑其机房的顶板。二层的部分设备、材料可利用土建外挂货梯输送，因为楼梯间空间小，无法搬运。待二层的设备、材料运送到位后，方可拆卸土建外挂货梯，封堵施工洞口，给二层创造出净化空调施工的条件。一层的设备、材料可从楼门入口搬运，加之风管加工场所设在一层，故一层的施工放在最后。所以，在施工组织设计时现场勘察一定要细致。

每层的施工均根据先有尘后无尘，先上后下，先大管、后小管的施工程序。因此，先安排风管、水管、电气工种等相关人员协调定位，把各自管道的支、吊架安装好，把安装过程中刮掉的防锈漆补涂好，然后清洁现场卫生，进入下一道安装程序。安装吊挂式机组，安装送、回风主管道，用塑料薄膜封堵其开口部分。然后安装水管、电缆桥架。进入洁净室的水管，待彩钢夹芯板装修工程基本完工后再与主管对接。否则，影响彩钢夹芯板的施工。待上部安装工程基本完工后，开始进行下部彩钢夹芯板装修工程的施工。

2. 划分各阶段包含的工序

1）净化空调工程的施工工序：送、回风管道制作安装、风管检漏、净化设备安装及设备与风管连接、风管的保温（该工种的工序根据风管的安装位置、周边的空间等情况灵活调整，本工程采用先分段检漏、保温，后吊挂安装的工序）。

送、回风管道制作安装：包括支吊架的制作安装，风管的制作安装等分项工程。

净化设备安装包括：高效送风口安装（配合彩钢夹芯板装修工程交叉施工）、净化循环机组安装、回风口的安装（配合装修工程交叉施工）、设备与管道连接等分项工程。

风管保温：包括裁切保温材料、涂刷专用胶粘剂并粘贴、法兰处的保温等分项工程。

2）彩钢夹芯板装修工程的施工工序：安装地槽、安装墙板、安装顶板、安装门窗洞口型材、安装圆弧角、安装密闭门。

安装地槽：包括测量放线（充分考虑土建施工的误差）、地槽切割安装（根据二次设计图计算好的门洞位置）等分项工程。

安装墙板：包括裁切洞口（回风口洞口）、开插座开关底盒洞口、墙板拼接校正、墙板顶边封口等分项工程。

安装顶板：包括吊件制作安装、裁切送风口洞口（根据彩钢夹芯板的强度、洞口大小等因素决定）、安装顶板并与吊件连接等分项工程。

安装门窗洞口型材：包括切割下料、装配连接件、型材安装（注胶）、窗玻璃压条下料、装配等分项工程。

安装圆弧角：包括下料、切角、底座安装（在装配墙板及顶板时已安装）、圆弧角卡装等分项工程。

安装密闭门：包括装门框（有的门框安装与墙板安装同步进行）、合页、安锁具等分项工程。

3. 施工顺序

1）净化空调工程施工顺序为：送、回风管道支吊架的安装⟶风管的制作、安装⟶风管的检漏⟶风管保温⟶组合式空调机组的空装⟶冷水机组的安装（组合式空调机组与冷水机组在空调机房内，可不形成流水，其安装顺序可调整）。以上为常规顺序，本工程由于空间狭小故采用风管吊装前的检漏、保温、吊装、法兰接口保温的顺序。

2）彩钢夹芯板装修工程施工顺序为：测量画线（根据二次设计图纸）⟶安装地槽⟶安装墙板⟶调正并用圆弧角底座固定⟶安装顶板⟶调平并用圆弧角底座固定⟶安装门窗洞口型材⟶安装圆弧角⟶安装净化密闭门。

3）配电工程（若此工种未包含在净化空调工程中，在施工组织设计时也应详细列出以备与配电工种配合）施工顺序为：在墙板夹芯内穿管（在安装彩钢夹芯板墙板时进行）⟶安装净化灯⟶安装消防指示⟶在吊顶夹层内装配照明电线管⟶照明配线⟶安装开关及插座。

9.8.5 施工进度计划

编制施工进度计划的理论依据是流水作业原理。首先编制各项目进度计划，然后依据流水作业原理搭接各项目进度计划，合理安排不便组织流水施工的工序。本工程施工期限为80天，工期短、任务重。按照施工方案所划分的项目、确定的施工顺序、施工方法和施工机具进一步完善细化施工顺序。通过计算工程量确定项目的持续时间及人数，根据各项目在施工过程中的产尘状况及交叉作业情况，对各项目在时间上的先后顺序进行搭接，做到充分利用空间，有效利用时间，科学安排工期。由于洁净室施工的复杂性，所以把整个工程各阶段各工序进度计划编在同一张表上（用横道图表示），便于实时监控各工序施工及交叉作业的管理。同时把土建及地面施工工种的配合项目也编入进度计划，以便确定其进场和退场时间，保证洁净室施工质量。施工进度计划参见表9-3施工进度计划表。

为了能够把一张横幅大表插入书中，故把大表裁分成四部分：表9-3施工进度计划表、表9-3施工进度计划续表1、表9-3施工进度计划续表2、表9-3施工进度计划续表3。为了阅读方便，每张表均带有“序号”和“任务名称”。

9.8.6 工程质量保证措施

1）进场设备、材料的检查验收。在订购设备前，应详细了解生产厂家的各种有效证照：如营业执照，生产许可证等，本项工程经与建设单位沟通协商，全部采用知名企业的产品。

根据其他工种的施工进度，要把握好设备材料进场的时机。进场的顺序为地下一层、二层、一层。设备进场后应会同工程监理人员进行验收。查验项目：规格、型号、数量、质量证明文件。经查验符合设计要求及质量标准后，填写《工程材料/构配件/设备报审表》，经工程监理签字盖章后存档。

2）高效过滤器采用出厂检漏、用专车运输的方式，避免由于装卸不当造成产品的损害。对运输过程受损的产品及材料，另库保存（及时与生产厂协商处理），绝不在工程中使用。

表 9-3　施工进度计划表

序号	施工日期 / 任务名称	2012 年 9 月											
		1 2	3 4	5 6	7 8	9 10	11 12	13 14	15 16	17 18	19 20	21 22	23 24
1	净化空调工程（地下一层、二层、一层穿插进行）												
1）	制作安装送回风管道支、吊架												
2）	制作安装主风管												
3）	安装支风管												
4）	风管检漏、保温												
5）	安装高效过滤器送风口												
6）	“空吹”、安装高效过滤器												
7）	安装一层的组合式空调机组												
	安装二层的组合式空调机组												
8）	安装冷水机组、冷却塔												
2	彩钢夹芯板装修工程（地下一层、二层、一层穿插进行）												
1）	安装地槽												
2）	安装墙板、顶板												
3）	安装洞口型材、圆弧角、密闭门												
4）	密封彩钢夹芯板的拼接缝												
3	管道工程（地下一层、二层、一层穿插进行）												
1）	安装管道支吊架												
2）	安装空调冷冻水管、冷却水管												
3）	消防管道的安装（消防工种）												
4	配电工程（电气工种）												
1）	在墙板夹芯内穿电线管												
2）	安装净化灯												
3）	夹层内照明配管及配线												
4）	安装开关及插座												
6	浇筑地下一层、二层空调设备的基础（土建工种）												
	浇筑一层空调设备的基础（土建工种）												
7	铺设洁净室地面（装饰工种）												
8	净化空调系统调试												

（续）

序号	任务名称 \ 施工日期	2012年9月、10月											
		25 26	27 28	29 30	1 2	3 4	5 6	7 8	9 10	11 12	13 14	15 16	17 18
1	净化空调工程（地下一层、二层、一层穿插进行）												
1）	制作安装送回风管道支、吊架												
2）	制作安装主风管												
3）	安装支风管												
4）	风管检漏、保温												
5）	安装高效过滤器送风口												
6）	"空吹"、安装高效过滤器												
7）	安装一层的组合式空调机组												
	安装二层的组合式空调机组												
8）	安装冷水机组、冷却塔												
2	彩钢夹芯板装修工程（地下一层、二层、一层穿插进行）												
1）	安装地槽												
2）	安装墙板、顶板												
3）	安装洞口型材、圆弧角、密闭门												
4）	密封彩钢夹芯板的拼接缝												
3	管道工程（地下一层、二层、一层穿插进行）												
1）	安装管道支吊架												
2）	安装空调冷冻水管、冷却水管												
3）	消防管道的安装（消防工种）												
4	配电工程（电气工种）												
1）	在墙板夹芯内穿电线管												
2）	安装净化灯												
3）	夹层内照明配管及配线												
4）	安装开关及插座												
6	浇筑地下一层、二层空调设备的基础（土建工种）												
	浇筑一层空调设备的基础（土建工种）												
7	铺设洁净室地面（装饰工种）												
8	净化空调系统调试												

（续）

序号	施工日期 / 任务名称	2012年10月、11月											
		19 20	21 22	23 24	25 26	27 28	29 30	31 1	2 3	4 5	6 7	8 9	10 11
1	净化空调工程（地下一层、二层、一层穿插进行）												
1）	制作安装送回风管道支、吊架												
2）	制作安装主风管												
3）	安装支风管												
4）	风管检漏、保温												
5）	安装高效过滤器送风口												
6）	“空吹”、安装高效过滤器												
7）	安装一层的组合式空调机组												
	安装二层的组合式空调机组												
8）	安装冷水机组、冷却塔												
2	彩钢夹芯板装修工程（地下一层、二层、一层穿插进行）												
1）	安装地槽												
2）	安装墙板、顶板												
3）	安装洞口型材、圆弧角、密闭门												
4）	密封彩钢夹芯板的拼接缝												
3	管道工程（地下一层、二层、一层穿插进行）												
1）	安装管道支吊架												
2）	安装空调冷冻水管、冷却水管												
3）	消防管道的安装（消防工种）												
4	配电工程（电气工种）												
1）	在墙板夹芯内穿电线管												
2）	安装净化灯												
3）	夹层内照明配管及配线												
4）	安装开关及插座												
6	浇筑地下一层、二层空调设备的基础（土建工种）												
	浇筑一层空调设备的基础（土建工种）												
7	铺设洁净室地面（装饰工种）												
8	净化空调系统调试												

（续）

序号	施工日期 / 任务名称	2012年11月											
		12 13	14 15	16 17	18 19								
1	净化空调工程（地下一层、二层、一层穿插进行）												
1）	制作安装送回风管道支、吊架												
2）	制作安装主风管												
3）	安装支风管												
4）	风管检漏、保温												
5）	安装高效过滤器送风口												
6）	“空吹”、安装高效过滤器												
7）	安装一层的组合式空调机组												
	安装二层的组合式空调机组												
8）	安装冷水机组、冷却塔												
2	彩钢夹芯板装修工程（地下一层、二层、一层穿插进行）												
1）	安装地槽												
2）	安装墙板、顶板												
3）	安装洞口型材、圆弧角、密闭门												
4）	密封彩钢夹芯板的拼接缝												
3	管道工程（地下一层、二层、一层穿插进行）												
1）	安装管道支吊架												
2）	安装空调冷冻水管、冷却水管												
3）	消防管道的安装（消防工种）												
4	配电工程（电气工种）												
1）	在墙板夹芯内穿电线管												
2）	安装净化灯												
3）	夹层内照明配管及配线												
4）	安装开关及插座												
6	浇筑地下一层、二层空调设备的基础（土建工种）												
	浇筑一层空调设备的基础（土建工种）												
7	铺设洁净室地面（装饰工种）												
8	净化空调系统调试												

3）高效过滤器存放于专用库房中，确保其安装前不受损害。

4）彩钢夹芯板分批次汽车运输入场。根据尺寸大小分别存放在车间非净化区，彩钢夹芯板要水平放置，下部垫 20mm 厚的聚苯乙烯板保护板面，堆放整齐后用彩条布覆盖。堆放时应预先根据二次设计图的用料需求，按顺序堆放，以免在施工时因多次翻找造成板面的划痕。彩钢夹芯板应禁止靠墙斜置，以免损坏拼接口。

5）彩钢夹芯板在堆放时应标明生产批次，以免在同一洁净室内产生色差。彩钢夹芯板在安装过程中要安排专人随时清理施工现场，以免造成板面的划伤。

6）彩钢夹芯板的配套型材，不可随意堆放。要根据类别分架放置，以免造成不可恢复的压痕，影响安装质量。

7）净化风管加工要在封闭、清洁的环境中进行，加工区域设在一层待建洁净室内，门窗采用临时性措施封闭，地面铺设 12mm 厚胶木板，保证风管的加工质量，避免污染风管。风管擦洗干净后应采用塑料薄膜封口，并存放在干净的环境中待用。

8）与土建、消防等专业交叉施工时，通过专人陪护及填写进出施工现场的人员姓名、出入时间等措施来保护既有施工产品，做到出现问题有据可查。

9）向每个班组的工人做好技术交底工作，使施工人员做到心中有数，避免返工造成的质量缺陷。

9.8.7　施工安全措施

安排专职安全人员负责现场安全宣传、检查、监督工作。上、下空间交叉施工时，必须戴安全帽，建立安全奖惩制度。施工现场电器设备要安排专人负责，移动用电应采用防水电缆。工地的易燃材料如保温专用胶粘剂、防锈漆及稀释剂等，从储存到使用应进行全过程监控。绝不允许在施工现场有明火出现，焊接作业要做好火星喷溅的防护措施。

对于来参观、实习的学生，要安排专人负责安全教育，严格要求着装，进入工地须带安全帽，由公司派专人全程陪护，确保参观、实习的安全。

9.8.8　关键工序的施工方法和施工措施

净化风管采用现场加工制作方法，直管段的板材裁切采用手动裁板机，弯管段的板材裁切采用电剪刀或手工剪。用折弯机折直角，用咬口机制作咬口，而后除去风管散件内表面的油污转入净化风管制作区，擦洗风管组件的内表面，然后合口组装。净化风管组装合口前擦洗风管组件，这样做要比风管组装合口后再擦洗更容易擦干净。风管组装后在平整、干净的场地铆接法兰，铆接法兰用镀锌铁铆钉，切忌采用抽芯铆钉铆接。法兰应铆接平、正，只有这样风管连接时才能平直。铆接好法兰后用密封胶密封接口处的缝隙、连接 2~3 节管段做漏风量检测，检测合格后用塑料薄膜封闭风管的两端口码放整齐待用。本工程的风管布置比较紧密，只能在吊装前保温，所以分段的漏风检测也在吊装前进行。采用符合设计要求的橡塑保温板进行保温，保温后的风管码放整齐待用。要做好保温层的保护工作，待安装后再对法兰接口进行保温。

彩钢夹芯板装修工程，根据二次设计图在地面测量放线、安装铝合金地槽，地槽的切割应整齐方正。安装墙板包括：裁洞口（回风口洞口）、开插座开关底盒洞、墙板拼接校正并固定、墙板顶边封口。安装顶板包括：吊件制作安装、裁切送风口洞口（根据彩钢夹芯板的强度、洞口大小等因素，安装时在现场决定是在安装前裁切洞口还是安装后裁切洞口）、安装顶板并与吊件连接牢固。安装门窗洞口型材：包括切割下料、装配连接件、型材注胶安装、玻璃压条下料装配等。安装圆弧角包括：下料切角、底座安装（在装配墙板及顶板时已安装）、圆弧角卡装等分项工程。最后安装密闭门。具体方法如下。

1. 净化风管制作安装

（1）施工工艺流程

角钢、槽钢材料进场 ⟶ 质量检验 ⟶ 型钢支吊架及法兰制作除锈 ⟶ 刷防锈漆测量定位 ⟶ 安装支吊架（有尘作业，安装完毕要及时清扫）。

镀锌钢板材料进场 ⟶ 质量检验 ⟶ 主风管制作 ⟶ 风管吊装前分段检漏 ⟶ 封口储存待用 ⟶ 风管保温 ⟶ 风管安装 ⟶ 法兰接口处保温。

（2）制作方法及措施　风管采用法兰连接，支、吊架及法兰加工制作在法兰加工区进行。风管支、吊架要按照施工图所确定的形式且应符合国家相关标准来制作。型材切割后的毛刺要磨掉，支吊架、法兰焊接好后应进行除锈、涂刷防锈漆，晾干后编号码放整齐待用。

法兰用型材应符合表 9-4 的要求。

表 9-4　金属矩形风管法兰及螺栓规格　（单位：mm）

矩形风管大边尺寸 *b*	法兰材料规格（角钢）	螺栓规格
b≤630	25×3	M6
630＜*b*≤1500	30×3	M8
1500＜*b*≤2500	40×4	M8
2500＜*b*≤4000	50×5	M10

法兰加工采用模具统一制作，加工场所要铺设厚度大于 5mm 的平整钢板，焊缝应熔合良好、饱满、光洁、无假焊和孔洞，毛刺要磨掉。钻孔采用模具统一孔距，使同规格法兰具有互换性，便于风管安装。制作工艺严格按照设计要求及《通风与空调工程施工质量验收规范》（GB 50243—2002）中的有关规定执行。法兰、支吊架焊接完毕，经除锈、涂刷防锈漆后，按规格码放整齐以备调用。

风管下料、折弯、压咬口、去油污在风管加工区内进行；风管的擦洗、组对合口、铆接法兰等在净化风管加工区进行。镀锌板规格应符合本书第 10 章表 10-3 规定。

镀锌板规格除满足表 10-3 规定要求外，还应兼顾当地预算定额的要求。

法兰加工区与风管加工区采用自然通风，净化风管加工区的门窗临时封闭，地面下层铺设彩条布封闭尘土，其上铺设厚度 12mm 的胶木板以利于风管的组对、法兰的铆接。采用手动裁板机、电剪刀、手工剪刀下料，用手工折边机折边、咬口机制作风管咬口。把法兰加工和风管制作组织成两条平行流水作业，提高工效。

矩形风管边长小于或等于 900mm 时，风管底面板不得有拼接缝；大于 900mm 时，不得有横向拼接缝。风管的擦洗工作与风管组对同步进行。为使管内达到真正的洁净，在风管组对前进行擦洗。擦洗使用对人体和材料无害且干燥后不产生粉尘的清洁剂，擦洗布不得掉纤维。

铆接法兰采用镀锌铁铆钉，在平整的胶木板上铆接法兰，至少有两人操作，风管法兰的铆钉间距应小于 100mm。在铆接时用方尺校准后及时铆接，以防铆接法兰不正造成风管扭曲。

风管外观质量应达到折角平直，圆弧均匀，两端面成平行且与风管轴线垂直，无翘角。风管的内表面应平整、光滑、洁净，不在管内设加固筋或采用凸棱加固方法。

风管采用联合咬口，咬口缝必须连接紧密，宽度均匀。风管铆接法兰翻边的四角缝隙处用密封胶进行密封，密封胶应涂在正压侧。风管制作好后，应再次进行擦拭，检查风管内表面无油污和浮尘为合格。根据本工程的实际情况，连接 2～3 节风管后进行分段检漏，合格后用塑料薄膜将开口封闭，做好标记。在风管保温区粘贴保温材料，保温后堆放整齐待用。

(3) 风管的安装　根据施工图及二次设计图，测量画线，确定风管支吊架位置。矩形金属水平风管在最大安装距离下，吊架的最小规格应符合本书第 10 章表 10-1 的规定。

吊架采用 Φ10 膨胀螺栓固定，保证膨胀螺栓锚接有力牢固。吊架间距符合《通风与空调工程施工质量验收规范》(GB 50243—2002) 的要求。

风管连接法兰的密封垫采用自粘闭孔海绵橡胶板，其厚度为 5mm，宽度为 30mm，应减少拼接缝，接头连接采用梯形方式。法兰均匀压紧后的密封垫要与风管内壁齐平，不应凸入风管内或脱落，以免增大空气阻力或造成漏风。连接法兰螺栓的螺母要放在同一侧。

根据本工程风管的尺寸，在地面连接 2～3 节后吊装就位。在连接风管时才可拆掉封口塑料薄膜，以免污染管内。

安装方法：根据现场情况，在梁、柱上选择两个可靠吊点，挂好倒链，用绳索将风管捆牢，当风管吊离地面 200～300mm 时，停止起吊，仔细检查倒链及滑轮受力点和捆绑风管的绳索是否牢靠，确认无误后，再继续起吊。把风管放在支、吊架上。拆掉连接端的封口塑料薄膜，把风管和已装风管连接好并确认稳固后才可以解开绳扣。按此方法，依次安装。当中间休息时，要把管道开口及时用塑料薄膜封闭。水平悬吊的风管长度超过 20m 的系统，设置不少于一个防止风管摆动的 U 形固定吊架。

(4) 风管漏风检测　风管漏风检测采用风量法检测，根据本工程风管安装空间小的具体情况，决定在保温前每 3 节风管连接后进行漏风检测，检测合格后进行保温，加强对风管安装的监控，提高安装漏风量检测的合格率。

2. 管道工程

空调水系统的管道，管径小于或等于 *DN*32 的焊接钢管采用螺纹连接，管径大于 *DN*32 的焊接钢管采用焊接。管径小于或等于 *DN*100 的镀锌钢管采用螺纹连接，管径大于 *DN*100 的镀锌钢管采用焊接。采用焊接连接时，对焊缝及热影响区的表面进行防腐处理。管道安装前必须清除管内污物，安装中断或安装完毕的开口处，应采取临时封闭措施。对垂直安装的管道，应防止焊渣落入管中，应有防止焊接火星飞溅的措施，以免烧坏设备保温层。管道安装时应考虑系统冲洗时污水不进入冷水机组等设备的防护措施。

管道支吊架的形式、位置、间距、标高应符合设计要求。支吊架的安装要平整牢固，管道与设备连接处，设独立支吊架。机房内冷冻水、冷却水干管的支吊架，采用承重防晃管架，当水平支管的吊架采用单杆吊架时，在管道起始点、阀门、三通、弯头及长度每隔 15m 处设置承重防晃支吊架。

焊接人员要持证上岗，焊材使用前要进行烘干，焊接时管道不得强行组对。电焊时，在保证焊透和熔合良好的条件下，尽量采用小电流、短弧焊的施工方法。焊接后应进行焊口的自检，焊缝不准出现气孔、夹渣、未焊透等缺陷。否则，须进行返修处理。

阀门的位置、进出口方向应正确，并便于操作；连接应牢固紧密，启闭灵活。冷冻水和冷却水的过滤器，其安装位置应便于滤网的拆装和清洗。保温管道与支、吊架之间应垫衬经过防腐处理的木衬垫，衬垫厚度与保温厚度相同。

管道系统安装完毕，外观检查合格后，应按设计要求进行水压试验。系统试验压力为设计工作压力的1.5倍，缓慢升压，压力升至试验压力后稳压10min，压力下降不得大于0.02MPa，管道系统无渗漏，强度试验合格。再将压力降至设计工作压力，外观检查无渗漏，严密性试验合格。水压试验时，管道焊口处不得涂漆，以利观察渗漏情况。试压用的压力表须经国家计量检测部门校验，并在校验有效期内。管道压力试验合格后，进行管道系统的冲洗工作，冲洗前对重要的阀门、仪表等应采用流经旁通的方法进行保护。对组合式空调机组、冷水机组等设备应在进出口加装铜丝网或采取设置临时旁通管的保护措施。冲洗时，管内水流速度取1.6m/s。冲洗合格后应及时拆除铜丝网，对风机盘管及其他设备的过滤器再次拆洗干净。

3. 冷水机组及组合式空调机组的安装

（1）设备基础验收　冷水机组、组合式空调机组等设备安装前应根据设计图纸对其基础进行标高、位置尺寸等方面的检查验收，空调机房应清理干净，现场各种安装工具、吊装设施齐备。

（2）设备检验　在拆外包装开箱前，应邀请建设单位、监理公司及供货单位的代表参加设备验收。

开箱前首先检查外包装有无损坏，开箱后认真核对设备名称、规格、型号是否符合设计图纸要求，产品说明书、合格证是否齐全。

检查装箱清单、设备技术文件、专用工具等是否齐全，设备及附件规格、数量是否与装箱清单相符。设备表面有无缺陷、损坏、锈蚀等现象。设备水管接口封闭是否良好。

对于组合式空调机组，要检查各段的名称、规格、型号是否与设计图纸相符。风机段中，检查风机叶轮有无与机壳相碰，风机减振器是否符合要求。各过滤段零部件是否齐全，滤料及过滤器形式是否符合设计要求。将检验结果做好记录，由相关人员签字盖章后存档。

（3）设备搬运　根据设备进场计划，在土建封堵、浇筑施工洞口前将机组吊入机房。在机房内的就位搬运采用人工方法，在机房内设置滚木及倒链使机组就位。

（4）设备安装方法及措施　冷水机组应按照设备技术文件标明的受力点吊挂，严禁随意选择吊挂点。本工程设计选用模块式冷水机组，应以机座为基准线，调整纵向、横向水平度，机组机座可直接放置在钢筋混凝土基础上。调整水平度时采用斜垫铁、平垫铁组合，垫铁的放置应不影响地脚螺栓灌浆。设备调平后在灌浆前应将垫铁组件焊牢。地脚螺栓孔采用细石混凝土浇筑，其强度等级应比基础高一级，当细石混凝土强度达到75%以上时方可紧固螺栓。各螺栓的拧紧力应均匀，螺栓露出螺母的长度为螺栓直径的1/3~2/3。

组合式空调机组下部已设置槽钢，故可直接安装在钢筋混凝土基础上，用垫铁调平。组合式空调机组应按产品说明书规定的组合顺序进行安装，机组各功能段之间的连接应严密，紧固螺栓应用力均匀。

一层机房有6套组合式空调机组，安装时不要将段位搞错，分清左式、右式。段体的排列顺序必须与图纸相符合，安装前应对段体进行编号。

本工程非净化区采用暗装风机盘管加新风方案，由于用户的特殊要求，风机盘管均装在走廊吊顶夹层和准备室吊顶夹层内。安装时要考虑调试、日后检修的空间。风机盘管安装前，应进行单机三速试运转及水压试验。电动机平稳无杂音，水压试验压力为工作压力的1.5倍，先缓慢升压至设计工作压力，检查无渗漏后，再升压至规定的试验压力值，关闭进水阀门，稳定压力2min，观察风机盘管各接口无渗漏、压力无下降为合格。这两种设备的供回水管与管道连接时，应采用金属软管，不可硬连接。

冷却塔的安装：在土建浇筑基础前就应积极配合，核对尺寸，做到准确无误。冷却塔安装应水平，单台冷却塔安装的水平度和垂直度允许偏差均为2/1000。冷却塔风机的叶片应按所标顺序对应安装，否则运行不平稳，还会增加噪声。

4. 彩钢夹芯板工程

彩钢夹芯板装修工程，先安装地下一层，再安装二层，最后安装一层。施工顺序、施工流程如下：画线 ⟶ 安装地槽（有尘作业）⟶ 清扫 ⟶ 墙板裁洞（回风口）⟶ 安装墙板、调正固定 ⟶ 顶板裁洞及安装 ⟶ 型材封洞边 ⟶ 安装圆弧角 ⟶ 彩钢板门安装 ⟶ 缝隙密封。

（1）画线　根据施工图及二次设计图准确定位。先画基准线，然后以此为基准，逐一画出各洁净室的位置。同时把土建尺寸误差消化在墙边，使洁净室墙面相互垂直，画出详细的门洞尺寸线。

（2）安装地槽　地槽即50mm×25mm的槽铝。依照定位线用抽芯铆钉把槽铝锚固在地面上。把槽铝切成平口，切割槽铝时在切口附近的槽内垫一尺寸适宜的短木条，以保证切口规整。

（3）清扫　安装地槽过程中会产生大量的灰尘，应及时清扫，安装完毕后再进行彻底清扫，为下一步安装墙板创造清洁环境。清扫方法采用拧干的拖布擦洗地面，地槽内的尘土，采用湿布擦抹。

（4）墙板裁洞　根据二次设计图在安装墙板前裁切好回风洞口。裁洞工具采用电动手持式圆盘锯，裁洞时应注意洞口处的保护。施工人员穿平底胶鞋，以防在施工过程中对板面的必要踏踩而造成划痕。

（5）安装墙板　拼装墙板时，应按二次设计图的排列顺序，从固定端开始安装。墙板拼接缝应均匀一致，避免过紧或过松的安装缺陷。墙板拼装时要把板边的保护膜撕开20～30mm，以防缝隙中的保护膜将来撕不干净而影响接缝注胶密封。

（6）调正固定　墙板的垂直度直接影响洁净室的安装质量，垂直度越好，圆弧角的接缝就越紧密。墙板垂直度的调整是与板的拼装过程同步进行的，调整工具可用垂线靠尺或用红外线仪。在调正过程中应在墙板下部垫以金属片以保证墙板的稳固。墙板调正后用10mm×10mm单槽在凹槽中固定。墙板拼装固定过程中，同时用50mm×25mm配套槽铝把墙板上边缘封闭，这样可防止墙板上边由于受压而使彩钢板与夹芯脱开、增加支撑顶板的强度。

（7）顶板裁洞及安装　洁净室的吊顶上都装有高效送风口，其洞口可在顶板拼装以前裁好，也可在顶板安装后裁出洞口。本工程施工采用后一种方法开洞，即安装顶板后，再开洞。待墙板拼装好后即可安装顶板。用4人安装顶板，一边两个人，踩踏低脚手架便可安装。观察上部夹层空间，空旷处的一端先举高，待另一端进入墙板顶部上方后慢慢移动放平，搭在墙板上。然后轻轻托起顶板，水平移动就位插入拼接口内。顶板在未吊挂前，在下部临时用专用木架支撑。待把接缝调匀并调平顶板后，及时旋紧吊杆螺栓使顶板吊挂稳固。

然后用圆弧角底座连接顶板与墙板，此时可撤掉支撑架。按此方法依次安装，直至全部顶板安装完毕。

(8) 型材封洞边 用铝型材封闭洞口边，窗洞用窗框专用型材封边，切割时均在专用场地统一切割组装。窗洞的四边均需安装型材，安装第四边时，应把一端的槽口轻轻撑大，装好后再挤压平整，然后把四角的拼接缝调匀，用对角测量法调方，然后用自攻螺钉在侧面与暗装角件连接固定，随后切好玻璃压条并装好。

回风洞口可用薄槽铝封边，四角用45°角拼缝，也可用HJ5016型材封边（参见第10章图10-8）。

(9) 安装圆弧角 安装时需两人，把切割好的圆弧角从一端向另一端用手掌击打卡入已安装好的底座上。若手掌力度不够，可用玻璃胶空桶横贴于圆弧角上，用小锤击打玻璃胶空桶便可卡入。不可一人安装，以免使圆弧角扭曲而无法修整。保证安装质量的关键就是测量准确、切割准确、不用硬物直接击打。圆弧角的三维节点处，采用切角安装（详见第11章）。

(10) 净化密闭门的制作安装 净化密闭门有用不锈钢板制作的、也有用钢板喷塑制作的，最节约的算是用彩钢夹芯板制作。前两种密闭门需在工厂制作，本工程大多采用金属板喷塑密闭门，安装彩钢夹芯板墙时把门框装好，待洁净室组装好后再安好合页、门扇及门锁即可。用彩钢夹芯板制作门，省钱且色彩协调，可在现场制作。在该工程中，有3樘门采用彩钢夹芯板现场制作。在用门框型材封好门洞边缘后即可测量尺寸，制作门扇。根据门框型材的密封特点，酌情考虑门缝宽度，通常左、右、上三边各留3~5mm，下边留8~10mm。若采用升降合页，下边缝宽可减小。否则，应根据门附近地面平整度酌情增减下边缝宽尺寸。安装门扇的四周型材时，应在卡槽内注入玻璃胶，防止以后四周型材松动。安装门的合页时选用5mm×18mm及5mm×13mm两种规格的抽芯铆钉，与门框连接用长铆钉，与门扇连接用短铆钉。先在门扇的上、下合页上各铆一个铆钉，开启门扇检查，当开关无摩擦，缝宽均匀时方可铆入全部铆钉，否则应调整。

(11) 密封拼接缝 彩钢板装修全部完工，彻底清洁室内后，便可使用瓷白玻璃胶密封拼接缝。若洁净室内其他工程全部完工，可撕掉彩钢板保护薄膜，进行拼缝的密封操作。否则，保护膜不得撕掉。因为安装时已把企口边的保护膜撕开20~30mm，故不撕保护膜也不影响接缝的密封。此项操作需细心谨慎，注胶时应一气呵成，胶线应均匀连续，最后用玻璃胶空桶的底部圆弧轻刮接缝处，使胶线光滑、平整，不可出现高低不平现象。

5. 高效过滤器的安装

在地面施工完毕后进行高效过滤器的安装。安装高效过滤器前，对洁净室进行全面清扫、擦洗。根据规范要求，净化空调系统必须进行试运转，且须连续试运转（空吹）12~24h，空吹后再次清扫、擦洗洁净室，这时工人须穿干净工作服及工作鞋，立即进行高效空气过滤器的安装。

(1) 净化空调系统试运转——空吹 撕去封堵在高效送风口上的塑料薄膜，启动空气净化系统，先吹30min，然后关机，撕去彩钢板上的保护膜，再次进行洁净室的清洁工作。先运转30min，是由于系统中的尘埃大部分在前半小时内即可吹出，并且有一部分附着在室内壁面上，有一部分经回风口进入回风管道，最后进入组合式空调机组经过粗效、中效两级过滤器过滤，再进入洁净室，如此循环。若此时吹得时间太长，由于室内气流的扰动，会把已附着在壁面及地面上的尘埃吸入回风管，尘埃必然会穿过回风口过滤层，在被空调机组内的粗、中效过滤器捕获前附着在回风管道内壁上，增加了回风系统内的污染。故在空吹 30min 后，及时撕掉彩钢板上的覆膜，连同所附着的尘埃一并清除。撕掉覆膜后，再次清洁地面，最后再连续空吹，总时长达到 12h。空吹结束后，再次清洁室内墙壁、顶棚及地面，随后即可安装高效空气过滤器。

（2）高效空气过滤器的安装　千级洁净室采用有隔板高效过滤器，安排 4 个人安装高效过滤器，2 个人专门拆箱及粘贴密封条，另外 2 个人进行安装，分工合作，互相配合。密封条的裁剪、拼接粘贴，有专人监督检查，检查合格后方可安装。密封条宽度为 20mm，采用自粘闭孔海绵橡胶板密封条，密封条厚度 6mm。拐角处的拼接方法采用梯形拼接（参见第 10 章图 10-1）。粘贴好密封条的高效过滤器经检查合格后平放在洁净平整的地面上，密封条向上。在安装高效过滤器前应再次擦拭高效送风口及其静压箱内部，做到洁净无尘。在密封条的四个拼接缝处涂上少量玻璃胶，立即装入高效过滤器风口内。安装工人应分别踩在人字梯的两边适宜高度上，把高效过滤器平行推入送风口内。一共 4 个压紧附件，两人应打对角安装压件，起初不可拧紧，待 4 个压件全部装上后，用手指触感及目测的方法，微调过滤器位置，使四周间隙均匀，以保证密封压缩面宽窄均匀，提高密封性。最后两人依次同时旋紧对角压件的螺母，用力要适度、均匀，四个压件压紧程度应一致。

所有高效过滤器用专车送到工地，出厂检漏合格、包装无损坏、装卸操作规范。所以，只检测“安装边框”不泄漏即可。为了不污染净化系统，采用经粗效过滤器过滤的新风来检漏。检漏时，把系统的新风阀（检漏时新风机组只安装粗效过滤器，检漏完毕再安装中效及亚高效过滤器）开大、排风阀开大，关小回风阀，就可对“安装边框”进行扫描。检漏合格后把已经擦洗干净的高效过滤器扩散板装上（这种检漏方法对净化系统的污染较少，效果较好，详细原因参见第 10 章）。安装扩散板时应对正高效过滤器，螺钉不可拧得太紧，以四周缝隙一致为宜。扩散板的擦洗应由专人负责，一般扩散板出厂时并不擦洗，故在安装前应用洗洁剂水清洗，除去油污及尘埃，最后用自来水冲洗干净。

百级洁净室采用液槽密封结构的高效过滤器，出厂检漏合格，用专车专人送入工地，安装后进行检漏抽检，若有泄漏处即进行全面检漏，找出泄漏原因进行处理，待检漏合格后可安装擦洗干净的阻尼孔板。

第10章　净化空调系统的安装

由以上章节的内容可以看出，空气洁净环境的控制是用洁净室来完成的，所以空气洁净技术也称为洁净室技术。洁净室的建造具有技术含量高、专业工种多的特点，是多专业、多工种、各专业与各工种之间需要密切配合的一项系统工程，哪个环节出现问题，均会影响洁净室的建造质量。而净化空调系统是洁净室的核心系统，其施工安装技术的科学性、先进性是保证质量的关键。

10.1　洁净室施工全过程动态控制

《洁净室施工及验收规范》（JGJ 71—1990）自1991年7月实施以来，对统一洁净室的施工要求、严格进行工程验收是十分有效的，对提高洁净室的建造质量起到了十分重要的作用。但在实际施工过程中，随着新型材料的不断出现，施工技术的日新月异，现行规范的指导性逐渐显得不够。质量控制方法只强调中间验收、竣工验收的相关数据达标，而对施工过程的动态控制力度不够，加之验收检测方法的不科学及不可操作，会造成有各种验收合格文件的不合格工程。其中的质量缺陷有时很难发现，即使日后在洁净室的使用过程中发现，也很难修复，即所谓“秋后算账式”的质量控制方法。为此，作者提出了全过程动态控制的理念并应用到工程实际中，取得了很好的效果。改进施工技术，实施施工过程的验证制度，把可能出现的质量缺陷通过全过程动态控制来避免。所以，提高施工技术，加强施工全过程动态监控是保证施工质量的行之有效的方法。在此质量控制体制下，无论是现行规范要求的中间验收还是竣工验收（或综合性能评定）都很容易达标，很少出现经修复才能达标的现象。

在本书第1版出版发行后，于2010年7月15日发布了国家标准《洁净室施工及验收规范》（GB 50591—2010），施行日期：2011年2月1日。新规范的指导性明显加强，但仍然不够，还需在以后进一步完善。

10.2　洁净室的施工程序

这里所说的洁净室施工，是指除土建施工以外服务于洁净室的其他工种的施工。它包含的专业多、工种多。所以施工组织设计及现场协调统筹工作至关重要。没有好的项目经理及综合素质高的技术管理人员，就很难保质保量地完成任务。

洁净室的种类繁多，每种洁净室的施工都有其自身的特点。用途不同，材料不同，施工工序也不同。下面以固体制剂制药车间为例，介绍其施工程序，其他的洁净室施工程序可以此作为参考，进行适当修改即成。

新建制药车间，大都是以土建框架结构为外壳，在其内采用满足GMP要求的轻型壁板材料（如彩钢夹芯复合板）进行分割、装修。即：通常所说的大房子里套小房子的结构模式。在土建外壳完工，外门、外窗安装完毕并把现场清理干净后，方可进行净化空调工程的施工。

总的施工程序：先有尘作业，后无尘作业，不允许二者交叉作业。否则会影响工程质量。也就是说把所有产尘作业完成后，才可以进行不产尘的作业。产尘的作业有：各种管道的支吊架的安装，各种吊杆、吊件的安装，管道的焊接等。这就需要各专业、各工种在施工组织设计中，把这些在安装过程中产尘的作业排列在前，由项目经理及相关技术人员进行统筹安排。即使该工种还不到进场的时间，也应派少量人员先进场进行相关的产尘作业。也可由各专业产尘作业的有关操作人员组成施工组，先进场进行各自的吊杆、吊件等产尘作业的安装。待产尘作业基本完工后，再按总的施工组织设计确定的施工工序，安排相关专业依次进场施工，这是比较理想的施工顺序。在实际施工中，经常是分专业、分工种、分时段进场。这种安排便于各专业、各工种的管理。但很容易出现有尘与无尘的交叉作业情况，这种施工安排应尽量避免。若不可避免，应做好防尘保护及有效清洁工作。

对固体制剂车间的施工，应按以下程序进行。

10.2.1　管道支吊架安装

1）净化空调专业的管道组（风管及水管组），根据施工图，安装风管支吊架，水管支吊架（自来水管、空调冷水管、去离子水管等）。若施工图纸深度不够的话，应由施工单位进行二次设计，由设备组安装高效送风口等设备的吊杆、吊件。

2）洁净室装修组按现场二次设计图纸，安装顶棚吊件、吊杆。多数洁净室装修图纸深度不够，均需提前绘制好二次设计图或者在现场二次设计来确定相关尺寸。

3）由消防施工组安装消防管道支吊架。

4）由电气、自控安装组安装电缆桥架吊杆。

以上各专业、各工种在安装吊架、吊杆过程中，应由各专业技术人员相互协调，由项目经理统筹，按施工图设计的标高进行安装。若遇到管道交叉、标高冲突，应会同设计人员，合理避让。总的原则：小管道避让大管道，不可各自为政。

10.2.2　风管、消防管道的安装

在管道支吊架安装完毕后，应按施工组织设计的安装顺序及各专业进场时间，分专业分时段有序进场。

1. 安装风管

在洁净室的施工中，送、回风管尺寸最大，故应先安装。在安装期间，不允许其他工种交叉作业，待风管按规程安装完毕并把开口部位用塑料薄膜密封严密后，其他工种方可进场。在安装过程中，按照规范要求的方法，结合现场情况进行风管的检漏。

2. 安装消防管道

消防管道直径较大，故应先安装。考虑到与装修专业的配合，应先安装主管，支管应在装修到一定程度时再安装。否则，彩钢夹芯板墙板不好安装。

10.2.3　电缆桥架、水管及气管的安装

电缆桥架、自来水管、空调水管、去离子水管及压缩空气管，如果水平及垂直空间允许

的话，可同时交叉作业；若空间不允许，应先安装电缆桥架、装配连接套管、配线并加以保护，随后其他管道工程依次进场安装。这些管道只安装吊顶以上的部分，进入洁净室内的分支管应与室内装修施工相配合，择机穿插安装。

10.2.4　彩钢夹芯板的安装

在上述管道的吊顶以上部分全部安装完毕后，产尘操作已不太多，此时可进行彩钢夹芯板的安装。彩钢夹芯板属刚性材料，尺寸大且怕划怕撞。所以，安装的先后顺序很关键。在彻底清扫场地后，根据施工单位的二次设计图纸，在地面画线，安装50mm×25mm的槽铝，从大空间厂房的一端开始安装（远离进料口的一端）。先安装墙板，后安装顶板。墙板、顶板先后依次交替安装，直到另一端的进料口为止，全部安装完毕。有些施工书籍中提倡先安装顶板，后安装墙板。对于不上人吊顶且室内分隔材料不是彩钢夹芯板，这种安装顺序是合理的。但如果用彩钢夹芯板作装修材料，这种安装顺序行不通。因为墙板上下均需安装50mm×25mm的槽铝，而槽铝和地面应锚固紧密，若先安装顶板，在安装墙板时易划坏顶板且墙板无法插入上下槽铝中。看来施工技术也应与时俱进，施工方法的确定，施工技术的采用，不能墨守成规、生般硬套。应根据材料特性、施工现场的空间尺度等实际条件来制订适宜的施工方法，采用科学的施工技术。否则，会影响洁净室的施工进度及质量，甚至无法施工。例如，对于刚性吊顶材料的施工，有人主张应起拱，以消除视觉上的顶棚下坠感，这纯粹是套用民用装饰工程中柔性材料的吊顶做法。起拱的做法在刚性吊顶（如彩钢夹芯板吊顶）的施工中是极其有害的。因为像彩钢夹芯板这样的刚性吊顶材料，如果起拱，必然会在吊顶板内产生应力，对于由胶粘剂复合制成的彩钢夹芯板的使用寿命极其不利，加之在洁净室内的吊顶上，布置有许多高效过滤器送风口，若吊顶起拱，则必然会增大送风口与顶板的缝隙，给密封工作带来困难，影响洁净室的质量。这种做法，也会给墙板与顶棚板接合处圆弧角的安装带来困难，使安装缝隙增大，影响洁净室的建造质量。在安装彩钢夹芯板墙板时，靠墙墙板应离土建墙至少20mm，这样一方面可吸收土建施工的尺寸误差，另一方面可安装有关配线管（多用Φ20线管）。在安装顶板时，需在顶板上开洞口以便安装高级过滤器送风口及排风口。对于有些顶板洞口可在安装前开好，顶板安装到位后，应封好洞口边缘。对于夹芯材料松散的彩钢夹芯顶板，应在顶板安装后再开洞口。墙板上的窗户洞口、门洞口、回风洞口、传递窗洞口等，对于机制彩钢夹芯板，尽可能利用板的尺寸模数，既美观又省料。在彩钢夹芯板的安装过程中需和电线配管、消防工种、去离子水管及压缩空气管工种密切配合，适时穿插，进行不同工种的施工。此时如有少量电焊、氩弧焊施工，应采用石棉布等材料做好焊接点附近彩钢板的保护工作，应派专人进行交叉作业的施工协调。当彩钢夹芯板初步安装完毕后，室内消火栓配管及消火栓、去离子水管、压缩空气管、自来水管、照明配线管也同步安装完毕。

10.2.5　管道试压、高效送风口安装、风管保温

在安装彩钢夹芯板的圆弧角之前，应把水管与吊顶之上的主管接通并进行试压。然后安装高效送风口并用塑料薄膜封口（此时不许安装高效过滤器），用支风管把高效送风口与主风管接通，接通排风口支管，然后进行风管及水管的保温。

10.2.6　安装圆弧角及门窗框架型材

在上述工种相互配合安装完毕后，洁净室装修场地不允许其他工种进入，此时开始安装圆弧角，安装门框、窗框型材及配装玻璃压条，安装门扇，安装消火栓箱，安装回风口及洗手池。

10.2.7　安装净化灯、消防指示灯、开关插座、配线

在洁净室装修完毕后，开始安装净化灯、消防指示灯、开关及插座并穿电线与吊顶夹层内的电源线接通。

10.2.8　安装高效过滤器

把地面擦洗干净后（若制作环氧树脂自流平地面，应在底涂完工后），开始净化空调系统空吹，空吹 12h 以后停机，再次擦洗室内壁面、地面，然后安装高效过滤器及扩散孔板，随后用塑料薄膜再次密封。

10.2.9　地面涂装（以自流平地面为例）

打磨清洁地面，底涂、中涂、面涂（用镘刀刮涂）。在中涂刮涂以前，撕去高效送风口上的密封薄膜，开启新风及排风阀，关闭回风阀，进行洁净通风换气，排除涂装过程中的有害气体，改善中涂、面涂的施工环境，保障施工人员的健康。

10.2.10　撕膜、拼接缝注胶密封

地面施工完毕后，穿新的工作鞋，撕去彩钢夹芯板上的保护薄膜，在接缝处注胶密封。至此，洁净室施工完毕，可进行检测验收。

10.3　净化空调风管的制作安装

10.3.1　风管制作方案的确定

净化空调工程中，大多采用矩形风管，本节主要介绍矩形风管的制作。风管制作已由过去纯手工制作逐步变为半机械半手工制作。近年来，在国内有的城市已建成了风管自动生产线，把风管的制作搬进工厂，提高了风管制作质量和加工效率，加快了施工速度。作者认为，工厂化制作风管适合于普通空调，对于洁净室的风管制作，还是以现场加工为宜。理由有二：其一，大多数洁净室的面积远不如中央空调的面积大，工程量小且风管比舒适性空调工程的风管复杂，弯头、三通等附件较多。风管连接最好采用法兰连接形式，不应采用插条式连接形式。风管应保持平整光洁不允许压筋，不宜使用按扣式咬口（漏风严重）。故工厂自动生产线的优势不能很好地体现。其二，工厂化加工的风管，增加了运输成本，且在运输过程中会使风管变形损坏，也会损坏封口薄膜，污染风管内表面。如果把风管零部件运输到现场组装，很容易使部件变形，给严密组装带来困难。所以，对于工程规模小、风管质量要求高的洁净室工程，宜在施工现场半机械半人工加工制作风管。

10.3.2　支吊架制作安装

1. 支吊架的制作

风管支吊架的制作，可在施工现场完成，也可在施工企业机加工车间制作，视工程量大小及现场环境等具体情况而定。在现场制作场所，应配备切割机、角磨机、砂轮机、台钻、电焊机等机具。地面应平整，并铺设厚度不小于5mm，面积不小于$2m^2$的平整钢板，以保证支、吊架的制作精度。支吊架应按照设计图纸的要求进行制作，同时还应满足《通风管道技术规程》（JGJ 141—2004）及有关标准图集与规范的要求。风管安装常用吊杆横担形吊架。为防止长风管的摆动，隔一定距离可设U形吊架防止摆动。水平风管在最大允许安装距离下，吊架的最小规格应符合表10-1、表10-2规定。

表10-1　金属矩形水平风管吊架的最小规格　（单位：mm）

风管边长	吊杆直径	横担规格	
		角钢	槽钢
$b \leqslant 400$	Φ8	∟25×3	[50×37×4.5
$400 < b \leqslant 1250$	Φ8	∟30×3	[50×37×4.5
$1250 < b \leqslant 2000$	Φ10	∟40×4	[50×37×4.5 [60×40×4.8
$2000 < b \leqslant 2500$	Φ10	∟50×5	
$b > 2500$	按设计确定		

表10-2　金属圆形水平风管吊架的最小规格　（单位：mm）

风管直径 D	吊杆直径	抱箍规格		角钢横担
		钢丝	扁钢	
$D \leqslant 250$	Φ8	Φ2.8	25×0.75	
$250 < D \leqslant 450$	Φ8	*Φ2.8 或 Φ5	25×0.75	
$450 < D \leqslant 630$	Φ8	*Φ3.6	25×0.75	
$630 < D \leqslant 900$	Φ8	*Φ3.6	25×1.0	
$900 < D \leqslant 1250$	Φ10		25×1.0	
$1250 < D \leqslant 1600$	*Φ10		*25×1.5	
$1600 < D \leqslant 2000$	*Φ10		*25×2.0	∟40×4
$D > 2000$	按设计计定			

注：1. 吊杆直径中的“*”表示两根圆钢。
2. 钢丝抱箍中的“*”表示两根钢丝合用。
3. 扁钢中的“*”表示上、下两个半圆弧。

支、吊架的下料宜采用机械加工。采用其他方法切割时应打磨切口，不得有毛刺。支吊架部件应采用台钻或手电钻钻孔，不得采用电、气焊开孔或扩孔。吊杆应平直，螺纹应完整、光洁。螺纹防腐应采用镀锌的方法，不应采用防锈漆防腐，否则影响螺杆与螺母的配合。支、吊架各部件的焊接应采用双侧连续焊接，焊缝应饱满平整。U 形防摆吊架应方正规整。支吊架在防锈处理前应经监理人员验收合格后方可做防锈处理。

2. 支、吊架的安装

根据设计图纸所标的风管位置，在顶棚上测量画线，先画出主风管的中心线。推算出风口、阀门、检查门、自控机构及三通附件的位置。再参照风管吊架的最大间距（矩形金属风管，边长小于等于 400mm 时，最大间距为 4000mm；边长大于 400mm 时，最大间距为 3000mm）来确定吊架的吊挂点位置。过去，安装吊挂件经常采用预埋件的施工方法，实践证明，预埋件很难预埋准确，因为在土建工程支模板时就把吊挂预埋件放入，此时很难准确定位，加之浇筑混凝土时预埋件会偏离原位。所以现在采用膨胀螺栓直接锚固的方法安装吊挂件。对于较重设备的吊挂，采用楼板贯通孔安装吊件，最后密封贯通孔。对于垂直安装的风管，支架间距不应大于 4m，单根直管至少应有 2 个固定点。在锚固前应核对各吊架是否已避开阀门、检查门、三通等部位，确认无误后，可采用合格的膨胀螺栓锚固吊件。螺栓孔的直径和深度应与所选膨胀螺栓相适应，否则影响锚固强度。当水平悬吊的主干风管长度超过 20m 时，应设置防止摆动的固定点，每个系统不应少于 1 个。防止摆动可采用型钢 U 形吊架，或采用角钢横向连接风管和土建立柱（或土建实心墙）。

10.3.3　净化空调风管制作及清洗方法

洁净室空调系统属全空气系统，对风管的要求比较严格。在工程施工及验收中应执行《通风与空调工程施工质量验收规范》（GB 50243—2002）和《洁净室施工及验收规范》（JGJ 71—1990）及 GMP 的有关要求。本节所述内容，是作者多年工作经验及研究工作的总结。有些观点与现行规范的要求不完全一致。但总的目的都是为规范施工、提高施工质量。作者强调施工的全过程动态管理及监控。实践证明，施工质量的科学控制是降低能耗的有效途径。

1. 风管制作工艺

（1）风管的加工环境　洁净室风管的加工环境需清洁干净，所以，应在安好门窗的环境内进行加工制作。根据施工组织设计，风管的制作安装通常安排在整个工程的前期。此时，正是土建工程的收尾时期，找一符合要求的加工环境的确困难，特别是新建工程。若条件允许，可建造临时建筑来满足材料储存、风管加工制作、风管储存的需求。若无条件搭建临时设施，可在新建车间的非洁净区，临时封闭门、窗，创造适宜的风管加工、储存环境（切忌在露天进行加工作业）。加工环境应随时清扫，保证环境清洁干净。加工风管的地面应平整、坚硬，应在水泥地面上铺设厚度不小于 5mm，面积不小于 $4m^2$ 的平整钢板，或铺设具有同等效果的平整材料。既可防止尘埃飞扬，又可保证加工精度。

（2）风管材料及法兰规格　洁净室风管材料常用优质镀锌钢板，洁净室内外露的风管常用不锈钢板或铝板制作。钢板风管板材厚度不得小于表 10-3 的规定。不锈钢板风管板材厚度不得小于表 10-4 的规定；铝板风管板材厚度不得小于表 10-5 的规定。

金属风管法兰材料规格不应小于表 10-6 或表 10-7 的规定。材料进场后，应配合监理公司对材料进行检查。可采用目测检查、卡尺测量检查及查验材料质量合格证明文件、性能检测报告。检查数量按《通风与空调工程施工质量验收规范》（GB 50243—2002）的要求确定，填写验收文件表格并请工程监理人员签字盖章后存档。

表 10-3　钢板风管板材厚度　（单位：mm）

类别 风管直径 D 或长边尺寸 b	圆形风管	矩形风管		除尘系统风管
		中、低压系统	高压系统	
D（b）≤320	0.5	0.5	0.75	1.5
320 < D（b）≤450	0.6	0.6	0.75	1.5
450 < D（b）≤630	0.75	0.6	0.75	2.0
630 < D（b）≤1000	0.75	0.75	1.0	2.0
1000 < D（b）≤1250	1.0	1.0	1.0	2.0
1250 < D（b）≤2000	1.2	1.0	1.2	按设计
2000 < D（b）≤4000	按设计	1.2	按设计	

表 10-4　高、中、低压系统不锈钢板风管板材厚度　（单位：mm）

风管直径或长边尺寸 b	不锈钢板厚度
b≤500	0.5
500 < b≤1120	0.75
1120 < b≤2000	1.0
2000 < b≤4000	1.2

表 10-5　中、低压系统铝板风管板材厚度　（单位：mm）

风管直径或长边尺寸 b	铝板厚度
b≤320	1.0
320 < b≤630	1.5
630 < b≤2000	2.0
2000 < b≤4000	按设计

表 10-6　金属圆形风管法兰及螺栓规格　（单位：mm）

风管直径 D	法兰材料规格		螺栓规格
	扁钢	角钢	
D≤140	20×4	—	M6
140 < D≤280	25×4	—	
280 < D≤630	—	25×3	
630 < D≤1250	—	30×4	M8
1250 < D≤2000	—	40×4	

表 10-7　金属矩形风管法兰及螺栓规格　（单位：mm）

风管长边尺寸 b	法兰材料规格（角钢）	螺栓规格
b≤630	25×3	M6
630 < b≤1500	30×3	M8
1500 < b≤2500	40×4	M8
2500 < b≤4000	50×5	M10

（3）矩形风管的规格　《通风与空调工程施工质量验收规范》（GB 50243—2002）推荐的尺寸见表 10-8。

表 10-8　矩形风管规格　（单位：mm）

风管边长				
120	320	800	2000	4000
160	400	1000	2500	
200	500	1250	3000	—
250	630	1600	3500	

设计人员大多按此规格设计，作者认为在现场半机械半手工制作风管时，为减少拼接缝，应兼顾金属板材模数，对于风管边长为 1000mm、2000mm、3000mm 等尺寸进行适当变动。如边长为 1000mm，尺寸可缩小一点，缩小量等于两个咬口的尺寸。这样 1000mm 宽的板材既不用拼接，又可省料。适当缩小也不会使管内风速增加太多，若对风管内风速要求严格，可增加相邻边的尺寸给予补偿。对于 2000mm 边长的处理办法类似。能用两张钢板拼接就尽可能不用 3 张，否则拼接缝会增加。在此，建议设计人员在套用风管尺寸系列的同时，也应考虑金属板材的尺寸模数。特别是对净化工程的风管设计，应尽可能减少风管的拼接缝。

（4）制作风管的工具　在施工现场制作风管，常用下列工具：

手工剪刀，手动滚轮剪，电动剪刀，剪板机，联合角咬口折边机，手动扳边机，手提电动铆接机，锤子，画规，方尺，直尺等。

（5）风管的咬合形式　金属板采用咬口连接时，板厚通常为 0.5～1.2mm，咬口形式有十几种，在净化工程中，经常采用的咬口形式及示意图见表 10-9。

表 10-9　咬口形式及示意图

咬口形式	示意图
单咬口	
联合角咬口	
按扣式咬口	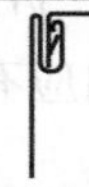
转角单咬口	
插片式咬口	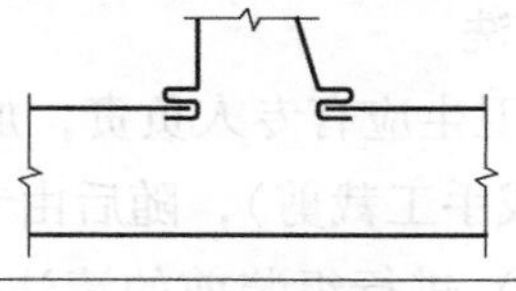
支管暗咬口	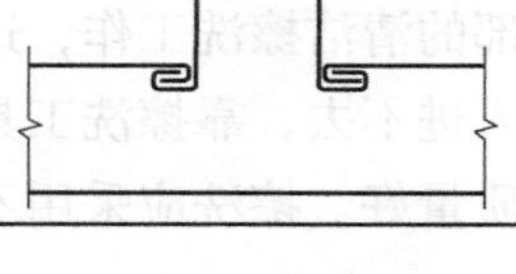

1）单咬口（平咬口）：主要用于拼接板材及圆形风管的闭合咬口，严密性、强度较好。

2）联合角咬口：主要用于矩形风管闭合咬口，加工容易，在过去纯手工加工时有时会出现假咬口现象。现在采用机器加工咬口，在风管合扣时只要地面平整坚硬，假咬口现象可避免，在净化空调工程中被广泛采用。

3）按扣式咬口：矩形风管闭合咬口，机械压扣，施工方便、快捷。通常在舒适性空调中多用（低压风管），在中高压的净化空调工程中不宜采用，因为漏风较大。

4）转角单咬口：一般用在风管的端部封头，加工容易，强度较好。

5）插片式咬口：一般用在支管与主管连接，在舒适性空调中广泛采用，易漏风且不能被漏光法检出，容易脱开，不宜在净化工程中采用。由于加工方便快捷，现在净化工程中也有采用这种咬口形式连接支管与主管。若采用这种咬口形式，需在咬口时注密封胶且在支管及主管适当位置增加支、吊架加固（如图 10-2 所示）。

6）支管暗咬口：用于支管与总管连接，严密性好，但施工难度较大。

咬口宽度和留量根据板材厚度而定，应符合表 10-10 的要求。

表 10-10　咬口宽度　（单位：mm）

咬口形式	板厚/mm		
	0.5 ~ 0.7	0.7 ~ 0.9	1.0 ~ 1.2
单咬口	6 ~ 8	8 ~ 10	10 ~ 12
转角咬口	6 ~ 7	7 ~ 8	8 ~ 9
联合角咬口	3 ~ 9	9 ~ 10	10 ~ 11
暗扣式咬口	12	12	12

（6）风管加工场地分区

1）材料储存区：经验收合格的板材、角钢及其附件存放区。所有材料应分类放置，镀锌钢板应平放在下面有木板垫层的地面上，切忌直接平放在水泥地面上，以防与地面接触的镀锌钢板表面被腐蚀脱皮。切忌把镀锌钢板靠墙斜放，以防变形影响加工质量。

2）下料裁剪压口区：此区应靠近材料储存区。裁板机、压口机、折弯机等机具应有序排列。应留有存放风管组件的区域，折边、压口后的组件应有序平放。

3）风管合口清洁区：该区域内应有不小于 2m × 2m 的平整厚钢板平面，有自来水，还应留有足够的风管存放区域。

4）法兰加工区：该区应靠近角钢存放点设置，应有不小于 2m × 2m 的平整厚钢板平面。在该区域内应划分出下料区、组对焊接区、钻孔区、防锈处理区，各区应有序排列。

2. 风管的组对及清洗

风管加工制作场地卫生应有专人负责，加工人员应穿软底鞋，首先由下料技工下料裁剪（可用机具、电动工具或手工裁剪），随后由专人折弯、压扣并码放整齐。在风管组对之前，应安排专人（最好两人）进行组装前的清洁擦洗工作，有许多施工单位是在风管组装并铆接法兰后才进行风管内部的清洁擦洗工作，这样擦洗风管事倍功半，质量不易保证。小风管的擦洗更是难上加难，人进不去，靠擦洗工具伸入内部擦洗很费劲。所以，应在风管组对前派专人擦洗，省功省力质量好。擦洗应采用不掉纤维的抹布，抹布应洁污分开，即有专擦油污的抹布，有专擦尘埃的抹布。擦净后的风管组件应里面相对，码放整齐。

风管的组对人员应戴干净手套组装风管，组装应在平整钢板上进行。组装时击打咬口应均匀，要求涂密封胶的接口，应把胶直接注入咬口内，这样密封效果比组装好后在接缝处密封效果好。风管组装好后随即铆接法兰，法兰的铆接质量决定着风管的制作质量，这一步骤很关键。若铆接不好，容易使风管扭曲变形，影响风管的安装质量。在铆接法兰时，最好能使用靠模（自制），保持法兰平面与风管轴线的垂直。铆接应采用镀锌铁铆钉，不应使用抽芯铆钉铆接。若没有铆接机，可采用人工铆接。若用铆接机铆接，应根据铆接机的说明书决定铆接方向。铆接好法兰的风管，用干净抹布再次清洁风管组装过程中的浮尘，并在风管口法兰四角的接缝处注密封胶，经监理人员检验合格后应立即用塑料薄膜及胶带封堵管口。然后编好号码，放置整齐待用，把清洁验收文件存档。

3. 法兰的加工

方形法兰比圆形法兰容易加工，加工的关键是下料准确（应采用卡模），钻孔精准。首先由专人利用卡模下料，保证同规格法兰大小一致。下料后应由专人磨去锯口毛刺。法兰的组对焊接应在平整钢板上进行，并且应采用尺寸可调的方形靠模（自制），以保证法兰边的方整。待焊口冷却后即可钻孔，矩形风管法兰的四角部位应设有螺栓孔。法兰螺栓孔和铆钉孔间距不应大于100mm，矩形风管法兰及螺栓规格见表 10-7。钻孔时，孔径应比螺栓直径大0.5mm。同一规格的法兰应能互换，这会给风管的组装及安装带来很大便利。这就需要在钻孔时先制作标准模具，用大力钳卡紧模具和待钻孔的法兰，用台钻逐一钻孔。钻好孔后，磨掉孔边毛刺，经除锈处理后或涂刷防锈漆，或镀锌处理，待涂层干透后即可使用。

10.3.4 风管的安装

1. 主风管的安装

洁净室工程中，风管采用法兰连接密封效果好。对于主风管或较长的支风管，应把风管吊起、放置于吊架上就位，然后用螺栓与已装风管连接；对于较短或较轻的风管，应先在地面上连接到一定长度后再吊起，落在吊架上后用螺栓连接。总的原则是以人工吊装的能力及滑轮设置位置来确定吊装管的长度。因为在地面上连接比较容易，故应尽量利用这一便利的连接方式。净化空调系统的风管法兰密封垫片厚度为5～8mm，在连接风管前应把垫片粘贴在法兰的密封面上，然后对着螺栓孔冲开垫片，穿入螺栓连接。

法兰垫片应选用弹性好、不透气、不产尘的材料，严禁采用乳胶海绵、泡沫塑料、厚纸板等含开孔孔隙和易产尘的材料。在工程上常常使用优质橡胶板、闭孔海绵橡胶板垫片。在粘贴法兰密封垫片时应注意两点：其一，密封垫宽度应与法兰的密封面相适应，做到在密封垫片被压缩后内端面与风管内表面平齐，不应凸出风管内表面。否则易增加气流流动阻力，也易集尘。其二，法兰密封垫的拼接应采用梯形或企口形，如图 10-1 所示。严禁采用平口形拼接。剪切梯形口或企口时，可用钢片做模具，统一剪切，以保证拼接缝紧密。较大的法兰，其密封垫应尽量减少接头。有些施工单位用橡胶板做密封垫时，不用胶粘剂粘贴密封垫，而是把密封垫套在螺栓上，这样做很容易使密封垫滑向风管内部，不能保证拼接缝的严密，应禁止采用这种连接方法。法兰密封垫的粘贴宜在塑料薄膜封口前进行，封口的塑料膜只能在连接风管时才允许撕掉，然后快速用螺栓连接好接头。安装时如果中间停止，应将端口重新封好，以防尘埃进入。

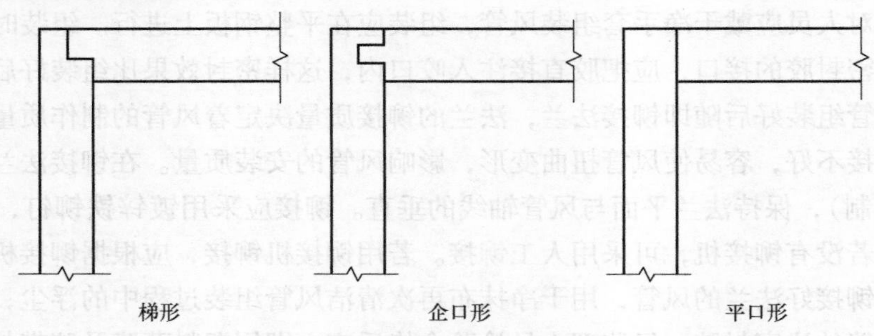

图 10-1　法兰密封垫的拼接形式

风管的安装顺序通常是先安装主风管，支风管应根据洁净室装修进度适时安装。在安装主风管时，支风管接口的封口薄膜不许撕掉或划破。安装主风管每组宜安排 4 人，2 人在脚手架平台或升降高梯上，用绳子牵拉起吊风管并连接，2 人在下部连接、服务。在人力吊装重量范围内，吊装风管的长度最好能大于吊架间距，这样工效高。若由于风管太重或所吊风管较长时，可在现场选择合适地点安装滑轮（一般可安装在梁、柱上，受力点应牢靠），采用麻绳或其他结实牢固的绳、滑轮起吊风管，吊装用的绳索必须结实、无损伤，若用麻绳吊装最好把麻绳润湿，以增加其强度。绳扣要捆绑牢靠，吊装时，先慢慢拉紧绳索，使绳子受力均衡。当风管离地面 200 ~ 300mm 时，应停止起吊，再次检查滑轮的受力点和绳子绑扣，确认没有问题后，再继续吊到安装高度，放在吊架上，撕掉风管安装端的密封薄膜，用螺栓连接。连接时应把全部螺栓插入法兰孔后再拧紧螺母，若有个别螺栓孔错位，可用与孔径尺寸相适应的钢制别棍塞到错位孔中，在其他螺栓未拧紧的状态下轻轻一别，使错位孔对正，插入螺栓。为了避免螺栓脱扣，应采用交叉法逐个拧紧螺母（即先、后分别把两个对角的螺栓拧紧，再分别拧紧两对边的螺栓）。若无升降梯，可用角钢焊制高梯凳代替。脚手架稳固性好，升降梯及高梯凳灵活方便，施工时可根据安全可靠、方便灵活的原则选择。连接螺栓、螺母及垫片应选用镀锌产品，螺栓的拧紧力度应大小一致，以保证密封垫被均匀压缩。

风管上连接的各个阀门、消声器等部件，应先配好螺栓孔，再由专人擦洗干净，才可安装于风管上。特别是微穿孔板消声器，孔板上常带有油污，应彻底清洁干净后方可安装。对于密封性要求高的风管，连接时，可在密封垫的拼接缝处注密封胶，可增加其密封性能。根据规范要求，净化空调系统风管安装之后，在保温之前应进行漏风检查。作者对漏风检查方法中的漏光检查试验方法不完全赞同。检查的目的是保证风管系统的漏风率在规定范围内，但这种检查方法操作性较差，在风管安装之后进行，光源如何在风管内移动，在黑暗的环境中，检查人员站在什么地方观察，在脚手架上还是移动式升降梯上？还是高梯凳上？更何况有些缝隙是漏风而不漏光。若查出漏光，需用密封胶密封。若是正压风管，在外部注密封胶，其可靠性及持久性如何？有待进一步探讨。诸如此类问题，足以说明漏光法检查的规定可操作性较差，科学性值得商榷。作者在施工过程中，为满足监理人员的要求，让工人穿洁净工作服，带着 36V、100W 的灯泡在主风管内爬行，进行漏光检查。在支管中根本无法进行，也尝试过用穿钢丝的办法拉动灯泡，但都不理想。作者的观点是：加强风管制作安装过程的有效监督，选用合理的咬口形式，采用科学的加工工艺，保证加工安装精度。在易漏风处，如：法兰四个角的连接处，支、主风管连接处，在安装风管时就做密封处理，这要比安装后通过检查发现漏风点再密封要好得多。若进行漏光检查，也应在安装过程中（风管连接不太长时）检查上述易漏风处，直管段的咬口缝根本不会漏光，不必检查。若此处也漏光的话，说明加工质量太差，即使采用密封胶堵漏也很难满足要求。科学的检查方法应是漏风法（参见《通风与空调工程施工质量验收规范》GB 50243—2002）。不过再好的检查方法，也是被动的，正如作者在前面谈到的属“秋后算账式”的质量控制方法，对工程质量的提高促进不太大。在本书首次出版发行后，于 2010 年 7 月 15 日发布了国家标准《洁净室施工及验收规范》（GB 50591—2010），并于 2011 年 2 月 1 日施行。新规范取消了“漏光法”检验漏风的方法，采用检测漏风量的方法检验风管的质量，虽然有了很大的进步，但仍存在不足之处。未说明在地面检测合格，安装后是否还要检测，若不检测，那么在地面检测时至少应两节或两节以上（三节比较可行）连成一段风管进行漏风量的检测。因为漏风一般出现在风管法兰连接处，只要用联合角咬口，用单节风管检测时均能合格。多节风管连接在一起检测，若法兰加工不规范，很难合格。

2. 送、回风支管的安装

通常要求的安装程序是在送、回风主管安装完毕，随即安装其支管。在舒适性空调及吊顶材料为轻钢龙骨加饰面板的净化空调工程中通常是按此顺序安装支管，风管制作安装人员也希望一次性连续安装完毕。但近几年，在洁净室的建造中，吊顶材料大多选用拼接缝少的彩钢夹芯板。其宽度有 980mm、1150mm、1180mm 等规格系列。长度根据公路运输条件，有的彩钢夹芯板长度可达 7～8m。如此大的尺寸，在安装过程中需要有一定的安装空间。特别是在改造工程中，建筑层高受限，前期安装的风管会影响彩钢夹芯板吊顶的安装。在此情况下，可把风管系统的安装拆分为两个时段：第一时段，安装尺寸大的送、回风主管，待彩钢夹芯板吊顶安装完毕，再进行第二时段的安装，安装尺寸较小的送、回风支管可站在彩钢夹芯板吊顶上操作，方便快捷。这样做不仅可使洁净室的装修不受影响，而且可以提高支风管安装的准确性。在吊顶未安装的情况下，确定每一支风管的准确位置实属不易。因为净化空调的风管系统与舒适性空调的不相同，它是按生产工艺要求布置每一间洁净室，风口数量是按不同洁净室的洁净度级别而确定。风管系统不像舒适性空调那样有规律，尽管在设计图纸中风口都有准确的定位尺寸，但在施工过程中，既要考虑土建误差对洁净室装修的影响，又受限于测量工具，要把每个送、回风口的支管全都达到设计要求，仅靠土建柱体及墙面作参照是比较困难的。若安装的支风管与风口误差大，就需返工修改，既误工又费料。若在第二时段安装送、回风支管，这时彩钢夹芯板吊顶已安装且送、回风口也已安装到位，这时制作安装支风管可确保安装的准确性。

支风管的安装有两种做法：其一，是在主风管上做整体三通；其二，在主风管上不做三通，全部做成直管段，在安装支风管时，在主风管上现场开口进行连接。第一种方法是正规的施工手法，其支管与主风管密封性好，强度高，但材料消耗大。第二种方法是不宜提倡的做法，但目前在施工过程中应用非常普遍。主要是因为省工、省料，可以通过现场开口来吸收安装误差，它可使支管与风口准确配合，减少了测量及计算量，施工快捷。更为重要的是市场低价竞争，施工单位要想方设法节约成本，所以，这种方法在舒适性空调工程与洁净室工程中被广泛应用。既然如此，就应对第二种方法加强监理，给予指导。

为什么说在主风管上现场开洞连接支管的方法不宜提倡呢？主要是其密封性差、强度低。因为这种施工方法决定了支管连接的咬口形式只有两种：即表 10-9 中“支管暗咬口”

形式（密封性及强度较好，但施工较困难）和“插片式咬口”形式（密封性差，采用漏光法检验时测不准，且强度差易脱开）。在实际工程中，这两种咬口形式都有应用，但“插片式咬口”形式应用较多。在此，给这两种咬口形式提出如下措施：这两种咬口支管均为手工制作，所以镀锌钢板厚度受到限制。“插片式咬口”形式的支管只能用厚度小于等于0.5mm的镀锌钢板制作，否则无法制作咬口，“支管暗咬口”形式的支管多采用0.5mm厚的镀锌钢板咬接。这种限制就造成“插片式咬口”形式的强度低、易脱开的弊端。为此可把支管接口处用小于0.5mm厚的镀锌钢板制作，接口支管长度不要超过250mm，与接口短管相连接的支管壁厚采用设计厚度，且在厚壁支管处离连接法兰50～100mm处设置用角钢制作的U形固定吊架；在主管与支管连接处的前部（或后部）增设加强U形吊架，如图10-2所示。这样可保证强度，且不易脱开（脱开的原因是风管摆动力及其他外力所致）。在咬口中注密封胶可保证咬口的密封性。若是正压管，在支管接口的四个角处且在管道的内侧注密封胶；若是负压管，在支管接口的四个角处风管外表面注密封胶。注密封胶后应用手指或其他柔性刮板刮抹，使密封胶附着在接口处的壁板缝隙中。密封处理的关键是四个角处的漏风缝隙。

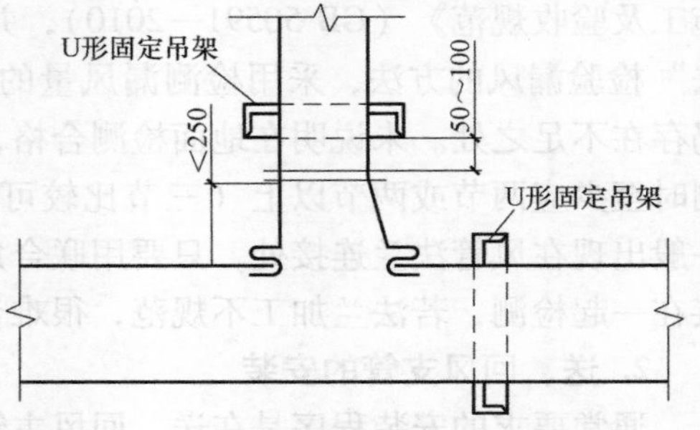

图10-2　插片式咬口三通的加强措施

下面介绍支风管与高效过滤器的连接：

连接顺序决定于支管与主管的连接方式。若在主风管的制作安装过程中，已安装有支管三通，连接顺序就应从支管三通处开始，同时兼顾高效过滤器接口位置，把测算及加工安装误差在此管段中自然吸收，如图10-3所示。靠偏心三通吸收误差B，保证高效过滤器进风口与支管口对正；若靠三通变径等附件吸收不了误差，则应在直管段做一斜向连接管吸收误差A，如图10-3所示。不要试图用软连接吸收这一误差（当然误差在20mm以内时，可以用该方法吸收误差），否则在软连接法兰处易漏风且影响软连接的使用寿命。

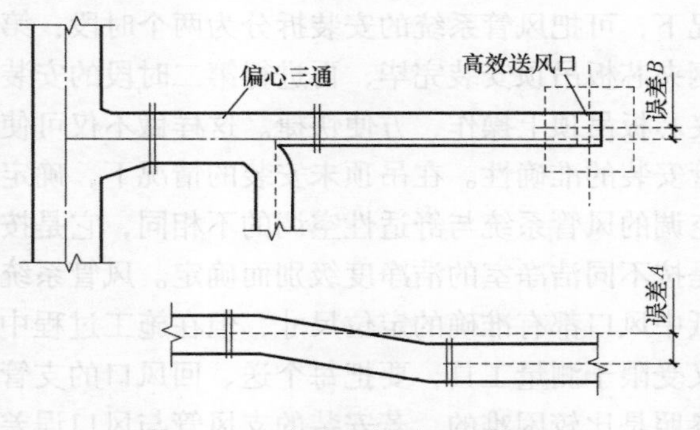

图10-3　消除安装误差的措施

若在主风管上没有安装支管三通，这时就可从高效过滤器进风口开始安装，到达主风管时，现场测量，在主风管上画线开洞，进行咬接。这种方法不会产生制作安装误差，并且省工、省料。但要把支管与主管的接口处理好，才能保证质量。高效过滤器的进风口处安装的调节阀宜安装在软连接的前面，这样在调节风量时，软连接不至于承受太大的压力冲击，也有利于高效过滤器送风口的安装，如图10-4所示。

下面介绍回风支风管的连接：

回风支风管的连接顺序类同送风支风管，它的空间位置位于吊顶上表面与送风管下表面之间。对于用彩钢夹芯板装修的洁净室，全部用夹道回风（夹道内的拼接缝应密封严密，否则，会有哨声)。所以回风支管应和夹道顶板处的回风洞口相连，这个开在回风夹道顶板上的回风洞口尺寸应等于回风支管的尺寸。这个洞口应在安装支管时开出，这样可吸收风管在制作安装过程中的误差，这种回风夹道的尺寸较小，大多数进不去人。故只能在顶板上表面开洞，可先用手提式曲线锯或锯板机锯掉彩钢板上表面的钢板，下表面的钢板可用铁锤沿水平方向击打自制刀刃来割掉，不可使彩钢板表皮剥离夹芯层。也可采用手提式圆盘锯一次性锯通顶板。开洞后用槽铝包洞口边缘，回风支管调节阀宜紧贴彩钢板吊顶安装，而后再通过软连接与回风支管相连，如图 10-5 所示。调节阀安装在吊顶板上，可避免调节回风量时支管的摆动，这样可减小软连接被牵拉的频率。调节阀与彩钢板的连接可用 5mm × 20mm 的抽芯铆钉铆接，其间应垫符合要求的法兰垫片。

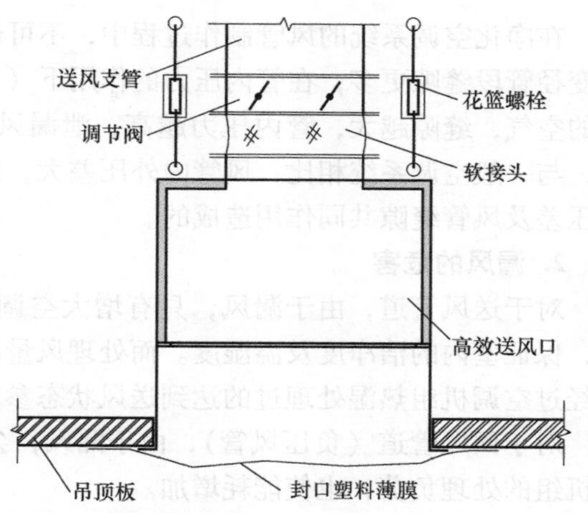

图 10-4 高效送风口调节阀安装位置

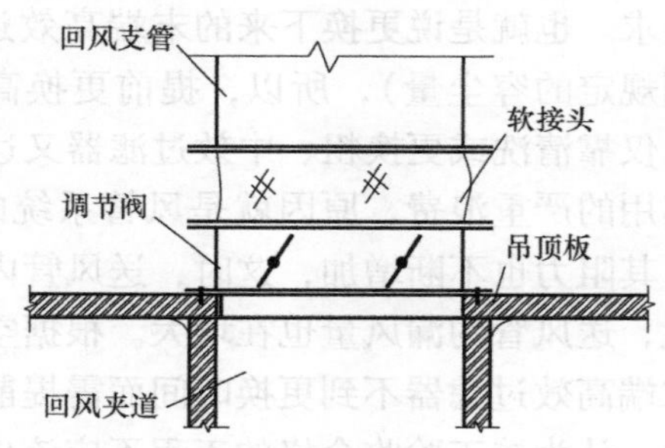

图 10-5 回风支管调节阀安装位置

3. 风管的漏风检查

按照上述风管制作安装工艺，在送、回风管道系统安装过程中，需进行漏风检查。对洁净室工程，作者认为最好采用漏风法检查，漏光法检查可靠性差，难于操作。若采用漏光法检查，须分段进行。这样，分段管件可在地面上检查，省时又省力。切不可在风管全部安装完毕后进行漏光检查。若采用作者所建议的施工及管理方法，只需重点检查三通、弯头、变径管等附件及直管段的法兰连接处，直管段的咬口不必检查，这样可重点突出，节省时间。若用漏风法检查，需在送、回风支管的软连接处安装盲板进行检查。根据作者多年的经验，只要在制作安装过程中进行严格监督、科学管理，漏风量检查可一次达标，不需用密封胶修补。而漏风法检查的超标不在风管本身，而在调节阀、消声器等附件。所以只要这些附件漏风不超标，也可一次通过检查，可见加强施工过程监督、监理的重要性。

10.3.5 现行规范中风管漏风检测方法的缺陷

1. 净化空调系统漏风的原因

按工作压力来划分风管系统，可分为三个等级：

低压系统 $P \leqslant 500\text{Pa}$

中压系统 $500\text{Pa} < P \leqslant 1500\text{Pa}$

高压系统 $P > 1500\text{Pa}$

净化空调系统的送风管大多属于中压系统，即送风管压力 P 的范围为：$500\text{Pa} < P \leqslant 1500\text{Pa}$。

在净化空调系统的风管制作过程中，不可避免地会产生一些缝隙，特别是在三通、弯头及变径管段缝隙更多，在管内压力的作用下（正压风管），通过这些缝隙会泄漏大量经处理过的空气，缝隙越大，管内压力越高，泄漏风量就越多。洁净室风管系统，大多属中压系统，与一般空调系统相比，风管内外压差大，故漏风量多。可见，风管漏风量是由风管内、外压差及风管缝隙共同作用造成的。

2. 漏风的危害

对于送风管道，由于漏风，只有增大空调机组的处理风量，才能保证送入洁净室的风量，保证室内的洁净度及温湿度。而处理风量的增加，会造成能耗的增加。因为漏出的空气是经过空调机组热湿处理过的达到送风状态参数的空气，漏风量越大，能耗越大。

对于回风管道（负压风管），由于漏风，会把未经过理的空气漏入回风管道，增加了空调机组的处理负荷，也使能耗增加。

风管漏风，在竣工验收及综合性能评定时，是不容易被发现的。这种工程质量缺陷只有在使用过程中，细心的用户会发现，末端高效过滤器还未到更换期，风量已不能满足洁净度的要求。也就是说更换下来的末端高效过滤器的阻力并未达到终阻力（即高效过滤器没有达到规定的容尘量），所以，提前更换高效过滤器会带来很大的浪费，但不更换高效过滤器，仅靠清洗或更换粗、中效过滤器又达不到洁净室所需风量及洁净度的要求，造成物不能尽其用的严重浪费，原因就是风管系统的严重漏风。因为末端高效过滤器积尘量逐渐增加时，其阻力也不断增加，这时，送风管内的压力也在增大。即送风管内外的压差也在增大。因此，送风管的漏风量也在增大。根据空气平衡原理，送入洁净室的风量就会减少。这也就是末端高效过滤器不到更换时间而需提前更换的原因。这个原因，有的用户自始至终也不会明白，认为竣工验收合格的工程不应该出现这种现象，殊不知这种现象在验收过程中会被掩盖。在净化空调工程设计中，过滤器终阻力通常是按其初阻力的 2 倍来考虑的。但在工程验收时，过滤器的阻力仅仅是初阻力，故整个系统阻力会比终阻力小很多。若对风机不进行控制的话，尽管漏风很大，洁净室的送风量还是会大于设计风量的，如图 10-6 所示：$Q_B > Q_A$（Q_A 为设计风量，Q_B 为未调节时的实际风量）。若风机能变频控制，这时可调整频率，使实际风量等于设计风量；若无变频控制装置，靠调节阀门的方法来增加管路阻力（使 B 点趋向 A 点），减小送风量使其达到设计风量。很显然，在这一调节过程中，漏风这一缺陷体现不出来。在这种情况下进行洁净室的风量、风速、洁净度等参数的检测，完全可以达标。这就是说，竣工验收合格的工程未必是真正合格的工程，只有在施工过程中，重视中间环节的验收，并且要有科学的验收方法，才能真正把握住工程质量这道关。

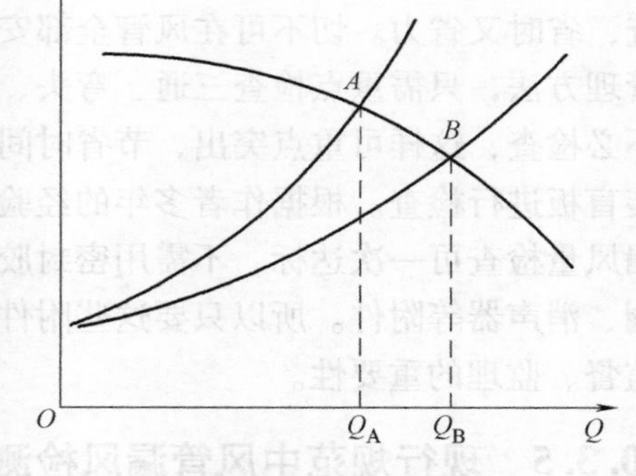

图 10-6　系统的 $Q-H$ 曲线

3. 用漏光法检测风管漏风量的缺陷

《通风与空调工程施工质量验收规范》（GB 50243—2002）中规定：

A. 1　漏光法检测：

A. 1. 1　漏光法检测是利用光线对小孔的强穿透力，对系统风管严密程度进行检测的方法。

A. 1. 2　检测应采用具有一定强度的安全光源。手持移动光源可采用不低于 100W 带保护罩的低压照明灯或其他低压光源。

A. 1. 3　系统风管漏光检测时，光源可置于风管内侧或外侧，但其相对侧应为暗黑环境。检测光源应沿着被检测接口部位与接缝做缓慢移动，在另一侧进行观察，当发现有光线射出，则说明查到明显漏风处，并应做好记录。

A. 1. 4　对系统风管的检测，宜采用分段检测、汇总分析的方法。在严格安装质量管理的基础上，系统风管的检测以总管和干管为主。当采用漏光法检测系统的严密性时，低压系统风管以每 10m 接缝，漏光点不大于 2 处，且 100m 接缝平均不大于 16 处为合格；中压系统风管以每 10m 接缝，漏光点不大于 1 处，且 100m 接缝平均不大于 8 处为合格。

A. 1. 5　漏光检测中对发现的条缝形漏光，应做密封处理。

用该方法检测风管的严密程度，其操作性差，方法不太科学。检测光源如何移动，是用细钢丝牵引拉动，还是人进入风管内手持光源慢慢爬动（只适用于大风管），观察者在黑暗的环境里站在何处，是重新搭建脚手架平台，还是蹬踩高凳？诸如此类实际问题，规范未说明，也不可能说明。在验收中，因为操作性差，风管数量多，常常是走过场，检查一段风管了事。填表、签字、盖章，没有真正起到控制质量的作用。

规范中 A. 1. 5 条也值得商榷，咬口制作的风管，能出现条缝形漏光，实属劣质工程，怎样密封呢？对于正压管道，应在管道内部密封才有效，如果管道尺寸小，人进不去，无法密封。若在管道外部封密，效果很差，当时能起点作用，不会再漏光，但过一段时间，密封材料会脱落，继续漏风。

事实上，漏光必定漏风，但漏风未必漏光。如三通支管采用插片式咬口时（见表 10-9 中插片式咬口示意图），虽然漏风，但用漏光法检查，也不会漏光（合格）。故对此类咬口，应采用加强施工过程的监督指导，或在咬合连接时，采用给咬口内注入密封胶的方法来防止漏风，或改变咬口形式等措施来防止漏风。

该规范 6. 2. 8 条中：对低压系统风管的严密性采用 5% 抽检率（且不得少于 1 个系统）检验，采用漏光法不合格时，应按规定的抽检率做漏风量测试。既然用漏光法检验不合格，再做漏风量测试肯定也不合格。即使用漏光法检验合格的风管，再做漏风量测试也不一定合格，这完全取决于采用什么样的咬口形式。

总之，采用漏光法检查合格的工程，实际上漏风量很大，既有方法的操作性差带来检查走过场、填表格的草率，也有方法的不科学导致漏风量很大而不能被测出。这样会出现有各种“合格”记录的不合格工程，给用户的使用带来后患，且浪费能源。这也是看到有些人统计洁净室面积冷（热）负荷指标时数据偏大的原因之一。

当前大力提倡节能减排，民用建筑在推行节能设计，净化空调工程能耗向来很大，怎样挖掘潜力，建造节能工程，值得研究。不应该把控制工程质量放到最后的验收上，而忽视施工过程中有效的中间验收（中间验收须有科学的行之有效的方法），不应该几十年不变地执行不太科学的验收方法，使中间验收结果带有“水分”。在风管制作安装过程中，也应与时俱进，不断修订规范，不断改变思路，从“秋后算账”式的控制方法改变为施工过程严控、监控的质量控制方法。要研究每个施工环节中的具体施工措施，制订出易于操作的检验方法。

10.3.6　适用有效的风管漏风控制、检测方法

在工程施工中，不管用什么方法检查漏风量，总的目的是要控制漏风量在合理的范围内。而控制漏风量，检测只是手段，应该制订容易实施且有效的检验检测措施，从风管制作的全过程进行动态控制。在风管的制作安装过程中，重点应从咬口形式、咬接方法、操作顺序到法兰加工、密封垫粘贴、安装技巧等方面多加研究，给予指导，禁止采用容易漏风的咬口形式。让施工企业对自己的风管制作工艺及措施进行验证，写出验证方法，落实措施。对易漏风部位，如直管段法兰连接处的四个角、三通支管与总管连接处、变径管段等处应作为验证重点。监理人员及建设单位相关人员应认真审核验证文件，按其验证方法来全过程监控风管制作安装，对与验证材料不相符的制作工艺应及时纠正，加强对成品、半成品的检验，这样才能事半功倍。这要比在漆黑的环境中，站在高处观察有无漏光的检查效果好得多。实践证明，严把过程控制质量关，最后不管用何种手段检查漏风，都能不加修补就可达标。因为任何工程的返工、修补都是费工、费时、费钱的，而漏风的修补效果只能在短时间内维持，随着时间的推移，密封材料会脱落、老化，照样漏风。

在中间验收管理中，应改变验收方法，把漏光法验收改为行之有效的风管加工全过程监控。试想，如果风管咬口形式可靠、咬接严密、管段与法兰铆接严密、三通及弯头等管件制作合格、密封垫拼接粘贴规范，当管道连接在一起后还会漏光吗？更何况每个管段及管件在连接安装前验收很容易做到，若发现问题及时处理，事半功倍。实践证明，只要风管密封垫拼接粘贴合格，在连接后，连接缝不可能漏光，除非法兰焊接不平整（这可通过监控法兰加工过程使其合格）。所以，完全可以在风管加工场所对风管及部件（最好两、三节风管连接成管段）进行漏风量检测，既方便又快捷，发现问题，容易采用有效的方法修补，这要比规范中所采用的漏光法检验效果好得多。作者在洁净室施工过程中采用此法控制风管制作安装质量，取得了很好的效果，得到监理人员、建设单位的认可。

在本书第1版出版发行后，于2011年2月1日施行了新的标准《洁净室施工及验收规范》(GB 50591—2010)，该规范对风管漏风检测给出了容易实施的方法，如果能规定“检测管段须由两、三节风管连接而成”效果会更好，可避免测试合格的单节管连在一起后不合格的缺陷。

风管制作安装工艺经施工单位验证，监理单位全过程控制，最终可采用测量各洁净室风量及系统总送风量来计算出系统漏风量，扣除消声器及调节阀等附件的漏风量就是风管的漏风量。通过这两个漏风量来评估施工单位施工质量及所选设备的质量。这样可定量分析系统漏风量及风管漏风量，也可计算出由此而产生的能量损失，给节能设计提供依据。这种测试方法可配合综合性能评定工作进行。用这种方法计算的漏风量误差随着测试精度的提高而减小。欲测试较精确的漏风量，可采用《通风与空调工程施工质量验收规范》（GB 50243—2002）中的漏风量测试装置及测试方法进行测试。

10.3.7　风管保温

经漏风检验合格的风管，在保温前需进行清洁处理。检查在安装过程中镀锌钢板有无被划伤，镀锌层有无剥落。若有，需进行防锈防腐处理（可用锌黄酚醛防锈漆、锌黄醇酸防锈漆处理），待防锈涂层干透后即可按设计选定的保温材料及保温方法进行保温。

净化工程中所使用的保温材料，应符合防火规范要求，还应满足洁净室的要求，即保温材料及胶粘剂均应采用不燃材料或难燃材料，位于洁净室内的风管及管道的绝热，不应采用易产尘的材料（如玻璃纤维、短纤维矿棉等），在下列场合必须使用不燃绝热材料：①电加热器前后 800mm 的风管和绝热层；②穿越防火隔墙两侧 2m 范围内风管、管道和绝热层。根据上述要求，在洁净室工程中，应用较多的是橡塑保温板、复合硅酸盐保温板（防潮层和外护材料为该保温材料配套的液态膏体），阻燃自熄型聚苯乙烯保温板由于达不到消防要求而使用受限。在此需要强调的是，当输送的空气温度小于环境温度时，由保温结构内外壁之间的温差而产生水蒸气分压力差，致使管外空气中的水蒸气在此分压力差的作用下，随热流而渗入到保温材料内，并在其保温结构内产生凝结水现象，导致保温材料的保温性能降低，甚至保温结构开裂、保温材料发霉。因此，在保温层外设置防潮层是必要的，当输送的空气温度大于环境温度时，保温结构一般不设置防潮层。保温材料选用闭孔结构，有助于防止水蒸气渗透。例如复合硅酸盐保温板，其防潮层为液态膏体，施工后无接缝。防潮效果好，但价格偏高。

对于粘贴型保温板（如橡塑保温板），施工的关键是裁料准确，拼缝严密，在法兰连接处应拼接紧密，且在其外侧再粘贴保温条，以防在法兰处形成冷（热）桥。在除法兰以外的其他拼缝处，应采用胶带密封防潮，粘胶带的宽度不应小于 50mm。法兰处保温条厚度不应小于风管保温层的 0.8 倍。对于冷管道的防潮层，施工时应紧贴保温层不得虚粘、褶皱、鼓泡。立管防潮层应由下而上敷设，环向搭接的缝口应朝向低端；纵向搭接的缝口应位于管道的侧面，缝口向下。对于穿过洁净室的管道，在保温层外还应安装金属保护壳。最好采用不锈钢薄板，咬口应严密平整，以防积尘滋菌。

复合硅酸盐保温板施工时，先将配套的膏体材料直接涂抹于保温板上，厚度为 2～5mm，将涂布膏体的板材直接粘贴于管道上。用同样的办法，分层粘贴，直至达到设计要求的保温层厚度后，表面再用膏体材料抹光即可。表面干燥后，就可进行特殊要求的处理（如涂刷防水涂料、油漆等）。

10.4　净化空调设备的安装

10.4.1　组合式净化空调机组的安装

风量较小的组合式净化空调机组是组件出厂，现场安装，与一般的组合式空调机组相似，均是由不同的功能段组合而成。风量大的组合式净化空调机组，有时采用散件出厂，现场组装。机组壁板采用复合板，其夹芯多采用聚氨酯材料，外层采用彩钢板、喷塑钢板等；内层采用彩钢板、不锈钢板等。对于生物洁净室，特别是医院洁净手术部，组合式空调机组壁板内侧多采用不锈钢板，风机采用不锈钢风机。机组各段之间的连接通常采用螺栓紧固形式、拼接缝处垫海绵橡胶板密封。通常由生产厂家派人安装或派技术员指导安装。

安装前应认真核对生产厂家的发货清单及明细表，会同工程监理人员核查各功能段是否齐全、管道接口方向是否正确；加热段与冷却段换热器的排数、尺寸、材料是否与设计图纸相符；检查风机型号、技术参数及与电动机的连接形式等是否与设计相符。重点检查换热器的翅片是否有叠压现象，换热管有无受损；查验风机及换热器等部件的合格证，检查箱体壁板是否受损。通过逐项检查核准后填写《工程材料/构配件/设备报审表》存档。

下面介绍组合式空调机组对基础的要求：

基础应采用钢筋混凝土基础，基础长度及宽度应比机组外形长度、宽度各增加100mm。基础高度应根据凝结水排水管的水封与排水坡度来确定。基础平面必须平整，对角线水平误差应不大于5mm。为了保护机组底板不受腐蚀，机组下部宜垫2条大小适宜的工字钢或槽钢（纵向敷设）。在表冷器、加热器及风机段下部，酌情增加所垫型钢。在风机下还需设置横向型钢，以增加强度。基础平面施工误差也可通过调整型钢来消除。机组下部垫的工字钢或槽钢应做防腐、防锈处理。一切工作准备好后，应彻底清洁卫生。在安装期间，不应有其他产尘作业的工种交叉施工。对于散件出厂的组合式空调机组的安装，原则上应从一端向另一端按序安装，但由于表冷器、加热器、风机及其底座较重，所以，在安装好该部位的底板后应先吊装这些设备。通常，生产厂家已把风机及电动机组装在减振底座上，安装时不必拆开，除非尺寸过大，进门受限。当拆开安装时，应在组装侧板前调整好电动机的准确位置。待这些重大组件安装就位以后，撤去吊装设备，装好全部底板，调平调正，密封好接缝。有三点需特别注意：①机组电源线进线口应穿电线管且密封严密，电线管宜延伸至电动机接线盒处。②在安装过程中应保护风机的减振器，待风机就位后再撤去刚性保护块，使减振器均匀受力。③表冷器下的不锈钢凝水盘的坡度应调整好，保证凝水顺利排出、不留死角。水封高度应按设计图纸要求来确定。到此为止，即可按顺序由一端向另一端安装。先安装侧板，再安装顶板，安装过程中，应采用塑料薄膜对表冷器、加热器、风机进行临时封盖保护，以防灰尘飞入。在拼装箱体壁板时，应随时擦掉壁板及各部件上的灰尘，应随时检查密封材料是否整齐且未受损，否则需更换。螺栓的拧紧程度应一致。待箱体装配完毕，检修门安装到位，应对组合式空调机组内部再次进行清洁，撕去表冷器、加热器等处的临时保护膜，穿上干净工作服及工作鞋，安装粗效及中效过滤器，接通电源及检修安全灯。空调机组组装完毕后，应会同监理人员做漏风检测。在静压为1000Pa时，当洁净室洁净度低于ISO5级（英制100级）时，其漏风率不应大于2%；当洁净室洁净度等于或高于ISO5级（英制100级）时，其漏风率不应大于1%（检漏装置详见《通风与空调工程施工质量验收规范》GB 50243—2002），漏风检测合格后，填写机组漏风量检测验收表，签字盖章后存档。对于组件出厂的组合式净化空调机组，其安装相对简单，只要把机组各段按序拼接，调平调正，接缝密封严密即可。

组合式净化空调机组的表冷器及加热器进、出水管接口，通常为外螺纹接口。在管道安装过程中，由于现场的套丝机具所套最大管径大多数不能满足该水管接口管径要求，有些单位利用车床加工连接管段的螺纹，采用管箍螺纹连接。若螺纹加工有误差，在压力试验时很容易漏水而又不好处理。所以许多施工单位，对于这些大管径的螺纹接口，通常采用法兰连接，方便而可靠。也免去了螺纹连接需安装活接头管件而造成安装长度的增加。在已安装好的组合式空调机组表冷段及加热段的水管接口处焊接法兰盘时，应特别注意对箱体壁板的保护。通常可采用多层浸湿的石棉布贴近并覆盖水管接口处的壁板，外部再用金属板遮挡，以避免焊接产生的火星烧坏壁板。

10.4.2 高效过滤器的安装

高效过滤器通常是在地面施工完毕后才进行安装，这样做室内条件符合高效过滤器的安装条件。如果地面采用环氧树脂自流平材料，这样做存在一个问题，就是在做环氧树脂自流平地面时，室内无法通风，对施工人员的健康非常有害。所以，施工人员常常开门通风，甚至用鼓风机通风，这样通风既影响地面施工质量，又会污染洁净室，给日后擦洗带来困难。作者认为，在环氧树脂自流平地面的底涂施工完毕并干燥后，即可进行高效过滤器的安装。因为底涂以后，地面已经很干净，符合高效过滤器的安装条件。装好高效过滤器后，在地面的中涂及面涂施工时，就可利用净化空调系统进行通风换气，地面涂装的施工环境得到改善，更重要的是可提高地面的光洁度（这种涂装地面的环境比汽车烤漆房的洁净度还高）。这种施工工序，既不影响高效过滤器的安装质量，又能提高地面施工质量且能确保工人的健康，可谓一举三得，应该提倡。

安装高效空气过滤器前，洁净室装修工程及安装工程应全部完工，并且应对洁净室进行全面清扫、擦洗。根据规范要求，净化空调系统必须进行试运转，且须连续试运转（空吹）12 ~24h，空吹后再次清扫、擦洗洁净室，这时工人须穿干净工作服及工作鞋，立即进行高效空气过滤器的安装。

1. 净化空调系统试运转——空吹

在地面底涂完工后，撕去封堵在高效送风口上的塑料薄膜，起动空气净化系统，先吹30min，然后关机，再撕去彩钢板上的保护膜。先运转30min是由于系统中的尘埃大部分在前半小时内即可吹出，并且有一部分附着在室内壁面上，有一部分经回风口进入回风管道，最后进入组合式空调机组经过粗效、中效两级过滤器过滤，再进入洁净室，如此循环。若此时吹得时间太长，由于室内气流的扰动，会把已附着在壁面及地面上的尘埃吸入回风管，虽然回风口装有过滤层，但其过滤能力是有限的，尘埃必然会穿过回风口过滤层被空调机组内的粗、中效过滤器捕获前附着在回风管道内，增加了回风系统内的污染。故在空吹30min后，及时撕掉彩钢板上的覆膜，连同所附着的尘埃一并清除。撕掉覆膜后，再次清洁地面，最后再连续空吹12 ~24h。作者认为空吹时间也不宜太长，有12h足够。因为附着在风管内壁的尘埃并不随空吹时间的延长而减少太多。作者曾在风管清扫口做过试验，有意在清扫口的密闭门上附着一些尘埃，在空吹12h和空吹24h后分别检查密闭门上的尘埃，发现二者并无明显区别。所以，作者认为风管系统的清洁，最好是在制作风管时除去其内壁的油污及尘埃，这是最根本的措施。空吹只能吹走一部分浮尘。空吹结束后，再次清洁室内墙壁、顶棚及地面，随后即可安装高效空气过滤器。

2. 高效空气过滤器安装（以压紧法安装为例）

安装高效过滤器时最好6个人一组，2个人专门拆箱及粘贴密封条，另外4个人分成两组进行安装，分工合作，互相配合。密封条的粘贴是一项很重要的工作，裁剪不好，粘贴、拼接不仔细，都直接影响过滤器的安装质量。密封条的裁剪、拼接粘贴，均应有专人监督检查，检查合格后方可安装。这就是所谓的过程动态控制，能起到事半功倍的效果，应引起施工单位及监理单位的高度重视。目前，普遍的工程管理方法是“秋后算账”式的方法，对中间过程的管理不够重视。到完工后不惜耗费大量时间去扫描检漏，发现问题又很难补救，返工现象常有发生。高效过滤器边框分木框和金属框，在生物洁净室内，木框高效过滤器的使用受到限制，故现在大多使用金属框高效过程器。作者发现，对于有隔板高效过滤器，镀锌钢板框比铝合金板框强度要高，压紧过程中高效过滤器的边框不易变形。对于金属框高效过滤器，密封条宽度宜为20 ~25mm，密封条材质有闭孔海绵橡胶板和氯丁橡胶板，密封条厚度在6~8mm。拐角处的拼接方法应采用梯形或企口形拼接（参见图10-1），不应采用平接的形式。不管用何种方法拼接，做一个裁口模具是提高拼接质量、加快安装速度的好方法。因为由模具裁出的拼接口规整严密，防漏效果非常好。粘贴好密封条的高效过滤器经检查合格后应平放在洁净平整的地面上。密封条向上，若需堆叠放置，中间必须放置平整有一定强度的分隔板，以防不均匀受压，使密封条变形。在安装高效过滤器前应再次擦拭高效送风口及其静压箱内部，做到洁净无尘。随后在密封条的四个拼接缝处涂上玻璃胶，立即装入高效过滤器风口。涂玻璃胶起双重保险作用，发生渗漏主要在四个角的拼接缝处。安装工人应分别踩在人字梯的两边适宜高度上，把高效过滤器平行推入送风口内。一共4个压紧附件，两人应打对角安装压件，起初不可拧紧，待四个压件全部装上后，用手指及目测的方法，调整过滤器，使四周间隙均匀，以保证密封面宽窄均匀，提高密封性。最后两人同时打对角旋紧压件螺母，用力要适度、均匀，4个压件压紧程度应一致，切忌松紧不一。若过滤器及四周间隙不需检漏，则可把已经擦洗干净的高效过滤器扩散板装上。若需检漏，则在检漏合格后再安装扩散板。安装扩散板时应对正高效过滤器，螺栓不可拧得太紧，以四周缝隙一致为宜。扩散板的擦洗应有专人负责，一般扩散板出厂时并不擦洗，故在安装前应用洗洁剂水清洗，除去油污及尘埃，最后用自来水冲洗（如有条件应采用去离子水冲洗），再用不掉纤维的干布擦净余水，储存在洁净环境中待用。

10.4.3 现行规范中高效过滤器风口检漏方法弊病分析

《通风与空调工程施工质量验收规范》（GB 50243—2002）中规定：

B.3 空气过滤器泄漏测试：

B.3.1 高效过滤器的检漏，应使用采样速率大于1L/min的光学粒子计数器，D类高效过滤器宜使用激光粒子计数器或凝结核计数器。

B.3.2 采用粒子计数器检漏高效过滤器，其上风侧应引入均匀浓度的大气尘或含其他气溶胶尘的空气。对大于或等于0.5μm尘粒，浓度应大于或等于3.5×10^5PC/m^3；对大于或等于0.1μm尘粒，浓度应大于或等于3.5×10^7PC/m^3；若检测D类高效过滤器，对大于或等于0.1μm尘粒，浓度应大于或等于3.5×10^9PC/m^3。

B.3.3 高效过滤器的检测采用扫描法，即在过滤器下风侧用粒子计数器的等动力采样头，放在距离被检部位表面20~30mm处，以5~20mm/s的速度，对过滤器的表面、边框和封头胶处进行移动扫描检查。

B.3.4 泄漏率的检测应在接近设计风速的条件下进行。将受检高效过滤器下风侧测得的泄漏浓度换算成透过率，高效过滤器不得大于出厂合格透过率的2倍，D类高效过滤器不得大于出厂合格透过率的3倍。

B.3.5 在移动扫描检测过程中，应对计数突然递增的部位进行定点检验。

在上述规定中，没有明确指出是对高效过滤器安装前的检漏（即对过滤器本身进行的检漏），还是对高效过滤器安装后的检漏。但从B.3.4及《洁净室施工及验收规范》（JGJ 71—1990）中第四节评定标准第5.4.1条中推断，是对高效过滤器安装后的检漏（在B.3.3中没有明确指出对过滤器的“安装边框”进行移动扫描）。

对高效过滤器安装后的检漏，主要检查过滤器本身是否泄漏及安装边框（高效过滤器与风口的密封面）是否泄漏。对于空气洁净度等级等于和高于ISO5级（英制100级）的洁净室所使用的高效过滤器，安装前应进行检漏，合格后方可安装。对于安装好的高效过滤器进行检漏，实施起来比较困难。根据检漏要求，被检高效过滤器上风侧的微粒浓度，必须大于或等于 3.5×10^5PC/L（受控粒径大于等于 0.5μm 时）。而洁净车间是全空气系统，一个系统的高效送风末端有几十台甚至上百台高效过滤器。采取什么措施在高效过滤器上风侧引入高浓度的含尘空气（或其他人工气溶胶），是在每台高效过滤器的上风侧引入（很困难）？还是在一个系统内统一引入？若统一引入，又不可能同时扫描几十台高效过滤器。因此，在检测过程中，未检测的高效过滤器也会被上风侧的气流污染。这些操作上的困难给实际的检漏工作带来很大的困难。笔者在工程检测中深感这种方法可操作性不强，并且会带来许多与洁净室施工规则相悖的隐患。如在高效过滤器上风侧引入室外不经过滤的大气尘，对于生物安全实验室高效过滤器排风口的检漏，室外空气要经过外门、清洁区、半污染区、缓冲门最后被主实验室的排风高效过滤器吸入（暂不谈排风高效过滤器下风侧能否施行检测，实际上根本无法检测）。可见，为排风高效过滤器上风侧引入不经过滤的室外空气，而不惜污染整个生物安全实验室。对于其他洁净室，要在高效过滤器上风侧引入不经过滤的空气进行检漏，也会污染整个送风管道系统。用粒子计数器扫描检漏时，采样口放在下风侧离过滤器表面 20～30mm 处，以 5～20mm/s 的速度移动采样口，沿过滤器表面、边框和安装边框处扫描。这种检漏操作是一个很费时的过程，操作时间越长，污染越严重。以上两种情况都与洁净室施工所要求的“认真擦洗风管内表面、塑料薄膜临时封口，彻底清洁洁净室板壁表面等”做法相矛盾。

由 B.3.4 的规定，即使检测到有泄漏，从上述检漏的操作方法中可以看出，泄漏部位根本就无法确定。因为采样软管长度通常小于等于 1.5m，尘埃随采样气流从采样口到仪器内部穿过光敏感区，通过光电倍增管的信号转换，并经电路系统进行放大和处理、分档，最后送入计算机进行计数，而后显示出计数结果，要经过一段时间。很显然，从仪器上读到超标的数值时，由于这段滞后时间及采样口的移动速度（5～20mm/s）两者的共同作用，导致根本无法确定扫描超标点的位置，更谈不上确定泄漏点的位置。即使能确定扫描超标点的位置，而泄漏点的位置也很难确定。因为在同一扫描超标点上可以有无数个泄漏点与之对应（如图 10-7 所示的 1～9 等泄漏点）。

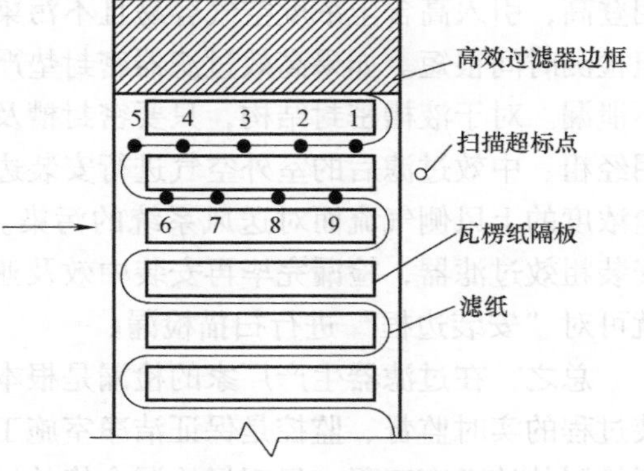

图 10-7　高效空气过滤器结构示意图

检漏操作是沿着过滤器表面、边框和安装边框处进行扫描。发现仪器读数超标只能估计出大致的扫描超标点位置，泄漏点是在过滤器上风侧表面、滤纸侧面（纸通道中）还是扫描面上，都有可能。因此很难确定泄漏点的具体位置，用胶堵漏密封就更困难。

由于上述原因，在安装过滤器前，应保证过滤器的质量，出厂是否检漏，运输、装卸方式是否科学，储存地方是否符合要求。应通过控制产品质量、运输、装卸、安装方法等方面来控制过滤器本身不泄漏。对过滤器检漏只是辅助性的手段，即使有很好的检漏手段能准确定位出泄漏点，那么堵漏也并非易事。

通过扫描过滤器的安装边框，发现超标点，类同上面的分析，也很难确定泄漏点（即密封垫何处泄漏），堵漏根本无法实施。只有卸下过滤器，检查、更换密封垫后重新安装。这就更能看出安装技术的重要性。所以，应进行安装全过程控制，即从高效空气过滤器的装卸、储存、搬运、拆箱、粘贴密封条、螺栓压紧（压紧法安装）等过程连续进行监控。不要寄希望于最后的检漏。

10.4.4 行之有效的高效过滤器风口检漏方法

对于费时费工的高效过滤器检漏工作可另辟蹊径，采取如下方法（这是作者在工程施工及测试中常采用的方法）：

若高效过滤器出厂检漏合格、包装合格、装卸操作规范、用专车送到工地且储存条件符合要求。也就是说在安装前确保高效过滤器不漏，就可直接安装（安装操作要规范），最后对安装后的高效过滤器只检测“安装边框”不漏即可。如果高效过滤器出厂未检漏，或虽检漏但运输、装卸、储存搬运不能保证规范操作，高效过滤器在安装前必须进行检漏。可在施工现场找一符合条件的场所，建一检漏台，对高效过滤器逐台检漏。这样，上风侧的高含尘浓度气流很容易引入，检漏合格后马上安装，这要比安装后再对高效过滤器进行扫描检漏更为科学。安装完毕只对高效过滤器“安装边框”进行检漏。实践证明，对安装边框进行检漏时，高效过滤器上风侧没必要引入含尘浓度在 10^5 甚至更高量级的检测气流。因为安装边框的泄露是由于密封效果不好造成的，只要密封面上风侧气流含尘浓度稍高（经粗、中效过滤的室外空气含尘浓度即可满足此要求），如果安装边框泄露，在下风侧就可被粒子计数器检测到。这种检漏操作，省时省工且效果好。

该检漏方法特点：是把上述规范要求的检漏操作分解为两个步骤：①安装前的高效过滤器检漏。②安装后的高效过滤器“安装边框”的检漏。第一个步骤检漏操作简便易行，不用登高，引入高含尘浓度空气容易且不污染净化管道系统；第二个步骤，虽然需登高检漏，但检测时间很短。如果高效过滤器密封垫严格按规范要求拼接、粘贴，在检漏中发现基本上不泄漏。对于液槽密封结构，只要密封槽及密封液合格，对安装边框不必检漏。作者经常采用经粗、中效过滤后的室外空气进行安装边框的检漏，效果不错。这样就避免了因引入高含尘浓度的上风侧气流而对送风系统的污染。检漏时，把系统的新风阀（检漏时新风机组只安装粗效过滤器，检漏完毕再安装中效及亚高效过滤器）开大、排风阀开大，关小回风阀，就可对“安装边框”进行扫描检漏。

总之，在过滤器生产厂家的检漏是根本，过滤器的装卸、运输的合理方法是保证，而安装过程的实时监督、监控是保证洁净室施工质量的行之有效的方法。对于要求在现场再次进行检漏的洁净室工程，经现场检漏合格的过滤器，采用科学的安装方法及动态的监控管理，只需扫描安装边框处，省时省力，操作性强。

10.4.5 回风口的安装

最好选用竖向条百叶回风口，这样可避免积尘。回风百叶应安装粗效过滤层，它能在洁净系统停止运行时，保护洁净室不被回风系统污染。彩钢板上所开的回风洞口应做封边处理，用槽铝（HJ5015，参见图 5-5 铝合金型材截面图）等型材封边。封边后的效果如图 10-8 所示，其中，图 a 适合于安装自带粗效过滤层的百叶回风口，安装后的效果如图 c 所示。图 b 适合于安装不带粗效过滤层的百叶回风口，过滤层可在现场制作安装，如图 d 所示。在回风口正面不宜拧固定螺栓，最好在其内侧面钻孔拧自攻螺栓，这样能保证回风口正面的美观，如图 10-8c、d 所示。

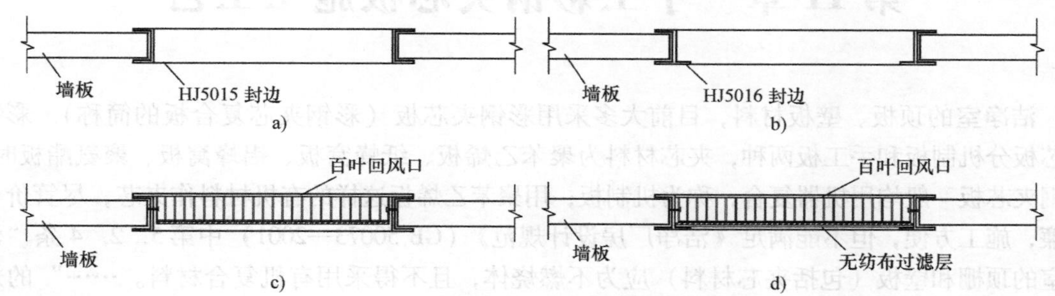

图 10-8　回风洞口的封边处理

第 11 章　手工彩钢夹芯板施工工艺

洁净室的顶板、壁板材料，目前大多采用彩钢夹芯板（彩钢夹芯复合板的简称）。彩钢夹芯板分机制板和手工板两种，夹芯材料为聚苯乙烯板、纸蜂窝板、铝蜂窝板、聚氨酯板时，彩钢夹芯板一般均用机器复合，称为机制板；用聚苯乙烯板这样的有机材料作夹芯，尽管价格低廉，施工方便，但不能满足《洁净厂房设计规范》（GB 50073—2001）中第5．2．4条“洁净室的顶棚和壁板（包括夹芯材料）应为不燃烧体，且不得采用有机复合材料。……”的规定，这条规定主要是防止火灾时有机复合材料燃烧产生窒息性气体、有害气体。所以，洁净室用的彩钢夹芯板夹芯材料应为不燃烧体，如岩棉、铝蜂窝、玻镁板等。用岩棉、玻镁板作夹芯的彩钢夹芯板大多采用手工制作，故称手工彩钢夹芯板。拙著《洁净室施工、检测与运行管理》中介绍了彩钢夹芯机制板的施工技术，本章主要介绍彩钢夹芯手工板的施工技术。

彩钢夹芯板装修工程，是在土建外围护结构全部完工，外门窗安装完毕，室内吊顶以上部分的净化空调送、回风管道，各种水管、电缆桥架及其配线管、管道保温等各项工程完工之后进行的一项特殊装修工程。之所以说它特殊，是因为这种装修不同于民用建筑的室内装修。民用装修主要体现设计者及用户所要求的风格，不同的风格有不同的造型。如：欧式装修尽可能采用各种线条、浮雕及装饰柱等装饰物进行装饰，增加空间层次，再配以华丽的灯饰产生一种富丽堂皇的效果。而洁净室的装修要求非常特殊，不允许使用装饰线条等凸出物，阴、阳角应做成圆弧形，即由“面”代替“线”。要求墙面及顶棚应平整、光滑无接缝或接缝平整严密。总的原则是顶棚、墙面不产尘、不积尘滋菌、易清洗、耐腐蚀。照明灯具应采用不产尘、易清洁的净化灯，色彩淡雅清新。可见，没有经过训练的民用装饰公司是完全不能胜任的。要达到洁净室的装饰要求，施工工艺很关键。

11.1　施工的主要工具

1）型材切割机：锯片直径不小于254mm，应有可靠的安全性，切出的型材应尺寸精准、规整无毛刺。主要用于切割彩钢夹芯板所配套的铝型材、附件。

2）手提式曲线锯：主要用于在彩钢夹芯板上开孔、开洞，使用方便，开孔规整，也可用于彩钢板的切割。

3）锯板机：用于切割彩钢板，噪声较大、使用方便。

4）手提式圆盘锯：主要用于在彩钢夹芯板上开洞，使用方便，噪声较大。

5）角磨机：用于在彩钢夹芯板上开小口。

6）电锤：用于在水泥地面及墙面上钻孔，安装膨胀螺栓及塑料胀塞。

7）手电钻：安装彩钢夹芯板时钻螺栓孔，以最大钻孔直径 $\phi 6$、电压 220V、功率 230W、转速 1350r/min 为宜。

8）拉铆枪：有电动、手动之分，用于抽芯铆钉的铆接。

9）激光投线仪：投射垂线、水平线及正交线等，用于放线、校准。

10）水平尺、方尺、卷尺等。

11.2 彩钢夹芯板装配前的二次设计

对于手工制作的彩钢夹芯板，施工技术的关键是二次设计，通过二次设计把墙板、顶板的尺寸全部算出，由工厂按图制作彩钢夹芯板，然后运至现场安装。实际上，这种施工就是组装式洁净室的安装。在现场一般不做板材的切割，每一块彩钢夹芯板的周边均有封边型材，或凸或凹，凸、凹边可配对组装，如图 11-1 所示。凹、凹边可通过“中”字形铝型材组装。所以，在二次设计时要标出彩钢夹芯板的凸边、凹边。

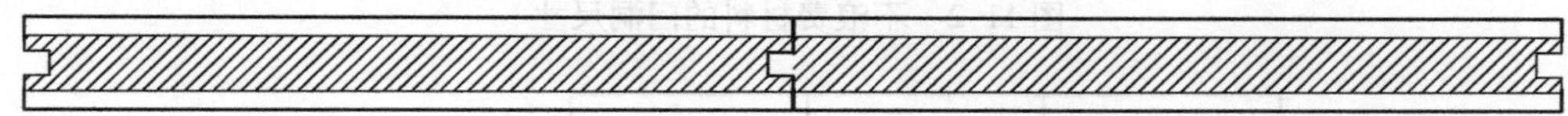

图 11-1 凸、凹边连接的手工彩钢夹芯板

设计单位设计出的彩钢夹芯板施工图，大多数深度不够，主要原因是由于设计人员对材料模数、结构及施工工艺不太熟悉，加之设计时间短而造成，所以二次设计图一般均由施工单位完成。所谓二次设计，就是在施工人员进场前，由技术员现场实测空间尺寸，了解土建施工的误差，根据彩钢板的模数及门窗的强度、结构等要求，对设计单位的施工图进行细化，预先绘制出一套详细、完整的施工图。包括：门、窗的确切位置及大小，彩钢夹芯板的尺寸图、排列图、安装大样图等。施工人员进场后照图安装。手工彩钢夹芯板的模数：如果用 1.2m 宽的彩钢板复合，其彩钢复合板的整板宽度为 1180mm，长度应根据夹芯材料的重量而定。如果夹芯材料为玻镁板加岩棉，其长度以不超过 3500mm 为好。否则，搬运、安装困难。在设计、排料时一定会出现非整板尺寸（即宽度小于 1180mm），这时，应通过计算来算出非整板的宽度，在计算时考虑 2～3mm 的安装缝隙，根据安装经验，安装缝隙平均为 2.5mm。

二次设计时门的尺寸可按照建筑图纸要求来确定，采用手工彩钢夹芯板装修时，门洞尺寸受板的模数的影响较小，比较容易确定。不像可切割的机制彩钢夹芯板那样，门洞宽度与板的模数有紧密的联系。下面，对这两种彩钢夹芯板门洞尺寸的确定做一介绍。

11.2.1 机制彩钢夹芯板门洞尺寸的确定

目前，采用的机制彩钢板大多是企口连接，其最大宽度为 1175mm，有效宽度为 1150mm（用 1200mm 宽的卷板做成）。在彩钢夹芯板装饰工程中，直接用彩钢夹芯板做门是既节约又美观的一种选择（岩棉夹芯彩钢板除外）。用彩钢夹芯板做门时，门洞宽度的选定非常关键。在满足工艺要求的条件下，门洞宽度尽可能不大于 950mm。这样，可从整块板上锯出门洞，锯下的板正好可做门板，不浪费材料，强度也能满足要求，如图 11-2 所示。

一般在整块板上锯出的门洞保留约 200mm 宽的边，该边与相邻板的企口插接，强度能满足要求。若门洞宽 800mm 能满足使用要求时，可用图 11-3 所示的方法设计门洞，门的强度更高。

若由于工艺要求，门洞宽大于 950mm（单扇门），这时，锯下的板料因为有接缝，强

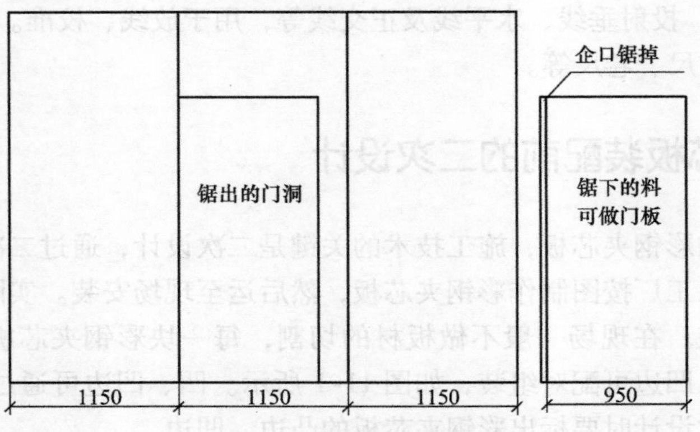

图 11-2 不浪费材料的门洞尺寸

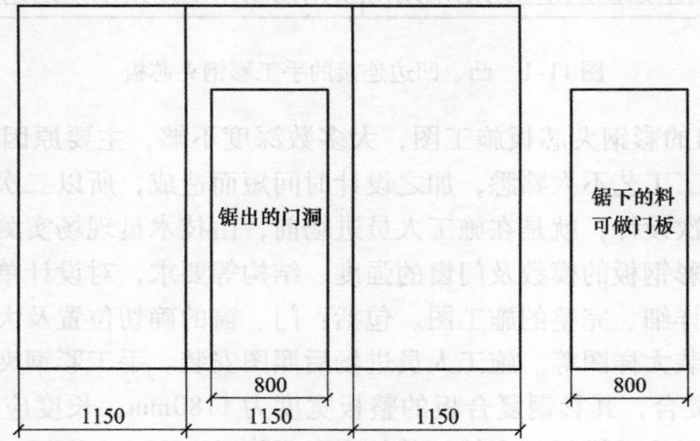

图 11-3 强度高不费料的门洞尺寸

度不够，不能做门板，如图 11-4 所示。这种门还需利用整板来锯出门板料，浪费材料。

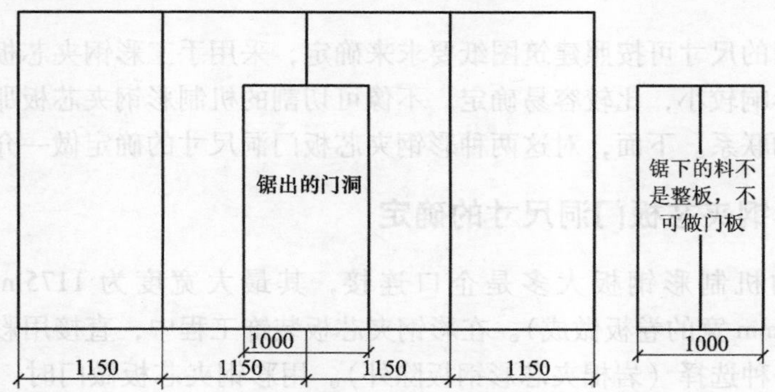

图 11-4 浪费材料的门洞尺寸

如果用整块板“留”的方法设计门洞，节约材料，门洞宽为 1150mm，如图 11-5 所示。门的强度不够高，如此大的门洞，作为单开门尺寸偏大，作为双开门，尺寸又偏小。所以一般不采用这一尺寸模数。

若门宽大于 950mm 又是双开门，门洞设计如图 11-6 所示，锯下的板料可做双扇门板。

以上就是机制彩钢板二次设计时门洞宽度设计及排料的规则。

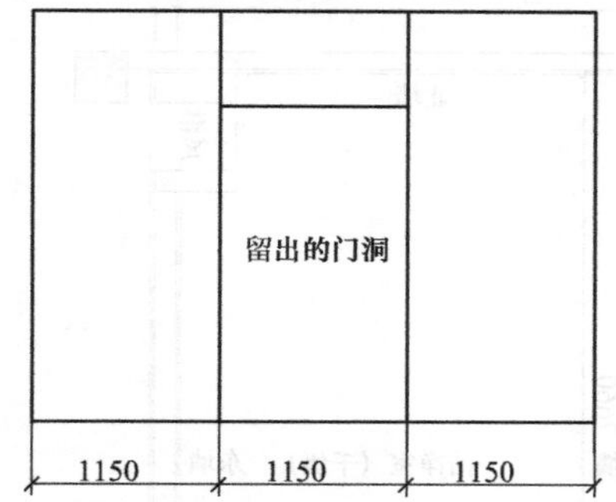

图 11-5　用整块板“留”出的门洞尺寸

图 11-6　双扇门门洞尺寸

11.2.2　手工彩钢夹芯板门洞尺寸的确定

手工彩钢夹芯板留门洞相对容易，因为每块板周边都有型材包边，强度容易满足。拼接后的门洞如图 11-8 中“东外墙（7）”所示。

图中门洞为 900mm 宽，门洞上部的彩钢夹芯板净宽度应为 895mm，这是由于考虑了两个缝隙的宽度 5mm 所致。若不考虑此缝隙宽度把这块板做成 900mm，安装后实际的门洞尺寸变成 905mm。由于加工精度的原因，彩钢夹芯板不可能无缝拼接，所以，在计算彩钢夹芯板的尺寸时把每个缝隙的宽度都要考虑进去。

如果门洞设计成 1000mm 宽，门洞上部的那块板的净宽应为 995mm。

如果需设置双开门，若门洞宽为 1400mm，门洞上部的那块板的净宽应为 1395mm，此宽度大于整板宽度 1180mm。所以，可把门洞上部的那块板横着安装，以此类推。

单开门一般靠墙布置，距墙的距离宜为 200mm，这样做节省空间。门扇常用钢板喷塑或不锈钢材质制作，门框应与门扇材质相适应。门框与彩钢板凹凸连接，门框的凸形结构与彩钢夹芯墙板的凹形板边相配套，这种门框只能与彩钢夹芯板墙同时安装。否则，无法装进预留门洞中。有一种门框是由内外两部分组成，用贯通螺栓紧固内外两侧的门框。这种门框可不与墙板同时施工，留出门洞口后择机安装门框即可，比较方便，但门框表面的螺栓孔（有专用塑料件封堵）很不美观。

这种工厂化制作的钢板材质的门结实、耐用。也可用彩钢夹芯板制作门扇，在门洞边上安装专用铝合金门框型材作为门框。这种门价格较低且色彩一致，但其强度不如钢板喷塑及不锈钢材质的门结实。

玻璃窗洞口的设计与门洞设计类似，窗口下标高宜为 1.0m。如图 11-8 中“东内墙（7）”所示，考虑强度要求，窗洞口宽度不宜大于两个整板的宽度 2360mm。虽然可以把板横着安装来加大窗口宽度，但是，这样做有可能浪费材料，且板的拼接缝不均匀，影响美观。

11.2.3　二次设计实例

以本书第 8 章“光量子器件实验室（7）”为例来介绍手工彩钢夹芯板的二次设计，该实验室位于土建框架结构内，其设计平面图如图 11-7 所示（在图中标出墙的方位），净长

7660mm，净宽 5500mm，回风夹道净宽 250mm，门洞宽 900mm，风淋室宽 1550mm，风淋室门宽 850mm。为了使风淋室搬运方便且与彩钢夹芯板墙板配合协调，风淋室采用工厂化制作现场组装的方式。所以，在二次设计时应把风淋室统筹考虑进去。在二次设计时现场往往不具备施工放线的条件，只能到现场测量几个关键尺寸（如土建墙的净宽、柱的外凸尺寸、柱间距等），然后在图纸上设计计算。根据该洁净室平面图先绘出 7660mm×5500mm 的方框，即洁净室的净尺寸。在每条边上标出彩钢夹芯板墙的长度，如图 11-8 所示。

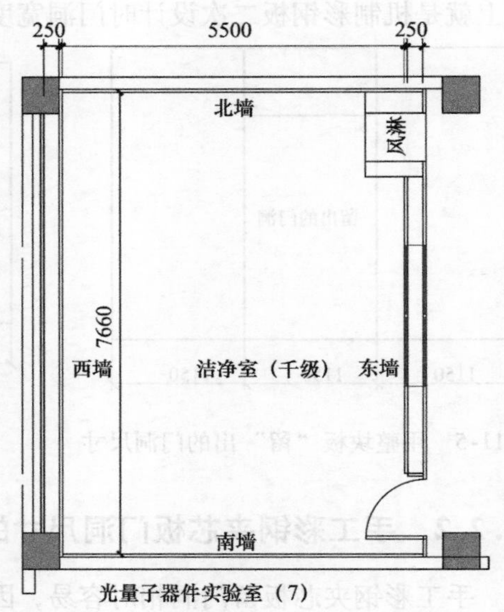

图 11-7　光量子器件实验室（7）平面图

东、西墙有夹道，各有两面墙，所以：

西外墙长度＝7660＋60＋60－340－390－20＝7030mm。其中 7660 为洁净室净长，加两个 60 后就变成南、北土建墙的净距离（近似）。彩钢夹芯板实际厚度为 50，由于土建墙不可能很平整，考虑 10mm 缝隙，所以每边加 60。340、390 为两个土建柱凸出南、北土建内墙的尺寸，南、北土建墙的净距离减去这两个尺寸就等于两柱之间的距离（若去现场测出此距离就不必这样计算），西外墙就安装在两柱之间，柱不可能很平整，每面考虑 10mm 缝隙，所以再减去 20，即为西外墙彩钢夹芯板的长度。如果在现场放线后每面墙的尺寸一目了然，直接测量即可，比这么计算要简单得多。所以，靠墙的彩钢夹芯板离墙应考虑适当距离（需要到现场观察墙、柱的平整度）。

西内墙长度＝7660＋100＝7760mm，其中 100 为南、北两侧彩钢夹芯板墙的厚度，由此可看出西内墙与南北墙的连接关系，即南、北墙端面紧贴西内墙。

北墙长度＝5500＋300＝5800mm，其中 300 为回风夹道净宽 250 加东内墙彩钢夹芯板的厚度 50。

南墙长度＝北墙长度。

东外墙长度＝7660＋60＋60＝7780mm，其中的 60 即南墙或北墙彩钢夹芯板厚度 50 加缝隙 10。

东内墙长度＝7780－350－900－100－1550－100＝4780mm，其中 350 为门边彩钢夹芯板的宽度，通常取 200，但该门离土建柱较近故加宽至 350；900 为门洞宽度；100 为门洞边留安装内圆弧角需要 50 再加上回风夹道挡板厚度 50；1550 为风淋室宽度；最后的 100 为由于旁边土建柱影响风淋开门，故把风淋室向南移 100。

不管是采用现场放线还是在图纸上计算的方法，把所有彩钢夹芯板墙的长度确定后就可确定每块板的尺寸及排列。

南、北墙：长 5800mm，无窗无门，每块整板宽 1180mm，拼接缝取 2.5mm。所以 5800÷1180＝4.92，也即用 4 块整板、1 块非整板共 5 块板（有 6 条拼接缝）。

非整板宽度＝5800－4×1180－6×2.5＝1065mm。如图 11－8 中“北墙、南墙（7）”所示，5 块板短边均为凹槽型材边，长边为一凸一凹。

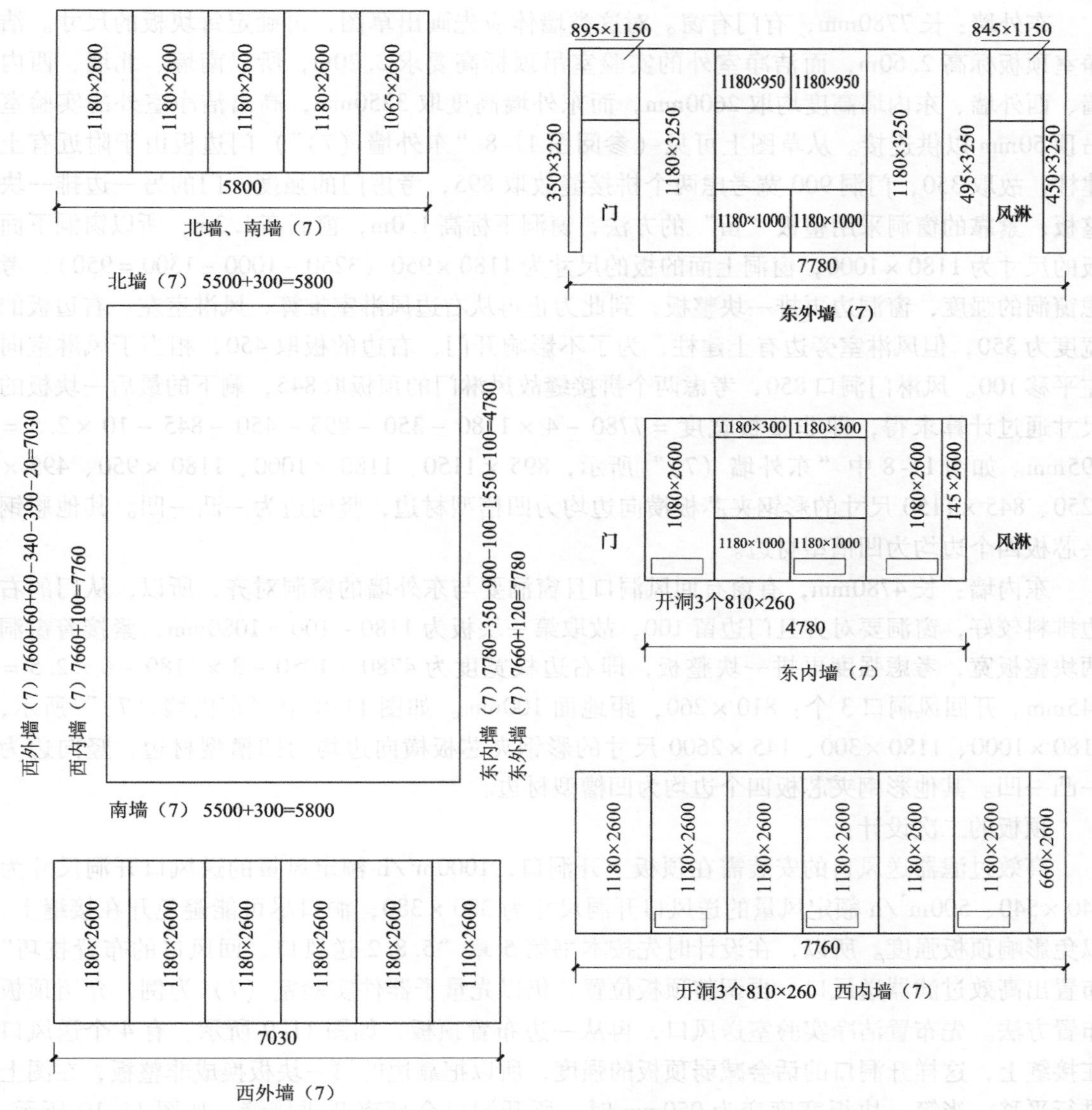

图 11-8　手工彩钢夹芯板二次设计尺寸图

西外墙：长 7030mm，无门无窗。所以 7030 ÷ 1180 = 5.96，即 5 块整板、1 块非整板共 6 块板（7 条拼接缝）。

非整板宽度 = 7030 − 5 × 1180 − 7 × 2.5 = 1112.5mm，取 1110mm。如图 11-8 中“西外墙（7）”所示，6 块板短边均为凹槽型材边，长边为一凸一凹。

西内墙：长 7760mm，无门无窗，下边距地面 100 处有回风口。所以 7760 ÷ 1180 = 6.58，即 6 块整板、1 块非整板共 7 块板（6 条拼接缝，端部靠近土建墙已考虑 10mm 间隙）。

非整板宽度 = 7760 − 6 × 1180 − 6 × 2.5 = 665mm，取 660mm。如图 11-8 中“西内墙（7）”所示，7 块板短边均为凹槽型材边，长边为一凸一凹。在其中 3 块板上开出回风洞口（规则参见本书第 5 章 5.8.2 送风口、回风口的布置技巧）。

东外墙：长 7780mm，有门有窗。对这类墙体应先画出草图，再确定每块板的尺寸。洁净室顶板标高 2.60m，而洁净室外的实验室吊顶标高要求 3.20m，所以南墙、北墙、西内墙、西外墙、东内墙高度均取 2600mm，而东外墙高度取 3250mm，高出洁净室外的实验室吊顶 50mm 以供连接。从草图上可见（参阅图 11-8“东外墙（7）”）门边板由于附近有土建柱，故取 350，门洞 900 宽考虑两个拼接缝故取 895，考虑门的强度，门的另一边排一块整板，紧靠的窗洞采用整板“留”的方法，窗洞下标高 1.0m，窗洞高 1.3m，所以窗洞下面板的尺寸为 1180×1000，窗洞上面的板的尺寸为 1180×950（3250－1000－1300＝950），考虑窗洞的强度，窗洞边再排一块整板，到此为止再从右边风淋室推算，风淋室左、右边板的宽度为 350，但风淋室旁边有土建柱，为了不影响开门，右边的板取 450，相当于风淋室向左平移 100。风淋门洞口 850，考虑两个拼接缝故风淋门的顶板取 845，剩下的最后一块板的尺寸通过计算求得，即非整板宽度＝7780－4×1180－350－895－450－845－10×2.5＝495mm。如图 11-8 中“东外墙（7）”所示，895×1150、1180×1000、1180×950、495×3250、845×1150 尺寸的彩钢夹芯板横向边均为凹槽型材边，竖向边为一凸一凹。其他彩钢夹芯板四个边均为凹槽型材边。

东内墙：长 4780mm，有窗有回风洞口且窗洞要与东外墙的窗洞对齐，所以，从门的右边排料较好，窗洞要对齐且门边留 100，故取第一块板为 1180－100＝1080mm，紧接着窗洞两块整板宽，考虑强度再拼一块整板，即右边板宽度为 4780－1080－3×1180－6×2.5＝145mm。开回风洞口 3 个：810×260，距地面 100mm。如图 11-8 中“东内墙（7）”所示，1180×1000、1180×300、145×2600 尺寸的彩钢夹芯板横向边均为凹槽型材边，竖向边为一凸一凹。其他彩钢夹芯板四个边均为凹槽型材边。

顶板的二次设计：

高效过滤器送风口的安装需在顶板上开洞口，1000m^3/h 额定风量的送风口开洞尺寸为 540×540、500m^3/h 额定风量的送风口开洞尺寸为 380×380，洞口尽可能避免开在接缝上，以免影响顶板强度。所以，在设计时先按本书第 5 章“5.8.2 送风口、回风口的布置技巧”布置出高效过滤器送风口，再调整顶板位置，仍以光量子器件实验室（7）为例，介绍顶板布置方法。先布置洁净实验室送风口，再从一边布置顶板，如图 11-9 所示。有 4 个送风口在接缝上，这样开洞口的话会减弱顶板的强度，所以把靠边的第一块板换成非整板，在图上进行平移，当第一块板宽度变为 950mm 时，所开洞口全部离开拼接缝，如图 11-10 所示。因为玻镁夹芯彩钢板较重，考虑到搬运安装的方便，把顶板从中间截开，采用专用连接吊件在接缝处吊挂。所以从进门处开始，第一块板宽度为 950、依次用 1180 的整板拼接，每条拼接缝也考虑 2.5mm，算出最后一块板的宽度为 895mm，即 7660＋100－950－5×1180－6×2.5＝895mm，取 890mm。

顶板总长 5500＋350＋300＝6150mm，靠墙有 10mm 间隙，所以只需减去两个拼接缝宽度即可。6150－2×2.5＝6145mm，中间拼接的顶板长度为：6145÷2＝3072.5mm，取 3070mm。所以，顶板尺寸及数量：950×3070，2 块；1180×3070，10 块；890×3070，2 块。

彩钢夹芯板安装前的二次设计图是指导施工的重要技术资料，应给予足够的重视。二次设计图应科学、合理、详细。好的二次设计图，既可提高劳动效率、节约板材，又可创出优质工程。

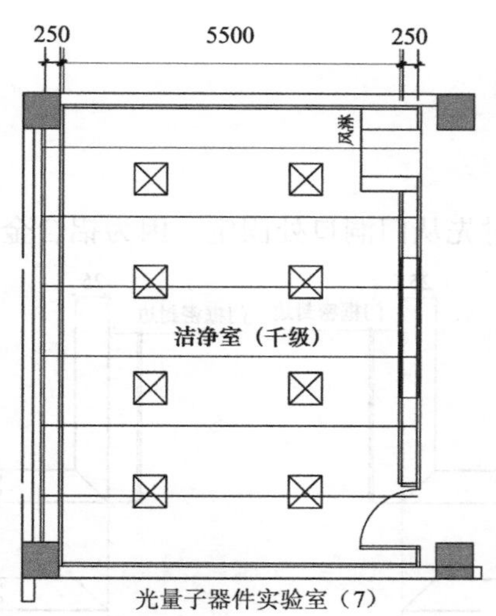

图 11-9　送风口开在顶板拼接缝上

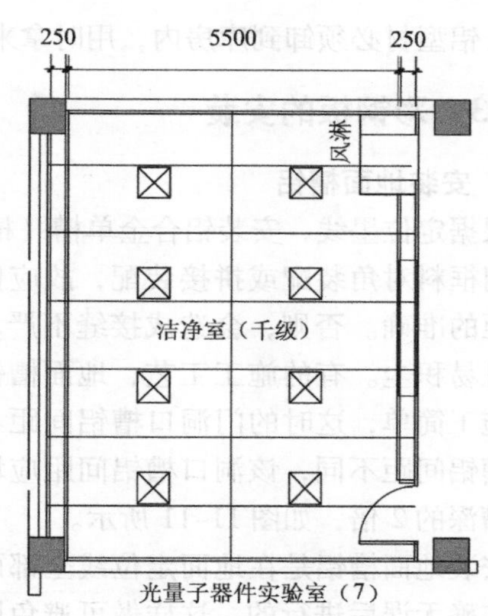

图 11-10　调整后的顶板图

11.3　彩钢夹芯板安装工艺

二次设计图纸已经确定了墙板、顶板尺寸及其排列顺序，生产厂家即可按图制作彩钢夹芯板，待地面符合彩钢夹芯板安装要求后便可放线安装。放线时通常用激光投线仪按照二次设计图纸确定的尺寸，找准位置、投射水平线、垂直线、调整垂直度，然后用墨斗在地面上弹出墨线，再用钢卷尺复核墨线尺寸。该尺寸与二次设计图纸尺寸吻合后，方可进行彩钢夹芯板的安装。

11.3.1　安装前的技术交底

彩钢夹芯板安装前的技术交底是很重要的环节，不可缺少。让每个操作工人都明白二次设计图的内容，明确施工安装的顺序，分工到人。由班组长负责，协调各工种，做到不窝工，使劳动强度基本相当，配合有序。特别需要指出的是安排一“自由人”，专门负责场地卫生，零料的整理，各工序必要时的帮忙补缺。因为在施工现场，固定槽铝时需用电锤钻孔，很容易产尘。若不及时清扫，在施工过程中由于人员的走动，整个地面及铝型材上都是尘土。安装墙板时，土手印到处可见，等到当日收工时再统一清扫，不利于尘土的过程控制，给日后擦洗带来困难；再者，切割铝型材时，锐角碎料若不及时清扫很容易扎脚，形成安全隐患；切下的板材零料，若不及时归类堆放，很容易划伤已装彩钢夹芯板，形成废品，故安排一自由人是很有必要的。

11.3.2　材料的堆放

实践证明，在施工现场附近找一堆料库房是不现实的，通常是堆放在新建建筑内。堆放的板材应不影响施工。故在卸车时应按二次设计的装配图，把墙板、顶板根据安装顺序分别堆放在新建筑的施工末端。先安装的板放在上面，可避免不停地翻找材料造成彩钢板表面的划伤。铝型材必须卸到库房内，用时拿来即可。

11.3.3　彩钢板的安装

1. 安装地面槽铝

根据定位墨线，安装铝合金单槽（槽铝）。安装时先从门洞口处固定，因为铝合金单槽要与门框料对角装配或拼接装配，故应保证门口间距的准确。否则，会造成接缝不严，影响美观且易积尘。有的施工工艺，地面槽铝不切角，施工简单，这时的门洞口槽铝间距与切角时的槽铝间距不同，该洞口槽铝间距应增加门框料槽深的2倍，如图11-11所示。

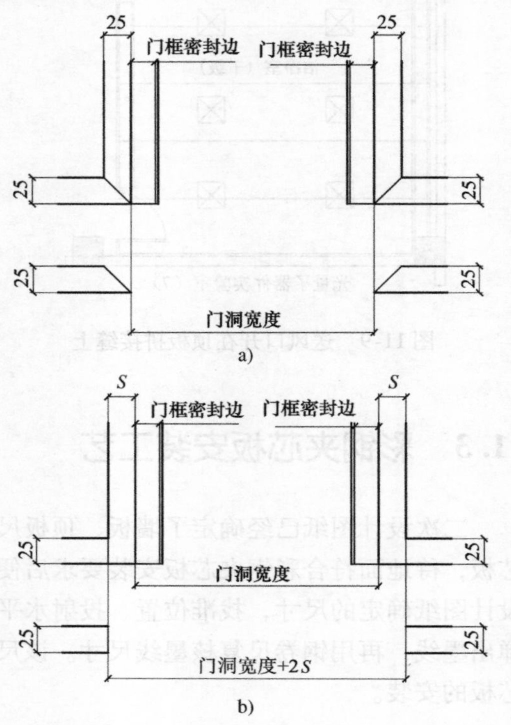

图11-11　门洞宽度
a）切角工艺　b）不切角工艺

安装地面槽铝是在地面定位线全部画完且核对准确无误后进行的，这样做可避免因错装返工带来对材料的损坏。至于地面槽铝是否切角，要根据所采用的门框材质而定，如果采用工厂化制作的金属门，门框处的槽铝不切角。如果采用铝型材专用门框，在现场制作密闭门，这时，可切角也可不切角，切角工艺比较麻烦。

安装地面槽铝时，可用电锤在地面钻孔（$\Phi8$），打孔时连槽铝一并打通，这样做施工速度快且定位准确，如图11-12所示。打孔后清扫尘土，在槽铝下面涂密封胶，然后对准定位线把$\Phi8$塑料胀塞（带帽口的胀塞）打入孔中，再用配套的螺栓拧紧即可。如果水泥地面质量好的话，也可用$\Phi6$的电锤钻头打孔、用5mm×20mm的抽芯铆钉直接把槽铝铆接在地面上。省时省力质量好。

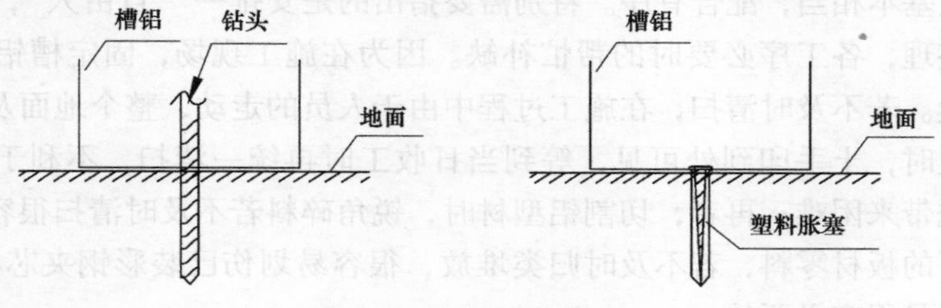

图11-12　槽铝安装示意图

安装槽铝一定要准确到位，任何误差都直接影响墙板的安装质量。槽铝下面涂密封胶的目的，是防止在使用过程中，有水或其他液体通过彩钢夹芯板隔墙下部的槽铝缝隙流入邻室。若采用环氧树脂自流平做地面或采用PVC卷材做地面（铺卷材时需做水泥自流平基层），在槽铝下面可不涂密封胶，自流平材料就可封堵该缝隙。

2. 安装隔墙板

地面槽铝装好后，再次核对尺寸，做到准确无误。参照二次设计图上彩钢夹芯板排列顺序图，从一端开始装配。

安装墙板前，应仔细核查哪块板上有回风洞口，在装配前应把这些洞口开好。安装时把墙板下端插入地面槽铝中。插入时，把板倾斜，一个角先插入，最后放正调节到位即可，如图 11-13 所示。

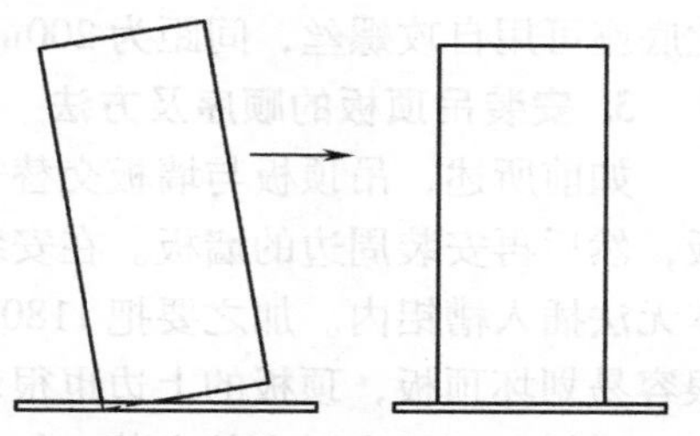

图 11-13　墙板安装示意图

墙板装配应从靠土建外墙的墙板开始，每安装一块板，均需校正垂直度。否则，接缝不均匀。若发现墙板不垂直，对于平整的地面可采用“垫”的方法进行校正；若地面平整度较差，用“垫”的方法很难奏效，在这种情况下可采用能调整高度的地面槽铝。所以，在安装前应检验地面的平整度，若不平整，就需要采用能调整高度的地面槽铝，该种槽铝价格较高。调正后的墙板应及时与相邻墙板在隐蔽处固定，固定位置在墙板顶部接缝处的凹槽内，固定方法：用 4mm×16mm 的自攻钉将 10mm×10mm 的小槽铝固定在接缝处的凹槽内，正交墙板的固定也用此法，把 10mm×10mm 的小槽铝折成 90°即可。安装墙板时应采取临时保护措施，以防墙板倾倒。

相交墙板的安装，应在相交处以地面槽铝为基准，向上引垂线来确定相交处槽铝的安装位置，该处槽铝应保持垂直，只有这样，才能保证相交墙板的垂直。墙槽铝定位后，用 4mm×16mm 抽芯铆钉或自攻钉固定，把相交墙板插入墙槽铝即可。安装时先把板倾斜，让板的两个角分别插入地面槽铝和墙板槽铝中，然后慢慢把板推正即可插入。随后再轻轻向交叉板方向推墙板，使其全部插入墙板槽铝中，如图 11-14 所示。

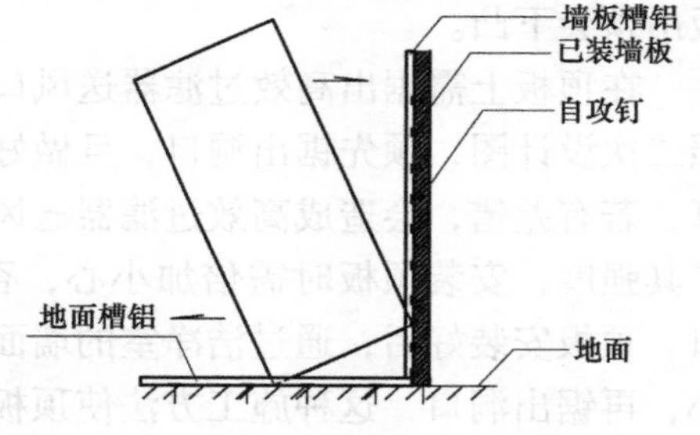

图 11-14　相交墙板的安装示意图

用同样的方法，依据地面槽铝的分割位置，按照二次设计图的顺序安装墙板。待安装水平长度在 3m 左右时，开始安装整块的吊顶板（这时可安装两整块吊顶板，2×1180=2360mm），不应把墙板全部装完后再安装顶板，这样做既难安装，又容易划伤吊顶板。所以，在施工过程中，应墙板、吊顶板交替安装。这样安装吊顶板，其安装空间较大，好操作。如果洁净室的顶板较长需拼接时，就可把全部墙板安装完后再安装顶板。安装顶板前应在墙板的上边用槽铝包边，然后再盖顶板，这样做能使墙板的支撑作用更好。因为彩钢板吊顶属上人吊顶，它靠吊挂型材及墙板支撑来承担顶部的人员荷载，故墙板也起一定的支撑作用。这样就应在墙板上端扣 50mm×25mm 的槽铝，只有这样，才能真正起到较好的支撑作用。在工程中，也有不扣槽铝的做法，它仅靠单侧或双侧阴角处的圆弧角底座挤牢墙板上端。这种做法支撑力不大，特别是彩钢板内的夹芯松软时，更为明显。故不提倡这种施工方法。

手工彩钢夹芯板的吊挂采用专用吊件，吊挂点的位置根据板长及送风口位置统筹考虑。顶板上的送风口洞口宜在顶板吊挂牢固后再行切割，切割时应在下边用木制撑子做好支撑。洞口切割好后及时用槽铝包边并把高效送风口吊装就位，这样，高效送风口也能起吊挂顶板的辅助作用。顶板安装完毕，先用胶把顶板上部的接缝密封（下部的接缝可在安装高效过滤器时密封），否则，会有尘埃落入缝中影响以后的密封。

墙板、顶板安装完毕，即可安装圆弧角底座，圆弧角底座能把吊顶板和墙板固定。固定此底座可用自攻螺丝，间距为200mm左右（自攻螺丝规格为$\Phi4\times10$mm）。

3. 安装吊顶板的顺序及方法

如前所述，吊顶板与墙板交替安装较方便，但对于无隔墙的洁净车间，也可先安装吊顶板，然后再安装周边的墙板。在安装墙板时需将附近的吊顶板调高后再安装，否则，墙板根本无法插入槽铝内。加之要把1180mm宽的墙板在槽铝的摩擦作用下推入到位比较困难，也很容易划坏顶板，顶板的上边也很难安装槽铝。所以较好的办法是先安装墙板，后安装吊顶板，墙板、顶板先后交替安装。如果顶板在长度方向上有拼接缝的话，不必交替安装，可先安装墙板，后安装顶板。

在此需强调的是，安装彩钢夹芯板吊顶时不须起拱，调成水平为好。不能盲目照搬木龙骨骨架吊顶的做法。在民用装饰中，对于一些面积较大的木龙骨骨架吊顶，常用起拱的方法。其作用是平衡饰面板的重力，保证吊顶不下凸，减少视觉上的下坠感（起拱一般可按7~10m跨度有3/1000的起拱量，10~15m跨度有5/1000的起拱量）。彩钢夹芯板本身属刚性材料，用专用吊挂型材来吊挂，调整为水平是最好的方案。因为洁净室不同于其他民用建筑，其顶部装有高效过滤器送风口，若顶部面积大、洁净度级别高，则高效过滤器送风口数量也多。如果顶板起拱，会给吊顶与高效过滤器送风口处的密封带来困难，更何况刚性顶板有刚性吊架的吊挂，高效过滤器送风口也能起一定的吊挂作用。所以根本不必担心彩钢夹芯板吊顶会下凸。

在顶板上需锯出高效过滤器送风口洞口，有两种施工程序：其一，在安装顶板以前，按照二次设计图，预先锯出洞口，且做好孔边保护。这种方法施工容易，但洞口位置需准确计算，若有差错，会造成高效过滤器送风口位置的偏移，影响气流组织。由于顶板开洞，减弱了其强度，安装顶板时需倍加小心，否则易从薄弱处折断顶板。其二，先安装顶板后开洞口。顶板安装好后，通过洁净室的墙面定位，在每一间洁净室内画出顶板上的洞口位置及大小，再锯出洞口，这种施工方法使顶板的安装变得简单，洞口定位计算量小，不易出错，定位准确，但施工条件不如在地面上好。不管采用哪种方法开洞，开好洞口后应立即用槽铝封好洞口边，以防松散的夹芯材料（如岩棉细屑）到处飞扬，且能增加强度。究竟采用哪一种方法施工，应按二次设计图纸的深度、要求及工人的施工技术水平而定。

不管是安装墙板还是顶板，在安装前应先把接口处的塑料保护薄膜撕开一段距离，大约30mm即可，这样做便于以后撕去整个板上的覆膜。否则，会给撕膜带来麻烦。虽然可用刀片沿缝割开覆膜，但这样做，一方面很容易划伤彩钢板涂层，日后会生锈；另一方面，残留在接缝内的覆膜会影响接缝的注胶密封。

吊挂点及间距的确定：吊挂点的确定不能闭门造车（在图纸上均匀布点）。在实际工程中，很难完全按此布点设置吊挂点。因为在吊顶上方有许多管道、设备遮挡所布吊挂点，不可能实现吊挂操作。所以在布点设计时应与不同专业配合，避开管道设备等遮挡物。同时应在最薄弱处见缝插针布置吊挂点，有足够承受荷载能力的地方可不设吊挂点。若最薄弱处位置在管道设备的遮挡下，可采用扁担式的吊挂辅助件吊挂，也可采用对此处加强的办法代替吊挂。加强可用角钢、C型轻钢等材料，以保证有维修人员通过时，该处有足够的承重能力。加强型材也应见缝插针地布置，不必也不可能做到平行或垂直于建筑轴线。

吊点间距的确定：查取生产厂家的彩钢板使用跨度选用表，计算出相应板厚（50mm）、相应承载下的跨度。所布吊点间距应小于相应方向的跨度。经计算后，在顶板布置图上（结合风管设备平面图）来布置吊点。设计吊点时可考虑下装式高效过滤器送风口的辅助吊挂作用，在其周围可不设吊点。

洞口边的封闭：在顶板上裁出的洞口，在安装高效过滤器送风口前应做封边处理，特别是岩棉夹芯彩钢板，在刚刚锯出洞口时就应立即封边，否则岩棉屑到处飞扬。封边的方法是用铝合金槽铝（50mm×25mm）或用彩钢板条（边角料）压成 50mm×25mm 的槽形条，切成45°角拼角封闭。对于岩棉夹芯板应在封边前先用宽度大于 50mm 的胶带先粘贴封边，再安装槽形金属封条，这样可防止操作过程中岩棉屑的飞扬（图 11-15）。封好边的洞口尺寸应比高效过滤器送风口的尺寸大 10mm 左右，装入高效送风口后，周边留有的安装缝隙，需在上部先用密封胶密封该缝隙，再用 25mm×25mm 薄角铝（或彩板边角条料压成的直角条）封堵，如图 11-16 所示。下部（洁净室内）的条缝可注入密封胶封堵。

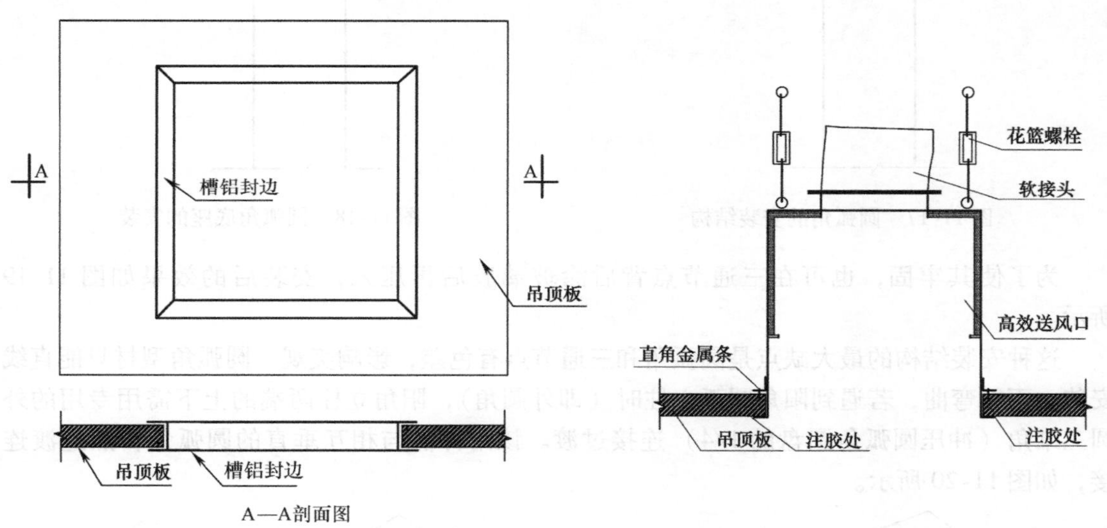

图 11-15　洞口封边示意图　　图 11-16　高效送风口安装缝隙密封示意图

11.3.4　圆弧角及门窗洞口型材的安装

彩钢夹芯板墙板及顶板安装完毕后，就在土建大空间内分割出不同功能的洁净室。当把高效送风口安装好以后，即可开始安装圆弧角等相关型材。

铝合金圆弧角是卡在其底座上的，如图 11-17 所示。圆弧角的底座在前期已经安装，它能起固定壁板的作用。一般程序是：边安装彩钢板，边调整板的缝隙、垂直度及水平度，调整准确后立即安装圆弧角底座。底座安装后，就把墙板与墙板、墙板与顶板连成一整体。底座必须在墙板调整垂直、合缝均匀、顶板就位调平后才可安装。圆弧角底座应连续安装，以增加其上面圆弧角的稳定性。安装采用 4mm×10mm 的自攻螺钉拧紧即可，如图 11-18 所示。自攻钉间距以 200mm 为宜。圆弧角安装质量的关键是：尺寸准确、切角精准。有两种安装方法，其一是圆弧角不切角，用三通节点附件连接 X、Y、Z 三个方向的平头圆弧角（图11-19），该法安装简便、快捷，只要测准尺寸并切齐型材卡入底座即可。安装时先把圆弧角一端背面的卡筋轻轻插入底座卡槽内，顺势把圆弧角压入底座上。可用手掌击打挤压，也可用硅胶塑料空桶压住圆弧角，用锤子击打桶身把圆弧角压入底座槽内。安装圆弧角应两人操作，尽可能减少拼接缝，严防踩压扭曲圆弧角。否则，装上去的圆弧角不严密。待把 X、Y、Z 三个方向的圆弧角全部装好后，再把三通节点附件推入三个方向的汇合处。三通节点一般均需用锉刀修整。

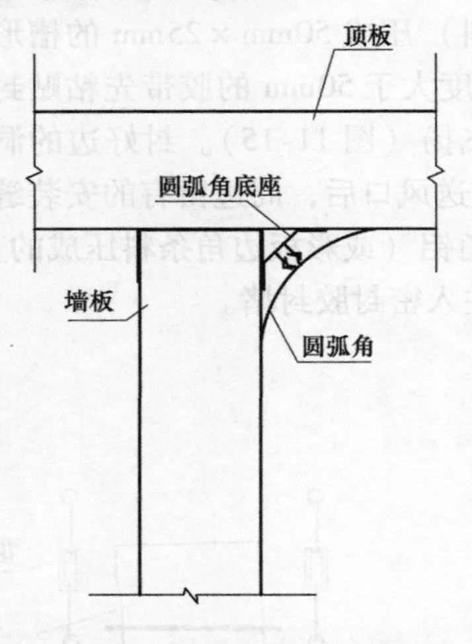

图 11-17　圆弧角的安装结构

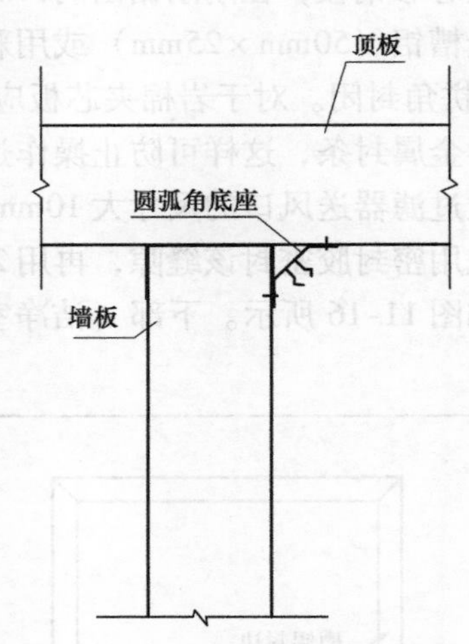

图 11-18　圆弧角底座的安装

为了使其牢固，也可在三通节点背后涂玻璃胶后再压入，安装后的效果如图 11-19 所示。

这种安装结构的最大缺点是圆弧角和三通节点有色差，影响美观。圆弧角型材只能直线安装，不能弯曲，若遇到阳角圆弧立柱时（即外圆角），阳角立柱两端的上下需用专用的外圆三维角（冲压圆弧角圆盘的1/4）连接过渡。该附件能与相互垂直的圆弧角自然过渡连接，如图 11-20 所示。

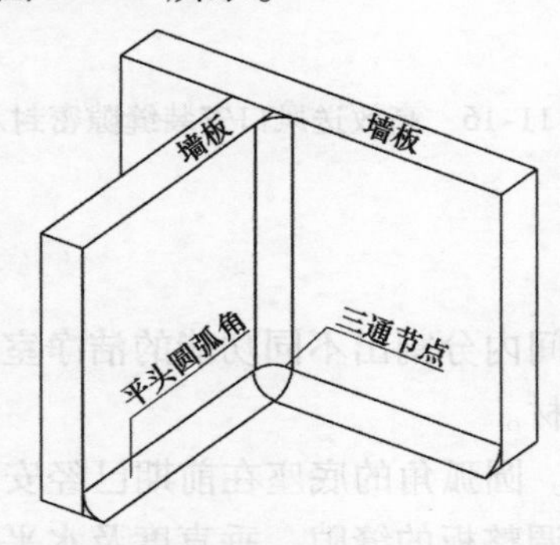

图 11-19　圆弧角不切角的安装

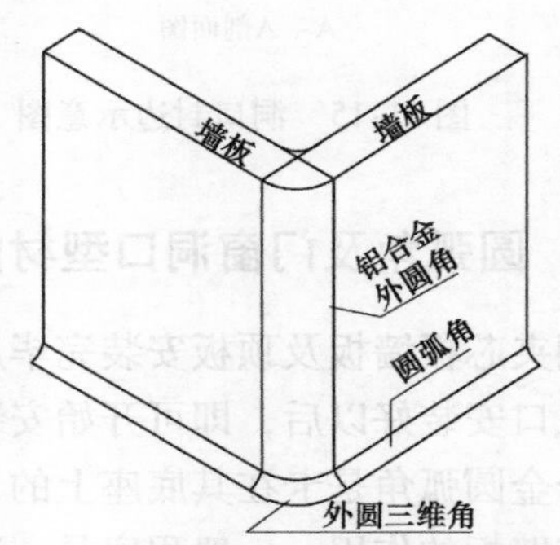

图 11-20　外圆三维角的安装示意图

外圆三维角无底座，只能用玻璃胶粘接。该附件也与三通节点一样存在色差问题。

圆弧角的第二种安装技术是不用三通节点，X、Y、Z 三个方向的圆弧角汇到一起时用切角的办法让其平滑相交，如图 11-21 所示。这种安装工艺，既无色差也可省去三通节点，但施工技术要求高。具体做法是：把 X（或 Y）方向的一端不切角，直接用平齐端安装于底部阴角处，Y（或 X）方向切角，把切角后的这一端背后的卡筋去掉 20～30mm，然后与 X 方向的圆弧角相交。此角可在调好角度的切割机上一次切成。用同样的方法把顶部阴角处 X、Y 方向的圆弧角安装完毕，然后再测量 Z 方向圆弧角的长度。测量时上下均测量至圆弧角 X、Y 方向的交线的中点，再把上下两端切割修整成吻合的形状。然后把两端背后的卡筋去掉 20～30mm，卡入底座中即成，安装后的效果如图 11-21 中右图所示。Z 方向圆弧角两端的形状，可先用短的圆弧角做一模型，所有 Z 方向的圆弧角角度均可用此模型画线，然后切割、修整。这样安装出的圆弧角整体性好，无色差，但光滑度不及三通节点好。

安装圆弧角遇到门或其他洞口断开时，可用圆弧角堵头封堵。堵头有铸铝抛光型和铝板压制型，前者较贵，效果好，后者价廉，若粘结不牢会碰掉。安装过程中应注意圆弧角材料的堆放，圆弧角切割及安装均需格外小心，一旦变形扭曲，很难修整。

圆弧角还有一种形式：整体式——即圆弧角和槽铝连成一体（参见第 2 章中介绍的 HJ5010、HJ5009 型材），这种材料较贵且切角时不太方便，加之有的施工工艺是先做地面后安装地面圆弧角，故目前在工程中使用较少。

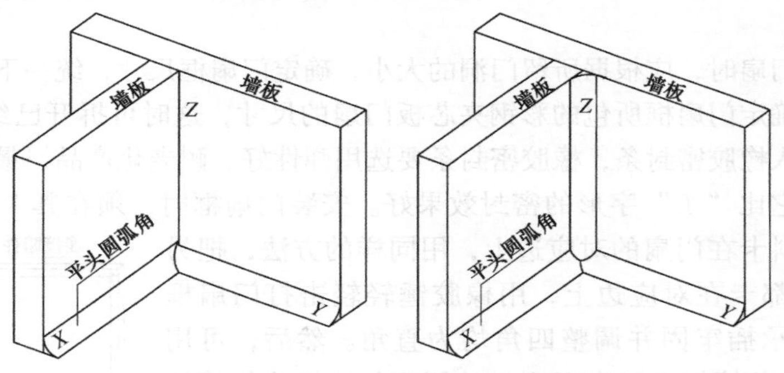

图 11-21　圆弧角切角安装示意图

11.3.5　门框料的安装

门框料有钢板材质与铝合金材质之分，前者是工厂化制作的整体门框，在安装墙板时就把它安装到位。而后者的形式有多种，详见本书第 2 章介绍的铝合金型材截面图（HJ5002、HJ5016、HJ5018 型材）。现介绍 HJ5002 门框料的现场安装：把留好的门洞的三个边用门框料包起来形成门框，与做好的彩钢夹芯板门扇组成密封严密的一套门。在安装门框时，正面不应有铆钉，否则影响美观。所以，在正面应只露 45°拼缝，铆钉铆在内侧面隐蔽处，在其交角处通过铸铝连接暗件连接。在同一车间，门的高度应相等，宽度可根据工艺及使用要求取用不同尺寸。所以应把尺寸大小相同的门用统一尺寸下料、切角、组装。在安装时再把组装件拆开分别卡入相应的门洞边。安装前把密封条插入槽中（密封条有 Ω 形、工字形）。

1. 安装顺序

先安装横框（其上带连接件），然后再把两边的竖框分别安装，安装示意图如图 11-22 所示。安竖框料时，先倾斜让上端暗件插入其插槽中，再把竖框推正包住门边，仔细调整，保持垂直、拼接缝严密。在上边用铆钉与暗件铆牢，下端在正面离地面 40mm 以内用铆钉和彩钢板门洞边铆固（把此铆钉用锉刀锉平，在装圆弧角时可把它挡住）。在安装门框时要注意门的开启方向，门框的密封边应与开启方向相反（即如果门向内开，门框密封边在外），装门框时，在门框槽内均匀注入玻璃胶，使门框料与彩钢板门洞边粘结牢固，避免日后门框变松，影响使用。

2. 门扇的制作

应根据所配合页的结构来确定尺寸，建议使用不锈钢可升降合页。即开门时，门扇向上提，关门时门扇向下落。门关闭严密时，门下边应至少留5mm的间隙。若使用不可升降的合页，还应根据开门处地面的平整情况酌情留出合适的间隙，一般留10mm为宜。若对压差控制较严的洁净室，可在门扇下框上装橡胶密封扫地封条，以防由于地面平整度及合页形式等原因造成的门缝太大对压差的影响。门的左右及上部缝隙，可根据门框料密封结构酌情考虑，一般留3～5mm为宜。总的原则：在门关闭状态下，门框及门扇上的密封条均能压在有效密封部位即可。

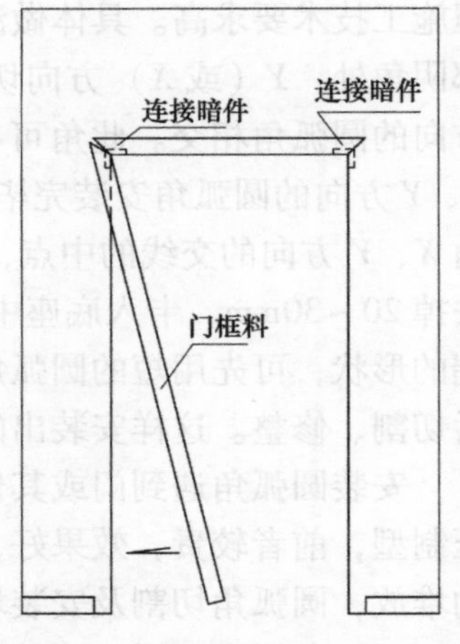

图11-22　铝型材门框安装示意图

在现场制作门扇时，应根据所留门洞的大小，确定门扇框尺寸，统一下料。先制作组装好门扇框，由此确定门扇框所包的彩钢夹芯板门扇的尺寸，这时可拆开已组装好的门扇框，在密封条槽内插入橡胶密封条，橡胶密封条要选用弹性好、耐老化产品，最好使用“Ω”形的橡胶密封条，它比“工”字形的密封效果好。安装门扇框时，须在其卡槽内注入适量的玻璃胶，把门框料卡在门扇的对应边上，用同样的方法，把另外三边的门框料都卡在对应边上，用橡胶锤轻轻击打门扇框料，使它与门扇承插牢固并调整四角均为直角。然后，可用5mm×18mm的抽芯铆钉在门扇框型材外侧面与连接暗件铆接牢固即成，如图11-23所示。

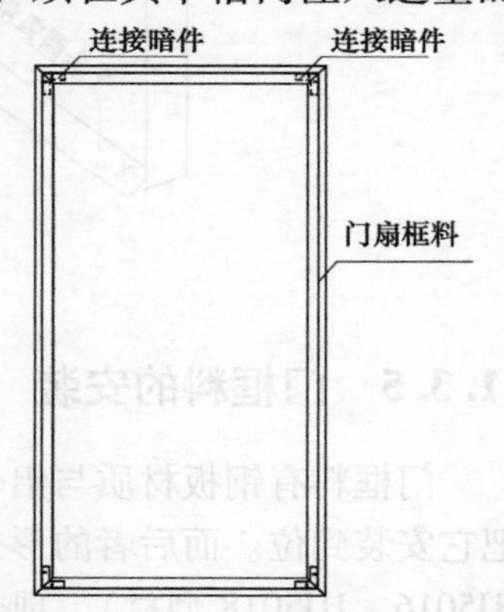

图11-23　彩钢夹芯板制作的门扇

若门上需装观察玻璃，在密封胶凝固后可在适当位置用曲线锯锯出窗洞，用窗框料包洞口并安装卡条（详见窗框料及卡条的安装）。用该安装工艺装配的门扇，在正反面均不露铆钉，美观、大方，强度也能满足使用要求。门扇的安装，一般可用一付（两只）合页来安装。在门框料上锯出装配合页的条形槽很关键，经验不足者可先在边脚门框料上试装，掌握装配技巧后即可画线、开槽、铆接。抽芯铆钉须用5mm×20mm的标准铆钉，先把合页装在门的固定框上（注意合页的升降方向），然后把门扇就位，下边留的门缝可用支垫的方法把门垫起，左、右、上边留的门缝可用目测的方法调整均匀，随后把已装合页的另一页扣在门扇的门框料上画线、打孔、铆接（此铆钉需用5mm×13mm的规格），铆接时先把上下合页各铆一个铆钉，然后开关门扇几次，检查是否合适，确认安装合适后再把剩余的铆钉铆上。

3. 安门锁

最好选用不锈钢把手式门锁，并用长锁芯门锁。市场上的门锁均按40mm厚的门板考虑，而彩钢夹芯板门厚度为50mm，故锁芯应比民用锁芯长10mm左右。不宜选用球形锁，因为球形锁在开门时需用手拧才可把门打开，若操作工人双手托着物品，进入房间时需把物品放在地上才可打开门，这在有些工艺中是不允许的。故应选装把手式不锈钢门锁，操作工人即使空不出手开门，也可用胳膊肘把门打开，比较方便。锁的安装，其画线、开孔可参见其说明书及画线模板，需要强调一点，在开槽、开孔时，应保持孔口平整。否则，在装锁后易留下缝隙。

11.3.6 铝型材窗框及玻璃压条的安装

留出窗户洞口后，可先用窗框料（见本书第 2 章中介绍的铝合金型材截面图 HJ5006、HJ5012）包边。不应在窗框料正面铆接铆钉，以免影响美观。连接用的铆钉应铆在侧面的槽内，装上玻璃后该铆钉可用压条遮挡。大小相同的窗户，其窗框料应统一在模具上下料、切角（45°），在做好的模具内组装时先用自攻钉组装，全部窗框做好后，统一安装。安装时把组装好的窗框螺丝拧开，把四角的连接暗件分别留在一根横料的两端及两根竖料的一端，在安装前先把 45°角边的毛刺锉掉，以免划伤彩钢板，然后先安装两端带连接暗件的横料，再分别安装两根竖料（应按原组装时的连接方向安装），把不带连接件的一端与已装横料相拼。把装好的三根窗框料用橡胶锤轻轻击打，对好 45°角缝，然后把最后一根横料装上。这根横料安装时有难度，可把一端槽口轻轻撑宽一点，把未撑的一端先插卡到位，撑宽的一端骑在竖料上向下压，直至到位。然后把撑宽的一端用改锥木柄轻轻向里压，直到与竖料齐平为止，如图 11-24 所示。最后把 45°拼缝调整严密，用自攻钉拧紧即可（也可改用铆钉铆接）。用同样的方法把所有需安装玻璃的洞口装上窗框料以后，即可切割、安装玻璃压条。

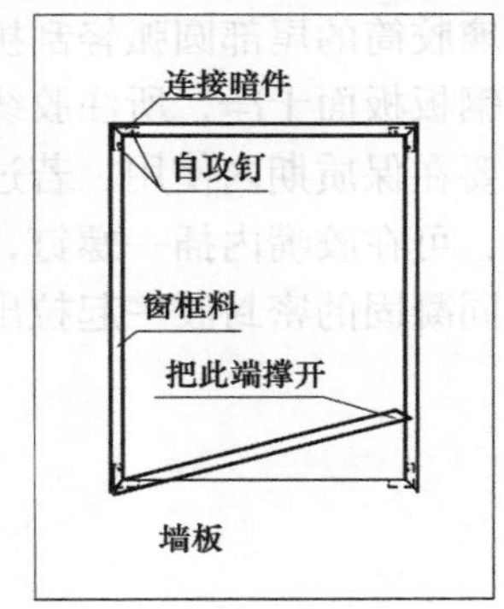

图 11-24 铝型材窗框的安装示意图

玻璃压条有斜面形的，也有弧面形的，斜面压条安装简单，弧面压条切角及安装技术要求较高。切角时可先用短料做模具，调好切割机的角度，一次切成。压条的长度应准确，过长则过分挤压，压条过短，则其本身接缝太大，易集尘、不美观。通常的做法是先把不切角的压条先安装（相对的两则），切角的压条后安装（相对的两侧），把所有压条全部安装调整好，把易产生振动的施工工序全部完工后，即可安装玻璃。通常洁净室内窗玻璃可用 5mm 厚的浮法玻璃，玻璃尺寸应根据压条大小来确定，一般左、右、上均留 5mm 即可。安装玻璃时，只需拆掉安装侧的压条，玻璃就位后，把左、右缝隙调均，然后卡好压条，就可压橡胶条。橡胶条最好双面都压，这样比只在单面压橡胶条更容易保护玻璃。橡胶条在使用一段时间后易老化变短、变硬。所以在压条时不可拉紧填压，应该在填压的过程中有意放松一点，以补偿日后的收缩。当然，纯橡胶的压条几乎不收缩，但现在市场上很难买到这样的优质产品。橡胶压条在拐角处的处理至关重要，一定要剪切齐整，否则影响美观，还易积尘。现在也有采用玻璃胶代替橡胶密封条密封玻璃缝隙的做法，好处是密封严密、简单、方便，缺点是更换玻璃麻烦。

无论是门扇，还是门、窗框，切角、拼对安装后，其拐角处特别锋利，在以后的擦洗中很容易划伤手指（特别是锋利的阳角）。所以在安装过程中，应派专人用细锉刀轻轻修整，保证每个尖角都变圆润。

11.3.7　拼接缝的密封

企口彩钢夹芯板安装时，板与板的连接是靠雄雌企口承插在一起的，而双凹槽的彩钢夹芯板拼接是采用“中”字形铝合金型材连接的。不管是什么结构，在接缝处会留下细细的接缝，该接缝应用密封胶密封、填平，可防止在此处积尘滋菌。最好采用磁白玻璃密封胶，该胶比透明玻璃密封胶装饰效果好。通常是用手工打胶枪注胶密封，技术要求较高，密封不好，容易造成密封胶线不光滑，甚至还会污染板面。接缝的均匀是提高注胶效果的基本条件，要做到彩钢夹芯板安装时接缝均匀，首先板材必须规整，其次是安装用力应均匀。否则有的接缝挤压太紧，有的太松，造成的后果是接缝处不平整或接缝太宽，这种缺陷是不可能用密封胶来处理的，应引起安装工人的高度重视。

密封接缝应在地面施工完毕、环境干净的时候进行。若太靠前，在施工过程中很容易污染接缝中的密封胶，施工时先用不掉纤维的抹布再次擦洗壁板接缝，保证接缝的洁净，方可注胶密封。注胶口不宜太大，最好切成斜口45°，若切口偏大，可用火烤后轻轻压扁。在注胶密封时应从上到下一气呵成，尽可能少停顿。否则，容易形成明显接痕。胶嘴口应紧压接缝，胶嘴与板面成大约45°夹角，这样注胶更容易把胶挤入接缝内，密封性好。胶注入接缝后用玻璃胶筒的尾部圆弧轻刮拼接缝，使胶密实光滑。好的注胶技工应该是手干净，胶嘴干净，彩钢板板面干净，所注胶线均匀、平整、光滑。这需要在实践中摸索，积累经验。密封胶一定要在保质期内使用，若过期，密封胶的质量不能保证，甚至不凝固。当天没有用完的密封胶，可在胶嘴内插一螺钉，然后再用透明胶带密封胶嘴。次日使用时撕掉胶带，取出螺钉时连同凝固的密封胶一起拉出，即可继续使用。

第 12 章　洁净室的检测、验收

无论是洁净室工程竣工验收还是综合性能全面评定，均需要对相关参数进行检测，以此来确定工程是否合格。在洁净室的使用过程中，应定期对有关参数进行监测，以认证该洁净室始终符合规定要求。

12.1　检测状态及验收内容

12.1.1　洁净室检测状态

洁净室的检测应明确其占用状态，状态不同，检测结果也不同。按照《洁净厂房设计规范》（GB 50073—2001）的规定，洁净室检测分为三种状态：空态、静态和动态。

（1）空态　设施已经建成，所有动力接通并运行，但无生产设备、材料及人员。

（2）静态　设施已经建成，生产设备已经安装，并按业主及供应商同意的状态运行，但无生产人员。

（3）动态　设施以规定的状态运行，有规定的人员在场，并在商定的状态下进行工作。

对于洁净室工程的竣工验收，我国《洁净室施工及验收规范》（JGJ 71—1990）中明确规定，检测和调整应在空态或静态下进行。这一规定更能及时客观地评价工程的质量，还能避免因不能如期实现动态而发生工程收尾的纠纷。在实际竣工检测中，静态居多，空态罕见。因为洁净室内的工艺设备有些必须提前就位。在洁净度检测前，对工艺设备需进行认真擦拭，以免影响测试数据。2011 年 2 月 1 日施行的《洁净室施工及验收规范》（GB 50591—2010）中的规定更为具体："16.1.2 检验时洁净室的占用状态区分如下：工程调整测试应为空态，工程验收的检验和日常例行检验应为空态或静态，使用验收的检验和监测应为动态。当有需要时也可经建设方（用户）和检验方协商确定检验状态。"

对于综合性能全面评定的检测状态，我国《洁净室施工及验收规范》（JGJ 71—1990）中规定，应由建设单位、设计单位和施工单位三方协商确定。这一规定对洁净室施工单位很公平，通过三方共同协商，确定出满足产品质量要求的检测状态。若定为动态检测，则洁净室内的工艺设备、人员的操作程序、工作服等均应符合洁净室内的要求。这些因素是洁净室施工单位不可掌控的。经常出现竣工验收合格的洁净室，由于工艺设备及人员服装等因素不符合洁净室的要求而出现检测效果很差的现象，即动静比太大。可见，洁净室动态使用效果与许多因素有关，这就需要由建设单位、设计及施工单位共同努力，才能建造出真正合格的洁净室，来满足用户对洁净室动态的使用要求。

12.1.2　验收内容

竣工验收时应对各分部工程做外观检查、单机试运转、系统联合试运转、规定状态下的洁净室性能检测和调整。竣工验收的具体内容及提交的文件如下：

1）图纸会审记录、技术核定单和竣工图。

2）主要工程材料、构配件、设备报审表，相应的出厂合格文件质量证明书，检验报告、产品合格证等。

3）空调制冷系统安装工程检验批质量验收记录表。

4）管道隐蔽工程检查验收记录。

5）管道系统清洗（冲洗或吹扫）记录。

6）管道设备强度及严密性试验记录。

7）分部（子分部）工程观感检查记录。

8）设备单机试运转记录。

9）系统无生产负荷联合试运转与调试记录。

10）通风与空调分部工程质量控制资料核查记录。

11）通风与空调分部工程观感质量检查记录。

12）通风机安装工程检验批质量验收记录表。

13）通风与空调设备安装工程检验批质量验收记录表。

14）风管系统安装工程检验批质量验收记录表。

15）风管与配件制作工程检验批质量验收记录表。

16）风管系统安装工程检验批质量验收记录表（空调系统）。

17）通风与空调分部工程安全和功能检验和抽样检测记录。

18）风管与设备防腐绝热工程检验批质量验收记录表。

19）空调制冷系统安装工程检验批质量验收记录表。

20）空调水系统安装工程检验批质量验收记录表（设备）。

21）空调水系统安装工程检验批质量验收记录表（金属管道）。

22）风管系统安装工程检验批质量验收记录表（净化空调系统）。

23）建筑电气分部工程观感质量检查记录。

24）电线、电缆穿管和线槽敷设工程检验批质量验收记录表。

25）开关、插座、风扇安装工程检验批质量验收记录表。

26）专用灯具安装工程检验批质量验收记录表。

27）风管漏风检测记录。

28）竣工报告。

洁净室综合性能验收应由建设单位组织，由施工单位配合，请有资格的检测单位（第三方）进行综合性能全面评定检测。该项工作应在洁净室各系统已调试完成，稳定运行24h以上，且洁净室竣工验收合格后方可进行。检测前应再次全面清洁洁净室，按表12-1的内容及顺序进行检测评定。

表12-1 综合性能全面评定检测项目和顺序

序号	项目	单向流洁净室		非单向流洁净室
		洁净度高于100级	100级	洁净度1000级及低于1000级
1	室内送风量、系统总新风量（必要时系统总送风量）、有排风时的室内排风量	检测		

（续）

<table>
<tr><th rowspan="2">序号</th><th rowspan="2">项　　目</th><th colspan="2">单向流洁净室</th><th>非单向流洁净室</th></tr>
<tr><th>洁净度高于 100 级</th><th>100 级</th><th>洁净度 1000 级及低于 1000 级</th></tr>
<tr><td>2</td><td>静压差</td><td colspan="3">检测</td></tr>
<tr><td>3</td><td>截面平均风速</td><td colspan="2">检测</td><td>不测</td></tr>
<tr><td>4</td><td>截面风速不均匀度</td><td>检测</td><td>必要时测</td><td>不测</td></tr>
<tr><td>5</td><td>空气洁净度级别</td><td colspan="3">检测</td></tr>
<tr><td>6</td><td>浮游菌和沉降菌</td><td colspan="3">必要时测</td></tr>
<tr><td>7</td><td>室内温度和相对湿度</td><td colspan="3">检测</td></tr>
<tr><td>8</td><td>室温（或相对湿度）波动范围和区域温差</td><td colspan="3">必要时测</td></tr>
<tr><td>9</td><td>室内噪声级</td><td colspan="3">检测</td></tr>
<tr><td>10</td><td>室内倍频程声压级</td><td colspan="3">必要时测</td></tr>
<tr><td>11</td><td>室内照度和照度均匀度</td><td colspan="3">检测</td></tr>
<tr><td>12</td><td>室内微振</td><td colspan="3">必要时测</td></tr>
<tr><td>13</td><td>表面导静电性能</td><td colspan="3">必要时测</td></tr>
<tr><td>14</td><td>室内气流流型</td><td colspan="2">不测</td><td>必要时测</td></tr>
<tr><td>15</td><td>流线平行性</td><td>检测</td><td>必要时测</td><td>不测</td></tr>
<tr><td>16</td><td>自净时间</td><td>不测</td><td>必要时测</td><td>必要时测</td></tr>
</table>

注：1 ~ 3 项必须按表中顺序，其他各项顺序可以稍作变动，14 ~ 16 项宜放在最后检测。

2011 年 2 月 1 日施行的《洁净室施工及验收规范》（GB 50591—2010）给出了更为全面的检验项目，在综合性能检验时，参照"表 16.2.1 洁净室的检测项目"，检验其中的必测项目和选择的非必测项目。

12.2　检测项目及方法

12.2.1　检测项目

根据《通风与空调工程施工质量验收规范》（GB 50243—2002）《洁净室施工及验收规范》（GB 50591—2010）、GMP 相关要求其他行业规范，洁净室工程竣工验收检测项目如下：

1）空气洁净度级别。

2）静压差。

3）风速或风量。

4）通风机风量和转数。

5）高效过滤器检漏。

6）温度、相对湿度。

7）照度。

8）噪声。

9）浮游菌和沉降菌。

运行中的洁净室，定期性能测试的项目主要有：

1）室内送风量、排风量及系统新风量。

2）静压差。

3）空气洁净度级别。

4）浮游菌和沉降菌。

12.2.2　风速、风量的测定

在洁净室竣工验收及综合性能全面评定检测中，应首先检测风速及风量。

1. 单向流洁净室

对于垂直单向流洁净室，测定截面取距地面0.8m的无阻隔面（孔板、格栅除外）的水平截面；对于水平单向流洁净室，测定截面取距送风面0.5m的垂直截面。截面上测点间距不应大于1m，一般取0.3m，测点应均匀布置，测点数不小于20个，均匀布置。把各测点风速的算术平均值作为平均风速，利用式（12-1）计算洁净室的送风量。

$$L = 3600UF \tag{12-1}$$

式中　L——洁净室送风量（m^3/h）；

F——洁净室测定截面面积（m^2）；

U——洁净室截面平均风速（m/s）。

2. 非单向流洁净室

对于非单向流洁净室，可采用风口法和风管法测定风量。对于各洁净室送风量的测定，由于和送风口连接的各支管数量多且管道尺寸小，不宜在众多的支管上设置测量孔，所以，通常采用风口法测定其风量，简便易行；而对于系统送风量的测定，由于管道漏风量无法准确计算，系统主风管（或总风管）数量少、管道尺寸大，在合适位置设置测量孔容易实现，且在管道夹层（或机房）内的测试工作量较小，故采用风管法测定风量较好。

（1）风口法测定风量　非单向流洁净室通常采用高效（或亚高效）过滤器送风口，在出风口大多装有扩散孔板，为了测量准确，可制作辅助短风管来测定风量（如图12-1所示）。辅助风管可用铝板或镀锌钢板做成与风口截面相近、长度大于2倍风口长边的直管段，在直管段相对的两侧各均布2根可升降调节的支撑杆，辅助风管上边做出20mm翻边，在其上粘贴5mm厚自粘闭孔海绵密封条，在辅助风管出口平面上，用细丝线划分为等面积网格。调整伸缩杆，压紧密封垫（如图12-1所示），用热球风速仪测量并记录各网格中心点的风速（测点数不少于6点），每次测试时间不少于5s，取测试平均值为测量结果。风速计应固定在三角支架上，这样做要比手持测量准确。最后将各网格中心速度的平均值作为平均气流速度，即可由辅助短风管管口面积计算出该送风口的风量。

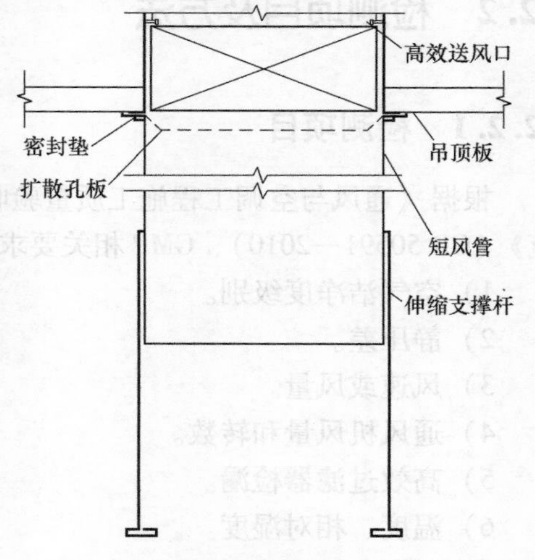

图12-1　用短风管辅助测定风量的示意图

（2）风管法测量风量　测量系统送风量时常用此法。因为不管是总系统还是分系统，设置测孔位置的主风管通常在空调机房或吊顶夹层内，测试条件较差，测试人员需钻入吊顶夹层或在空调机房内高空作业。为保证测量精度，插有测量仪表的测量孔周围应临时塞堵密封。可见，测量程序繁多，故不适用于在多而小的风口连接支管上测量风量。

测孔通常在管道施工时已预制好，这要比测量时钻孔更能保证测试后风管的密封性。测孔位置应选在气流比较均匀、稳定的地方，距局部阻力部件前不小于 3 倍风管管径（或长边长度），距局部阻力部件后不小于 5 倍管径（或长边长度）。

对于矩形风管，把测孔所在截面的风管根据其边长尺寸，分成边长不大于 200mm 的若干个等面积小方块，小方块形状尽可能接近正方形（$a \approx b$）（如图 12-2 所示）。把各测点置于小方块的中心处，整个截面上的测点数不宜少于 3 个，计算出各测点风速计的插入深度：

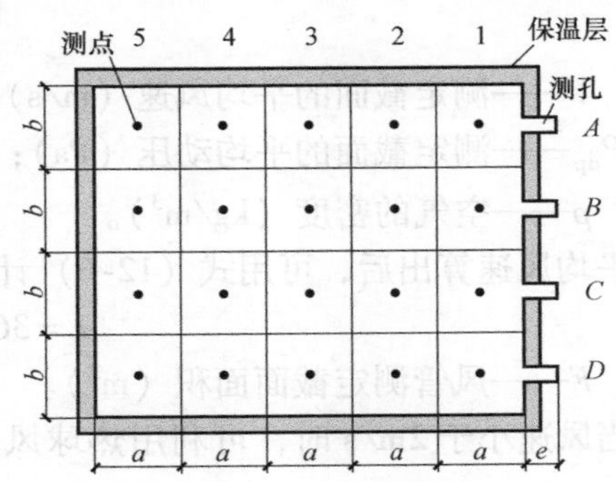

图 12-2　矩形风管测点位置示意图

1 点：$e+\dfrac{a}{2}$，2 点：$e+\dfrac{a}{2}+a$，…，

n 点：$e+\dfrac{a}{2}+(n-1)a$

对于圆形风管，可设置两个相互垂直的径向测孔。在测孔截面上，应按等面积圆环法划分测定截面和确定测点位置。所谓等面积圆环法就是将圆管截面分成若干个面积相等的同心圆环，在每个圆环上确定四个测点，这四个测点必须在相互垂直的两个直径上，圆环的中心设置一个测点，测点布置如图 12-3 所示。

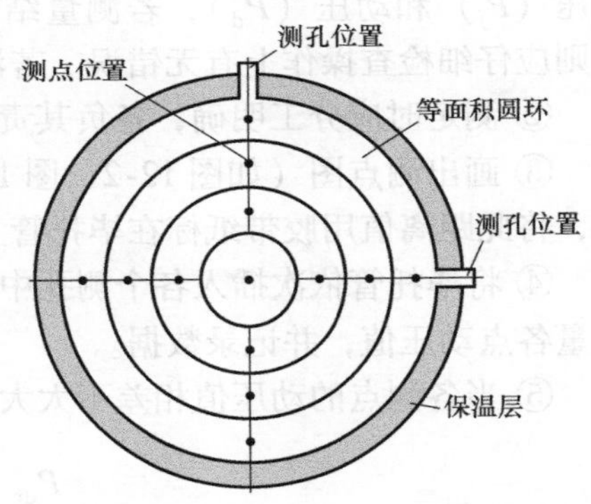

图 12-3　圆形风管测点位置示意

圆环面积：
$$F_{\mathrm{m}}=\frac{\pi D^2}{4n} \tag{12-2}$$

圆环半径：
$$R_{\mathrm{m}}=\frac{D}{2}\sqrt{\frac{m}{n}} \tag{12-3}$$

式中　D——测孔处风管截面直径（mm）；

m——圆环的序数（由中心算起）；

n——圆环的数量。圆环划分数量按风管直径确定（见表 12-2）。

表 12-2　圆形风管分环表

风管直径/mm	<200	200～400	400～700	>700
圆环个数	3	4	5	>6

1）各测点距风管中心的距离：（由此可算出各测点距各测孔外口的距离，以确定仪器的插入深度）

$$R_{\mathrm{m}}^{1}=\frac{D}{4}\sqrt{\frac{2m-1}{2n}} \tag{12-4}$$

式中　R_{m}^{1}——从圆风管中心至第 m 个测点的距离（mm）；

D——风管直径（mm）；

m、n 同前式。

测点位置确定后，可采用毕托管和微压计测量各点的动压，再算出测定截面的平均动压值，由此可利用式（12-5）求出测定截面的平均风速

$$V=\sqrt{\frac{2P_{\mathrm{dp}}}{\rho}} \tag{12-5}$$

式中　V——测定截面的平均风速（m/s）；

P_{dp}——测定截面的平均动压（Pa）；

ρ——空气的密度（$\mathrm{kg/m^3}$）。

平均风速算出后，可用式（12-6）计算出通过风管测定截面的风量 L：

$$L=3600FV\ (\mathrm{m^3/h}) \tag{12-6}$$

式中　F——风管测定截面面积（$\mathrm{m^2}$）。

当风速小于2m/s时，可利用热球风速仪直接测量各测点的风速，最后算出截面平均风速。

2）测定方法及动压计算

① 测定前应先检验预置测孔的位置是否正确，可同时测量测孔截面上的全压（P_{q}）、静压（P_j）和动压（P_{d}），若测量结果满足 $P_{\mathrm{q}}=P_j+P_{\mathrm{d}}$，则说明测孔位置符合测定要求。否则应仔细检查操作上有无错误。若没有，则说明测孔截面气流不稳定，需要重新选择。

② 测定时应分工明确，各负其责。

③ 画出测点图（如图12-2、图12-3所示），标出测点编号，并计算出测点至测孔的距离，将此距离值用胶带纸标在毕托管上。

④ 将毕托管依次插入各个测孔中（毕托管头部须迎向气流），按事先标好的标记，分别测量各点动压值，并记录数据。

⑤ 当各测点的动压值相差不太大时，可按算术平均法计算平均动压

$$P_{\mathrm{dp}}=\frac{P_{\mathrm{d1}}+P_{\mathrm{d2}}+\cdots+P_{\mathrm{dn}}}{n} \tag{12-7}$$

当各测点的动压值相差较大时，平均动压值应按均方根求得

$$P'_{\mathrm{dp}}=\frac{(\sqrt{P_{\mathrm{d1}}}+\sqrt{P_{\mathrm{d2}}}+\cdots+\sqrt{P_{\mathrm{dn}}})^2}{n^2} \tag{12-8}$$

式中　P_{d1}、P_{d2}、…、P_{dn}——各测点的动压值（Pa）；

n——测点数；

P_{dp}、P'_{dp}——平均动压（Pa）。

测量时，如遇到个别测点出现零值或负值时，应仔细检查仪器，及时排除仪器故障。若并非仪器异常，说明测定截面的气流不稳定，产生了涡流，这时也应如实记录下读数。在计算平均动压时，将负值取零来计算，但测点数 n 仍以全部测点数代入（不扣除零值、负值的测点数）。

3）评定标准

① 洁净室系统的实测风量应大于各自的设计风量，在设计风量的1～1.2倍之间。各风口实测风量与其设计风量之差均不应超过设计风量的15%。

② 单向流洁净室实测室内平均风速应大于设计风速（应为设计风速的1～1.2倍），截面风速不均匀度 β_{v} 应满足式（12-9）

$$\beta_v = \frac{\sqrt{\frac{\sum (v_i - \bar{v})^2}{n-1}}}{\bar{v}} \leqslant 0.25 \tag{12-9}$$

式中　β_v——风速不均匀度；

v_i——测点风速（m/s）；

$\bar{v}$——平均风速（m/s）；

n——测点数。

③ 实测新风量和设计新风量之差，不应超过设计新风量的 10%。

12.2.3　洁净度的测定

竣工验收时，洁净度的测定应在空态或静态下进行。测定仪器——光散射尘埃粒子计数器，须经校验并在有效期内。

1. 测点布置

在洁净室中，由于尘粒分布的随机性，如果测点布置太少，检测结果的偶然性太大，不能客观评价洁净度，显然测点越多越好，但这会带来检测费用的增加，所以在确定测点数时应综合考虑，通常可按表 12-3 来确定必要的测点数。

表 12-3　必要测点数

进风面积（单向流）或室面积（非单向流）/m^2	洁净度			
	100 级及高于 100 级	1000 级	10000 级	100000 级
<10	2～3	2	2	2
10	4	3	2	2
20	8	6	2	2
40	16	13	4	2
80	32	25	8	2
100	40	32	10	3
200	80	63	20	6
400	160	126	40	13
1000	400	316	100	32
2000	800	633	200	63

ISO14646-1 进一步简化测点数的计算方法，见式（12-10）：

$$N_L = A^{0.5} \tag{12-10}$$

式中　N_L——最小测点数；

A——洁净室（区）面积（m^2）。

测点应布置在测定平面上均匀划分的网格中心。作为日常测定的测点，可以根据洁净室的性能选定测定点，也可选在操作点附近，通常可按对角线 5 点布置法布置测点（如图 12-4 所示）。测点高度应与生产工艺要求相适应，如工艺无特殊要求，一般选在距离地面 0.8～1m 为宜。

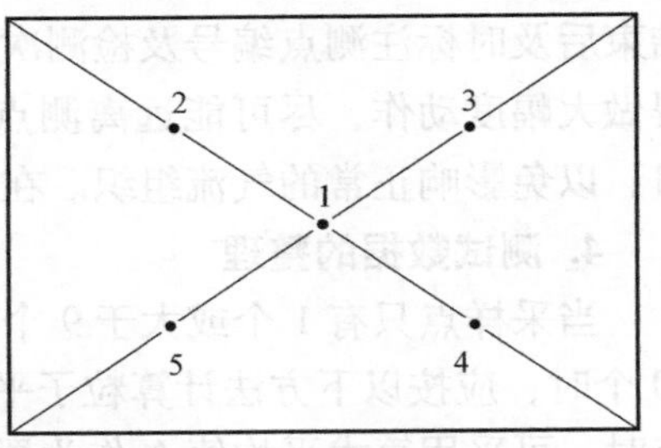

图 12-4　测点布置图

2. 采样和采样量

在洁净度测定中，采样方法与采样量将直接影响测定结果的准确性，只有采样方法正确，采样量符合洁净度级别要求，才能使测定结果与空气含尘浓度接近。

在测试洁净度时，采样口平面应垂直于气流方向（即采样口与气流方向同轴向），采样速度应等于（或接近）气流速度，否则将会产生测定误差。这就是通常所说的等动力采样。现在许多尘埃粒子计数器已配备等动力采样头，这对提高测定精度有一定的作用。采样管的长度应控制在1.5m范围内，且必须保持管内干净；采样管应与粒子计数器的采样接口严密连接。测定人员最好为2人，最多不超过3人，应身着洁净工作服，其站位应避开采样口及回风口。动作应轻缓，以免影响测定精度。采样头应固定在专用三角架上，粒子计数器最好放置在不锈钢小车上（擦洗干净），便于多室测定时的移动。粒子计数器放置位置尽可能远离采样口且位置尽可能放低，以免其上的打印操作影响测量精度。测定时，应采用专用护套防水线插座作为移动供电电源，这样可保证多室测定时的连续供电。若使用各洁净室的插座供电，频繁开启粒子计数器会影响其使用寿命，也会使测定时间延长。

粒子计数器的采样量大小，直接影响测定精度，《通风与空调工程施工质量验收规范》（GB 50243—2002）中规定，检测仪器应选用采样速率大于1L/min的光学粒子计数器。目前生产的粒子计数器，其采样速率都大于等于2.83L/min。不同级别的洁净室，每次采样的最小采样量应符合《通风与空调工程施工质量验收规范》（GB 50243—2002）中B4.4规定的要求。由B4.4可知，洁净度级别越高，要求的最小采样量越大。对于生物洁净室，最高级别为100级，对于0.5μm粒径的最小采样量为6L，可使用采样速率大于等于5.66L/min的粒子计数器测定。若采用采样速率为2.83L/min的粒子计数器测定，可采用延长采样时间来提高采样量的方法测定洁净度。

3. 洁净度测定

测定人员须经人身净化，测定仪器及辅助工具须经仔细清洁后，方可进入被测环境中。在同一洁净车间中，最好从高洁净度的洁净室开始测定。该项测定应在送风量、流速、压差以及过滤器检漏测试之后进行。测定前应仔细阅读粒子计数器的使用说明书，接通电源，预热仪器，然后调整仪器到测定状态，最后按画好的测点布置图依次逐点测量。每个测点采样3次，取3次平均值作为该测定点的实测值。为了减小测定误差，每移动到一个新的测点，应放弃第一个测试数据，从第二个测试数据开始记录。因为在移动位置的过程中，由于人员的操作活动，会影响洁净室内的气流流形（为此，不允许在洁净室内做大幅度动作）。粒子计数器的打印机在每个测量周期（1min）终止后自动打印一次。所以，测试人员应在打印结束后及时标注测点编号及检测次数，以免在整理数据时张冠李戴。测定人员不得嬉闹，不得做大幅度动作，尽可能远离测点，应在采样点下风侧靠墙站立观察。同时还应避开回风口，以免影响正常的气流组织。在测试期间不得开门。

4. 测试数据的整理

当采样点只有1个或大于9个时，不用计算95%置信上限。当采样点大于1个而少于10个时，应按以下方法计算粒子平均浓度的平均值、标准差、95%置信上限；采样点超过9点时，可采用算术平均值N作为置信上限值。

1）每个采样点的平均粒子浓度按式（12-11）计算

$$\bar{c}_i = (C_{i1} + C_{i2} + \cdots + C_{in'})/n' \quad (12\text{-}11)$$

式中 $\bar{c}_i$——采样点 i 的平均粒子浓度；

C_{i1}、C_{i2}、…、$C_{in'}$——采样点 i 每次采样的粒子浓度；

n'——在采样点 i 的采样次数，一般可取 $n'=3$。

2）全部采样点的平均粒子浓度（即洁净室的平均粒子浓度）按式（12-12）计算

$$N = (\bar{c}_{i1} + \bar{c}_{i2} + \cdots + \bar{c}_{in})/n \quad (12\text{-}12)$$

式中 N——洁净室的平均粒子浓度；

$\bar{c}_{i1}$、$\bar{c}_{i2}$、…、$\bar{c}_{in}$——各个采样点的算术平均值；

n——洁净室采样点总数。

3）平均含尘浓度 N 的标准差 S 按式（12-13）计算

$$S = \sqrt{\frac{(\bar{c}_{i1} - N)^2 + (\bar{c}_{i2} - N)^2 + \cdots + (\bar{c}_{in} - N)^2}{n-1}} \quad (12\text{-}13)$$

4）全部采样点的平均粒子浓度 N 的 95% 置信上限值按式（12-14）计算

$$95\%\ UCL = N + t\frac{s}{\sqrt{n}} \quad (12\text{-}14)$$

式中 t——置信度上限为 95% 时，单侧分布系数，见表 12-4。

表 12-4 t 分布系数

点数	2	3	4	5	6	7~9
t	6.3	2.9	2.4	2.1	2.0	1.9

5. 合格标准

1）每个采样点平均粒子浓度 C_i≤洁净度等级规定的限值（见《通风与空调工程施工质量验收规范》GB 50243—2002）。

2）洁净室平均粒子浓度 N 的 95% 置信上限值≤洁净度等级规定的限值。即：$(N + t\frac{s}{\sqrt{n}})$ ≤级别规定的限值。

如果同时满足 1)、2）两项，则该洁净室（区）被认为是达到了规定的空气洁净度等级。

6. 编写测试报告

每次测试应保存好记录（打印机自动打印的实测数据），并提交性能合格或不合格的报告。测试报告应包括以下内容：

1）测试机构的名称、地址。

2）测试日期和测试者签名。

3）执行标准的编号及标准实施日期。

4）被测试的洁净室（区）的地址、采样点布置及编号图。

5）被测洁净室（区）的空气洁净度等级、被测粒径、被测洁净室所处的状态、气流流型、静压差。

6）测量用仪器的编号和标定证书复印件，测试方法细则及测试中的特殊情况。

7）测试结果，包括在全部采样点布置图上注明所测的粒子浓度。

8）对异常测试值进行说明及数据处理。

7. 几点说明

在洁净度的动态检测中，应注意被测环境的相对湿度对测试结果的影响，如 BCJ-1A 尘埃粒子计数器，其工作环境要求：相对湿度为 20%～70%，在测试大输液净化车间时，应首先测定相对湿度，看其是否满足工艺要求及仪器的使用要求。在动态下，若相对湿度偏高，直接影响粒子计数器的检测结果。当检测数据突然急增时，应仔细分析，调控相对湿度在许可的范围内，再进行测试。

12.2.4　静压差的测定

维持洁净室的静压差在规定的范围内，可以有效控制洁净室的交叉污染。通常所说的正压洁净室和负压洁净室，其实是反映它与相邻空间的压力差 ΔP，如果 $\Delta P > 0$，该洁净室就是正压洁净室；若 $\Delta P < 0$，则为负压洁净室。所以，洁净室的绝对静压没有太大意义，我们要控制的是洁净室与相邻洁净室或室外的压力差。

1. 检测要求

1）静压差的检测须在洁净区内的所有门全部关闭的情况下进行。

2）测试顺序应在洁净室平面上由洁净度高的洁净室到洁净度低的洁净室（或走廊）依次进行，一直检测到直通室外的房间。

3）测管口应设在洁净室内没有气流影响的地方，测管口平面应与气流方向平行。

2. 测量仪器

采用 YJB-150 补偿微压计（量程 0～1500Pa）或微差压力计，仪器灵敏度由被测环境压差控制精度而定，宜小于 0.1Pa，规范要求灵敏度不应低于 2.0Pa。

3. 测试方法

1）关闭所有的门。

2）用微差压力计，根据预先设计的测定顺序测量各洁净室之间，洁净室与洁净走廊之间，洁净室与非洁净室之间及非洁净室与室外之间的压差。

3）把上述所测数值分别标注在已画好的测试平面图上。

4. 合格标准

按上述测试平面图所标注的压差数据，分别与设计或工艺要求的压差值对比。若实测压差大于或等于要求的压差值，则判定为合格；但实测压差值不宜超出标准要求的压差太多，否则会产生噪声且影响开关门，严重时还会在开关门时影响气流组织。

12.2.5　微生物测定

空气中悬浮微生物的测定方法有空气悬浮微生物法和沉降微生物法两种，也即通常所说的浮游菌和沉降菌检测法。浮游菌检测法是利用采样器收集悬浮在空气中的微生物粒子于专门的培养基上；而沉降菌测试方法，是采用直径为 90mm 的培养皿，在采样点上利用自然沉降原理沉降 30min 进行采样。把采样后的基片（或平皿）经过恒温箱内 37℃、48h 的培养生成菌落后进行计数。使用的采样器皿和培养液必须进行消毒灭菌处理，采样点可均匀布置或取代表性地点布置。浮游菌法采样点数可与测定空气洁净度测点数相同。采样时间应根据空气中微生物浓度来决定。沉降菌法的最少培养皿数应符合《通风与空调工程施工质量验收规范》（GB 50243—2002）中表 B.5.2 的规定。

微生物检测前，洁净室必须处于正常运行状态。其温湿度、风量、风压及风速须控制在规定值内；被测试的洁净室已消过毒，测试人员不得超过 2 人，须穿洁净工作服。采样前，净化空调系统正常运行时间：对于单向流洁净室（ISO5 级）不得少于 10min；对于非单向流洁净室不得少于 30min。工作区采样点位置距地面 0.8～1.5m，根据需要可在关键部位增加采样点。

1. 检测方法

（1）沉降菌测试方法

1）把直径 90mm 注入培养基的平皿（确保无菌）放在测点处，开盖暴露（把皿盖轻轻搭在皿边上，不得影响采样）30min 后，用手指轻推搭在培养皿边上的皿盖，将其盖好，放入培养皿专用容器中。若培养皿放置密度较大，在盖盖时应先盖近处、后盖远处的培养皿。以防盖盖操作造成对培养皿的污染。

2）把培养皿放入 37℃的恒温箱内培养 48h，然后用肉眼计菌落数（CFU），再用放大镜检查是否有遗漏。

（2）浮游菌的检测

1）对采样器、培养皿进行严格消毒，采样口及采样管在使用前须高温灭菌。

2）测试人员应穿洁净工作服。

3）开动真空泵抽气，时间不少于 5min，使仪器中的残余消毒剂蒸发，然后调好流量及转盘转速。

4）关闭真空泵，放入培养皿（双手须用消毒剂消毒），盖好盖子后调节采样器。

5）置采样口于采样点后，依次开启采样器、真空泵，根据采样量选定采样时间。

6）全部采样结束后，将培养皿放入 37℃恒温箱中培养 48h，然后用肉眼计菌落数，再用放大镜检查是否有遗漏。

2. 合格标准

计算被测洁净室的浮游菌平均浓度 C

$$C=\frac{\text{被测洁净室总菌落数（CFU）}}{\text{总采样量（m}^3\text{）}}$$

在生物洁净室中，药品、食品、生物制品的生产环境所要求的浮游菌菌落数及洁净度由相关规范给出，由 C 值来评定生物洁净室是否达标，若 C 值≤规定浮游菌菌落数，则达标。

沉降菌的平均菌落数按式（12-15）计算

$$M=\frac{M_1+M_2+\cdots+M_n}{n} \tag{12-15}$$

式中 M——被测洁净室沉降菌平均菌落数（CFU/皿）；

M_1、M_2、…、M_n——1 号、2 号、…、n 号培养皿的菌落数；

n——培养皿总数。

若 M≤规范或工艺要求的沉降菌菌落数，则被测洁净室的微生物达到规定标准。否则应查找原因，进行消毒灭菌，规范测试操作，重新测试。

12.2.6 温度、湿度检测

温湿度检测所用仪表有小量程温度自动记录仪，水银温度计，氯化锂湿度计，通风干、湿球温度计。应根据温度及相对湿度波动范围，选择相应精度的仪表进行测定。所选仪表须经过校验标定合格。

1. 检测方法

1）测点应布置在恒温工作区具有代表性的地点。

2）若没有恒温要求，可在洁净室中心布点。

3）测点距外墙表面一般应大于0.5m，距地面0.8m。也可以根据恒温区的大小，分别布置在距地面不同高度的几个平面上。

4）根据温、湿度波动范围的要求，检测宜连续进行8~48h，每次读数间隔不应大于30min。

5）对有温、湿度波动要求的区域，测点应布置在送、回风口处或具有代表性的地点。

6）测点数量及仪器按表12-5确定。

表12-5　温湿度测点数及测定仪器

波动范围	测定仪器	测点数量
$\Delta t < \pm 0.5$℃	用小量程温度自动记录仪或0.01℃刻度的水银温度计	测点间距为0.5~2.0m，每个房间测点不应少于20个，测点距墙大于0.5m，单向流洁净室大于0.2m
$\Delta RH < \pm 5\%$	用氯化锂湿度计	
±0.5℃ Δt ±2℃	用0.1℃刻度水银温度计	面积≤50m²，测点5个；>50m²时，每增加20~50m²，增加3~5个测点
±5% ΔRH ±10%	用0.2℃刻度的通风干湿球温度计	
$\Delta t > \pm 2$℃	用0.2℃刻度水银温度计	洁净室面积≤50m²时，测1点；>50m²时，每增加50m²，增加1个测点
$\Delta RH > \pm 10\%$	用通风干湿球温度计	

注：Δt是指温度，ΔRH是指相对湿度。

2. 合格标准

室温波动范围按各测点的各次温度中偏差控制温度的最大值整理成累计统计曲线。若90%以上测点偏差值在室温控制范围内，为符合设计要求，反之为不符合。

相对湿度波动范围可按室温波动范围的规定执行。

12.2.7　高效过滤器检漏

A、B类高效过滤器，出厂不要求检漏，C、D类高效过滤器出厂要求检漏。所以，对于A、B类高效过滤器，在安装前应该对其进行检漏，但对于C、D类高效过滤器在安装前是否还需要检漏，这与过滤器外包装的优劣、运输装卸方式等因素有关，也与工程具体要求有关。总之，高效过滤器在安装前的检漏，是保证工程质量的重要环节之一。参见本书“10.4.3现行规范中高效过滤器风口检漏方法弊病分析”。

12.2.8　照度测定

1. 测定方法

1）照度测定一般仅测定除局部照明之外的一般照明。

2）采用移动式照度计进行测定。

3）每次测定照度时须在开灯 15min 后，光源输出趋于稳定时进行（对荧光灯首次测定必须在使用 100h 后进行），且室温已趋于稳定。

4）测点布置在距地面 0.85m 的平面上，按间距 1 ~2m 布点，测点距墙面 1m。

5）把实测照度值记录在测点布置图上，计算出平均照度。

2. 合格标准

所测结果应符合设计要求、《洁净厂房设计规范》（GB 50073—2001）及 GMP 对洁净室的照度要求。洁净室内，一般照明的照度均匀度不应小于 0.7。

12.2.9　气流流型检测

1. 测点布置

对于非单向流洁净室，取 3 个测点截面：具有代表性的送、回风口中心的纵、横剖面和工作区高度的水平面。在纵剖面上，测点间距为 0.2 ~0.5m；在水平面上，测点间距为 0.5 ~1m。

对于垂直单向流洁净室，取 4 个测点截面：洁净室的纵剖面、洁净室横剖面、距地面 0.8m 和 1.5m 的两个水平面。测点间距均取 0.2 ~1m。

对于水平单向流洁净室，取 5 个测点截面：洁净室的纵剖面，工作区水平面，距送、回风口 0.5m 处的两个纵剖面和房间中心的纵剖面。测点间距均取 0.2 ~1m。

2. 检测方法

用发烟器或悬挂单丝线的方法逐点观察并记录气流流向，用量角器测定气流流向偏离规定方向的角度，在布置测点的剖面图上标出流向，绘出气流流型图。

3. 流线平行度检测标准

在工作区内气流流向偏离规定方向的角度不大于 15°。

12.2.10　噪声检测

检测仪器应采用带倍频程分析的声级计，一般情况下只检测 A 声级的数据，必要时检测各倍频的声压级。

测点布置应按洁净室面积均分，每 $50m^2$ 设一点，测点位于其中心，距地面 1.1 ~1.5m 高度处或按工艺要求设定。

合格标准：实测噪声值应符合设计要求或满足《洁净厂房设计规范》（GB 50073—2001）中的规定：洁净室内空态噪声级，非单向流洁净室不应大于 60dB（A），单向流、混合流洁净室不应大于 65dB（A）。洁净室的噪声频谱限值，应采用倍频程声压级，各频带声压级数值不宜大于表 12-6 中的规定。

表 12-6　噪声频谱的限值（空态）

	声压级/dB（A）							
倍频程中心频率 /Hz	63	125	250	500	1000	2000	4000	8000
非单向流洁净室	79	70	63	58	55	52	50	40
单向流、混合流洁净室	83	74	68	63	60	57	55	54

12.2.11 自净时间的测定

1. 检测方法

该项目测定必须在洁净室停止运行相当时间，室内初始含尘浓度已接近大气含尘浓度时进行。

满足上述要求后，开启净化空调系统，定时读取尘埃粒子计数器数值，直到室内含尘浓度达到最低限度为止，这一段时间即为自净时间。

若洁净室内初始含尘浓度不满足上述要求，可用发烟器人工发巴兰香烟，把发烟器放在距地面 1.8m 以上的洁净室中心，发烟 1 ~2min 后停止，等待 1min，在工作区平面中心点测含尘浓度，然后开启净化空调系统，定时读数，直到浓度达到最低限度为止。

2. 合格标准

由初始浓度（N_0）和室内达到稳定的浓度（N），实际换气次数（n），计算出的自净时间 t_0 与实测的自净时间 t 进行对比，若 $t \leqslant 1.2t_0$，则自净时间合格。

第13章　生物洁净室及净化空调系统的运行管理

洁净室检测证明，处于洁净状态的洁净室，当有人员进入时，这种洁净状态立刻就会改变，室内含尘浓度及菌落数就会增加，所以说人员是洁净室的主要污染源。正因为这个原因，在洁净室管理工作中，人员的管理占非常重要的位置。

洁净室的效用能否充分发挥，不仅取决于设计与施工质量，而且还取决于维护管理的水平。对于高洁净度级别的洁净室尤其如此。国外在对洁净室工作人员的管理方面都有十分苛刻的规定，参照国外对洁净室工作人员的管理规定，结合我国的管理经验，在此介绍对洁净室人员的管理办法及制度。

13.1　人员管理

13.1.1　操作人员的卫生管理

1. 洗手和消毒

对于生物洁净室，洗手、消毒方法基本相同。但进入无菌室时要增加洗手、消毒的次数，且需要戴专用手套，对卫生管理要更加严格。

（1）洗手和消毒设备

1）洗（刷）手池。

2）洗涤剂供给器。

3）手烘干器。

4）消毒液盆。

（2）通常使用的消毒液

1）双氯苯双胍乙烷。

2）石碳酸类（酚醛、甲酚肥皂水）。

3）氯化苯、苄叉毒芹。

（3）洗手、消毒程序　洁净室性质不同，洗手、消毒的程序也不同。对于医院洁净手术部，进入洁净区后必须根据需要随时洗手、消毒。洗手消毒后才能更换工作服，更换工作服后还须再洗手、消毒。医护人员应有良好的日常卫生习惯，医院应建立制度，让他们要特别爱护自己的双手，经常洗手剪指甲，尽量不去接触使皮肤干燥的粉剂和溶剂。

对于医院洁净手术部洗手、消毒的步骤：

1）用洗涤剂洗掉手上的污物，用指甲刷刷去指甲缝内的污物，全部洗刷到位后轻轻地冲洗手上的洗涤剂。

2）用烘干器吹干或自然干燥（不能用毛巾擦手），不能再赤手触摸其他物品。

对于制药厂无菌制剂车间的工作人员，洗手及消毒的步骤与医院洁净手术部医护人员的相似。对非无菌制剂车间的工作人员，洗手、消毒的步骤：

1）用洗涤剂洗掉手上的污物。

2）轻轻地冲洗手上的洗涤剂。

3）用烘干器吹干或自然干燥（不能用毛巾擦手）。

4）若需消毒，需把手浸到消毒液内约10s，然后自然干燥。

2. 日常应注意的事项

1）尽可能每天“冲澡”、换衣，经常洗头，保持身体清洁（实验和经验都证明由于洗澡后皮肤表面油脂膜的损失而使皮肤变干，因而掉落的皮屑并不比洗澡前少，因此这里提出“冲澡”，是指冲去“浮尘”即可）；对于无菌制剂车间，也有管理者采用入室不洗澡，而采用穿戴套头连身衣且束紧袖口的方法来阻留人体脱落物。

2）男子应每日刮胡须（由于胡须容易留存污染粒子和微生物，对于生物洁净室的工作人员，更不应留胡须）。

3）经常洗手、剪指甲，洗手后擦洁净室用润肤膏，以防皮肤干裂。

4）不接触易使皮肤干裂、剥脱的粉类或溶剂。

5）在洁净室内动作幅度要小。

6）在洁净室内不要拖足行走，不要振臂、转动，不做不必要的动作或走动（人是主要的发尘源，应尽力予以控制）。

7）在洁净室内，若禁止裸手操作，则应戴手套且不许露出手腕。戴上手套后，不要触及不洁净的东西，包括自己的身体。手套要经常更换，一次性手套不许重复使用。

3. 洁净服的管理

1）洁净服的洗涤、晾干、包装必须在洁净环境中进行，以免重新附着上尘粒。

2）洁净服的选材、式样及穿戴方式应与生产操作和洁净度级别的要求相适应；不同操作区及不同洁净区的工作服不得混用。

3）洁净室内使用的工作服的质地应光滑、无静电、不脱落纤维和颗粒性物质。其服装应宽松合身，边缘应封缝，接缝应内封，不应有不必要的横褶与带子。无菌工作服必须包盖全部头发、胡须及脚部，并能阻留人体脱落物。

4）洁净室使用的工作服应按洁净度级别的要求使用各自的清洗设施，防止交叉污染。应制订清洗周期；无菌工作服的清洗和灭菌方法应符合洁净度级别要求。有条件的话可使用去离子水洗涤洁净服。试验证明，用去离子水洗涤与用自来水洗涤穿着后的散尘量差别是比较大的。

5）操作人员的服装标准。操作人员的服装标准通常按表13-1要求。

表13-1 服装标准

分类	服装	说 明
无菌洁净室	工作服	穿聚酯长纤维布制成的上下整体式无尘工作服。每天洗涤，洗涤后进行
	帽子、袖套	高压灭菌或气体灭菌处理
	口罩、袜子	每天洗涤
	鞋	穿橡胶长筒鞋，可水洗的鞋或凉鞋，每天洗涤，用石碳酸等喷雾消毒
	护目镜	适当的时候洗涤
	其他	每天检查工作服有无破损或缺损

（续）

分类	服装	说　明
非无菌洁净室	工作服	穿聚酯、尼龙和尼龙聚酯混纺上衣和裤子或上下整体式工作服，每周洗 1～2 次
	帽子、袖套、发网	
	口罩	特殊的情况下，戴活性炭口罩
	鞋	帆布鞋等，每周洗一次

13.1.2　教育培训

进行教育与培训的人员可分为两类，一类是洁净室工作人员，另一类是设备管理人员及相关技术人员。对他们的教育培训又分为上岗前的教育培训及日常的教育培训。

1. 对洁净室操作人员、服务人员进行教育培训的内容

1）做不拖足行走的练习。

2）按规定的方法练习脱去个人服装并保管起来。

3）按规定的方法练习穿洁净工作服。

4）了解菌、尘概念的初步知识及洁净度、菌落数含义。了解粒子或菌类的危害程度。

5）按规定的方法练习洗手、烘干，使用洁净室专用纸巾。

6）洁净室尘源及其控制方法。

7）洁净室内的产品生产（或操作对象）所要求的洁净度。

8）做带进洁净室器材的入室清洁练习。

9）工艺操作特点及对洁净度的影响。

10）洁净度及细菌数的测定仪器、测定方法和评价方法的知识。

11）所使用洁净室的原理和性能。

12）净化空调设备及系统的使用规程，故障排除方法。

13）做从洁净室内紧急疏散的练习。

14）练习使用洁净室的消防器材。

15）正确使用安全通道。

16）洁净室内清洁及消毒方法。

2. 对空调设备管理人员及相关技术人员教育培训的内容

1）净化空调系统的流程、设备、仪器及安全运行常识。

2）净化空调系统的使用规程及故障排除方法。

3）净化空调系统的基本概念及运行原理。

4）保证室内洁净度及维持洁净室正（负）压的措施。

5）对受训者进行上岗前考核（考核不通过者不能上岗）。

6）对维修工进行在洁净室内维修操作的规范化训练。

7）对维修工进行各种工具出入洁净室的规范化训练。

8）高效过滤器的更换方法，粗、中效过滤器的清洗程序及方法。

13.1.3　洁净室的出入制度

出入洁净室应规定严格的制度，这是保证洁净室正常运行的关键。洁净室的出入制度应包括以下几个方面的内容：

1. 不准进入洁净室的人员

1）皮肤病患者及外伤和炎症、瘙痒症者。

2）过敏性鼻炎患者。

3）感冒、咳嗽、打喷嚏者。

4）过多掉头皮屑、头发而无有效防护者。

5）有搔头、挖鼻孔、摸脸、搓皮肤等习惯而无法控制者。

6）未穿洁净工作服者。

7）过度化妆、戴耳环、戒指等首饰者。

8）剧烈运动后的出汗者。

2. 不准带入洁净室的物品

1）未按规定经过洁净处理的所有物品。

2）纸（包括硬纸和笔记用纸）和笔（包括铅笔、钢笔以及墨水、橡皮等），洁净室宜用塑料薄膜纸和圆珠笔，因为一般用的纸和笔产尘极大。

3）一切个人物品包括钥匙、手表、手帕、笔记本等。

3. 出入洁净室注意事项

1）进入洁净室（区）必须遵循规定的净化路线和程序，不得私自改变。

2）必须按规定的方法换鞋（如制药厂洁净车间采用坐凳式换鞋法——在一更间入口设置横跨室宽的换鞋凳，人坐在凳上脱去旧鞋脚不着地旋转180°，穿上放于坐凳内侧鞋柜中的洁净室专用鞋）。不许穿拖鞋进入洁净室（因为穿拖鞋走动时易扬起地面尘粒）。

3）外衣和洁净工作服分地分柜存放，入室人员不得未脱外衣而进入洁净服更衣间。

4）进入一更间前，要将拖鞋在净鞋器上或湿的垫子上擦拭。

5）洁净区入口，如有空气吹淋室，进入人员一定要通过吹淋室，并按规定关好门后在吹淋室内举起双臂吹淋。若为单侧空气吹淋室，在吹淋时应将身体慢慢旋转1~2圈。

6）进入洁净区后，必须根据需要及时洗手，更换洁净工作服时应先洗手。

7）洗过的手要用烘干器吹干，或用专用纸巾擦干。

8）要以站立姿势穿洁净工作服，不要让工作服接触地板。

9）若二更（或三更）设有洗手池，穿好洁净工作服后应再洗手方可进入洁净室操作。

10）出洁净室时，宜走旁通门，不需要通过空气吹淋室。

11）在设有气闸室的洁净区内，若两门未设连锁机构，则人员进入后，须关上入口门后再走出气闸室，两门不允许同时打开。

12）人员离开洁净区时也应按程序洗涤、更衣、换鞋，洁净服不应带出洁净区。

13）不能穿洁净工作服上厕所（洁净厕所除外），如洁净区内工作人员需上洁净区外的厕所时，必须按出入洁净室的程序处理。

14）生物安全实验室的工作人员，操作完毕后，首先脱掉防护衣和实验室专用衣并分别放入专用柜内（由专人负责灭菌处理），然后立即洗手、淋浴（或药浴）、洗脸，再刮胡须、刷牙、穿衣。在洗手之前不得走出实验室或吸烟、吃东西、上厕所。手表也不允许在洗手前戴上，即使使用橡胶手套，在操作完毕后也要洗手，因为手套有小孔、裂隙或由于指甲划伤而可能侵入污染。

15）在医院洁净手术部，病人进入洁净手术室时，应先在病区洗浴（或擦洗）、更衣，推车进入洁净区前应在缓冲室换上手术室专用推车才允许进入洁净手术室，手术室的专用推车不能离开手术室。

13.1.4　对入室人员情况的登记

1）进入洁净室的人员要限制在最少数量，对洁净度高的房间应限制人员的密度。100级和更高级别的洁净室人员密度不大于0.1，低于100级的洁净室人员密度不大于0.25为好。

2）对进入洁净室的人数、时间要分别登记。

3）对正式工作人员以外的人员进入洁净室的数量和时间进行登记，目的在于产品质量有问题时可以核查污染源。

13.1.5　洁净室使用者的岗位责任

1. 制药车间主任岗位责任

1）每天应检查车间温度、湿度及压差等参数是否符合生产工艺要求。若有偏离，应及时通知运行管理人员调整（无自控设施的车间）。

2）经常检查操作人员的着装、动作是否规范，发现问题，及时纠正。

3）定期检查机组运行记录，了解设备运行状况，会同运行管理人员制订设备维修、保养计划及制订验证方案。

4）领导验证小组，定期对洁净车间进行检测验证。

5）下班后，应检查各室清场情况及机组关停状况，发现问题，及时纠正。

2. 值班护士的岗位责任

1）有关洁净手术部的管理制度应由值班护士予以监督执行。

2）在洁净手术部入口处，应由专门的值班护士对进出人员进行检查，对不准进入的人员予以阻拦。

3）每天工作结束后，值班护士应对洁净室的清洁、消毒工作做仔细检查，发现遗漏项目应立即采取补救措施。

4）每天上班后，对洁净室的空气状态参数予以认真检查，如果发现问题应立即通知运行管理人员。

13.2　净化空调系统的管理

随着科技的进步，经济的发展，我国的现代化建设日新月异，人民生活质量不断提高。国家在制药企业实施了GMP认证制度。在医疗机构，洁净手术部、ICU监护室、血液病无菌病房及负压病房等洁净室大量兴建，使医院的就诊环境、医疗水平及服务质量得到提高。这对医药企业的净化空调系统管理提出了较高的要求，摆在管理部门面前的任务就是努力配合医药一线的工作，探索一套切实可行的管理方法，进行科学的运行管理，满足医疗及生产的要求。为使净化空调系统管理更具专业性、技术性，使系统运行更有条理、管理工作更有规律，有必要设置专门的管理部门来满足这方面的要求。对于未设置自控装置的洁净室，管理人员的专业化就显得更为重要，所以，管理部门应由专业的工程技术人员组成，对与洁净室的使用有关的水、暖、电、气、净化空调、消防等设施进行有效的管理。

13.2.1　设备的运行管理制度

为科学和有序地对净化空调系统进行管理，必须制订一套合理的管理制度，以形成正常的工作秩序。这些制度应包括：

1）岗位责任制。规定班组长、值班人员、维修和运行人员的工作内容及职责。

2）运行管理守则。包括值班守则、维修守则、验证程序和调试守则。

3）仪表、设备安装运行操作制度。规定各种仪表设备的安装、使用操作程序和注意事项。

4）仪表工具保管制度等。

下面对净化空调系统运行应遵守的制度做一介绍。

1. 运行管理守则

净化空调系统运行直接关系到洁净室的温度、湿度、洁净度及压差等参数能否满足要求。运行质量的好坏，很大程度上取决于值班人员能否按规定要求进行操作。净化空调系统每班值班人员宜安排两人，值班人员应做到：

1）根据室外气象条件结合洁净室的要求确定本班运行方案。开车前要对设备进行检查，做好运行准备。检查项目包括：风机、水泵等转动设备有无异常；定压水箱及冷却塔水池水位是否合适；阀门开启位置是否正确；电源电压是否稳定等。如发现问题应及时向班组长报告。如无异常，准备就绪后便可开机。开机时必须按顺序操作，如果没有自动控制系统，开机顺序：先开送风机，后开回风机和排风机，再开电加热器和水泵（冷水泵及冷却水泵），最后开冷水机组。开启冷却塔时应观察冷水机组的冷凝压力，若太低，不可开启。当冷水机组的冷凝压力达到规定数值时，方可开启冷却塔。关机顺序与开机相反，即先关闭冷水机组，再依次关闭电加热器、水泵（冷水泵及冷却水泵）、回风机和排风机、送风机。关机后要全面检查，消除不安全因素，拉下电闸（冷水机组预热电源不可断开），关闭相关阀门、照明开关及门窗等。如果净化空调系统设有自控装置，则开、关机组只要按要求按压启、停按钮即可。

2）值班人员要认真负责，勤巡视、勤检查，做好运行参数记录，并根据气象变化适时调整运行方案。随时观察各种仪表的数据、设备的运行情况；注意运转设备的声音、轴承温度、水泵冷却风扇的运行情况等；要与洁净室内管理人员经常联系，必要时进入洁净室巡视检查。做到及时发现问题及时解决。结合运行中遇到的实际问题，不断总结运行经验，摸索运行规律，值班人员不准擅离职守。

3）运行参数一般每小时记录一次。记录数据时，错写后只能重写，不许涂改。

4）注意安全。女工值班时应戴工作帽，长发应盘入工作帽内。无关人员不许进入机房和值班室。电气线路维修时，一定要挂警告牌，严禁随便合闸，合闸时要严密注意周围人员有无触电危险。出了事故，首先防止事故蔓延，并保持现场，冷静处理，不要慌张。

5）值班人员负责整个净化空调系统的管理。当进行设备维修或来人参观时，必须征得值班员的同意和配合，并做好记录，确保系统正常运行。

6）值班人员应同维修人员配合，一起进行日常维护工作，并经常向班组长及维修人员汇报仪表、设备运转情况。

7）必须经常保持值班室和机房的整洁。值班室和机房卫生应每天清洁，组合式空调机组内部应每季度认真清扫洗刷一次，对表冷器的凝水盘应适时进行消毒灭菌，保证不对洁净室产生污染。

8）对维修工具的保管，值班人员要严格执行借用手续，并经常清查清点，特别是在设备维修后，及时清查以防工具落入设备内，造成事故。

9）如果遇到事故需紧急停机时，应及时通知车间，把影响降到最低，并立即通知相关部门。

10）要严格遵守交接班制度，当班人员需向接班人员详细介绍运行情况、应注意的问题和需要继续进行的工作等。严禁当班人员在接班人员未到达之前离开值班岗位。

2. 运行管理

要定期检验、校正测量和控制仪表，保证其测量控制的准确可靠。运行管理人员要经常把机组实际的运行状况与规定的标准值加以比较，若有偏差，应立即进行调整。一旦出现故障征兆时，要立即采取适当措施，加以处理。如电制冷冷水机组在运行中出现冷凝压力过高，要检查冷却水泵和冷却塔运行情况，及时进行调整，使其尽快恢复正常状态。若经处理冷凝压力还高，则需诊断分析冷凝器是否结垢并制订相应的措施。为了减少空调设备的故障，管理人员要特别注意空调系统中最容易发生故障的部件和设备。随时掌握设备所处状态，如送风机、回风机、水泵、电动机等设备在运行中有无异常声音，轴承发热程度如何，传送带松紧是否合适，供、回水阀门是否严密，开关是否灵活，各个部位的调节阀门有无损坏，设备位置是否变化，组合式空调机组、水箱、风管等内部有无污染现象，需定期清洗、更换的各级过滤器是否已经达到清洗更换期限，配电盘、各种电器接线有无松脱发热现象，仪表动作是否正常等。通过合理使用、精心维护、科学保养来保障使用要求，延长设备使用寿命。

3. 建立设备档案和设备运行记录

要建立主要设备台账，仪表设备说明书、产品目录、合格证、技术文件、备用件、样本以及各种图纸资料都要分类编号妥善保管。设备维修和仪表校正要填写维修单，发生事故要填写事故登记表，要把设备的调试时间、运行情况、维修保养时间及内容、零部件更换等详细情况填入设备技术档案中。要详细填写运行记录表，以便更好地掌握设备的运行状况，为设备的维护保养提供第一手材料。

4. 建立净化空调设备维修保养制度

按有关技术规范，制订净化空调设备的维修保养制度。定期对净化空调的冷（热）水机组进行检修保养，更换机组的零部件。例如，对电制冷冷水机组要补充更换制冷剂和冷冻机油，必要时还要对机组进行气密性检查和防腐处理；对热水机组要做好换热器的除垢清洗，燃油机组还要做好燃烧器的检修保养工作。根据净化空调冷（热）水机组交替使用的情况，可在停机期间对机组进行检修，多数地区一般在 2 ~4 月对冷水机组进行检修；在8 ~10 月对热水机组进行检修。要备有一定的配件及专用工具，以便运行中设备出现故障时，能够及时进行检修，使设备尽快恢复运行。同时，对每一次的检修、保养都要认真做好记录，并进行交接验收。设备的保养最好实行分片包干到人的方法，要求包干人对所包设备负责，实行设备完好率的定期检查考核，并与其工资奖金挂钩，这样更有利于净化空调设备的维护保养。

5. 做好运行调节，做到节能运行

（1）新风量的调节 应根据洁净室的性质、室外气候条件来调节新风量。在最不利的室外气象条件下，减少新风量，有显著的节能效果（采取调小新风量的措施时必须考虑能否减少排风量以保证压差要求）。在适宜的室外气象条件下，增大新风量甚至采用全新风（系统的排风应能与之适应），可利用天然冷源消除室内余热，有利于节能，还可提高室内空气品质。在不散发污染物的工作班次，在满足正压的条件下，可按人体需求的最小新风量供应新风；在洁净室内无人的准备阶段，可供给维持正压的新风量；在应急手术室的等待状态，可少供新风（维持必需的正压即可）。

（2）温度调节 夏季室温过低或冬季室温过高，不仅耗费能量，而且对人体的舒适及健康来说也是不利的，所以应进行温度调节。室温的过低或过高，通常是由于自控设备不完善或净化空调设计不合理造成的。对于单风道全空气系统，当各洁净室的余热量、送风量相差较大时，会出现过冷或过热的状态。这种调节比较困难，在满足洁净度的要求下，适当减小相关洁净室的送风量来防止过冷或过热现象的发生。在满足工艺要求的前提下，夏季适当调高室温，冬季适当调低室温，节能效果显著。

（3）过渡季利用室外空气作为冷源 当室外空气的焓小于室内空气的焓时（过渡季节），应采用加大新风或全新风运行方案（需净化空调系统支持）。这不仅可减小制冷机的负荷（或关闭制冷机），而且可以改善室内环境的空气品质。当采用该方案时，须加强对新风过滤器的清洗及更换。

6. 加强安全教育

在设备运行或检修时，应确保安全。需教育运行管理人员增强责任心，不断提高业务水平，严格按照规程来管理设备。在检修转动部件、配电盘时，需要两人在场，严禁在机房、配电室内打闹，以防发生意外。

13.2.2 设备的维护管理及验证

1. 制订管理计划

为使净化空调设备安全、可靠、高效地运行，首先要参照设备生产厂家提供的使用说明和有关技术资料，根据净化空调设备的安装情况、安装确认资料及洁净室对净化空调的使用要求，制订完整的操作规程，制订净化空调设备的使用管理和维修计划，编制验证文件并组织实施。以华北地区为例，空调冷水机组每年5～10月运行；热水机组每年11月到第二年的4月运行。按照所在地区的运行季节，合理安排设备维护和检修时间。维修人员要严格按照验证文件对净化空调系统进行维修，不能草率行事。

2. 编制验证文件

净化空调系统的管理应引入验证的方法，验证是能证明任何程序、生产过程、设备、活动或系统确实能导致预期结果的有文件证明的行动。在洁净室施工与运行管理中，最常用的验证方式有前期验证（是指一项工艺、一个过程、一个系统或一个设备在正式投入使用前，按照设定的验证方案进行的验证）、再验证（是指一项工艺、一个过程、一个系统或一个设备经过验证并在使用一个阶段以后进行的旨在证实已验证状态没有发生飘移而进行的验证)。而“验证”概念的形成和发展正是洁净室施工与运行管理朝着“治本”方向发展的必要条件，也是运行管理史上新的里程碑。验证的结果在绝大多数情况下，会导致工程设计的修改，及各种规程的制订或完善。管理过程是执行各种制度和规程的过程，也可看作是验证过程的延续。这一过程应在常规监控下进行，任何有价值的运行数据及经验都应记录在案，供以后的再验证使用。设备的维修或设备经过长期运行后，性能的变化可能会使已经验证过的状态发生飘移。这些改变可通过再验证来建立新的验证状态。再验证的结果常常导致有关规程的修改、标准的完善，保持高水平的运行管理。因此，验证的作用就是“变设想为现实”，为保证管理质量提供试验依据。

3. 验证总则

根据 GMP 的要求，药品生产企业对产品的生产过程及关键设施和设备（包括制水系统、空气净化系统、配药系统、灌装系统、灭菌系统、混合系统、干燥系统等）都应按预定的方案进行验证。并定期进行再验证，以确保达到预期的结果。

4. 对净化空调系统的管理验证对象

1）高效（或亚高效）过滤器更换后的验证。

2）粗效或中效过滤器清洗验证。

3）组合式空调机组及其凝水盘清洗灭菌验证。

4）冷水机组冷水侧除垢清洗验证。

5. 验证的目标

运行管理中要按照设定的方案进行验证，以确认：

1）高效（或亚高效）过滤器更换后严密不漏。

2）洁净室达到设定的洁净度等级标准。

3）粗效或中效过滤器阻力符合要求。

4）设备运行达到规定的技术指标。

5）各个系统的运行达到了事先设定的技术标准，相应的管理和维护规程已经建立。

6. 验证程序

(1) 建立验证小组　根据不同的验证对象，建立由相关技术人员及管理人员组成的验证小组。验证小组由主管验证工作的企业负责人领导。

(2) 提出验证项目　验证项目由净化空调系统管理部门提出，验证总负责人批准后立项。

(3) 制订验证方案　验证项目确立后，由验证小组提出验证方案。主要内容有验证目的、要求、质量标准、实施所需条件、测试方法和时间进度等。验证方案须经验证总负责人签署批准。

(4) 组织实施　验证方案批准后，由验证小组组织力量实施。验证小组负责收集、整理验证数据，起草《验证中间报告》和《验证最终报告》，上报验证总负责人审批。

(5) 审批验证报告　验证小组成员分别按各自分工写出验证报告草案，由验证小组组长汇总，并与验证总负责人分析研究后，再由组长写出正式验证报告，报验证总负责人签署批准生效。

（6）发放验证证书

13.2.3　净化空调系统再验证

1. 过滤器的管理、验证

（1）过滤器的管理　生物洁净室净化空调系统是通过过滤器来过滤除菌的。洁净度要求不同，过滤器的选择及级数也不相同。但绝大多数净化空调系统均应设粗效、中效、高效（或亚高效）三级过滤。过滤器的管理是保证室内洁净度的一个很重要的环节，必须引起管理者的高度重视。对于过滤器，主要是对过滤器的清洁（清洁方法）及过滤器更换的周期进行管理。因此，需要了解过滤器的有关参数。

下面主要介绍过滤器的初阻力与终阻力：

在净化空调系统的运行过程中，各级过滤器都有不同的效率与阻力，空气洁净技术中，把新过滤器所具有的阻力称为初阻力，将达到规定容尘量的过滤器阻力称为终阻力。过滤器的初阻力与风量有关，通过的风量不同，其初阻力值也不相同，这一点在过滤器特性曲线上可以看到。初阻力可分为额定初阻力、设计初阻力及实际初阻力三种。

1）额定初阻力：在额定风量下过滤器样本或其特性曲线提供的初阻力。

2）设计初阻力：设计风量下的初阻力，可从过滤器特性曲线上查到。

3）实际初阻力：在系统运行时，实测到的过滤器初阻力，可以通过测压仪表获得，也可以通过实测风量查特性曲线获得。理论上讲，设计初阻力与实际初阻力应当一致，但实际运行过程中，设计风量与实际风量不可能完全一致，存在一定的误差范围也是允许的。为此形成的过滤器初阻力误差也是可以理解的。通常，粗效过滤器在额定风量下的初阻力小于等于50Pa，中效过滤器在额定风量下的初阻力小于等于80Pa，高中效过滤器在额定风量下的初阻力小于等于100Pa，亚高效过滤器在额定风量下的初阻力小于等于120Pa，A类高效过滤器在额定风量下的初阻力小于等于190Pa，B类高效过滤器在额定风量下的初阻力小于等于220Pa，C类高效过滤器在额定风量下的初阻力小于等于250Pa，而D类高效过滤器在额定风量下的初阻力小于等于280Pa。随着净化空调系统的运行，过滤器滤材上所积灰尘逐渐增多，过滤器的阻力也会逐渐增大，致使系统阻力不断增大，使得送风量逐渐减少。这就需要进行调节，使风量保持不变（但这种调节是有限的）。当高效过滤器阻力超过其两倍初阻力（通常的设计终阻力）时，会使送风量减小，其结果是使洁净室的换气次数减小，可能会降低室内空气洁净度。此时需要进行检测验证，确定是否需要更换高效过滤器。有时尽管高效过滤器阻力超过其两倍初阻力，经验证，洁净度参数仍然满足要求，在这种情况下，不需要更换高效过滤器。这是由于风机压头取值的裕量而自补偿的结果。

其实，终阻力的概念不像初阻力那么严格，它是一个人为设定的数值。它的选定是技术与经济分析比较的结果。终阻力取高值，意味着过滤器使用时间可延长，但很可能影响室内送风量；终阻力取值低，对洁净系统的运行效果有保障，但过于频繁地更换过滤器，不仅造成经济上的浪费，还会影响洁净室的使用。过去的洁净厂房设计规范中将终阻力定为初阻力的2倍，也有人建议过滤器的终阻力可取大于2倍的初阻力。《洁净厂房设计规范》（GB 50073—2001）对过滤器终阻力没有硬性规定，由设计人员自行确定。笔者根据多年的设计、施工及检测经验，认为终阻力取值不宜小于2倍额定初阻力，这对洁净室的经济运行大有好处。

(2) 过滤器的验证

1) 粗效及中效过滤器验证。净化空调系统中，粗效及中效过滤器大多数设置在组合式空调机组内（在洁净室的回风口处设置粗效过滤层），可通过检查压差计的指示值和粗效及中效过滤器外观进行验证。

检查粗效及中效过滤器的压差计是否灵敏，压差计读数是否超出过滤器终阻力。若超出终阻力，须进行清洗；否则，检查滤材的污染程度及滤材有无变形或漏风；若有，须更换粗效或中效过滤器；若无破损、不漏风，验证合格，可继续使用。在洁净室的回风口处设置的粗效过滤层，通过查看其外观及洁净室压差来验证其使用状态是否合格。若洁净室压差合格，粗效过滤层无破损，则可继续使用，若有破损，须更换粗效过滤布；若洁净室静压增大，粗效过滤层变黑，则不可继续使用，须马上清洗。

粗、中效过滤器每隔 30d 检查一次，应有一套备用，以备清洗时的使用。结合验证情况，初、中效过滤器宜每隔 3 ~ 6 月清洗一次、1 ~ 2 年更换一次。在未装粗、中效过滤器前，设备不许运行。否则，会使价格较贵的高效过滤器的使用寿命缩短，造成浪费。

2) 粗效或中效过滤器的清洗（用在生物安全实验室送、排风系统中的各级过滤器应采用一次抛弃型的产品，不须清洗回用）

① 清洗容器：大小适宜的清洁水池。

② 清洗液的选择、配制：选择干后无粉尘散发的环保型清洗液适量，加入水中溶解即成。

③ 清洗方法：先用流水冲洗，冲去浮尘，然后放入清洗液中浸泡，30min 后用手（须戴橡胶手套）轻轻按压数次，最后用清水冲净即可（最好用甩干机甩干）。

④ 消毒灭菌：可用消毒液浸泡灭菌，也可用蒸汽灭菌。

⑤ 晾干架及环境：应制作专用晾干架晾干，防止变形，影响使用。晾干环境应通风良好且干净、清洁，不许在污染严重的室外晾晒。

⑥ 储存：晾干后应储存在干净的环境中。

3) 粗效或中效过滤器的更换

① 更换过滤器时应在系统停止运行后进行。

② 更换下的滤料应包装后按废物处理，不得随便丢弃。

③ 更换过滤器时应对框架及其周围表面彻底清洁。

④ 更换过滤器时应防止损伤滤材，压紧框的螺栓拧紧力应均匀。

⑤ 过滤器安装框架应密封严密，不能产生漏风现象。

4) 过滤器清洗更换后的验证

① 压差计读数接近过滤器初阻力，合格。

② 压差计读数太小，过滤器可能有破损漏风处，应检查其外观及时更换。

5) 高效（或亚高效）过滤器验证

① 洁净室洁净度的检测（测试方法参见第 12 章）。若洁净度符合要求，需进行微生物检测。

② 洁净室沉降菌（浮游菌）检测（测试方法参见第 12 章）。若沉降菌（浮游菌）符合要求，高效（或亚高效）过滤器可继续使用。若①、②中有一条不符合要求，则需进行风量测试。

③ 洁净室风量测试（测试方法参见第12章）。在空气处理机组的余压符合系统要求的情况下，若洁净室风量减小，则说明高效（或亚高效）过滤器容尘量增大，须进行更换。若洁净室风量符合要求，应对洁净室进行彻底清扫、消毒灭菌，再进行①、②项目的检测。如①、②项目的检测结果仍不符合要求，则说明高效（或亚高效）过滤器泄漏，须进行更换。

④ 高效（或亚高效）过滤器的更换（更换方法参见参考文献［2］）。视使用环境及验证情况，高效过滤器一般2~4年更换一次。

2. 测试仪器、仪表的校验

净化空调系统的验证，均需进行大量的有关参数的测定，将测得的数据与设计数据进行比较、判断。因此，首先要校验测试仪器、仪表是否准确，所有仪器、仪表都必须进行校正。否则，测试数据不具有权威性，验证结果也不可靠。

13.2.4 净化空调系统水质管理

1. 冷却水水质管理

冷却水的水质管理是净化空调系统管理的重要环节之一。若水质差，就会使系统产生污垢、腐蚀等问题。污垢会增加传热热阻，使冷水机组的性能下降；腐蚀则会影响冷水机组寿命。要保证冷水机组的性能良好，需对冷凝器的传热管进行定期检查和清洗，一般可安排在每年的2~5月与机组大修一起进行。冷水机组的冷却水管路系统很容易被污染，可以通过采取提高排污量与增加补水量的方法来改善冷却水系统的水质。对水质还应进行定期检查并采取一定的水质稳定措施，也可添加适当的防垢剂和缓蚀剂。冷却塔很容易滋生细菌，如军团菌等，它通过空气传播会引起疾病。所以对冷却水进行定期化验以及消毒、灭菌工作，也是净化空调系统管理过程中很重要的环节。

2. 冷（热）媒水的管理

冷（热）媒水系统大多是闭式循环系统，循环水系统都设置水处理器，系统内的循环水均充注软水，所以水质污染小。对于制药企业，不必专门设置水处理器，可借用去离子水处理器。在冷（热）媒水系统中注入去离子水（把放置较久、工艺中不能使用的去离子水注入即可），效果更好。要在每年运行前对系统进行彻底清洗，注入去离子水或软水，不必添加防垢剂。

13.2.5 净化空调系统设备的维修

在设备管理程序中，应制订良好的设备保养及维修制度。设备运行状态的好坏，直接关系到运行的安全及产品的质量。所以，除日常巡视维护外，还要对设备进行定期保养及维修。维修人员应做到：

1）应按照设备规定的保养维修内容和期限，及时维修或更换。如果在净化空调系统运行中，对某些设备（如水泵）进行维修，应起动备用设备，做好安全防护工作。同时应做好维修记录。

2）复杂设备和复杂环境中的维修工作，应至少安排两人进行。并由维修组长带队统筹负责整个维修工作，以确保安全。在设备维修过程中，无特殊原因不应半途转交他人来完成，以防止出现差错。

3）对部件的拆卸，应严格按照设备维修说明书进行。卸下的零部件应编号或按装配次序放好。

4）清洗零件时应做到一丝不苟，并详细检查各部件有没有损伤，对易锈部件，清洗完毕应立即上油防锈。

5）设备部件装配时应小心谨慎，按序装配。严格按照使用或维修说明书的规定进行。对新型设备，在没有弄懂原理前，严禁盲目乱装。

6）对风机、水泵等设备，在维修完毕试车前要认真清理现场，仔细清点维修工具，以防工具遗失在设备中。如发现工具数量不够，必须再次检查，确认安全时才可试车。试车时先点动，确认设备无异常，才可正式试车运行。绝对不允许直接起动运行。

7）试车完毕，维修人员应详细填写维修记录，并向运行管理人员讲述故障原因，指出设备运行的注意事项。

8）维修过程中必须始终注意人身和设备安全。电气维修要挂警告牌，并应两人在场；在接触汽油和酒精等易燃易爆物品（如刷漆、配漆和清洗零部件时）时，应严禁明火。

9）维修完工后，应及时填写维修调试单，内容应包括设备名称、型号、故障原因、维修项目、维修时间及维修人员等内容。填好后存档保存，作为设备验证的资料。

13.2.6　净化空调系统运行调试及再验证

在净化车间中，高效及亚高效末端过滤器的积尘程度并不均衡，因此，各末端过滤器阻力差异随着时间的推移而增大。对于未装自控设施的系统，就需要定期进行运行调试，以使各洁净室的送风量满足要求，保证其洁净度满足要求。

净化空调系统的调试主要是指风量的测定与调整、测控仪表的校对调整、室内洁净度的测定及压差调整等。风量太大，会增加能量消耗；风量太小，达不到洁净度要求。仪表控制及测量不准确，就不能保证洁净室要求的参数。调试工作很繁琐，宜按下述步骤进行。

1）若出现高效或亚高效末端过滤器集尘不均衡时，应先调整送风量，调整时由技术总负责通过对讲机统一指挥。调试前由总负责人写出书面计划，对整个调试工作做出总体安排并提出具体要求。调试计划的内容包括调试目的、调试项目、调试顺序、调试方法、所需人员、具体要求及注意事项等。并向全体参加调试的人员宣布计划，征求意见，务必使全体人员对整个计划和要求做到心中有数。

2）查取运行验证资料，确定调试风口。安排一个小组进入技术夹层调节阀门，另一小组在洁净室测定风速及风量，通过对讲机进行沟通。根据调试风口的需求风量，预先计算出风量测试罩罩口的风速，由此风速来调整阀门的开度。

3）测定时须认真细致，严格按仪表使用说明书的要求使用仪表。一般 2 个人使用一台仪器，一人看表读数，另外一人记录。仪表应固定在专用三角架上，不宜手持，以保证测量准确。报数要清楚准确，记录数据不许涂改。按此方法，逐一进行风量调节，最后把所测数据汇总造表并存档。

4）测定中要注意人身和仪器安全。仪器、仪表都应轻拿轻放，当在高处管道测孔处进行测量时，应采取必要的安全保护措施。

5）各风口流量调整完毕，由技术负责人主持，进行汇总分析，对个别风口再进行微调，认为各方面都达到要求后，再进行一次风量测定，以此作为运行状态参数。全部测定调整工作完成后，各小组要写出调试报告，对测定数据进行分析，并写明调整方法、经过、调整结果及存在的问题等。

6）在各小组调试报告的基础上，由调试总负责人编写总调试报告。内容包括调试项目、调试目的、调试时间、调试前状态和调试后主要数据、调试效果和存在问题等。连同各小组调试报告一并装订成册，存档保存。

13.3　洁净室的运行管理

即使洁净室的设计和施工很完善，如果维护管理和使用不当，洁净室仍然起不到应有作用，就不可能制造出合格的产品，也不可能保护被操作对象。有人认为，对产品（或被操作对象）的污染控制效果中，设施与管理各占50%。可见，洁净室运行管理对产品质量是何等的重要。

13.3.1　洁净室的使用和定期验证

1. 无菌制剂室

在使用无菌制剂室时，应最大限度地减少带入无菌室中的尘埃和细菌数量，应将无菌室内的操作人员数量控制到最低限度，应严格限制操作人员以外的其他人员进入。进入无菌室的人员应穿无菌室专用工作服，手应消毒。从更衣室进入无菌室之前，宜经过空气吹淋，进入无菌室的物品，应经过专用通道或设施（灭菌通道、灭菌器、传递室或传递窗等）处理后方可进入。传递窗的两门应连锁，根据实际需要，可设置洁净传递窗或灭菌传递窗。

无菌制剂室的污染控制，是由高效过滤器过滤的洁净空气稀释（或平推）室内空气，使其保持所要求的洁净度。通过调节送风量、回风量及排风量，使洁净室内保持正压，防止污染物从外部流入。无菌室最好设置值班风机（或变频风机），在非工作时间起动值班运行程序。为了节约运转费用，在非工作时间可停止温湿度空调，只靠换气方式保证洁净度和正压。到第二天上班时，须提前开启净化空调系统。此外，无菌室内还可采用紫外线杀菌灯或臭氧辅助性灭菌措施进行其壁面及系统的灭菌。实践证明，臭氧对某些仪器的电路板有损害作用，灭菌时应注意保护。

无菌室的定期检查：在无菌产品生产期间，应每天测定悬浮粒子数、浮游菌或沉降菌；应每天进行表面污染及人体细菌测试；无菌产品停止生产时间较长时，净化空调系统可关闭。若要恢复生产，须按验证要求进行尘埃粒子数、浮游菌或沉降菌的测试。

2. 非无菌制剂室（或车间）

医院的固体制剂室及制药企业的固体制剂车间，均属于非无菌生物洁净室。在使用管理方面，要比无菌室要求低。原、辅料进入洁净室之前，需要在准备室清洁外部包装，并脱去外部包装，送入传递室或传递窗内，由此进入洁净区的原辅料准备室。工作人员换鞋后，在一更间脱外衣，在二更间洗手后穿洁净工作服，再次洗手（必要时用酒精溶液浸手），由缓冲间（风淋室或气闸室）进入工作区。洁净室可采用紫外线杀菌灯或臭氧进行消毒灭菌，应定期用酒精溶液擦洗壁板及设备表面。使用该类洁净室时，应重视每天的清场工作，特别是换品种生产前的清场，应从洁净室的壁面、地面及设备内外进行彻底的清洗清洁，防止交叉污染。对尘埃粒子数、浮游菌或沉降菌的监测，应根据 GMP 的要求定期进行。

3. 洁净手术室的使用

洁净手术室在使用过程中，应保持一个封闭环境，其门、传递窗等均应关闭。现在有些洁净手术室在使用时开着门，这显然是不允许的。究其原因是因为新风量不足，医护人员感到气闷。对此情况，应当从系统上查找原因，通过运行调节改善新风供应。

在洁净手术室工作的人员，其活动不要过于激烈，防止衣着鞋帽等纤维质材料过多的脱落，造成室内洁净度的超标。一般来说无论是医生还是护士都应当有较为固定的活动范围及活动路线。做清洁的操作可在送风侧进行；做不清洁的、有污染的操作，可在回风口附近进行。

所有进入洁净手术室的物品均需清洁、消毒，个人物品及未按规定清洁、消毒的物品不准带入洁净手术室内。洁净室使用器具的选用及摆放位置也应当考虑洁净因素，所有器具的摆放都不应将回风口挡住。手术用的器具、敷料等应预先消毒，进入洁净手术室后放入器械柜内，手术前才能打开，尽量减少与空气接触。

人流通道及物流通道应各尽其用，应利用传递窗进行物品的传递。特别是污物，要通过污物传递窗直接进入污物走廊，以免污染洁净区。

应组建洁净手术室的医院感染控制小组，由手术部主任、麻醉医师、护士长和护士等相关人员组成，全面负责手术室感染监控工作。应安排一名洁净手术部专职管理护士，对进入洁净手术部的人员要进行经常性监督，检查手术室消毒隔离措施及手术人员的无菌技术操作，对违反操作规程或可疑污染环节应及时纠正，并采取有效的防范措施。指导工作人员对洁净手术室进行维护、管理和清扫。

洁净手术室净化空调系统的运行程序：通常是术前 0.5～1h 开启净化空调系统，并开至低速运行状态，术前 15～30min 将系统调至正常运行状态，术毕再调回低速运行状态，进行室内卫生清洁工作。若净化空调系统支持，在进行室内卫生清洁工作时，应直流通风换气，以便迅速排除室内污染。若洁净手术室长时间未使用，在使用前除做好风口、壁板、地面等处的清洁、消毒工作外，还应适当提前开启净化空调系统。应急洁净手术室及其辅助设施，净化空调系统应 24h 连续低速运行，以满足急诊手术的使用和空气洁净度的要求。若采用臭氧对洁净手术室及净化空调系统进行消毒，应关闭新风阀及排风阀，以保证消毒效果。臭氧消毒过程中，洁净手术室内不得有人员停留，以防损害人的呼吸系统（因为臭氧具有强氧化性，当人体吸入后，能够迅速地转化为活性很强的自由基，引起上呼吸道的炎症病变）。同时，应做好有关精密仪器、仪表的保护工作，以防臭氧对其电路板产生腐蚀。

4. 医院洁净室的定期验证

医院洁净室包括洁净手术部、洁净病房、无菌实验室、制剂室及无菌配送中心等。每种洁净室应按各自归口行业规范及标准定期验证（如制剂室参照 GMP 的要求进行定期验证，洁净手术部按照医院洁净手术部建筑技术规范的要求进行定期验证）。应定期验证医院的洁净手术室及洁净病房，应检查室内壁面、顶棚、送风天花（或高效送风口）和回风口的清洁度，应定期检测洁净室的尘埃粒子数、菌落数、浮游菌数、送风量、室内正压（或负压）等。应按照医院洁净手术部建筑技术规范的要求并参照相关的卫生标准，对各洁净室的既有验证资料进行分析，制订出行之有效的检查周期。对每次检测的结果应进行认真分析研究，以此来验证医院洁净室的运行状况是否发生飘移。同时，为净化空调系统的定期验证提供依据。对于日常监护的项目必须建立相应的记录，每个医院在编制运行管理制度时均应建立记录制度并有专门的表格及保存方式。

13.3.2 医院洁净室的运行管理

无论是洁净手术室、ICU 监护室，还是血液病洁净室及其他洁净病房，其功能都是为病人提供适宜的医疗环境，为医护人员提供舒适安全的工作环境。同时，尤为重要的是要有效降低医院感染的发生。因此，需对洁净室空气温度、湿度、气流速度、空气洁净度、浮游菌（沉降菌）等参数进行控制。其中对手术室、ICU 监护室和无菌病房的要求更为严格。

1. 洁净手术室温度控制

温度不仅影响术中病人的状态，还影响医务人员的工作情绪和工作效率，若温度过高，不仅造成能源的浪费，而且会使术中病人及医务人员出汗，增加切口的污染。若温度过低，会使术中病人发生冷颤，影响手术的成功率。因此，保证手术室适宜的温度是十分必要的。应根据手术性质、术中病人的衣着情况，由专人负责设置适宜的温度。应做好教育工作，加强管理，不许随便设置温度。

2. 保证洁净室的洁净度

医院手术室、ICU 监护室、血液病无菌室、精密医疗设备室等洁净室的净化空调系统需定期进行检查和检测，保证其洁净度始终符合要求，发现问题要及时进行处理。回风过滤器应定时进行清洗，通常，粗效过滤器宜 1 ~ 2 个月清洗一次；中效过滤器每季清洗一次（视洁净室的性质而灵活掌握，若为洁净病房，清洗周期应缩短），每 1 ~ 2 年更换一次；高效过滤器应根据阻力或风速变化情况决定更换时间，一般 2 ~ 4 年左右更换一次。

3. 提高室内空气品质

医院洁净病房、洁净手术部的新风量是决定空气品质的主要因素，要使有限的新风得到充分的利用，必须有合理的气流组织，使室内平均空气龄减小，以便能将污染物及时排出（在洁净室设计时就应与设计人员进行沟通）；要想法提高新风的新鲜度及新风品质，应做到经常清洗或更换新风过滤器，并定期进行消毒杀菌，一般一个月清洗、消毒一次。运行中遇有突发传染病案，净化空调系统的所有过滤器必须先消毒、后更换。

4. 防止细菌滋生

应安排专人负责管理净化空调系统的运行，经常监测空气污染情况，对净化空调系统定期清洗、消毒，对洁净病房及洁净手术部内末端送风扩散板上的尘埃、风机盘管的凝水盘上的污物要及时清除。在每年春、秋季，应对空调进行彻底清洗灭菌，防止细菌滋生，保持良好的待机状态。必须定期对净化空调机组内的表冷器、凝水盘及加热器进行消毒冲洗；若遇到疫情，应使净化空调系统直流式运行；新风机组宜每周消毒冲洗一次。对为传染病人、医学观察对象或密切接触者服务的净化空调机组、风机盘管的凝结水必须单独收集，经消毒处理后方可排放。净化空调机组的凝水盘必须保持排水通畅。

13.3.3 洁净室的清扫灭菌

生物洁净室和工业洁净室的不同之处在于：生物洁净室不仅依靠空气过滤的方法，使送入室内空气中的生物或非生物的微粒数量受到严格控制，同时还要对室内器具、地面、壁板等表面进行消毒灭菌处理。为此，生物洁净室除了满足一般洁净室要求外，其内部材料还要能经受得起各种灭菌剂的侵蚀。通过高效过滤器过滤的空气可视为无菌空气，但过滤仅是一种除菌手段，并没有杀菌作用。由于室内有人员、物料等污染源存在，洁净室内只要有微生物所需要的营养源存在，在适宜的温湿度条件下，就会使微生物大量生存、繁殖。因此，生物洁净室的运行管理决不可忽视消毒灭菌措施。

1. 无菌制剂操作室的清扫灭菌

无菌室室内设备、器具、传递窗及更衣室的清洗最好采用水洗，应定期对壁板及各表面进行消毒，对所使用的消毒液应定期更换，以防细菌产生抗药性而影响灭菌效果。也可采用紫外线灯或臭氧进行消毒（要在非工作时间室内无人时进行），对典型部位应增加灭菌次数。

2. 非无菌制剂室的清扫灭菌

非无菌制剂洁净室（如固体制剂生产车间）的清扫，分为日常清扫和生产完毕的清场清扫。对墙面、顶棚及设备外表面均可采用不掉纤维的抹布擦拭，地面可采用半干拖布擦拭。可用紫外线灯或臭氧进行灭菌（要在非工作时间、车间内无人时进行），应定期用酒精擦拭顶棚和墙壁。

3. 洁净手术部的清扫灭菌

医院洁净手术室虽然密封性很好，装饰材料及医疗设备不产尘，但出于节能的考虑，现在许多医院在手术室停用时净化空调系统也停止运行。这样会造成手术室停用时被室外空气污染，也会将室外空气中的菌尘粒子带进手术室内。所以洁净手术室的清扫灭菌工作很重要。如果有值班机组，洁净手术室处于微正压状态，可最大限度地避免这种污染。但手术过程中会产生大量污染，术后的清扫灭菌也是必不可少的。故应按下列程序及方法进行清扫灭菌。

1）洁净手术室内要适时地进行清洁消毒，一般每日早晨用质量分数 0.5% 的含氯消毒液擦拭物品表面及地面。洁净手术部必须采用湿式方法清洁、打扫。清洁工作须在净化空调系统运行中进行。手术室无影灯、手术床、器械车、壁柜表面及地面应在每天手术前、后用清水、消毒液各擦拭一次。每周彻底清洁一次。手术室无影灯上的玻璃盖片应每月擦洗一次。

2）洁净手术室术前、术后均需清扫，以术后清扫为主。手术完成后，在净化空调机组正常运行的状态下，继续排风约 15min，排出室内污浊空气，然后进行清理及清洁工作。

3）准备专用的洁净室清扫材料和工具，清洁打扫应从高级别的区域向低级别的区域依序进行。所有设备、桌子、工具和器械柜等外表面，均采用湿的洁净室专用抹布擦干净。带玻璃的壁板和门表面，用液体清洗剂清洗，然后用抹布擦掉余下的水。清洁工具应采用不掉纤维的织物材料制作。墙和顶棚用中性清洗剂溶液擦洗，然后冲洗，最后用海绵吸掉余水。

4）洁净室每个班次交班后应清洁粘垫，一次性粘垫应每日更换。

5）为防止交叉污染，各个洁净室应使用其专用清扫工具。清扫工具也要每日清洁消毒并于专室存放。

6）在两台手术之间，除彻底清扫上一台手术过程的全部污物外，还应对手术床及周围的各种设备、装置采取消毒液擦拭或喷洒等措施。

7）每次手术后污物应立即就地分类打包，各种污物均必须放入专用防水防穿破污物袋内，密封后经专用通道运出手术室，经污物走廊运至污物间做专门处理。手术室清扫灭菌工作结束后，待所有人员离开，再关闭循环净化机组。

8）地面先用浸过清洁剂的拖把拖洗，再用洁净湿拖把拖擦，然后用海绵拖把或能吸水的真空吸尘器吸掉余水（也可采用湿式电气清扫机），如遇较严重的污渍可使用专用清洁剂处理。

9）可采用残留物含量低的中性液体洗涤剂配制清扫洗涤水。

10）清扫结束后应继续运行净化空调系统，直至达到规定的洁净度（此段运行时间一般不应少于该手术室的自净时间）方可进行下一台手术。

11）如果做了有污染的手术，要用消毒剂擦拭物品和地面，还必须用甲醛液做全室消毒。

4. 医院洁净室的消毒灭菌

洁净室的送风是通过高效（亚高效）过滤器过滤后进入室内的，可以视为无菌空气，但这一过程并没有杀菌作用。只要室内有人员的活动，就会产尘及产菌。人的皮肤由于新陈代谢会不断脱落皮屑，这可成为微生物生存及繁殖的营养源，在适宜的温湿度条件下，会使微生物迅速繁殖。洁净室最有效除菌方法是采用净化空调系统，但净化空调系统不能提供洁净室的起始无菌状态，用消毒灭菌的方法可弥补这一缺陷。因此，每间洁净室都应有完善的消毒灭菌制度，将净化空调技术与消毒灭菌技术有机地结合起来，以保证室内的洁净无菌环境。

医院洁净室的消毒灭菌方法，主要有紫外线照射、臭氧及化学消毒剂消毒灭菌等方法。洁净室应根据使用特点来确定消毒灭菌方法及周期，有的洁净室需每日消毒，而有的洁净室每周消毒一次即可。如手术室的无影灯位于手术台上方，对手术的影响较大，应每个手术日消毒一次。

（1）紫外线灭菌灯照射　属电磁辐射消毒法，其机理是：紫外线照射后，导致蛋白质（尤其是酶蛋白）上残基、氢键和酶的结构破坏，从而使酶失活，微生物死亡；可使蛋白质变性，影响微生物的生长、代谢；核酸吸收紫外线后改变其生物学活性，导致细菌的死亡；可改变 DNA 的结构，使细胞无法复制，而使微生物死亡。可见，紫外线属广谱杀菌类，能杀死一切微生物。紫外线照射消毒法被广泛应用于医院许多需要消毒的场合，如室内空气、物体表面、水及其他液体等（表面杀菌效果最好）。紫外线杀菌的波长在 200～290nm，而在 250～270nm 范围内的杀菌能力最强。

影响紫外线杀菌的主要因素有：

1）灯管使用的时间：一般使用时间为 1000h。应定期用仪器测试灯管的输出强度，新灯管的紫外线照射强度应大于 $90\mu W/cm^2$，当灯管的紫外线照射强度低于 $70\mu W/cm^2$ 时，应予以更换。

2）环境温度：最适宜的温度为 20℃。

3）环境湿度：一般相对湿度在 40%～60%，紫外线杀菌效果最好，而相对湿度在 60%～70% 时，紫外线杀菌效果降低，湿度高于 80% 的环境对紫外线灯的出力影响最大，甚至对细菌有激活作用。

4）照射距离：照射距离与灭菌效果成反比关系。实验证明，在距灯管中心近距离范围内，照射强度与距离成反比。

另外，使用紫外线灯管照射时，对需消毒的暴露对象应长时间照射，尽量近距离照射。由于紫外线辐射对人体有伤害，所以只能在无人状态下使用。同时，紫外线只能对静止的物体有灭菌作用，对流动的空气就毫无意义了。在组合式空调机组停运时，紫外线照射也可作为机组消毒的一种手段。根据紫外线杀菌的原理制成的专用产品有紫外线空气消毒器、紫外线表面消毒器和紫外线消毒箱等，以其紫外线强度的强弱及与臭氧的结合满足不同的消毒要求。

（2）臭氧杀菌　臭氧在常温下是强氧化气体，也是一种广谱杀菌剂。可用以杀灭细菌及其芽孢、病毒及真菌，也被广泛用于洁净室的杀菌。由于臭氧是极不稳定的气体，在常温下会自行分解成为氧气，故不能储存。一般都是通过臭氧发生器现场制备，臭氧为强氧化剂，其杀菌能力极强，对人体及室内某些物体也有损害。所以，用高浓度臭氧杀菌，只能在房间无人状态下进行，杀菌结束 30min 以后才允许人员进入。

（3）化学消毒剂　利用喷雾及熏蒸化学消毒剂的方法杀灭空气中的微生物也是洁净室常用的消毒手段。化学消毒剂有甲醛、过氧乙酸、过氧化氢、含氯消毒剂、季铵盐类等。一般都需关闭门窗 1～2h 喷雾和熏蒸。还有一些化学消毒剂是可以用来浸泡或擦拭的，如二溴海因、过氧化氢、过氯乙酸等。但无论用什么方法，化学消毒剂对人体及物体都是有不同程度的损害的，在使用时应当经专业人员培训，操作时应谨慎小心，特别是在配制过程中，应对呼吸系统采取保护措施。需要说明的是每个洁净室使用的化学消毒剂应当定期更换，防止室内的微生物产生抗药性。

5. 洁净室的自净时间

自净时间是指洁净室在开启净化空调系统后，使室内空气由停机时的污染状态达到洁净室要求的洁净度所需的时间。按照洁净室的使用特点，洁净室的自净时间在设计时已确定。净化空调设备管理人员应在这个时间以前开启机组（对于有值班风机的系统，这一时间可以短一点；对于无值班风机的系统，这一时间则需要长一点）。每个洁净室投运前，都应按照设计要求的自净时间来制订净化空调机组提前开启的时间。同一手术室在两台手术之间也应有一个自净过程，以消除前一台手术过程中存留在手术室内的菌尘粒子污染，避免交叉感染。在洁净室自净时间内，手术室内应保持静态运行状态，不应有人在室内逗留。与此同时，也应按照需要设定好室内温度、湿度等参数，为手术提供适宜的环境条件。

6. 洁净室压差控制

洁净室的压差可维持整个洁净区空气的压力梯度，保证空气从高洁净度区域流向低洁净度区域，或按指定的方向流动，是控制污染的有效手段。在制药企业及负压病房等洁净室，该压差也是控制交叉污染的有效措施。在洁净手术部，这种有序的空气流动，可确保各洁净室的洁净度及细菌数满足要求。压差控制是靠自动控制系统对室内送风量、回风量和排风量的调节来完成的。当洁净室的送风量大于排风量和回风量之和时，室内呈正压，洁净室内空气会经门缝等处向邻室或走廊渗透。这样，就可以抵御低压区空气中微粒的渗入，这是正常的运行工况。如果该压差由于某种原因降低，自动控制系统会及时进行调节，以保证规定的压差。若此时不做调整，洁净室抵御微粒侵入的能力也随之降低，甚至消失。若该压差出现负值时，则会造成微粒的渗入，这种情况是绝不允许的。若洁净室未设置自动控制系统，运行管理人员应当随时观察相关洁净室的压差表，发现问题，应尽快调整，使其恢复到正常的压差。

参 考 文 献

[1] 许钟麟. 洁净室及其受控环境设计 [M]. 北京：化学工业出版社，2008.
[2] 冯树根. 洁净室施工、检测与运行管理 [M]. 北京：中国科学技术出版社，2007.
[3] 蔡杰. 空气过滤 ABC [M]. 北京：中国建筑工业出版社，2002.
[4] 黄翔. 空调工程 [M]. 北京：机械工业出版社，2006.
[5] 冯树根. 两种高效空气过滤器送风口特性分析比较 [J]. 建筑热能通风空调，2008，4.
[6] 冯树根. 片剂车间净化空调节能设计 [J]. 山西建筑，2006，9.
[7] 胡吉士，奚康生，余俊祥. 医院洁净空调设计与运行管理 [M]. 北京：机械工业出版社，2004.
[8] 冯树根. 片剂车间空调净化走廊回风形式的探讨 [J]. 暖通空调，2005，1.
[9] 冯树根. 医院洁净手术部工程设计和施工中的注意事项 [J]. 山西建筑，2006，8.
[10] 冯树根. 生物安全实验室排风高效过滤器检漏方法探讨 [J]. 建筑热能通风空调，2006，1.